RICT 2025

Reglamento Regulador de las Infraestructuras Comunes de Telecomunicaciones para el acceso a los servicios de telecomunicación en el interior de las edificaciones

RICT 2025

Reglamento Regulador de las infraestructuras Comunes de Telecomunicaciones

para el acceso a los servicios de telecomunicación en el interior de las edificaciones

---

Novedades edición 2025

— Modificaciones al **RICT** por el **Real Decreto 250/2025**

— **Real Decreto 250/2025** por el que se aprueba el **Plan Técnico Nacional de la Televisión Digital Terrestre**

Garceta
grupo editorial

Reglamento Regulador de las Infraestructuras Comunes de Telecomunicaciones para el acceso a los servicios de Telecomunicación en el interior de las edificaciones

Ministerio de Industria, Turismo y Comercio

ISBN: 978-84-1903-484-7

IBERGARCETA PUBLICACIONES, S.L., Madrid, 2025

Edición: 4ª

N.º de páginas: 372

Formato: 15,5 × 21,5 cm

Thema: TJK Ingeniería de las comunicaciones/las telecomunicaciones

Reglamento Regulador de las Infraestructuras Comunes de Telecomunicaciones para el acceso a los servicios de Telecomunicación en el Interior de las edificaciones

ISBN: **978-84-1903-484-7**

Edición 4.ª

Impresión 1 ª

COPYRIGHT © 2025 IBERGARCETA PUBLICACIONES, S.L.

info@garceta.es

Depósito legal: M-9940-2025

Impresión: Imprenta Valle del Tiétar, S.L.

OI: 0181/2025

IMPRESO EN ESPAÑA-PRINTED IN SPAIN

CONTENIDO

Normativa adicional

REAL DECRETO 346/2011, DE 11 DE MARZO, POR EL QUE SE APRUEBA EL REGLAMENTO REGULADOR DE LAS INFRAESTRUCTURAS COMUNES DE TELECOMUNICACIONES PARA EL ACCESO A LOS SERVICIOS DE TELECOMUNICACIÓN EN EL INTERIOR DE LAS EDIFICACIONES

El Real Decreto-ley 1/1998, de 27 de febrero, sobre infraestructuras comunes en los edificios para el acceso a los servicios de telecomunicación, estableció un nuevo régimen jurídico en la materia que, desde la perspectiva de la libre competencia, permite dotar a los edificios de instalaciones suficientes para atender los servicios de televisión, telefonía y telecomunicaciones por cable, y posibilita la planificación de dichas infraestructuras de forma que faciliten su adaptación a los servicios de implantación futura. La disposición final primera de dicho real decreto-ley autoriza al Gobierno para dictar cuantas disposiciones sean necesarias para su desarrollo y aplicación.

Asimismo, la Ley 32/2003, de 3 de noviembre, General de Telecomunicaciones, en su artículo 37, establece que, con pleno respeto a lo previsto en la legislación reguladora de las infraestructuras comunes en el interior de los edificios para el acceso a los servicios de telecomunicación, se establecerán reglamentariamente las oportunas disposiciones que la desarrollen, en las que se determinará tanto el punto de interconexión de la red interior con las redes públicas como las condiciones aplicables a la propia red interior. El citado artículo 37 prevé la aprobación de la normativa técnica básica de edificación que regule la infraestructura de obra civil, en la que se deberá tomar en consideración las necesidades de soporte de los sistemas y redes de telecomunicación, así como la capacidad suficiente para permitir el paso de las redes de los distintos operadores, de forma que se facilite su uso compartido. El mismo precepto dispone también que por reglamento se regulará el régimen de instalación de las redes de telecomunicaciones en los edificios ya existentes o futuros, en aquellos aspectos no previstos en las disposiciones con rango legal reguladoras de la materia.

En su ejecución, se dictó el Real Decreto 401/2003, de 4 de abril, que a su vez sustituía al Real Decreto 279/1999, de 22 de febrero, por el que se aprobaba el Reglamento regulador de las infraestructuras comunes de telecomunicaciones para el acceso a los servicios de telecomunicación en el interior de los edificios y de la actividad de instalación de equipos y sistemas de telecomunicaciones.

La actividad de instalación de equipos y sistemas de telecomunicación ha resultado afectada por la Ley 25/2009, de 22 de diciembre, de modificación de diversas leyes para su adaptación a la Ley sobre el libre acceso a las actividades de servicios y su ejercicio, que, a su vez, incorporó, parcialmente, al Derecho español, la Directiva 2006/123/CE del Parlamento Europeo y del Consejo, de 12 de diciembre de 2006, relativa a los servicios en el mercado interior, por lo que se consideró oportuno tratar sus aspectos jurídicos de manera separada, en una reglamentación específica que ha sido aprobada mediante el Real Decreto 244/2010, de 5 de marzo, por el que se aprueba el Reglamento regulador de la actividad de instalación y mantenimiento de equipos y sistemas de telecomunicación y que derogó el capítulo III del Real Decreto 401/2003, de 4 de abril.

El desarrollo en los últimos años de las tecnologías de la información y las comunicaciones, así como el proceso de liberalización que se ha llevado a cabo, ha conducido a la existencia de una competencia efectiva que ha hecho posible la oferta por parte de los distintos operadores de nuevos servicios de telecomunicaciones.

Asimismo los avances tecnológicos producidos en los últimos años, han permitido el desarrollo de nuevas tecnologías de acceso ultrarrápido que posibilitan que los servicios de telecomunicación que se ofrecen a los usuarios finales sean más potentes, rápidos y fiables. Algunos de estos servicios exigen para su provisión a los ciudadanos la actualización y perfeccionamiento de la normativa técnica reguladora de las infraestructuras comunes de telecomunicaciones en el interior de las edificaciones.

En este sentido, el reglamento aprobado por el presente real decreto contempla, entre las redes de acceso, la basada en la fibra óptica en línea con los objetivos de la Comunicación de la Comisión al Parlamento Europeo, al Consejo, al Comité Económico y Social Europeo y al Comité de las Regiones, de 19 de mayo de 2010, titulada «Una Agenda Digital para Europa». Entre los campos de actuación de la agenda digital, se destacan el acceso rápido y ultrarrápido a Internet y el fomentar el despliegue de las redes NGA (*Next Generation Access*), con el fin de conseguir que, para 2020, todos los europeos tengan acceso a unas velocidades de Internet muy superiores, por encima de los 30Mbps, y que el 50 % o más de los hogares europeos estén abonados a conexiones de Internet por encima de los 100 Mbps. La Comunicación de la Comisión también señala, como indicador significativo, la muy escasa penetración, en Europa, de la fibra óptica al hogar, en comparación con la de algunas naciones importantes del G20. Entre las acciones para conseguir estos objetivos, el documento identifica, como tarea para los Estados Miembros, entre otras, la de «poner al día el cableado dentro de los edificios».

En este marco, el reglamento aprobado por el presente real decreto tiene como objeto garantizar el derecho de los ciudadanos a acceder a las diferentes ofertas de nuevos servicios de telecomunicaciones, eliminando los obstáculos que les impidan poder contratar libremente los servicios de telecomunicaciones que deseen, así como garantizar una competencia efectiva entre los operadores, asegurando que disponen de igualdad de oportunidades para hacer llegar sus servicios hasta sus clientes.

A su vez, la utilización de procedimientos electrónicos para cumplir las exigencias de presentación de proyectos de infraestructuras comunes de telecomunicaciones, así como de boletines de instalación y certificaciones de fin de obra, en la concesión de los permisos de construcción y de primera ocupación de las viviendas garantizan una mayor agilidad en el acceso de los usuarios a los nuevos servicios que proporciona la sociedad de la información.

Por otra parte, el reglamento aprobado por el presente real decreto, contribuye a facilitar la implementación de las medidas incluidas en el Real Decreto-ley 6/2010, de 9 de abril, de medidas para el impulso de la recuperación económica y el empleo, al poderse utilizar como referencia en aquellas relacionadas con la rehabilitación de viviendas que incluyan las infraestructuras de telecomunicación que permitan el acceso a Internet y a servicios de televisión digital, además de contribuir a la eficiencia y el ahorro energético y a la accesibilidad cuando se utilicen las tecnologías que se encuadran dentro del concepto de «hogar digital».

Asimismo, el reglamento aprobado por el presente real decreto promueve el que las cada día más complejas infraestructuras de telecomunicaciones con que se dotan a las edificaciones, sean mantenidas de forma adecuada por sus propietarios a fin de garantizar, en la medida de lo posible, la continuidad de los servicios de telecomunicación que reciben y disfrutan sus habitantes.

De igual forma, el reglamento aprobado por el presente real decreto incide en la necesidad de que las infraestructuras de telecomunicaciones de las edificaciones sean diseñadas de forma tal, que resulte sencilla su evolución y adaptación contribuyendo al proceso de acercamiento de las viviendas al concepto de «hogar digital», y a la obtención de los beneficios que este proporciona a sus usuarios: mayor seguridad, ahorro y eficiencia energética, accesibilidad, etc.

Finalmente, el reglamento aprobado por el presente real decreto, con el fin de evitar la proliferación de sistemas individuales, establece una serie de obligaciones sobre el uso común de infraestructuras, limitando la instalación de aquellos a los casos en que no exista infraestructura común de acceso a los servicios de telecomunicación, no se instale una nueva o no se adapte la preexistente, en los términos establecidos en el Real Decreto-ley 1/1998, de 27 de febrero, sobre infraestructuras comunes en los edificios para el acceso a los servicios de telecomunicación.

Este real decreto se dicta al amparo de la competencia exclusiva del Estado en materia de telecomunicaciones reconocida en el artículo 149.1.21.ª de la Constitución.

En la tramitación de este real decreto se ha dado audiencia al Consejo Asesor de Telecomunicaciones y de la Sociedad de la Información. Igualmente se ha cumplido el preceptivo trámite de informe por la Comisión del Mercado de las Telecomunicaciones. Asimismo ha sido sometido a examen de la Comisión Delegada del Gobierno para Asuntos Económicos, en su reunión del día 3 de marzo de 2011.

Este real decreto ha sido sometido al procedimiento de información en materia de normas y reglamentaciones técnicas y de reglamentos relativos a los servicios de la sociedad de la información, previsto en la Directiva 98/34/CE del Parlamento Europeo y del Consejo de 22 de junio, modificada por la Directiva 98/48/CE de 20 de julio, así como en el Real Decreto 1337/1999, de 31 de julio que incorpora estas Directivas al ordenamiento jurídico español.

En su virtud, a propuesta del Ministro de Industria, Turismo y Comercio, de acuerdo con el Consejo de Estado y previa deliberación del Consejo de Ministros en su reunión del día 11 de marzo de 2011,

DISPONGO:

Artículo único. *Aprobación del Reglamento regulador de las infraestructuras comunes de telecomunicaciones para el acceso a los servicios de telecomunicación en el interior de las edificaciones.*

Se aprueba el Reglamento regulador de las infraestructuras comunes de telecomunicaciones para el acceso a los servicios de telecomunicación en el interior de las edificaciones que, con los anexos que lo completan, se inserta a continuación.

Disposición adicional primera. *Competencias de las comunidades autónomas.*

Las referencias efectuadas por el reglamento que se aprueba a los distintos órganos y, en su caso, unidades de la Secretaría de Estado de Telecomunicaciones y para la Sociedad de la Información, se entenderán efectuadas a los correspondientes órganos y, en su caso, unidades de aquellas comunidades autónomas que tengan transferidas competencias en materia de infraestructuras comunes de telecomunicaciones en el interior de las edificaciones.

Asimismo las referencias efectuadas en el Reglamento aprobado por el presente real decreto al Registro electrónico del Ministerio de Industria, Turismo y Comercio, se entenderán efectuadas a los registros correspondientes de las Comunidades Autónomas con competencia en la materia, debiendo establecerse entre las Administraciones Públicas implicadas, los oportunos mecanismos de intercambio de datos, con efectos meramente informativos.

Las disposiciones del reglamento que se aprueba se entienden sin perjuicio de las que puedan aprobar las comunidades autónomas en el ejercicio de sus competencias en materia de vivienda y de medios de comunicación social, y de los actos que puedan dictar en materia de antenas colectivas y televisión en circuito cerrado.

Disposición adicional segunda. *Soluciones técnicas diferentes.*

Excepcionalmente, en los casos en los que resulte inviable desde un punto de vista técnico, se podrán admitir soluciones técnicas diferentes de las contempladas en los anexos técnicos del reglamento que se aprueba, siempre y cuando el proyectista lo justifique adecuadamente y en ningún caso disminuya la funcionalidad de la instalación proyectada respecto a la prevista en este reglamento.

Disposición transitoria primera. *Proyecto técnico.*

Los proyectos técnicos que se presenten para solicitar la licencia de obras en el plazo de seis meses contados a partir de la entrada en vigor del reglamento que se aprueba y aquellos otros que se hubiesen presentado pero que no hayan sido ejecutados, podrán regirse por las disposiciones contenidas en los anexos del reglamento aprobado por el Real Decreto 401/2003, de 4 de abril.

Disposición transitoria segunda. *Requisitos técnicos relativos a las infraestructuras comunes de telecomunicaciones para la conexión a una red digital de servicios integrados (RDSI).*

Hasta la desaparición efectiva de la Red Digital de Servicios Integrados (RDSI) y, en los casos en los que la propiedad del edificio disponga que el proyectista contemple en el proyecto de la infraestructura común de telecomunicaciones, en cuanto al diseño y dimensionado de las redes interiores del edificio, una capacidad adicional para la conexión de los diversos usuarios a una red digital de servicios integrados, se tendrá en consideración lo establecido en el apartado 7 del anexo II, del reglamento regulador aprobado por el Real Decreto 401/2003, de 4 abril. Esta capacidad adicional deberá tenerse en cuenta obligatoriamente, en el caso de instalarse una infraestructura común en un edificio ya construido en el que, entre los servicios recibidos y declarados, se incluya una o varias conexiones a una red digital de servicios integrados (RDSI).

Disposición transitoria tercera. *Comprobación del cumplimiento de requisitos por parte de las entidades de verificación de proyectos de ICT.*

Hasta que la Entidad Nacional de Acreditación (ENAC) apruebe el procedimiento de acreditación de entidades de verificación de proyectos de ICT, la Secretaría de Estado de Telecomunicaciones y para la Sociedad de la Información realizará los trabajos necesarios para comprobar el cumplimiento de los requisitos establecidos en el apartado 4 del artículo 9 del reglamento, para aquellas entidades de verificación que se lo soliciten.

Disposición derogatoria única. *Derogación normativa.*

Queda derogado el Real Decreto 401/2003, de 4 de abril, por el que se aprueba el Reglamento regulador de las infraestructuras comunes de telecomunicaciones para el acceso a los servicios de telecomunicación en el interior de los edificios y de la actividad de instalación de equipos y sistemas de telecomunicaciones, así como todas las disposiciones de igual o inferior rango que se opongan a lo dispuesto en este real decreto.

Disposición final primera. *Título competencial.*

Este real decreto se dicta al amparo del artículo 149.1.21.a de la Constitución, que atribuye competencia exclusiva al Estado en materia de telecomunicaciones.

Disposición final segunda. *Habilitación para el desarrollo reglamentario y para la modificación de los anexos.*

Se autoriza al Ministro de Industria, Turismo y Comercio para dictar las normas que resulten necesarias para el desarrollo y ejecución de lo establecido en este real decreto, así como para modificar, cuando las innovaciones tecnológicas así lo aconsejen, las normas técnicas contenidas en los anexos del Reglamento que se aprueba.

Disposición final tercera. *Entrada en vigor.*

El presente real decreto entrará en vigor el día siguiente al de su publicación en el «Boletín Oficial del Estado».

Dado en Madrid, el 11 de marzo de 2011.

JUAN CARLOS R.

El Ministro de Industria, Turismo y Comercio,
MIGUEL SEBASTIÁN GASCÓN

REGLAMENTO REGULADOR DE LAS INFRAESTRUCTURAS COMUNES DE TELECOMUNICACIONES PARA EL ACCESO A LOS SERVICIOS DE TELECOMUNICACIÓN EN EL INTERIOR DE LAS EDIFICACIONES

CAPÍTULO I
Disposiciones generales

Artículo 1. *Objeto.*

1. Constituye el objeto de este reglamento el establecimiento de la normativa técnica de telecomunicación relativa a la infraestructura común de telecomunicaciones (ICT) para el acceso a los servicios de telecomunicación; las especificaciones técnicas de telecomunicación que se deberán incluir en la normativa técnica básica de la edificación que regule la infraestructura de obra civil en el interior de los edificios para garantizar la capacidad suficiente que permita el acceso a los servicios de telecomunicación y el paso de las redes de los distintos operadores y los requisitos que debe cumplir la ICT para el acceso a los distintos servicios de telecomunicación en el interior de los edificios.

La normativa técnica básica de edificación deberá prever, en todo caso, que la infraestructura de obra civil disponga de la capacidad suficiente para permitir el paso de las redes de los distintos operadores, de forma tal que se facilite a estos el uso compartido de dicha infraestructura. En el supuesto de que la infraestructura común en el edificio fuese instalada o gestionada por un tercero, en tanto este mantenga su titularidad, deberá respetarse el principio de que aquella pueda ser utilizada por cualquier entidad u operador habilitado para la prestación de los correspondientes servicios.

2. Asimismo, este reglamento tiene por objeto favorecer y promocionar el alargamiento de la vida útil de las infraestructuras comunes de telecomunicación, impulsando el desarrollo de las tareas de mantenimiento necesarias para que las mismas permanezcan en todo momento en perfecto estado de funcionamiento, y apoyar la evolución de estas infraestructuras para permitir el desarrollo de conceptos como el de «hogar digital» que, afrontando el tratamiento de diferentes necesidades de los usuarios de forma integrada, aproximan las viviendas y las edificaciones al objetivo de aumentar su sostenibilidad y su accesibilidad para personas con discapacidad.

Artículo 2. *Definiciones.*

1. A los efectos de este reglamento, se entiende por infraestructura común de telecomunicaciones para el acceso a los servicios de telecomunicación, los sistemas de telecomunicación o las redes que existan o se instalen en las edificaciones comprendidas en el ámbito de aplicación de este reglamento para cumplir, como mínimo, las siguientes funciones:

   a) La captación y adaptación de las señales analógicas y digitales, terrestres, de radiodifusión sonora y televisión y su distribución hasta puntos de conexión situados en las distintas viviendas o locales de las edificaciones, y la distribución de las señales, por satélite, de radiodifusión sonora y televisión hasta los citados puntos de conexión. Las señales terrestres de radiodifusión sonora y de televisión susceptibles de ser captadas, adaptadas y distribuidas serán las contempladas en el apartado 4.1.6 y 4.1.7 del anexo I de este reglamento, difundidas por las entidades habilitadas dentro del ámbito territorial correspondiente.

   b) Proporcionar el acceso al servicio de telefonía disponible al público y el acceso a los servicios de telecomunicaciones de banda ancha, prestados a través de redes públicas de telecomunicaciones, mediante la infraestructura necesaria que permita la conexión de las distintas viviendas, locales y, en su caso, estancias o instalaciones comunes de las edificaciones a las redes de los operadores habilitados.

2. También tendrá la consideración de infraestructura común de telecomunicaciones para el acceso a los servicios de telecomunicación aquella que, no cumpliendo inicialmente las funciones indicadas en el apartado anterior, se adapte para cumplirlas. La adaptación podrá llevarse a cabo, en la medida en que resulte indispensable, mediante la construcción de una infraestructura adicional a la preexistente.

3. En los casos en los que la edificación se acometa aplicando el régimen contemplado en el artículo 396 del Código Civil, la infraestructura común de telecomunicaciones tendrá la consideración de elemento común de la edificación a los efectos de lo dispuesto en el artículo 5 de la Ley 49/1960, de 21 de julio, sobre Propiedad Horizontal.

4. A los efectos de este reglamento, se entiende por sistema individual de acceso a los servicios de telecomunicación aquel constituido por los dispositivos de acceso y conexión, necesarios para que el usuario pueda acceder a los servicios especificados en el apartado 1 de este artículo o a otros servicios provistos mediante otras tecnologías de acceso, siempre que para el acceso a dichos servicios no exista infraestructura común de acceso a los servicios de telecomunicaciones, no se instale una nueva o se adapte la preexistente en los términos establecidos en el Real Decreto-ley 1/1998, de 27 de febrero, sobre infraestructuras comunes en los edificios para el acceso a los servicios de telecomunicación.

5. A los efectos del presente reglamento, se entiende por «hogar digital» como el lugar donde las necesidades de sus habitantes, en materia de seguridad y control, comuni-

caciones, ocio y confort, integración medioambiental y accesibilidad, son atendidas mediante la convergencia de servicios, infraestructuras y equipamientos.

6. Los términos que no se encuentren expresamente definidos en este reglamento tendrán el significado previsto en la normativa de telecomunicaciones en vigor y, en su defecto, en el Reglamento de Radiocomunicaciones de la Unión Internacional de Telecomunicaciones.

Artículo 3. *Ámbito de aplicación.*

Las normas contenidas en este reglamento, relativas a las infraestructuras comunes de telecomunicaciones, se aplicarán:

1. A todos los edificios y conjuntos inmobiliarios en los que exista continuidad en la edificación, de uso residencial o no, y sean o no de nueva construcción, que estén acogidos, o deban acogerse, al régimen de propiedad horizontal regulado por la Ley 49/1960, de 21 de julio, sobre Propiedad Horizontal.

2. A los edificios que, en todo o en parte, hayan sido o sean objeto de arrendamiento por plazo superior a un año, salvo los que alberguen una sola vivienda.

CAPÍTULO II
Infraestructura común de telecomunicaciones

Artículo 4. *Normativa técnica aplicable.*

1. A la infraestructura común de telecomunicaciones para el acceso a los servicios de telecomunicación le será de aplicación la normativa técnica que se relaciona a continuación:

   a) Lo dispuesto en el anexo I de este reglamento, a la destinada a la captación, adaptación y distribución de las señales de radiodifusión sonora y televisión.

   b) Lo establecido en el anexo II, a la que tiene por objeto permitir el acceso a los servicios de telefonía disponible al público y de telecomunicaciones de banda ancha.

   c) A la de obra civil que soporte las demás infraestructuras comunes, lo dispuesto en la norma técnica básica de edificación que le sea de aplicación, en la que se recogerán necesariamente las especificaciones técnicas mínimas de las edificaciones en materia de telecomunicaciones, incluidas como anexo III de este reglamento.

   En ausencia de norma técnica básica de edificación, las infraestructuras de obra civil deberán cumplir, en todo caso, las especificaciones del anexo III.

2. Lo dispuesto en el párrafo c) del apartado anterior se entenderá sin perjuicio de las competencias que, sobre la materia, tengan atribuidas otras Administraciones públicas.

Artículo 5. *Obligaciones y facultades de los operadores y de la propiedad.*

1. Con carácter general, los operadores de redes y servicios de telecomunicación estarán obligados a la utilización de la infraestructura en las condiciones previstas en este reglamento y garantizarán, hasta el punto de terminación de red, el secreto de las comunicaciones, la calidad del servicio que les fuere exigible y el mantenimiento de la infraestructura.

2. Sin perjuicio de lo dispuesto en el artículo 5 del Real Decreto-ley 1/1998, de 27 de febrero, sobre infraestructuras comunes en los edificios para el acceso a los servicios de telecomunicación, el propietario o los propietarios de la edificación serán los responsables del mantenimiento de la parte de infraestructura común comprendida entre el punto de terminación de red y el punto de acceso al usuario, así como de tomar las medidas necesarias para evitar el acceso no autorizado y la manipulación incorrecta de la infraestructura. No obstante, los operadores y los usuarios podrán acordar voluntariamente la instalación en el punto de acceso al usuario, de un dispositivo que permita, en caso de avería, determinar el tramo de la red en el que dicha avería se produce.

3.1 Si fuera necesaria la instalación de equipos propiedad de los operadores para la introducción de las señales de telefonía o de telecomunicaciones de banda ancha en la infraestructura, aquellos estarán obligados a sufragar todos los gastos que originen tanto la instalación y el mantenimiento de los equipos, como la operación de estos y su retirada.

3.2 Asimismo, será obligación de los operadores que utilizan sistemas de cables de fibra óptica o coaxiales para proporcionar servicios de telefonía disponible al público o de telecomunicaciones de banda ancha, el suministro a los usuarios finales de los equipos de terminación de red que, en su caso, sean necesarios para hacer compatibles las interfaces de acceso disponibles al público con las de la red utilizada para prestar los servicios.

4. Los operadores de los servicios de telecomunicaciones procederán a la retirada del cableado y demás elementos que, discurriendo por la infraestructura de canalizaciones recintos y registros que soportan la ICT de la edificación, hubieran instalado, en su día, para dar servicio a un abonado cuando concluya, por cualquier causa, el correspondiente contrato de abono. La retirada será efectuada en un plazo no superior a 30 días, a partir de la conclusión del contrato. Transcurrido dicho plazo sin que se haya retirado el cable y demás elementos, quedará facultada la propiedad de la edificación para efectuarla por su cuenta, o para considerar integrados los mismos en la ICT de la edificación.

5. De acuerdo con lo dispuesto en el artículo 9.1 del Real Decreto-ley 1/1998, de 27 de febrero, sobre infraestructuras comunes en los edificios para el acceso a los servicios de telecomunicación, los copropietarios de un edificio en régimen de propiedad horizontal o, en su caso, los arrendatarios tendrán derecho a acceder, a su costa, a los servicios de telecomunicaciones distintos de los indicados en el artículo 2.1 de este reglamento a través de sistemas individuales de acceso a los servicios de tele-

comunicación cuando no exista infraestructura común de acceso a los servicios de telecomunicaciones, no se instale una nueva o no se adapte la preexistente, todo ello con arreglo al procedimiento dispuesto en el artículo 9.2 del mencionado Real Decreto-ley 1/1998.

Artículo 6. *Adaptación de instalaciones existentes y realización de instalaciones individuales.*

1. La adaptación de las instalaciones individuales o de las infraestructuras preexistentes cuando, de acuerdo con la legislación vigente, no reúnan las condiciones para soportar una infraestructura común de telecomunicaciones o no exista obligación de instalarla se realizará de conformidad con los anexos referidos en los párrafos a) y b) del artículo 4.1 de este reglamento que les sean de aplicación.

2. En el caso de que por no existir, o no estar prevista, la instalación de una infraestructura común de telecomunicaciones, o no se adaptase la preexistente, sea necesaria la realización de una instalación individual para acceder a un servicio de telecomunicación, el promotor de dicha instalación estará obligado a comunicar por escrito al propietario o, en su caso, a la comunidad de propietarios del edificio su intención, y acompañará a dicha comunicación la documentación suficiente para describir la instalación que pretende realizar, acreditación de que esta reúne los requisitos legales que le sean de aplicación y detalle del uso pretendido de los elementos comunes del edificio. Asimismo incluirá una declaración expresa por la que se exima al propietario o, en su caso, a la comunidad de propietarios de obligación alguna relativa al mantenimiento, seguridad y vigilancia de la infraestructura que se pretende realizar. El propietario o, en su caso, la comunidad de propietarios contestará en los plazos previstos en el Real Decreto-ley 1/1998, de 27 de febrero, si tiene previsto acometer la realización de una infraestructura común o la adaptación de la preexistente que proporcione el acceso al servicio de telecomunicación pretendido y, en caso contrario, prestará su consentimiento a la utilización de los elementos comunes del edificio para proceder a la realización de la instalación individual, y podrá proponer soluciones alternativas, siempre y cuando sean viables técnica y económicamente.

Artículo 7. *Continuidad de los servicios.*

1. Con la finalidad de garantizar la continuidad de los servicios, con carácter previo a la modificación de las instalaciones existentes o a su sustitución por una nueva infraestructura, la comunidad de propietarios o el propietario de la edificación estarán obligados a efectuar una consulta por escrito a los titulares de dichas instalaciones y, en su caso, a los arrendatarios, para que declaren, por escrito, los servicios recibidos a través de aquellas, al objeto de que se garantice que con la instalación modificada o con la infraestructura que sustituye a la existente sea posible la recepción de todos los servicios declarados. Dicha consulta se efectuará en el plazo de dos meses, de acuerdo con lo indicado en el Real Decreto-ley 1/1998, de 27 de febrero, para la instalación de la infraestructura en los edificios ya construidos.

2. Asimismo, la propiedad tomará las medidas oportunas tendentes a asegurar la normal utilización de las instalaciones o infraestructuras existentes, hasta que se encuentre en perfecto estado de funcionamiento la instalación modificada o la nueva infraestructura.

Artículo 8. *Consulta e intercambio de información entre el proyectista de la ICT y los diferentes operadores de telecomunicación.*

1. Por orden del Ministro de Industria, Turismo y Comercio, previo acuerdo de la Comisión Delegada del Gobierno para Asuntos Económicos, se podrá regular un procedimiento de consulta e intercambio de información entre los proyectistas de las ICT y los operadores de telecomunicaciones que desplieguen red en la zona en la que se va a construir la edificación, con la finalidad de:

a) Posibilitar que las infraestructuras de telecomunicación que deben incorporarse a dichas edificaciones permitan que la oferta de servicios de telecomunicación dirigida a los usuarios finales, en régimen de libre competencia, sea lo más amplia posible. Así, la consulta del proyectista de la ICT hacia los operadores de telecomunicación pertinentes en la zona donde se va a construir la edificación, incluirá una pregunta relativa a los tipos de redes que formando parte del proyecto técnico original de la ICT, no tienen previsto utilizar para proporcionar servicios de telecomunicación a sus potenciales usuarios. De este modo, bajo criterios de eficiencia económica y técnica y de previsión de futuro, y en función de las respuestas a la consulta, solo se incorporarán a la ICT de la edificación las redes que realmente vayan a tener utilidad, por haber operadores de telecomunicación en la zona interesados en utilizar dichas redes para ofrecer y proporcionar servicios a los usuarios.

b) Confirmar la ubicación más idónea de la arqueta de entrada de la ICT.

El resultado de la consulta e intercambio de información entre proyectistas y operadores se aplicará solamente para la ejecución o no de la instalación inicial de las diversas redes interiores de la infraestructura común, en los términos establecidos en este reglamento y sus anexos, sin que dicho resultado afecte al diseño, al dimensionado ni a la instalación de los diferentes elementos soporte de obra civil de la infraestructura común, con excepción de la determinación de la ubicación de la arqueta de entrada.

2. A efectos de lo prescrito en el apartado anterior, se entenderá lo siguiente:

a) Proyectista: el profesional encargado por el promotor de la edificación para el diseño de la ICT, que dispone de la titulación establecida **en el artículo 3 del Real Decreto-ley 1/1998, de 27 de febrero, sobre infraestructuras comunes en los edificios para el acceso a los servicios de telecomunicación.**[1] Se encargará de generar la consulta hacia los operadores, facilitando la

---

[1] Téngase en cuenta que se declara la nulidad del inciso destacado en negrita por Sentencias del TS de 17 de octubre de 2012. Ref.: BOE-A-2012-13773, y Ref. BOE- A-2012-13774.

información básica respecto a la situación y características fundamentales de la edificación que se pretende construir y de los tiempos estimados de comienzo y duración del proceso constructivo. Asimismo reflejará en el acta de replanteo la respuesta obtenida a su consulta y las consecuencias de esta sobre el proyecto original de ICT. Por último, si procede, realizará las modificaciones oportunas en el proyecto técnico para adecuarlo a las respuestas recibidas.

a) Operadores con red: operadores de telecomunicación que mediante diferentes tecnologías despliegan redes de telecomunicación hasta las edificaciones que, de forma voluntaria, se adhieren a la consulta e intercambio de información objeto del presente artículo.

3. La indicada orden del Ministro de Industria, Turismo y Comercio asimismo regulará la forma en que la Administración actuará como gestor del proceso de consulta e intercambio de información. También regulará la forma de normalizar y canalizar las consultas efectuadas por los proyectistas de la ICT hacia los diferentes operadores con red y las respuestas de estos hacia los correspondientes proyectistas, sin ningún otro tipo de intervención en el proceso. La canalización de las consultas y respuestas se efectuará mediante procedimientos electrónicos, simplificando así la tramitación y facilitando la necesaria comunicación entre proyectistas y operadores de telecomunicación pertinentes.

4. Con el fin de dotarlo con las mayores garantías de certeza posible, el intercambio de información o consulta deberá ser efectuado inmediatamente antes del momento de comienzo de las obras de ejecución de la edificación proyectada, haciéndolo coincidir con el proceso de replanteo de la obra. Su resultado deberá de reflejarse en la correspondiente acta de replanteo y, si procede, en función de las respuestas de los operadores, provocará que se realicen las modificaciones oportunas en el proyecto técnico, mediante el anexo correspondiente.

5. Los operadores de red involucrados en la consulta, dispondrán de un plazo máximo de 30 días a partir del momento en que se realiza la consulta para responder a la misma. Transcurrido dicho plazo sin recibir contestación, el proyectista procederá a proyectar la ICT de acuerdo con las disposiciones de este reglamento.

6. La participación de los operadores interesados en el proceso de consultas descrito en este reglamento será efectiva a partir de la firma de un convenio con la Administración en el que queden reflejados sus derechos y sus obligaciones, así como las consecuencias del incumplimiento del mismo. La falta de respuesta a la consulta por parte de alguno de los operadores de red, de forma reiterada y sin justificación, así como el incumplimiento de las obligaciones fijadas en el convenio, podrá concluir con la exclusión del mismo de la lista de operadores de red a consultar. Los diferentes casos serán contemplados y desarrollados en los convenios señalados.

Artículo 9. *Proyecto técnico.*

1. Con objeto de garantizar que las redes de telecomunicaciones en el interior de los edificios cumplan con las normas técnicas establecidas en este reglamento, aquellas

deberán contar con el correspondiente proyecto técnico. En el proyecto técnico se describirán, detalladamente, todos los elementos que componen la instalación y su ubicación y dimensiones, con mención de las normas que cumplen.

En el proyecto técnico original, se proyectarán y describirán la totalidad de las redes que pueden formar parte de la ICT, de acuerdo a la presencia de operadores que despliegan red en la ubicación de la futura edificación.

El proyecto técnico de ejecución tendrá en cuenta los resultados de la consulta e intercambio de información entre el proyectista de la ICT y los diferentes operadores de telecomunicación a que se refiere el artículo anterior. En el caso de que no existiera respuesta por parte de los operadores de telecomunicación, el proyecto técnico de ejecución incorporará tecnologías de acceso basadas en cables de fibra óptica en todas las poblaciones, y tecnologías de acceso basadas en cables coaxiales en aquellas poblaciones en las que estén presentes los operadores de cable en el momento de la entrada en vigor del presente reglamento.

El proyecto técnico de ejecución incluirá, al menos, los siguientes documentos:

a) Memoria: en ella se especificarán, como mínimo, los siguientes apartados: descripción de la edificación; descripción de los servicios que se incluyen en la infraestructura; previsiones de demanda; cálculos de niveles de señal en los distintos puntos de la instalación; elementos que componen la infraestructura. En su elaboración deberán tenerse en cuenta los resultados obtenidos tras la consulta e intercambio de información entre el proyectista de la ICT y los diferentes operadores de telecomunicación a que se refiere el artículo 8 de este reglamento, incluyendo la información necesaria para identificar de forma inequívoca la misma.

b) Planos: indicarán, al menos, los siguientes datos: esquemas de principio de la instalación; tipo, número, características y situación de los elementos de la infraestructura, canalizaciones de telecomunicación de la edificación; situación y ordenación de los recintos de instalaciones de telecomunicaciones; otras instalaciones previstas en la edificación que pudieran interferir o ser interferidas en su funcionamiento con la infraestructura; y detalles de ejecución de puntos singulares, cuando así se requiera por su índole.

c) Pliego de condiciones: se determinarán las calidades de los materiales y equipos y las condiciones de montaje.

d) Presupuesto: se especificará el número de unidades y precio de la unidad de cada una de las partes en que puedan descomponerse los trabajos, y deberán quedar definidas las características, modelos, tipos y dimensiones de cada uno de los elementos.

El proyecto técnico, firmado por el profesional encargado por el promotor de la edificación para el diseño de la ICT, que dispone de la titulación **establecida en el artículo 3 del Real Decreto-ley 1/1998, de 27 de febrero, sobre infraestructuras comunes en los edificios para el acceso a los servicios de telecomunicación** que, en su caso, actuará en coordinación con el autor del proyecto de edificación, debe ser verificado por una entidad **que disponga de la independencia necesaria respecto al proceso de construcción de la edificación y de los medios y la capacitación técnica para ello**[2].

Por orden del Ministro de Industria, Turismo y Comercio podrá aprobarse un modelo tipo de proyecto técnico que normalice los documentos que lo componen.

Un ejemplar de dicho proyecto técnico deberá obrar en poder de la propiedad, a cualquier efecto que proceda. Es obligación de la propiedad recibir, conservar y transmitir el proyecto técnico de la instalación efectuada. Otro ejemplar del proyecto verificado, habrá de presentarse electrónicamente por la propiedad a través del Registro electrónico del Ministerio de Industria, Turismo y Comercio, a los efectos de que se pueda inspeccionar la instalación, cuando la autoridad competente lo considere oportuno.

2. Cuando la instalación requiera de una modificación sustancial del proyecto original, la propiedad deberá presentar electrónicamente el proyecto modificado correspondiente, que deberá reunir los mismos requisitos establecidos en el apartado anterior respecto del proyecto técnico. Cuando las modificaciones no produzcan un cambio sustancial del proyecto original, estas se incorporarán como anexos al proyecto. De conformidad con lo dispuesto en el apartado anterior, la propiedad deberá conservar y transmitir el proyecto modificado.

3. Se presumirá que el proyecto técnico cumple con las determinaciones establecidas en este reglamento y demás normativa aplicable, cuando haya sido verificado por una entidad que cumpla los requisitos señalados en el apartado 1 del presente artículo, siempre y cuando dicha verificación se realice siguiendo los criterios básicos establecidos mediante orden del Ministerio de Industria, Turismo y Comercio.

    Entre dichos criterios básicos se incluirán aquellos relativos a la comprobación documental que permita verificar que el proyecto tiene la estructura y contenidos mínimos normalizados, a la comprobación técnica que permita verificar que en la ICT proyectada se han definido todos los elementos considerados como mínimos imprescindibles por la reglamentación y se han realizado los cálculos necesarios para garantizar el correcto funcionamiento de la infraestructura proyectada y sobre cumplimiento de la normativa aplicable que permita constatar que en el diseño del proyecto se ha tenido en cuenta lo previsto en las distintas normativas aplicables: reglamentación de ICT, edificación, prevención de riesgos laborales, protección contra campos electromagnéticos, secreto de las comunicaciones, gestión de residuos y protección contra incendios, entre otras.

4. Las entidades de verificación señaladas en el punto anterior deberán demostrar y satisfacer de forma continuada los siguientes requisitos:

    a) Disponer de la independencia necesaria respecto al proceso de construcción de la edificación, cuyos proyectos de ICT van a ser objeto de verificación. Para

---

[2] Téngase en cuenta que se declara la nulidad de los incisos destacados en negrita por Sentencias del TS de 9 y 17 de octubre de 2012. Ref.: BOE-A-2012-13532, Ref.: BOE- A-2012-13773 y Ref. BOE-A-2012-13774.

ello, la entidad no deberá estar directamente implicada en el proceso de construcción de la edificación ni representar a partes implicadas en el mismo. Asimismo, la entidad deberá estar libre de cualquier tipo de presión, coacción e incentivos, en especial de orden económico, que puedan influir sobre su opinión o los resultados de sus tareas.

b) Ser capaz de llevar a cabo todas las tareas del procedimiento de verificación, para lo cual, tendrá a su disposición el personal necesario y acceso a las instalaciones necesarias para llevar a cabo correctamente las tareas implicadas en su procedimiento de verificación. El personal deberá disponer de una adecuada formación técnica y profesional, conocimientos satisfactorios de las cuestiones relativas a las tareas que van a realizar y una experiencia adecuada para verificar correctamente la conformidad de los requisitos exigidos.

c) Disponer de un procedimiento de verificación que, al menos, incluya y cumpla los criterios básicos de verificación establecidos por el Ministerio de Industria, Turismo y Comercio.

d) Tener contratado un seguro de responsabilidad civil que cubra los posibles daños y responsabilidades derivados de la actividad de verificación de proyectos de ICT.

5. En virtud de lo dispuesto en el Real Decreto 1715/2010, de 17 de diciembre, por el que se designa a la Entidad Nacional de Acreditación (ENAC) como organismo nacional de acreditación de acuerdo con lo establecido en el Reglamento (CE) n.º 765/2008 del Parlamento Europeo y el Consejo, de 9 de julio de 2008, por el que se establecen los requisitos de acreditación y vigilancia del mercado relativos a la comercialización de los productos y por el que se deroga el Reglamento (CEE) n.º 339/93, la Secretaría de Estado de Telecomunicaciones y para la Sociedad de la Información aceptará que las entidades de verificación acreditadas por ENAC o por cualquiera de los organismos de acreditación de cualquier Estado miembro de la Unión Europea, siempre que dichos organismos se hayan sometido con éxito al sistema de evaluación por pares previsto en el Reglamento (CE) n.º 765/2008, de 9 de julio, del Parlamento Europeo y del Consejo, cumplen los requisitos antes señalados para verificar proyectos técnicos de infraestructuras comunes de telecomunicación en el interior de las edificaciones.

6. La entidad de verificación, una vez acreditada, deberá cumplir los requisitos y criterios que se establezcan mediante orden del titular del Ministerio de Industria, Turismo y Comercio que tendrán como objetivo facilitar la gestión y la tramitación, ante la Secretaría de Estado de Telecomunicaciones y para la Sociedad de la Información, de los proyectos técnicos verificados por dicha entidad.

Artículo 10. *Ejecución del proyecto técnico.*

1. En el momento del inicio de las obras, el promotor encargará al director de obra de la ICT, si existe, o en caso contrario a un profesional que dispone de la titulación establecida en el artículo 3 del Real Decreto-ley 1/1998, de 27 de febrero, sobre infraestructuras comunes en los edificios para el acceso a los servicios de telecomunicación[3], la redacción de un acta de replanteo del proyecto técnico de ICT, que será firmada entre aquel y el titular de la propiedad o su representación legal, donde figure una declaración expresa de validez del proyecto original o, si las circunstancias hubieren variado y fuere necesario la actualización de este, la forma en que se va a acometer dicha actualización, bien como modificación del proyecto, si se trata de un cambio sustancial, o bien como anexo al proyecto original si los cambios fueren de menor entidad. Obligatoriamente, el acta de replanteo incluirá una referencia a los resultados de la consulta e intercambio de información entre el proyectista de la ICT y los diferentes operadores de telecomunicación a que se refiere el artículo 8 de este reglamento y, será presentada a la Administración electrónicamente, en el Registro electrónico del Ministerio de Industria, Turismo y Comercio, en un plazo no superior a 15 días naturales tras su redacción y firma.

2. Finalizados los trabajos de ejecución del proyecto técnico mencionado en el artículo anterior, la propiedad presentará electrónicamente, en el Registro electrónico del Ministerio de Industria, Turismo y Comercio, un boletín de instalación expedido por la empresa instaladora que haya realizado la instalación y un certificado, expedido por el director de obra, cuando exista, de que la instalación se ajusta al proyecto técnico, o bien un boletín de instalación, dependiendo de su complejidad. La forma y contenido del boletín de instalación y del certificado y los casos en que este sea exigible, en razón de la complejidad de la instalación, se establecerán por orden ministerial. Es obligación de la propiedad recibir, conservar y transmitir todos los documentos asociados a la instalación efectuada.

Asimismo, una vez finalizada la ejecución de la ICT, la propiedad hará entrega a los usuarios finales de las viviendas y locales comerciales de la edificación de una copia de un manual de usuario, donde se describa, de forma didáctica, las posibilidades y funcionalidades que les ofrece la infraestructura de telecomunicaciones, así como las recomendaciones en cuanto a uso y mantenimiento de la misma. Cada propietario tendrá la obligación de transferir esta información, convenientemente actualizada, en caso de venta o arrendamiento de la propiedad. Por orden del Ministro de Industria, Turismo y Comercio, podrá aprobarse un modelo tipo de manual de usuario que normalice su estructura y la información que debe contener. Tanto la recepción como la transmisión de la documentación asociada a la ICT se llevara a cabo mediante el Libro del Edificio a que se refieren, tanto la Ley 38/1999, de 5 de noviembre, de Ordenación de la Edificación, como en el Código Técnico de la Edificación aprobado mediante el Real Decreto 314/2006, de 17 de marzo.

A los efectos de este reglamento, se entiende por director de obra, cuando exista, al profesional encargado por el promotor de la edificación, que dispone de la titulación establecida en el artículo 3 del Real Decreto-ley 1/1998, de 27 de febrero, sobre

---

[3] Téngase en cuenta que se declara la nulidad del inciso destacado en negrita por Sentencias del TS de 17 de octubre de 2012. Ref.: BOE-A-2012-13773 y Ref.: BOE- A-2012-13774.

infraestructuras comunes en los edificios para el acceso a los servicios de telecomunicación[4], que dirige el desarrollo de los trabajos de ejecución del proyecto técnico relativo a la infraestructura común de telecomunicaciones, que asume la responsabilidad de su ejecución conforme al proyecto técnico, y que puede introducir en su transcurso modificaciones en el proyecto original. En este caso, deberá actuar de acuerdo con lo dispuesto en el artículo 9.2. Los requisitos y obligaciones exigibles a los directores de obra serán establecidos por orden ministerial.

3. La Secretaría de Estado de Telecomunicaciones y para la Sociedad de la Información podrá realizar utilizando medios propios, o a través de auditorías o evaluaciones externas, las actuaciones de comprobación o de inspección necesarias para verificar el cumplimiento de los requisitos aplicables al proceso de ejecución de la infraestructura común de telecomunicaciones. Dichas comprobaciones podrán afectar tanto a la documentación exigida, como a la propia infraestructura realizada.

4. Cuando a petición de los constructores o promotores, para obtener la cédula de habitabilidad o licencia de primera ocupación, se solicite de las Jefaturas Provinciales de Inspección de Telecomunicaciones la acreditación del cumplimiento de las obligaciones establecidas en este reglamento, dichas Jefaturas expedirán una certificación a los solos efectos de acreditar que por parte del promotor o constructor se ha presentado el correspondiente proyecto técnico que ampare la infraestructura, y el boletín de la instalación y, en su caso, el certificado que garanticen que esta se ajusta al proyecto técnico.

Asimismo, cuando la Secretaría de Estado de Telecomunicaciones y para la Sociedad de la Información tenga conocimiento del incumplimiento de alguno de los requisitos que debe reunir el proyecto técnico, lo comunicará a la Administración autonómica o local correspondiente.

5. La comunidad de propietarios o el propietario de la edificación y la empresa instaladora, en su caso, tomarán las medidas necesarias para asegurar a aquellos que tengan instalaciones individuales su normal utilización durante la construcción de la nueva infraestructura, o la adaptación de la preexistente, en tanto estas no se encuentren en perfecto estado de funcionamiento.

Artículo 11. *Equipos y materiales utilizados para configurar las instalaciones.*

Tanto los equipos incluidos en el proyecto técnico de la instalación como los materiales empleados en su ejecución deberán ser conformes con las especificaciones técnicas incluidas en este reglamento y con el resto de normas en vigor que les sean de aplicación, especialmente las contenidas en el mencionado Código Técnico de la Edificación en materia de seguridad contra incendios y de resistencia frente al fuego.

---

[4] Téngase en cuenta que se declara la nulidad del inciso destacado en negrita por Sentencias del TS de 17 de octubre de 2012. Ref.: BOE-A-2012-13773 y Ref.: BOE- A-2012-13774.

Artículo 12. *Colaboración con la Administración.*

La Secretaría de Estado para el Avance Digital, del Ministerio de Industria, Turismo y Comercio, podrán, en cualquier momento, requerir la subsanación de las anomalías encontradas en cualquiera de los documentos relativos a la ICT presentados.

La comunidad de propietarios o, en su caso, el propietario de la edificación, la empresa instaladora, el proyectista y, en su caso, el director de obra responsable de las actuaciones sobre la infraestructura común de telecomunicaciones están obligados a colaborar con la Administración competente en materia de inspección, facilitando el acceso a las instalaciones y cuanta información sobre estas les sea requerida.

Artículo 13. *Conservación de la ICT e inspección técnica de las edificaciones.*

1. En relación con la conservación de las ICT en edificaciones construidas en régimen de propiedad horizontal y respecto a las obligaciones de las comunidades de propietarios, se aplicará lo previsto en el artículo 10 de la Ley 49/1960, de 21 de julio, sobre Propiedad Horizontal en cuanto al mantenimiento de los elementos, pertenencias y servicios comunes.

2. En cuanto a la conservación de las infraestructuras en edificios arrendados se aplicará el artículo 21 de la Ley 29/1994, de 24 de noviembre, de Arrendamientos Urbanos, salvo que la instalación se hubiere solicitado por los arrendatarios, en cuyo caso los gastos que se produzcan serán a cuenta de estos.

3. Con objeto de facilitar las labores relacionadas con las inspecciones técnicas de las edificaciones en materia de infraestructuras e instalaciones de telecomunicaciones, el anexo IV de este reglamento incluye, con carácter orientativo, un protocolo de pruebas para evaluar el estado de operatividad de las citadas infraestructuras e instalaciones.

Artículo 14. *Hogar digital.*

Con el fin de impulsar la implantación y desarrollo generalizado del concepto de «hogar digital», se incluye como anexo V de este reglamento una clasificación de las viviendas y edificaciones atendiendo a los equipamientos y tecnologías con las que se pretenda dotarlas. Dicha clasificación se aplicará a aquellas edificaciones en las que las viviendas, por decisión de su promotor, incorporen las funcionalidades de «hogar digital», a los efectos de que tanto promotores, como usuarios y administraciones públicas dispongan de un marco de referencia homogéneo, basado en parámetros objetivos, para clasificar y comparar las viviendas.

Artículo 15. *Régimen sancionador.*

El incumplimiento de las obligaciones que impone este reglamento y las normas técnicas que lo completan se sancionará de acuerdo con lo previsto en el artículo 11 del Real Decreto-ley 1/1998, de 27 de febrero, y en la Ley 32/2003, de 3 de noviembre, General de Telecomunicaciones.

ANEXO I

NORMA TÉCNICA DE INFRAESTRUCTURA COMÚN DE TELECOMUNICACIONES PARA LA CAPTACIÓN, ADAPTACIÓN Y DISTRIBUCIÓN DE SEÑALES DE RADIODIFUSIÓN SONORA Y TELEVISIÓN, PROCEDENTES DE EMISIONES TERRESTRES Y DE SATÉLITE[1]

1. OBJETO

Esta norma técnica establece las características técnicas que deberá cumplir la infraestructura común de telecomunicaciones (ICT) destinada a la captación, adaptación y distribución de señales de radiodifusión sonora y de televisión procedentes de emisiones terrestres y de satélite.

Esta norma deberá ser aplicada de manera conjunta con las especificaciones técnicas mínimas de las edificaciones en materia de telecomunicaciones (anexo III de este reglamento), o con la Norma técnica básica de la edificación en materia de telecomunicaciones que las incluya, que establecen los requisitos que deben cumplir las canalizaciones, recintos y elementos complementarios destinados a albergar la infraestructura común de telecomunicaciones.

2. ELEMENTOS DE LA ICT

La ICT para la captación, adaptación y distribución de señales de radiodifusión sonora y de televisión procedentes de emisiones terrestres y de satélite, estará formada por los siguientes elementos:

---

[1] *Véase* el Real Decreto 391/2019, de 21 de junio, por el que se aprueba el Plan Técnico Nacional de la Televisión Digital Terrestre y se regulan determinados aspectos para la liberación del segundo dividendo digital.

2.1. Conjunto de elementos de captación de señales

Es el conjunto de elementos encargados de recibir las señales de radiodifusión sonora y televisión procedentes de emisiones terrestres y de satélite.

Los conjuntos captadores de señales estarán compuestos por las antenas, mástiles, torretas y demás sistemas de sujeción necesarios, en unos casos, para la recepción de las señales de radiodifusión sonora y de televisión procedentes de emisiones terrestres, y, en otros, para las procedentes de satélite. Asimismo, formarán parte del conjunto captador de señales todos aquellos elementos activos o pasivos encargados de adecuar las señales para ser entregadas al equipamiento de cabecera.

2.2. Equipamiento de cabecera

Es el conjunto de dispositivos encargados de recibir las señales provenientes de los diferentes conjuntos captadores de señales de radiodifusión sonora y televisión y adecuarlas para su distribución al usuario en las condiciones de calidad y cantidad deseadas; se encargará de entregar el conjunto de señales a la red de distribución.

2.3. Red

Es el conjunto de elementos necesarios para asegurar la distribución de las señales desde el equipo de cabecera hasta las tomas de usuario. Esta red se estructura en tres tramos determinados, red de distribución, red de dispersión y red interior, con dos puntos de referencia llamados punto de acceso al usuario y toma de usuario.

2.3.1. *Red de distribución*

Es la parte de la red que enlaza el equipo de cabecera con la red de dispersión. Comienza a la salida del dispositivo de mezcla que agrupa las señales procedentes de los diferentes conjuntos de elementos de captación y adaptación de emisiones de radiodifusión sonora y televisión, y finaliza en los elementos que permiten la segregación de las señales a la red de dispersión (derivadores).

2.3.2. *Red de dispersión*

Es la parte de la red que enlaza la red de distribución con la red interior de usuario. Comienza en los derivadores que proporcionan la señal procedente de la red de distribución, y finaliza en los puntos de acceso al usuario.

2.3.3. *Red interior de usuario*

Es la parte de la red que, enlazando con la red de dispersión en el punto de acceso al usuario, permite la distribución de las señales en el interior de los domicilios o locales de los usuarios configurándose en estrella desde el punto de acceso al usuario hasta las tomas.

2.3.4. *Punto de acceso al usuario (PAU)*

Es el elemento en el que comienza la red interior del domicilio del usuario, que permite la delimitación de responsabilidades en cuanto al origen, localización y reparación de averías. Se ubicará en el interior del domicilio del usuario y permitirá a este la selección del cable de la red de dispersión que desee.

2.3.5. *Toma de usuario (base de acceso de terminal)*

Es el dispositivo que permite la conexión a la red de los equipos de usuario para acceder a los diferentes servicios que esta proporciona.

3. DIMENSIONES MÍNIMAS DE LA ICT

Los elementos que, como mínimo, conformarán la ICT de radiodifusión sonora y televisión serán los siguientes:

3.1. Los elementos necesarios para la captación y adaptación de las señales de radiodifusión sonora y televisión terrestres. Su accesibilidad estará garantizada en cualquier situación.

3.2. El elemento que realice la función de mezcla para facilitar la incorporación a la red de distribución de las señales procedentes de los conjuntos de elementos de captación y adaptación de señales de radiodifusión sonora y televisión por satélite.

3.3. Los elementos necesarios para conformar las redes de distribución y de dispersión de manera que al PAU de cada usuario final le lleguen dos cables, con las señales procedentes de la cabecera de la instalación.

3.4. Un PAU para cada usuario final. En el caso de viviendas, el PAU se complementará con un elemento de distribución o reparto, alojado en su interior o en otro punto de la vivienda a criterio del proyectista, que disponga de un número de salidas que permita la conexión y servicio a todas las estancias de la vivienda, excluidos baños y trasteros. El nivel de señal en cada una de las salidas de dicho distribuidor deberá garantizar los niveles de calidad en toma establecidos en esta norma.

3.5. Los elementos necesarios para conformar la red interior de cada usuario.

3.5.1. Para el caso de viviendas.

El número de tomas será de una por cada estancia, excluidos baños y trasteros, con un mínimo de dos.

3.5.2. Para el caso de locales u oficinas.

a) Edificaciones mixtas de viviendas y locales y oficinas:

i) Cuando esté definida la distribución de la planta en locales u oficinas se colocará un PAU en cada uno de ellos capaz de alimentar un número de tomas fijado en función de la superficie o división interior del local u oficina.

ii) Cuando no esté definida la distribución de la planta en locales u oficinas, en el registro secundario que dé servicio a dicha planta se colocará un elemento o elementos de distribución, con capacidad para dar servicio a un número de PAU que, como mínimo será igual al número de viviendas de la planta tipo de viviendas de la edificación.

b) Edificaciones destinadas fundamentalmente a locales u oficinas:

i) Cuando esté definida la distribución de la planta en locales u oficinas se colocará un PAU en cada uno de ellos capaz de alimentar un número de tomas fijado en función de la superficie o división interior del local u oficina.

ii) Cuando no esté definida la distribución de la planta en locales u oficinas, en el registro secundario que dé servicio a dicha planta, se colocará un elemento o elementos de distribución con capacidad para dar servicio, como mínimo, a un PAU por cada 100 m^2 o fracción.

3.5.3. Estancias comunes de la edificación.

El número de tomas será de una por cada estancia común de la edificación de uso general, excluyendo aquellas donde la permanencia habitual de las personas no requiera de los servicios de radiodifusión y televisión.

3.6. Deberá reservarse espacio físico suficiente libre de obstáculos en la parte superior de la edificación, con accesibilidad garantizada en cualquier situación, para la instalación de los conjuntos de elementos de captación para la recepción de las señales de radiodifusión sonora y televisión por satélite, cuando estos no formen parte de la instalación inicial. Dicho espacio deberá permitir la realización de los trabajos necesarios para la sujeción de los correspondientes elementos.

4. CARACTERÍSTICAS TÉCNICAS DE LA ICT

4.1. Características funcionales generales

Con carácter general, la infraestructura común de telecomunicaciones para la captación, adaptación y distribución de señales de radiodifusión y televisión deberá respetar las siguientes consideraciones:

4.1.1. El sistema deberá disponer de los elementos necesarios para proporcionar en la toma de usuario las señales de radiodifusión sonora y televisión con los niveles de calidad mencionados en el apartado 4.5 de esta norma.

4.1.2. Tanto la red de distribución como la red de dispersión y la red interior de usuario estarán preparadas para permitir la distribución de la señal, de manera transparente, entre la cabecera y la toma de usuario en la banda de frecuencias comprendida entre 5 MHz y 2.150 MHz. En el caso de disponer de canal de retorno, este deberá estar situado en la banda de frecuencias comprendida entre 5 MHz y 65 MHz.

4.1.3. En cada uno de los dos cables que componen las redes de distribución y dispersión se situarán las señales procedentes del conjunto de elementos de captación de emisiones de radiodifusión sonora y televisión terrestres, y quedará el resto de ancho de banda disponible de cada cable para situar, de manera alternativa, las señales procedentes de los posibles conjuntos de elementos de captación de emisiones de radiodifusión sonora y televisión por satélite.

4.1.4. Las señales de radiodifusión sonora y de televisión terrestre, cuyos niveles de intensidad de campo superen los establecidos o previstos en los apartados 4.1.6 y 4.1.7 de esta norma, difundidas por las entidades que disponen del preceptivo título habilitante en el lugar donde se encuentre situado el inmueble, al menos deberán ser distribuidas sin manipulación ni conversión de frecuencia, salvo en los casos en los que técnicamente se justifique en el proyecto técnico de la instalación, para garantizar una recepción satisfactoria.

4.1.5. El proyecto técnico de la ICT se redactará de conformidad con las bandas de frecuencias atribuidas a los servicios y con los canales radioeléctricos planificados, en cada momento y área geográfica, para la emisión de señales de radiodifusión sonora digital terrestre y televisión digital terrestre. Otras señales de telecomunicaciones que se transmitan correspondientes a servicios que, en su caso, pudiesen utilizar estas bandas de manera compartida por estar atribuidas a título secundario, o que se distribuyan por el cable coaxial de la ICT utilizando canales radioeléctricos que no estén planificados, no podrán reclamar protección frente a interferencias causadas por las señales de radiodifusión sonora digital terrestre y televisión digital terrestre.

Asimismo, el proyecto técnico deberá garantizar la debida protección a las señales del servicio de televisión digital terrestre frente a señales de servicios de comunicaciones electrónicas que vayan a utilizar la subbanda de frecuencias comprendidas entre 694 MHz y 862 MHz, de manera que las señales transmitidas dentro de esta subbanda de acuerdo con los parámetros técnicos que le sean de aplicación, no puedan degradar la calidad de las señales distribuidas a través de la ICT correspondientes al servicio de televisión digital terrestre.

4.1.6. Se deberán distribuir en la ICT, al menos, aquellas señales correspondientes al servicio público de radio y televisión a que se refiere la Ley 17/2006, de 5 de junio, de la radio y la televisión de titularidad del Estado, y a los servicios que, conforme a lo dispuesto en la Ley 7/2010, de 31 de marzo, General de la Comunicación Audiovisual, dispongan del preceptivo título habilitante dentro del ámbito territorial donde se encuentre situado el inmueble siempre que presenten en el punto de captación un nivel de intensidad de campo superior a:

Radiodifusión sonora terrestre

Tipo de señal	Entorno	Banda de frecuencias (MHz)	Intensidad campo (dBµV/m)
Analógica monofónica	Rural	87,5-108,0	48
Analógica monofónica	Urbano	87,5-108,0	60
Analógica monofónica	Gran ciudad	87,5-108,0	70
Analógica estereofónica	Rural	87,5-108,0	54
Analógica estereofónica	Urbano	87,5-108,0	66
Analógica estereofónica	Gran ciudad	87,5-108,0	74
Digital	–	195,0-223,0	58

Televisión terrestre

Tipo de señal	Banda de frecuencias (MHz)	Intensidad campo (dBµV/m)
Digital (*)	470,0-862,0	$3 + 20 \log f$ (MHz)

(*) Los parámetros de calidad de la señal de televisión digital terrestre establecidos en el apartado 4.5 de la presente norma solo serán exigibles si el MER de estas señales es superior a 23 dB.

4.1.7. Con independencia de lo dispuesto en el punto anterior, los proyectos que definan las ICT, incluirán todos los elementos necesarios para la captación, adaptación y distribución de los canales de televisión terrestre que, aun no estando operativos en la fecha en que se realizan los proyectos, dispongan del título habilitante y en cuya zona de cobertura prevista se incluya la localización de la edificación objeto del proyecto.

4.1.8. La ICT deberá estar diseñada y ejecutada, en los aspectos relativos a la seguridad eléctrica y compatibilidad electromagnética, de manera que se cumpla lo establecido en:

a) La Directiva 2006/95/CE del Parlamento Europeo y del Consejo, de 12 de diciembre de 2006, relativa a la aproximación de las legislaciones de los Estados miembros sobre el material eléctrico destinado a utilizarse con determinados límites de tensión. El Real Decreto 7/1988, de 8 de enero, relativo a las exigencias de seguridad del material eléctrico destinado a ser utilizado en determinados límites de tensión, desarrollado por la Orden ministerial de 6 de junio de 1989. Deberá tenerse en cuenta, asimismo, el Real Decreto 154/1995, de 3 de febrero, que modifica el Real Decreto 7/1988, de 8 de enero, anteriormente citado.

b) El Real Decreto 1580/2006, de 22 de diciembre, por el que se regula la compatibilidad electromagnética de los equipos eléctricos y electrónicos, por el que se incorporó al derecho español la Directiva 2004/108/CE, relativa a la aproximación de las legislaciones de los Estados miembros en materia de compatibilidad electromagnética.

Por otra parte, la Directiva 1995/5/CE, de 9 de marzo, sobre equipos radioeléctricos y equipos terminales de telecomunicación, ha permitido una modificación de la evaluación de la conformidad de los aparatos de telecomunicación, establecida en el Real Decreto 1890/2000, de 20 de noviembre por el que se aprueba el Reglamento que establece el procedimiento para la evaluación de la conformidad de los aparatos de telecomunicaciones.

Para el cumplimiento de las disposiciones anteriores, podrán utilizarse como referencia las normas UNE-EN 60728-11 (Redes de distribución por cable para señales de televisión, señales de sonido y servicios interactivos. Parte 11: Requisitos de seguridad.), UNE-EN 50083-2 (Redes de distribución por cable para señales de televisión, señales de sonido y servicios interactivos. Parte 2: Compatibilidad electromagnética de los equipos) y UNE-EN 50083-8 (Redes de distribución por cable para señales de televisión, señales de sonido y servicios interactivos. Parte 8: Compatibilidad electromagnética de las redes).

4.2. Características de los elementos de captación

4.2.1. Características del conjunto de elementos para la captación de servicios terrestres.

Las antenas y elementos anexos: soportes, anclajes, riostras, etc., deberán ser de materiales resistentes a la corrosión o tratados convenientemente a estos efectos.

Los mástiles o tubos que sirvan de soporte a las antenas y elementos anexos deberán estar diseñados de forma que se impida, o al menos se dificulte, la entrada de agua en ellos y, en todo caso, se garantice la evacuación de la que se pudiera recoger.

Los mástiles de antena deberán estar conectados a la toma de tierra del edificio a través del camino más corto posible, con cable de, al menos, 25^2mm de sección.

La ubicación de los mástiles o torretas de antena será tal que haya una distancia mínima de 5 metros al obstáculo o mástil más próximo; la distancia mínima a líneas eléctricas será de 1,5 veces la longitud del mástil.

La altura máxima del mástil será de 6 metros. Para alturas superiores se utilizarán torretas.

Los mástiles de antenas se fijarán a elementos de fábrica resistentes y accesibles y alejados de chimeneas u otros obstáculos.

Las antenas y elementos del sistema captador de señales soportarán las siguientes velocidades de viento:

a) Para sistemas situados a menos de 20 m del suelo: 130 km/h.

b) Para sistemas situados a más de 20 m del suelo: 150 km/h.

Los cables de conexión serán del tipo intemperie o en su defecto deberán estar protegidos adecuadamente.

4.2.2. Características del conjunto para la captación de servicios por satélite

El conjunto para la captación de servicios por satélite, cuando exista, estará constituido por las antenas con el tamaño adecuado y demás elementos que posibiliten la recepción de señales procedentes de satélite, para garantizar los niveles y calidad de las señales en toma de usuario fijados en la presente norma.

a) Seguridad

Los requisitos siguientes hacen referencia a la instalación del equipamiento captador, entendiendo como tal al conjunto formado por las antenas y demás elementos del sistema captador junto con las fijaciones al emplazamiento, para evitar en la medida de lo posible riesgos a personas o bienes.

Las antenas y elementos del sistema captador de señales soportarán las siguientes velocidades de viento:

i) Para sistemas situados a menos de 20 m del suelo: 130 km/h.

ii) Para sistemas situados a más de 20 m del suelo: 150 km/h.

Todas las partes accesibles que deban ser manipuladas o con las que el cuerpo humano pueda establecer contacto deberán estar a potencial de tierra o adecuadamente aisladas.

Con el fin exclusivo de proteger el equipamiento captador y para evitar diferencias de potencial peligrosas entre este y cualquier otra estructura conductora, el equipamiento captador deberá permitir la conexión de un conductor, de una sección de cobre de, al menos, 25 mm² de sección, con el sistema de protección general del edificio.

b) Radiación de la unidad exterior.

Se deberá cumplir con los requisitos establecidos en el Real Decreto 1580/2006, de 22 de diciembre, por el que se regula la compatibilidad electromagnética de los equipos eléctricos y electrónicos, que incorporó al ordenamiento jurídico español la Directiva de compatibilidad electromagnética (Directiva 2004/108/CE), y podrán utilizarse las normas armonizadas como presunción de conformidad del cumplimiento de estos requisitos. Los límites aconsejados a las radiaciones no deseadas serán los siguientes:

i) Emisiones procedentes del oscilador local en el haz de ± 7° del eje del lóbulo principal de la antena receptora.

El valor máximo de la radiación no deseada, incluyendo tanto la frecuencia del oscilador local como su segundo y tercer armónico, medida en la interfaz de la antena (ya considerados el polarizador, el transductor ortomodo, el filtro pasobanda y la guiaonda de radiofrecuencia) no superará los siguientes valores medidos en un ancho de banda de 120 kHz dentro del margen de frecuencias comprendido entre 2,5 GHz y 40 GHz:

i.1) El fundamental: −60 dBm.

i.2) El segundo y tercer armónicos: −50 dBm.

ii) Radiaciones de la unidad exterior en cualquier otra dirección.

La potencia radiada isotrópica equivalente (p.i.r.e.) de cada componente de la señal no deseada radiada por la unidad exterior dentro de la banda de 30 MHz hasta 40 GHz no deberá exceder los siguientes valores medidos en un ancho de banda de 120 kHz:

ii.1) 20 dBpW en el rango de 30 MHz a 960 MHz.

ii.2) 43 dBpW en el rango de 960 MHz a 2,5 GHz.

ii.3) 57 dBpW en el rango de 2,5 GHz a 40 GHz.

La especificación se aplica en todas las direcciones excepto en el margen de ± 7° de la dirección del eje de la antena.

Las radiaciones procedentes de dispositivos auxiliares se regirán por la normativa aplicable al tipo de dispositivo de que se trate.

c) Inmunidad

Se deberá cumplir con los requisitos establecidos en el Real Decreto 1580/2006, de 22 de diciembre, por el que se regula la compatibilidad electromagnética de los equipos eléctricos y electrónicos, que incorporó al ordenamiento jurídico español la Directiva de compatibilidad electromagnética (Directiva 2004/108/CE), y podrán utilizarse las normas armonizadas como presunción de conformidad del cumplimiento de estos requisitos. Los límites aconsejados serán los siguientes:

i) Susceptibilidad radiada

El nivel de intensidad de campo mínimo de la señal interferente que produce una perturbación que empieza a ser perceptible en la salida del conversor de bajo ruido cuando a su entrada se aplica un nivel mínimo de la señal deseada no deberá ser inferior a:

Rango de frecuencias (MHz)	Intensidad de campo mínima
Desde 1,15 hasta 2.000	130 dB (μV/m)

La señal interferente deberá estar modulada en amplitud con un tono de 1 kHz y profundidad de modulación del 80 %.

ii) Susceptibilidad conducida

A cada frecuencia interferente la inmunidad, expresada como el valor de la fuerza electromotriz de la fuente interferente que produce una perturbación que empieza a ser perceptible en la salida del conversor de bajo ruido cuando se aplica en su entrada el nivel mínimo de la señal deseada, tendrá un valor no inferior al siguiente:

Rango de frecuencias (MHz)	Intensidad de campo mínima
Desde 1,5 hasta 230	125 dB (μV/m)

La señal interferente deberá estar modulada en amplitud con un tono de 1 kHz y profundidad de modulación del 80 %.

4.3. Características del equipamiento de cabecera

El equipamiento de cabecera estará compuesto por todos los elementos activos y pasivos encargados de procesar las señales de radiodifusión sonora y televisión.

Todos los equipos conectados directamente a la antena receptora deberán incorporar los filtros necesarios, como parte integrante de los mismos, para cumplir las exigencias de inmunidad interna especificadas en la norma EN 50083-2 (Redes de distribución por cable para señales de televisión, señales de sonido y servicios interactivos. Parte 2: Compatibilidad electromagnética de los equipos) para la banda de 47 a 862 MHz.

La diferencia de nivel, a la salida de la cabecera, entre canales de la misma naturaleza, no será superior a 3 dB.

Con carácter general, queda limitado el uso de cualquier tipo de central amplificadora o amplificador de banda ancha a las edificaciones en las que el número de tomas servidas desde la cabecera sea inferior a 30. Se permitirá el uso de este tipo de equipos en edificaciones con un mayor número de tomas, siempre que los equipos sean capaces de garantizar que, entre canales de la misma banda, la diferencia de nivel a la salida de la cabecera será inferior a 3dB (en los canales de la misma naturaleza). En el caso de que, por las características de la red, fuera necesaria una ecualización, la tolerancia de 3dB se aplicará sobre la misma (solo para servicios de TV).

Para canales modulados en cabecera, se utilizarán moduladores digitales o moduladores analógicos. Para el caso de moduladores analógicos serán en banda lateral vestigial y el nivel autorizado de la portadora de sonido en relación con la portadora de video estará comprendido entre –8 dB y –20 dB.

Las características técnicas que deberá presentar la instalación a la salida de dicho equipamiento son las siguientes:

Parámetro	Unidad	Banda de frecuencias	
		47 MHz-862 MHz	**950 MHz-2.150 MHz**
Impedancia	Ω	75	75
Pérdida de retorno en equipos con mezcla tipo «Z»	dB	≥6	–
Pérdida de retorno en equipos sin mezcla	dB	≥10	≥6
Nivel máximo de trabajo/salida	dBµV	120 analógico 113 digital	110

4.4. Características de la red

4.4.1 Características generales

Parámetro	Unidad	Banda de frecuencias	
		47 MHz-862 MHz	**950 MHz-2.150 MHz**
Impedancia	Ω	75	75
Pérdida de retorno en cualquier punto	dB	≥ 6	–

4.4.2. Respuesta amplitud/frecuencia en canal[2]

Respuesta amplitud/ frecuencia en canal para las señales	Unidad	Banda de frecuencias	
		47 MHz-862 MHz	**950 MHz-2.150 MHz**
FM-Radio, AM-TV*, 64QAM	dB	dB ±3 dB en toda la banda; ±0,5 dB en un ancho de banda de 1 MHz.	–
FM-TV, QPSK-TV	dB	≤6	±4 dB en toda la banda; ±1,5 dB en un ancho de banda de 1 MHz.
COFDM-DAB, COFDM-TV COFDM 256QAM-TV	dB	±3 dB en **toda** la banda	–

4.4.3. Respuesta amplitud frecuencia en banda

Parámetro	Unidad	Banda de frecuencias	
		47 MHz-862 MHz	**950 MHz-2.150 MHz**
Respuesta amplitud/ frecuencia en banda de la red	dB	≤16	≤20

---
[2] Modificado por el Real Decreto 250/2025, de 25 de marzo.

4.4.4. *Desacoplo entre tomas de distintos usuarios*

Parámetro	Unidad	Banda de frecuencias	
		47 MHz-862 MHz	950 MHz-2.150 MHz
Respuesta amplitud/ frecuencia en banda de la red	dB	47 ≤ f ≤ 300: ≥ 38 300 ≤ f ≤ 862: ≥ 30	≤20

4.5. Niveles de calidad para los servicios de radiodifusión sonora y de televisión[3]

En cualquier caso, las señales distribuidas a cada toma de usuario deberán reunir las siguientes características:

Parámetro		Unidad	Banda de frecuencias	
			47 MHz -694 MHz	950 MHz-2.150 MHz
Nivel de señal				
Nivel AM-TV*		dBμV	57-80	
Nivel 64QAM-TV		dBμV	45-70 (1)	
Nivel QPSK-TV		dBμV	47-77 (1)	
Nivel FM Radio		dBμV	40-70	
Nivel DAB Radio		dBμV	30-70 (1)	
Nivel COFDM-TV		dBμV	47-70 (1)	
Relación portadora/ruido aleatorio				
C/N FM-radio		dB	≥38	
C/N AM-TV*		dB	≥43	
C/N QPSK-TV	QPSK DVB-S	dB	>11	
	QPSK DVB-S2		>12	
C/N 8PSK DVB-S2		dB	>14	
C/N 64QAM-TV		dB	≥28	
C/N COFDM-DAB		dB	≥18	
C/N COFDM TV		dB	≥25	
Ganancia y fase diferenciales				
Ganancia		%	14	
Fase		°	12	

---

[3] Modificado por el Real Decreto 250/2025, de 25 de marzo.

Parámetro	Unidad	Banda de frecuencias	
		47 MHz -694 MHz	**950 MHz-2.150 MHz**
Relación portadora/interferencias a frecuencia única			
AM-TV*	dB	≥ 54	
64 QAM-TV	dB	≥ 35	
QPSK-TV	dB	≥ 18	
COFDM-TV	dB	≥ 10 (3)	
Relación de intermodulación (4)			
AM-TV*	dB	≥ 54	
64 QAM-TV	dB	≥ 35	
QPSK-TV	dB	≥ 18	
COFDM-TV	dB	≥ 30 (3)	
Parámetros globales de calidad de la instalación			
BER QAM	(5)	9×10^{-5}	
VBER QPSK	(6)	9×10^{-5}	
BER COFDM-TV	(5)	9×10^{-5}	
MER COFDM TV	dB	≥ 21 en toma (2)	
MER COFDM-256QAM TV (DVB-T2)	dB	≥ 22 en toma (2)	

(*) Los niveles de calidad para señales de AM-TV se dan a los solos efectos de tenerse en cuenta para el caso de que se desee distribuir con esta modulación alguna señal de distribución no obligatoria en la ICT.

BER: Mide tasa de errores después de las dos protecciones contra errores (Viterbi y Reed Solomon) si las hay.

VBER: Mide tasa de errores después de Viterbi (si lo hay) y antes de Reed Solomon.

(1) Para las modulaciones digitales los niveles se refieren al valor de la potencia en todo el ancho de banda del canal.

(2): El valor aconsejable en toma es 22dB. Por otra parte, si se tiene en cuenta la influencia de la instalación receptora en su conjunto, el valor mínimo para el MER en antena es 23 dB.

(3) Para modulaciones 64 QAM 2/3.

(4) El parámetro especificado se refiere a la intermodulación de tercer orden, producida por batido entre las componentes de dos frecuencias cualesquiera de las presentes en la red.

(5) Medido a la entrada del decodificador de Reed-Solomon.

(6) Es el BER medido después de la descodificación convolucional (Viterbi).

5. CARACTERÍSTICAS TÉCNICAS DE LOS CABLES[4]

Los cables empleados para realizar la instalación deberán reunir las características técnicas que permitan el cumplimiento de los objetivos de calidad descritos en los apartados 4.3 a 4.5 de este anexo.

Se presumirán conformes a estas especificaciones[5] aquellos cables que acrediten el cumplimiento de las normas UNE-EN 50117-2-4 (Cables coaxiales. Parte 2-4: Especificación intermedia para cables utilizados en redes de distribución cableadas. Cables de acometida interior para sistemas operando entre 5 MHz-3.000 MHz) y UNE-EN 50117-2-5 (Cables coaxiales. Parte 2-5: Especificación intermedia para cables utilizados en redes de distribución cableadas. Cables de acometida exterior para sistemas operando entre 5 MHz – 3.000 MHz) y que reúnan las siguientes características técnicas:

5.1. Conductor central de cobre y dieléctrico polietileno celular físico.

5.2. Pantalla cinta metalizada y trenza de cobre o aluminio.

5.3. Cubierta no propagadora de la llama para instalaciones interiores y de polietileno para instalaciones exteriores.

5.4. Impedancia característica media: $75 \pm 3 \ \Omega$.

5.5. Pérdidas de retorno según la atenuación del cable (α) a 800 MHz:

Tipo de cable	5-30 MHz	30-470 MHz	470-862 MHz	862-2.150 MHz
$\alpha \leq 18$ dB/100m	23 dB	23 dB	20 dB	18 dB
$\alpha > 18$ dB/100m	20 dB	20 dB	18 dB	16 dB

---

[4] *Véase* Orden ECE/983/2019, de 26 de septiembre, por la que se regulan las características de reacción al fuego de los cables de telecomunicaciones en el interior de las edificaciones, se modifican determinados anexos del Reglamento regulador de las infraestructuras comunes de telecomunicaciones para el acceso a los servicios de telecomunicación en el interior de las edificaciones, aprobado por Real Decreto 346/2011, de 11 de marzo y se modifica la Orden ITC/1644/2011, de 10 de junio, por la que se desarrolla dicho reglamento.

[5] Las especificaciones técnicas que sean de aplicación a la banda de frecuencias de 470 MHz a 862 MHz, se entenderán referidas a la banda de 470 MHz a 694 MHz a partir del 26 de junio de 2019, según establece la disposición final 4.2 y 3 del Real Decreto 391/2019, de 21 de junio. Ref.: BOE-A-2019-9513.

ANEXO II

NORMA TÉCNICA DE LA INFRAESTRUCTURA COMÚN DE TELECOMUNICACIONES PARA EL ACCESO A LOS SERVICIOS DE TELECOMUNICACIONES DE TELEFONÍA DISPONIBLE AL PÚBLICO Y DE BANDA ANCHA

1. OBJETO DE LA NORMA

Esta norma técnica establece las características técnicas mínimas que deberán cumplir las infraestructuras comunes de telecomunicaciones (ICT) destinadas a proporcionar el acceso a los servicios de telefonía disponible al público (STDP) y a los servicios de telecomunicaciones de banda ancha prestados a través de redes públicas de comunicaciones electrónicas prestados por operadores habilitados para el establecimiento y explotación de las mismas.

Esta norma deberá ser utilizada de manera conjunta con las especificaciones técnicas mínimas de la edificación en materia de telecomunicaciones (anexo III), o con la Norma técnica básica de la edificación en materia de telecomunicaciones que las incluya, que establece los requisitos que deben cumplir las canalizaciones, recintos y elementos complementarios destinados a albergar la infraestructura común de telecomunicaciones.

2. DEFINICIÓN DE LA RED DE LA EDIFICACIÓN

La red de la edificación es el conjunto de conductores, elementos de conexión y equipos, tanto activos como pasivos, que es necesario instalar para establecer la conexión entre las bases de acceso de terminal (BAT) y la red exterior de alimentación. A título ilustrativo se incluyen como apéndices 1, 2, 3.1, 3.2, 4, 5, 6, 7, 8, 9, 10, 11, 12 y 13 los esquemas generales de una ICT completa y de la parte de la ICT que cubre el acceso a los servicios de telefonía disponible al público y de telecomunicaciones de banda ancha.

Se divide en los siguientes tramos:

2.1. Red de alimentación

Existen dos posibilidades en función del método de enlace utilizado por los operadores entre sus centrales y la edificación:

2.1.1. *Cuando el enlace se produce mediante cable*

Es la parte de la red de la edificación, propiedad del operador, formada por los cables que unen las centrales o nodos de comunicaciones con la edificación. Se introduce en la ICT de la edificación a través de la arqueta de entrada y de la canalización externa hasta el registro de enlace, donde se encuentra el punto de entrada general, y de donde parte la canalización de enlace, hasta llegar al registro principal ubicado en el recinto de instalaciones de telecomunicación inferior (RITI), donde se ubica el punto de interconexión. Incluirá todos los elementos, activos o pasivos, necesarios para entregar a la red de distribución de la edificación las señales de servicio, en condiciones de ser distribuidas.

2.1.2. *Cuando el enlace se produce por medios radioeléctricos*

Es la parte de la red de la edificación formada por los elementos de captación de las señales emitidas por las estaciones base de los operadores, equipos de recepción y procesado de dichas señales y los cables necesarios para dejarlas disponibles para el servicio en el correspondiente punto de interconexión de la edificación. Los elementos de captación irán situados en la cubierta o azotea de la edificación introduciéndose en la ICT de la edificación a través del correspondiente elemento pasamuros y la canalización de enlace hasta el recinto de instalaciones de telecomunicación superior (RITS), donde irán instalados los equipos de recepción y procesado de las señales captadas y de donde, a través de la canalización principal de la ICT, partirán los cables de unión con el RITI donde se encuentra el punto de interconexión ubicado en el registro principal.

El diseño y dimensionado de la red de alimentación, así como su realización, serán responsabilidad de los operadores del servicio.

2.2. Red de distribución

Es la parte de la red formada por los cables, de pares trenzados (o en su caso de pares), de fibra óptica y coaxiales, y demás elementos que prolongan los cables de la red de alimentación, distribuyéndolos por la edificación para poder dar el servicio a cada posible usuario.

Parte del punto de interconexión situado en el registro principal que se encuentra en el RITI y, a través de la canalización principal, enlaza con la red de dispersión en los puntos de distribución situados en los registros secundarios. La red de distribución es única para cada tecnología de acceso, con independencia del número de operadores que la utilicen para prestar servicio en la edificación. Su diseño y realización será responsabilidad de la propiedad de la edificación.

2.3. Red de dispersión

Es la parte de la red formada por el conjunto de cables de acometida, de pares trenzados (o en su caso de pares), de fibra óptica y coaxiales, y demás elementos, que une la red de distribución con cada vivienda, local o estancia común.

Parte de los puntos de distribución, situados en los registros secundarios (en ocasiones en el registro principal) y, a través de la canalización secundaria (en ocasiones a través de la principal y de la secundaria), enlaza con la red interior de usuario en los puntos de acceso al usuario situados en los registros de terminación de red de cada vivienda, local o estancia común.

Su diseño y realización será responsabilidad de la propiedad de la edificación.

2.4. Red interior de usuario

Es la parte de la red formada por los cables de pares trenzados, cables coaxiales (cuando existan) y demás elementos que transcurren por el interior de cada domicilio de usuario, soportando los servicios de telefonía disponible al público y de telecomunicaciones de banda ancha. Da continuidad a la red de dispersión de la ICT comenzando en los puntos de acceso al usuario y, a través de la canalización interior de usuario configurada en estrella, finalizando en las bases de acceso de terminal situadas en los registros de toma. Su diseño y realización será responsabilidad de la propiedad de la edificación.

2.5. Elementos de conexión

Son los utilizados como puntos de unión o terminación de los tramos de red definidos anteriormente.

2.5.1. *Punto de interconexión (punto de terminación de red)*

Realiza la unión entre cada una de las redes de alimentación de los operadores del servicio y las redes de distribución de la ICT de la edificación, y delimita las responsabilidades en cuanto a mantenimiento entre el operador del servicio y la propiedad de la edificación. Se situará en el registro principal, con carácter general, en el interior del recinto de instalaciones de telecomunicación inferior del edificio (RITI), y estará compuesto por una serie de paneles de conexión o regletas de entrada donde finalizarán las redes de alimentación de los distintos operadores de servicio, por una serie de paneles de conexión o regletas de salida donde finalizará la red de distribución de la edificación, y por una serie de latiguillos de interconexión que se encargarán de dar continuidad a las redes de alimentación hasta la red de distribución de la edificación en función de los servicios contratados por los distintos usuarios.

Habitualmente el punto de interconexión de la ICT será único para cada una de las redes incluidas en la misma. No obstante, en los casos en que así lo aconseje la configuración y tipología de la edificación (multiplicidad de edificios verticales atendidos por la ICT, edificaciones con un número elevado de escaleras, etc.), el punto de interconexión de cada una de las redes presentes en la ICT podrá ser distribuido o realizado en módulos, de tal forma que cada uno de estos pueda atender adecuadamente a un subconjunto identificable de la edificación. En estos casos, el proyecto de ICT contemplará la solución más adecuada para resolver el acceso de las redes de alimentación a los recintos que alberguen los diferentes módulos de los puntos de interconexión, a través de la interconexión de dichos recintos mediante las canalizaciones de enlace necesarias y, si procede, a través de la adecuada disposición de diferentes arquetas de entrada con sus correspondientes canalizaciones de enlace.

Como consecuencia de la existencia de diferentes tipos de redes, tanto de alimentación como de distribución, los paneles de conexión o regletas de entrada, los paneles de conexión o regletas de salida, y los latiguillos de interconexión adoptarán distintas configuraciones (*ver* apéndices 5, 6 y 7) y, en consecuencia, el punto de interconexión adoptará las siguientes realizaciones:

a) *Punto de interconexión de pares* (*registro principal de pares*).

    i) Regletas o paneles de conexión de entrada.

        Se reservará espacio suficiente para albergar los pares de las redes de alimentación; en el cálculo del espacio necesario se tendrá en cuenta que el número total de pares (para todos los operadores del servicio) de los paneles o regletas de entrada será como mínimo una y media veces el número de pares de los paneles o regletas de salida, salvo en el caso de edificios o conjuntos inmobiliarios con un número de PAU igual o menor que 10, en los que será, como mínimo, dos veces el número de pares de los paneles o regletas de salida.

    ii) Regletas o paneles de conexión de salida para redes de distribución de pares trenzados.

        El panel de conexión o regleta de salida deberá estar constituido por un panel repartidor dotado con tantos conectores hembra miniatura de ocho vías (RJ45) como acometidas de pares trenzados constituyan la red de distribución de la edificación. La unión con las regletas de entrada se realizará mediante latiguillos de interconexión.

iii) Regletas o paneles de conexión de salida para redes de distribución de pares. Las regletas o paneles de conexión de salida estarán formados por tantas parejas de contactos como pares constituyan la red de distribución de la edificación. Asimismo se indicarán las parejas de contactos de los pares de la red de distribución que corresponden a los conectores de la roseta de los puntos de acceso al usuario (PAU). La unión con las regletas de entrada se realizará mediante latiguillos de interconexión.

b) *Punto de interconexión de cables coaxiales* (*registro principal coaxial*).

Para el caso de redes de alimentación constituidas por cables coaxiales, tanto los paneles de conexión o regletas de entrada como de salida, deberán ajustarse a la topología de la red de distribución de la edificación:

i) Red de distribución en estrella. En el panel de conexión o regleta de entrada estará constituido por los derivadores necesarios para alimentar la red de distribución de la edificación cuyas salidas estarán dotadas con conectores tipo F hembra dotados con la correspondiente carga antiviolable. El panel de conexión o regleta de salida estará constituido por los propios cables de la red de distribución de la edificación terminados con conectores tipo F macho, dotados con la coca suficiente como para permitir posibles reconfiguraciones.

ii) Red de distribución en árbol-rama. Tanto el panel de conexión o regleta de entrada como el de salida, estarán dotados con tantos conectores tipo F hembra (entrada) o macho (salida), como árboles constituyan la red de distribución.

El espacio interior del registro principal coaxial deberá ser suficiente para permitir la instalación de una cantidad de elementos de reparto con tantas salidas como conectores de salida que se instalen en el punto de interconexión y, en su caso, de los elementos amplificadores necesarios.

c) *Punto de interconexión de cables de fibra óptica* (*registro principal óptico*).

Para el caso de redes de alimentación de los operadores constituidas por cables de fibra óptica, sus fibras deberán estar terminadas en conectores tipo SC/APC con sus correspondientes adaptadores agrupados en un repartidor de conectores de entrada, que hará las veces de panel de conexión o regleta de entrada.

Todas las fibras ópticas de la red de distribución se terminarán en conectores tipo SC/APC con su correspondiente adaptador, agrupados en un panel de conectores de salida, común para todos los operadores del servicio.

La conexión entre el panel común de conectores de salida de la red del edificio y los repartidores de conectores de entrada de los diferentes operadores, se realizará mediante cordones o latiguillos de fibra óptica terminados en ambos extremos en conectores de tipo SC/APC.

Los repartidores de conectores de entrada de todos los operadores y el panel común de conectores de salida, estarán situados en el registro principal óptico ubicado en el RITI o RITU. El espacio interior previsto para el registro principal óptico deberá ser suficiente para permitir la instalación de una cantidad de conectores de entrada que sea dos veces la cantidad de conectores de salida que se instalen en el punto de interconexión, así como un espacio adicional para el guiado de los cordones o latiguillos de interconexión y el almacenamiento de la longitud sobrante de cable.

2.5.2. *Punto de distribución*

Realiza la unión entre las redes de distribución y de dispersión (en ocasiones, entre las de alimentación y de dispersión) de la ICT de la edificación. Cuando exista, se alojará en los registros secundarios.

Como consecuencia de la existencia de diferentes tipos físicos de redes, tanto de alimentación como de distribución (*ver* apéndices 8, 9 y 10), el punto de distribución podrá adoptar alguna de las siguientes realizaciones:

a) *Red de distribución de pares trenzados.*

Al tratarse de una distribución en estrella, el punto de distribución coincide con el de interconexión, quedando las acometidas en los registros secundarios en paso hacia la red de dispersión, por lo que el punto de distribución carece de implementación física. En estos registros secundarios quedarán almacenados, únicamente, los bucles de los cables de pares trenzados de reserva, con la longitud suficiente para poder llegar hasta el PAU más alejado de esa planta.

b) *Red de distribución de pares.*

Estará formado por regletas de conexión, en las cuales terminan, por un lado, los pares de la red de distribución y, por otro, los cables de acometida de la red de dispersión.

c) *Red de distribución de cables coaxiales.* En función de la topología de la red de distribución, el punto de distribución será:

i) Red de distribución en estrella: en este caso los cables de la red de distribución se encuentran, en este punto, en paso hacia la red de dispersión, por lo que el punto de distribución carece de implementación física.

ii) Red de distribución en árbol-rama: en este caso, el punto de distribución estará constituido por uno o varios derivadores con el número más reducido posible de salidas, terminadas en un conector tipo

F con pin, capaz de alimentar a todos los PAU que atienda la red de dispersión que nace en el registro secundario; las salidas no utilizadas serán terminadas con una carga tipo F.

d) *Red de distribución formada por cables de fibra óptica.*

El punto de distribución, en función de la técnica utilizada, podrá adoptar una de las siguientes realizaciones:

i) Cuando las fibras ópticas de la red de distribución sean distintas de los cables de acometida de fibra óptica de la red de dispersión, el punto de distribución estará formado por una o varias cajas de segregación en las que terminarán ambos tipos de fibras. En cada caja de segregación se almacenarán los empalmes entre las fibras ópticas de distribución y las de las acometidas. En cualquier caso, en el punto de distribución se almacenarán bucles de fibra óptica con la holgura suficiente para poder reconfigurar las conexiones entre las fibras ópticas de la red de distribución y las de la red de dispersión (cortar y empalmar o conectar).

ii) Cuando las fibras ópticas de las acometidas de la red de dispersión sean las mismas fibras ópticas de los cables de la red de distribución, dichas fibras estarán en paso en el punto de distribución. El punto de distribución estará formado por una o varias cajas de segregación en las que se dejarán almacenados, únicamente, los bucles de las fibras ópticas de reserva, con la longitud suficiente para poder llegar hasta el PAU más alejado de esa planta. Los extremos de las fibras ópticas de la red de dispersión se identificarán mediante etiquetas que indicarán los puntos de acceso al usuario a los que dan servicio.

El diseño, dimensionado e instalación de los puntos de distribución será responsabilidad de la propiedad de la edificación.

2.5.3. *Punto de acceso al usuario (PAU)*

Realiza la unión entre la red de dispersión y la red interior de usuario de la ICT de la edificación. Permite la delimitación de responsabilidades en cuanto a la generación, localización y reparación de averías entre la propiedad de la edificación o la comunidad de propietarios y el usuario final del servicio. Se ubicará en el registro de terminación de red situado en el interior de cada vivienda, local o estancia común.

En el apéndice 10 de la presente norma se incluye un esquema con los diferentes elementos que constituyen el punto de acceso al usuario.

En función de la naturaleza de la red de dispersión que llega al punto de acceso al usuario, este adoptará las siguientes configuraciones:

a) *Red de dispersión constituida por cables de pares trenzados.*

Cada una de las acometidas de pares trenzados de la red de dispersión se terminará en una roseta hembra miniatura de ocho vías (RJ45), que servirá como PAU de cada vivienda, local o estancia común. Cada conector o roseta hembra, al servir simultáneamente como «medio de corte» y «punto de prueba», permitirá la delimitación de responsabilidades en cuanto a la generación, localización y reparación de averías entre la propiedad de la edificación o la comunidad de propietarios y el usuario final del servicio.

b) *Red de dispersión constituida por cables de pares.*

Cada uno de los pares de la red de dispersión se terminará en los contactos 4 y 5 de un conector o roseta hembra miniatura de ocho vías (RJ45), que servirá como PAU de cada vivienda, local o estancia común. Cada conector o roseta hembra, al servir simultáneamente como «medio de corte» y «punto de prueba», permitirá la delimitación de responsabilidades en cuanto a la generación, localización y reparación de averías entre la propiedad de la edificación o la comunidad de propietarios y el usuario final del servicio.

c) *Red de dispersión constituida por cables coaxiales.*

Estará formado por un distribuidor inductivo de dos salidas simétrico terminadas en un conector tipo F hembra, en cuya entrada se terminará el cable coaxial de la red de dispersión, debidamente conectorizado, para su posterior conexión a las correspondientes ramas de la red interior de usuario.

d) *Red de dispersión constituida por cables de fibra óptica.*

El punto de acceso al usuario (PAU) estará formado por:

i) La roseta con tantos conectores SC/APC (y los correspondientes adaptadores) de terminación como fibras ópticas de los cables de acometida se hayan instalado en la red de dispersión.

ii) La unidad de terminación de red óptica que se conectará por una parte a la roseta descrita en el párrafo anterior y, por otra, a la red interior de usuario de la ICT. Esta unidad de terminación será la que proporcione al usuario final los puntos de acceso a los diferentes servicios, con sus facilidades simultáneas como «medio de corte» y «punto de prueba». Cuando las circunstancias así lo aconsejen, podrá ser instalada fuera del registro de terminación de red. En los casos en que sea suministrada por el operador de servicio, y en tanto mantenga su propiedad, este será responsable de su instalación y mantenimiento.

e) *Red interior de usuario de pares trenzados.*

En los extremos de las diferentes ramas de la red interior de usuario de pares trenzados, ubicados en el registro de terminación de red, se equiparán conectores macho miniatura de ocho vías (RJ45); en estos extremos se dejará una longitud de cable sobrante con la suficiente holgura como para llegar a cualquiera de las partes interiores de los diferentes compartimentos del registro de terminación de red. Estos mismos extremos se identificarán mediante etiquetas que indicarán la ubicación del conector de las bases de acceso de terminal (BAT) a las que dan servicio.

Asimismo, para que se pueda realizar la certificación entre las regletas de salida del punto de interconexión y algunas de las bases de acceso de terminal (BAT) de la red interior de usuario de pares trenzados, se instalará en el registro de terminación de red un accesorio multiplexor pasivo de categoría 6 que, por una parte, estará equipado con un latiguillo flexible terminado en un conector macho miniatura de ocho vías, enchufado a su vez en un conector o roseta de terminación de una de las líneas de la red de dispersión y, por otra parte, tenga como mínimo tantas bocas hembra miniatura de ocho vías (RJ45) como estancias servidas por la red interior de usuario de pares trenzados. Cuando los operadores vayan a instalar la unidad de terminación de red óptica fuera del registro de terminación de red (RTR), las funciones del accesorio multiplexor pasivo podrán ser asumidas, si fuese necesario para compensar posibles atenuaciones, por un dispositivo activo equivalente instalado en dicho registro que disponga de puertos suficientes para dotar de conectividad a las estancias vivienda.

f) *Red interior de usuario de cables coaxiales.*

Los extremos de las diferentes ramas de la red interior de usuario de cables coaxiales, ubicados en el interior del registro de terminación de red, debidamente conectorizados, se conectarán al divisor simétrico identificando la BAT a la que prestan servicio.

g) *Red interior de usuario de cable de fibra óptica.*

En caso de red de dispersión constituida por cables de fibra óptica, se deberá disponer de una acometida interior de una fibra óptica terminada en conector tipo SC/APC, que permita la continuidad óptica hasta la roseta de fibra óptica o BAT de fibra óptica, con la longitud suficiente para permitir la conexión con cualquiera de los adaptadores tipo SC/APC de la roseta del PAU.

El diseño, dimensionado e instalación de los puntos de acceso al usuario será responsabilidad de la propiedad de la edificación.

2.5.4. *Bases de acceso terminal (BAT)*

Sirven como punto de acceso de los equipos terminales de telecomunicación del usuario final del servicio a la red interior de usuario multiservicio. Dependiendo del tipo de red interior, la conexión de las BAT se realizará:

a) *En el caso del cableado de pares trenzados,* los hilos conductores de cada rama de la red interior se conectarán a los 8 contactos del conector RJ-45 hembra miniatura de 8 vías de la BAT en que terminen.

b) *En el caso de cableado coaxial,* los cables se conectarán a los terminales tipo F de toma final con carga de cierre apropiados de la BAT en que terminen.

c) *En el caso de cableado de fibra óptica,* la fibra se terminará en un BAT de fibra óptica con adaptador de tipo SC/APC.

El diseño, dimensionado e instalación de las bases de acceso de terminal será responsabilidad de la propiedad de la edificación.

3. DISEÑO Y DIMENSIONAMIENTO MÍNIMO DE LA RED

Toda la instalación de las diferentes redes que conforman la ICT en una edificación para el acceso de los servicios de telefonía disponible al público y de telecomunicaciones de banda ancha, objeto de esta norma, para su conexión a las redes generales de los distintos operadores de servicio, deberá ser diseñada y descrita en el apartado correspondiente del proyecto técnico, cuyas bases de diseño y cálculo se exponen en este apartado.

El dimensionado de las diferentes redes de la ICT vendrá condicionado por la presencia de los operadores de servicio en la localización de la edificación, por la tecnología de acceso que utilicen dichos operadores y por la aplicación de los criterios de previsión de demanda establecidos en el presente anexo.

La presencia de los operadores de servicio en la localización de la edificación y la tecnología de acceso que utilicen dichos operadores será evaluada de acuerdo con lo dispuesto en el artículo 8 del reglamento del que forma parte como anexo la presente norma.

Las condiciones que se deben cumplir se indican en los apartados que siguen.

3.1. Previsión de la demanda

Con carácter general, los valores indicados en este apartado tendrán la consideración de mínimos de obligado cumplimiento. Las alusiones que se hacen en este apartado a estancias o instalaciones comunes se entenderán excluyendo al ascensor, por tener este el tratamiento específico que se detalla en el apartado 3.1.5.

3.1.1. *Tecnologías de acceso basadas en redes de cables de pares trenzados*

Como criterio de referencia, se utilizarán en aquellas edificaciones en las que la distancia entre el punto de interconexión y el punto de acceso al usuario más alejado es inferior a 100 metros. Se admitirán soluciones diferentes a criterio del proyectista, siempre y cuando sean justificadas adecuadamente en el proyecto.

a) *Existen operadores de servicio.*

Para determinar el número de acometidas necesarias, cada una formada por un cable no apantallado de 4 pares trenzados de cobre de Clase E (Categoría 6) o superior, se aplicarán los valores siguientes:

i) Viviendas: 1 acometida por vivienda.

ii) Locales comerciales u oficinas en edificaciones de viviendas:

    ii.1) Cuando esté definida la distribución en planta de los locales u oficinas, se considerará 1 acometida para cada local u oficina.

    ii.2) Si solo se conoce la superficie destinada a locales u oficinas: 1 acometida por cada 33 m^2 útiles, como mínimo.

iii) Locales comerciales u oficinas en edificaciones destinadas fundamentalmente a este fin:

    iii.1) Cuando esté definida la distribución en planta de los locales u oficinas, se considerarán 2 acometidas para cada local u oficina.

    iii.2) Si solo se conoce la superficie destinada a locales u oficinas: 1 acometida por cada 33 m^2 útiles, como mínimo.

iv) Para dar servicio a estancias o instalaciones comunes del edificio: 2 acometidas para la edificación.

b) *No existen operadores de servicio.*

En este caso se dejarán las canalizaciones necesarias para atender las previsiones del apartado anterior dotadas con los correspondientes hilos-guía.

3.1.2. *Tecnologías de acceso basadas en redes de cables de pares*

Como criterio de referencia, se utilizarán en aquellas edificaciones en las que la distancia entre el punto de interconexión y el punto de acceso al usuario más alejado sea superior a 100 metros.

a) *Existen operadores de servicio.*

Para determinar el número de líneas necesarias, cada una formada por un par de cobre, se aplicarán los valores siguientes:

i) Viviendas: 2 líneas por cada vivienda.

ii) Locales comerciales u oficinas en edificaciones de viviendas:

    ii.1) Cuando esté definida la distribución en planta de los locales u oficinas, se considerarán 3 líneas para cada local u oficina.

    ii.2) Si solo se conoce la superficie destinada a locales u oficinas: 1 línea por cada 33 m^2 útiles, como mínimo.

iii) Locales comerciales u oficinas en edificaciones destinadas fundamentalmente a este fin:

    iii.1) Cuando esté definida la distribución en planta de los locales u oficinas, se considerarán 3 líneas por cada local u oficina.

    iii.2) Si solo se conoce la superficie destinada a locales u oficinas, se utilizará como base de diseño la consideración de 3 líneas por cada 100 m^2 o fracción.

iv) Para dar servicio a estancias o instalaciones comunes del edificio: 2 líneas para la edificación.

b) *No existen operadores de servicio.*

En este caso se dejarán las canalizaciones necesarias para atender las previsiones del apartado anterior dotadas con los correspondientes hilos-guía.

3.1.3. *Tecnologías de acceso basadas en redes de cables coaxiales*

a) *Existen operadores de servicio.*

Para determinar el número de acometidas necesarias, formadas por un cable coaxial, se aplicarán los valores siguientes:

i) Viviendas: Una acometida por cada vivienda.

ii) Locales comerciales u oficinas:

ii.1) Cuando esté definida la distribución en planta de los locales u oficinas: una acometida por cada local u oficina.

ii.2) Cuando no esté definida la distribución en planta de locales u oficinas, en el registro secundario de la planta se dejará disponible una acometida por cada 100 m².

iii) Para dar servicio a estancias o instalaciones comunes del edificio: Dos acometidas para la edificación.

b) *No existen operadores de servicio.*

En este caso se dejarán las canalizaciones necesarias para atender las previsiones del apartado anterior dotadas con los correspondientes hilos-guía.

3.1.4. *Tecnologías de acceso basadas en redes de cables de fibra óptica*

Cada acometida óptica estará constituida por dos fibras ópticas.

a) *Existen operadores de servicio.*

i) Viviendas: se considerará 1 acometida óptica por cada vivienda.

ii) En el caso de locales u oficinas en edificaciones de viviendas:

ii.1) Cuando esté definida la distribución en planta de los locales u oficinas, se considerará 1 acometida óptica por cada local u oficina.

ii.2) Cuando no esté definida la distribución en planta de los locales u oficinas, en el registro secundario de la planta (o en el RITI en el caso de edificaciones con un número de PAU inferior a 15) se dejará disponible 1 acceso o acometida óptica por cada 33 m² o fracción.

iii) En el caso de locales u oficinas en edificaciones destinadas fundamentalmente a este fin:

iii.1) Cuando esté definida la distribución en planta de los locales u oficinas, se considerarán 2 acometidas ópticas por cada local u oficina.

iii.2) Cuando no esté definida la distribución en planta de los locales u oficinas, se considerarán 2 acometidas ópticas por cada 100 m² o fracción.

iv) Para dar servicio a estancias o instalaciones comunes del edificio: 2 acometidas ópticas para la edificación.

b) *No existen operadores de servicio.*

En este caso se dejarán las canalizaciones necesarias para atender las previsiones del apartado anterior dotadas con los correspondientes hilos-guía.

3.1.5. *Ascensores*

La previsión de la demanda que se haga para los ascensores estará en consonancia con la normativa específica aplicable a este tipo de instalaciones, en particular por razones de seguridad. Para el suministro de servicios adicionales, de cortesía u otros, la previsión de la demanda podrá hacerse libremente.

En cualquier caso, en el cuarto de máquinas de cada ascensor, caja de mecanismos de control o espacio equivalente, se instalará una canalización constituida por un tubo de 25 mm de diámetro que, partiendo del registro principal del RITI (o RITU) y dotado del correspondiente hilo guía, terminará en un registro de toma provisto de tapa ciega. En los paneles de conexión o regleteros de salida situados en los registros principales, para todas las tecnologías que se instalen, se hará la previsión correspondiente para dar servicio a dicha estancia.

3.2. Dimensionamiento mínimo de la red de alimentación

El diseño y dimensionado de esta parte de red, así como su instalación, será siempre responsabilidad del operador del servicio, sea cual sea la tecnología de acceso que utilice para proporcionar los servicios. Cada operador facilitará el respaldo del servicio de la red de alimentación que considere oportuno.

3.3 Dimensionamiento mínimo de la red de distribución

3.3.1. *Redes de cables de pares trenzados*

a) *Edificaciones con una vertical.*

Conocida la necesidad futura a largo plazo, tanto por plantas como en el total de la edificación, o estimada dicha necesidad según lo indicado en el apartado 3.1.1, se dimensionará la red de distribución multiplicando la cifra de demanda prevista por el factor 1,2, lo que asegura una reserva suficiente para prever posibles averías de alguna acometida o alguna desviación por exceso en la demanda de acometidas.

b) *Edificaciones con varias verticales.*

La red de cada vertical será tratada como una red de distribución independiente, y se diseñará de acuerdo con el apartado anterior.

3.3.2. Redes de cables de pares

a) *Edificaciones con una vertical.*

Conocida la necesidad futura a largo plazo, tanto por plantas como en el total de la edificación, o estimada dicha necesidad según lo indicado en el apartado 3.1.2, se dimensionará la red de distribución con arreglo a los siguientes criterios:

i) La cifra de demanda prevista se multiplicará por el factor 1,2, lo que asegura una reserva suficiente para prever posibles averías de algunos pares o alguna desviación por exceso en la demanda de líneas.

ii) Obtenido de esta forma el número teórico de pares, se utilizará el cable normalizado de capacidad *igual* o superior a dicho valor, o combinaciones de varios cables, teniendo en cuenta que para una distribución racional el cable máximo será de 100 pares, debiendo utilizarse el menor número posible de cables de acuerdo con la siguiente tabla

N.º pares (N)	N.º cables	Tipo de cable
25 < N ≤ 50	1	50 pares [1(50p)]
50 < N ≤ 75	1	75 pares[1(75p)]
75 < N ≤ 100	1	100 pares [1(100p)]
100 < N ≤ 125	2	1(100p)+1(25p) o 1(75p)+1(50p)
125 < N ≤ 150	2	1(100p)+1(50p) o 2(75p)
150 < N ≤ 175	2	1(100p)+1(75p)
175 < N ≤ 200	2	2(100p)
200 < N ≤ 225	3	2(100p)+1(25p) o 3(75p)
225 < N ≤ 250	3	2(100p)+1(50p) o 1(100p)+2(75p)
250 < N ≤ 275	3	2(100p)+1(75p)
275 < N ≤ 300	3	3(100p)

El dimensionado de la red de distribución se proyectará con cable o cables multipares, cuyos pares estarán todos conectados en las regletas de salida del punto de interconexión.

En el caso de edificios con una red de distribución/dispersión inferior o igual a 30 pares, esta podrá realizarse con cable de uno o dos pares desde el punto de distribución instalado en el registro principal. Del registro principal partirán, en su caso, los cables de acometida que subirán por las plantas para acabar directamente en los PAU.

Los puntos de distribución estarán formados por las regletas de conexión en cantidad suficiente para agotar con holgura toda la posible demanda de la planta correspondiente. El número de regletas se hallará calculando el cociente entero redondeado por exceso que resulte de dividir el total de pares del cable, o de los cables, de distribución por el número de plantas y por cinco o diez, según el tipo de regleta a utilizar.

b) *Edificaciones con varias verticales.*

La red de cada vertical será tratada como una red de distribución independiente, y se diseñará, por tanto, de acuerdo con lo indicado en el apartado anterior.

3.3.3. *Redes de cables coaxiales*

a) *Edificaciones con una vertical:*

i) Configuración en estrella: se empleará en edificaciones con un número de PAU no superior a 20. En el registro principal los cables serán terminados en un conector tipo F, mientras que en los PAU se conectarán a los distribuidores de cada usuario situados en los mismos.

ii) Configuración en árbol-rama: se empleará en edificaciones con un número de PAU superior a 20. La red de distribución se realizará con un único cable coaxial que saldrá del registro principal situado en el RITI y terminará en el último registro secundario. En cada registro secundario se insertará el derivador apropiado para alimentar los PAU de cada planta. En el panel de salida del registro principal, el cable coaxial que constituye la red de distribución será terminado en un conector tipo F.

b) *Edificaciones con varias verticales.*

La red de cada vertical será tratada como una red de distribución independiente, y se diseñará, por tanto, de acuerdo con lo indicado en el apartado anterior.

3.3.4. *Redes de cables de fibra óptica*

a) *Edificaciones con una vertical.*

Conocida la necesidad futura a medio y largo plazo, tanto por plantas como en el total de la edificación, o estimada dicha necesidad según lo indicado en el apartado 3.1.4, se dimensionará la red de distribución con arreglo a los siguientes criterios:

i) La cifra de demanda prevista se multiplicará por el factor 1,2 lo que asegura una reserva suficiente para prever posibles averías de algunas fibras ópticas o alguna desviación por exceso sobre la demanda prevista.

ii) Obtenido de esta forma el número teórico de fibras ópticas necesarias, se utilizará el cable multifibra normalizado de capacidad igual o superior a dicho valor o combinaciones de varios cables normalizados, teniendo también en cuenta la técnica de instalación que se vaya a utilizar para la extracción de las fibras ópticas correspondientes a cada registro secundario.

Las fibras sobrantes, distribuidas de manera uniforme en los diferentes registros secundarios, quedarán disponibles correctamente alojadas en los mismos, para su utilización en el momento apropiado.

En el caso de edificios con una red de distribución/dispersión que dé servicio a un número de PAU inferior o igual a 20, la red de distribución/dispersión podrá realizarse con cables de acometida de dos fibras ópticas directamente desde el punto de distribución ubicado en el registro principal. De él saldrán, en su caso, los cables de acometida que subirán a las plantas para acabar directamente en los PAU.

Para el caso de edificios con una red de distribución/ dispersión que dé servicio a un número de PAU superior a 20, la red de distribución/dispersión podrá realizarse también con cables de acometida de dos fibras ópticas directamente desde el punto de distribución ubicado en el registro principal, siempre y cuando la canalización principal que se diseñe lo permita, y así quede justificado en el proyecto.

b) *Edificaciones con varias verticales.*

La red de cada vertical será tratada como una red de distribución independiente, y se diseñará, por tanto, de acuerdo con lo indicado en el apartado anterior.

3.4. Dimensionamiento mínimo de la red de dispersión

3.4.1. *Redes de dispersión de cables de pares trenzados*

Se instalarán los cables de pares trenzados de acometida que cubran la demanda prevista como prolongación de la red de distribución (en paso en los registros secundarios), y terminarán en el PAU de cada vivienda en la roseta correspondiente.

3.4.2. *Redes de dispersión de cables de pares*

Se instalarán cables de pares de acometida que cubran la demanda prevista, y se conectarán al correspondiente terminal de la regleta del punto de distribución, y terminarán en el PAU de cada vivienda en la roseta correspondiente.

3.4.3. *Redes de dispersión de cables coaxiales*

En función de la configuración de la red de distribución, la red de dispersión se realizará:

a) *Configuración en estrella.*

Se instalarán los cables coaxiales de acometida que cubran la demanda prevista como prolongación de la red de distribución (en paso en los registros secundarios), y terminarán en el PAU de cada vivienda conectándose al distribuidor encargado de repartir la señal en la red interior de cada usuario.

b) *Configuración en árbol-rama.*

Se instalarán los cables coaxiales de acometida que cubran la demanda prevista, y conectándose cada uno de ellos al correspondiente puerto de derivación del derivador que actúa como punto de distribución en el registro secundario del que parten y terminarán en el PAU de cada vivienda conectándose al distribuidor encargado de repartir la señal en la red interior de cada usuario.

3.4.4. *Redes de dispersión de cables de fibra óptica*

Se instalarán tantos cables de fibra óptica de acometida como resulten necesarios para cubrir la demanda prevista en cada vivienda o local, y terminarán en el PAU de cada vivienda en la roseta correspondiente. El empalme o continuidad de paso de estas fibras ópticas en los puntos de distribución, se realizará según lo indicado en el apartado 2.5.2.d del presente anexo.

3.5. Dimensionamiento mínimo de la red interior de usuario

El apéndice 13 de la presente norma muestra un ejemplo típico de la configuración de la red interior de usuario.

3.5.1. *Red de pares trenzados*

a) *Viviendas:*

En la estancia principal (salón) el número de registros de toma equipados con BAT será de dos como mínimo. En uno de ellos se equipará BAT con dos tomas o conectores hembra alimentados por acometidas de pares trenzados independientes procedentes del PAU, pudiendo ser soportadas por canalizaciones independientes si lo requiere la ubicación elegida de las tomas. Una de estas deberá situarse a menos de 50 centímetros de la toma de fibra óptica. En el resto de estancias, excluidos baños y trasteros, se dispondrá de registro de toma equipado con BAT. Como mínimo, en otra de las estancias, en el registro de toma, se equipará BAT con dos tomas o conectores hembra, alimentadas por acometidas de pares trenzados independientes procedentes del PAU, de las mismas características que el indicado para la estancia principal.

Cada una de las tomas dobles mencionadas en este párrafo se podrá sustituir por dos tomas simples.

b) *Locales u oficinas, cuando esté definida su distribución interior en estancias:*

El número de registros de toma será de uno por cada estancia, excluidos baños y trasteros, equipados con BAT con dos tomas o conectores hembra, alimentadas por acometidas de pares trenzados independientes procedentes del PAU.

c) *Locales u oficinas, cuando no esté definida su distribución en planta:*

No se instalará red interior de usuario. En este caso, el diseño y dimensionamiento de la red interior de usuario, así como su realización futura, será responsabilidad de la propiedad del local u oficina, cuando se ejecute el proyecto de distribución en estancias.

d) *Estancias o instalaciones comunes del edificio.*

El proyectista definirá el dimensionamiento de la red interior en estas estancias teniendo en cuenta la finalidad de las estancias y las prestaciones previstas para la edificación.

3.5.2. *Red de cables coaxiales*

a) *Viviendas.*

Se instalarán, y alimentarán con el correspondiente cable coaxial desde el PAU, dos registros de toma, equipados con la correspondiente toma, en dos estancias diferentes de la vivienda.

b) *Locales.*

No se instalará red interior de usuario. En este caso, el diseño y dimensionamiento de la red de cableado coaxial, así como su realización futura, será responsabilidad de la propiedad del local u oficina, cuando se ejecute el proyecto de distribución en estancias.

c) *Estancias comunes.*

El proyectista definirá el dimensionamiento de la red interior en estas estancias teniendo en cuenta la finalidad de las estancias y las prestaciones previstas para la edificación.

3.5.3. *Red de cables de fibra óptica*

En la estancia principal de las viviendas, próxima al registro BAT de pares trenzados con dos tomas, se dispondrá una roseta de fibra óptica o BAT de fibra óptica, terminado con un adaptador SC/APC. Este adaptador estará alimentado con una acometida de fibra óptica que terminará en un conector SC/APC conectado a uno de los adaptadores SC/APC de la roseta de fibra óptica situada en el PAU.

4. PARTICULARIDADES DE LOS CONJUNTOS DE VIVIENDAS UNIFAMILIARES

El apéndice 11 de la presente norma muestra un esquema general típico de la configuración de la ICT para el caso de conjuntos de viviendas unifamiliares.

4.1. Tecnologías de acceso basadas en redes de cables de pares trenzados

4.1.1. *Existen operadores de servicio*

En el caso de conjuntos de viviendas unifamiliares, la red de alimentación llegará a través de la canalización necesaria, hasta el punto de interconexión situado en el recinto de instalaciones de telecomunicaciones, donde terminará en las regletas de entrada. La red de distribución será similar a la indicada para edificaciones de pisos, con la singularidad de que el recorrido vertical de los cables se transformará en horizontal.

4.1.2. *No existen operadores de servicio*

En este caso se dejarán las canalizaciones necesarias para atender las previsiones calculadas, dotadas con los correspondientes hilos-guía.

4.2. Tecnologías de acceso basadas en redes de cables de pares

4.2.1. *Existen operadores de servicio*

En el caso de conjuntos de viviendas unifamiliares, la red de alimentación llegará a través de la canalización necesaria, hasta el punto de interconexión situado en el recinto de instalaciones de telecomunicaciones, donde terminará en las regletas de entrada.

La red de distribución será similar a la indicada para edificaciones de pisos, con la singularidad de que el recorrido vertical de los cables se transformará en horizontal. Los puntos de distribución podrán ubicarse en la medianería de dos viviendas, de manera alterna, de tal forma que, desde cada punto de distribución, se pueda prestar servicio a ambas.

Cuando el número de pares de la red de distribución alimente a un número de PAU igual o inferior a 15, se podrá instalar un único punto de distribución en el recinto de instalaciones de telecomunicaciones del que partirán los cables de acometida a cada vivienda.

4.2.2. *No existen operadores de servicio*

En este caso se dejarán las canalizaciones necesarias para atender las previsiones calculadas, dotadas con los correspondientes hilos-guía.

4.3. Tecnologías de acceso basadas en redes de cables coaxiales

4.3.1. *Existen operadores de servicio*

En el caso de conjuntos de viviendas unifamiliares, la red de alimentación llegará a través de la canalización necesaria, hasta el punto de interconexión situado en el recinto de instalaciones de telecomunicaciones, donde terminará en los correspondientes conectores, ajustándose a la topología de la red de distribución de la edificación.

La red de distribución será similar a la indicada para edificaciones de pisos, con la singularidad de que el recorrido vertical de los cables se transformará en horizontal y de que el límite establecido para optar entre topologías en estrella o topologías tipo árbol-rama disminuye a 10 PAU.

En el caso de distribuciones en árbol-rama los puntos de distribución podrán ubicarse en la medianería de dos viviendas, de manera alterna, de tal forma que, desde cada punto de distribución, se pueda prestar servicio a ambas.

Cuando el número de PAU de la red de distribución sea igual o inferior a 10, se podrá instalar un único punto de distribución en el recinto de instalaciones de telecomunicaciones del que partirán los cables de acometida a cada vivienda.

4.3.2. *No existen operadores de servicio.*

En este caso se dejarán las canalizaciones necesarias para atender las previsiones calculadas, dotadas con los correspondientes hilos-guía.

4.4. Tecnologías de acceso basadas en redes de cables de fibra óptica

En el caso de conjuntos de viviendas unifamiliares, la red de alimentación llegará a través de la canalización necesaria hasta el punto de interconexión situado en el recinto de instalaciones de telecomunicaciones, donde terminará en los conectores apropiados, equipados con los correspondientes adaptadores y agrupados en un repartidor de conectores de entrada.

La red de distribución será similar a la indicada para edificaciones de pisos, con la singularidad de que el recorrido vertical de los cables se transformará en horizontal. Los puntos de distribución podrán ubicarse en la medianería de dos viviendas, de manera alterna, de tal forma que, desde cada punto, se pueda prestar servicio a ambas.

Cuando el número de PAU a los que da servicio la red de distribución/dispersión sea inferior o igual a 15, la red de distribución/dispersión podrá realizarse con cables de acometida de dos fibras ópticas directamente desde el punto de distribución ubicado en el recinto de instalaciones de telecomunicaciones. De él saldrán, en su caso, los cables de acometida (interior o exterior) hasta el PAU de cada vivienda.

5. MATERIALES

Los parámetros y características técnicas incluidas en este apartado para definir los diferentes materiales empleados en la ICT, deben ser tomados como una referencia de mínimos, pudiendo ser sustituidos por materiales cuyas características técnicas mejoren las descritas.

5.1. Cables

5.1.1. *Redes de distribución y dispersión*

a) *Redes de cables de pares trenzados.*

Los cables de pares trenzados utilizados serán, como mínimo, de 4 pares de hilos conductores de cobre con aislamiento individual sin apantallar clase E (categoría 6), deberán cumplir las especificaciones de la norma UNE-EN 50288-6-1 (Cables metálicos con elementos múltiples utilizados para la transmisión y el control de señales analógicas y digitales. Parte 6-1: Especificación intermedia para cables sin apantallar aplicables hasta 250 MHz. Cables para instalaciones horizontales y verticales en edificios).

b) *Redes de cables de pares*

i) Cables *multipares*

Los cables multipares deberán cumplir con las especificaciones del tipo ICT+100 de la norma UNE 212001 (Especificación particular para cables metálicos de pares utilizados para el acceso al servicio de telefonía disponible al público. Redes de distribución, dispersión e interior de usuario), con cubierta no propagadora de la llama, libre de halógenos y con baja emisión de humos, excepto los parámetros incluidos en la tabla:

	f (MHz)	0,1	0,3	0,5	0,6	1	2
Atenuación máxima hasta 40 MHz	*At* (dB/100m)	0,81	1,15	1,45	1,85	2,1	2,95
	f (MHz)	4	10	16	20	31,25	40
	At (dB/100m)	4,3	6,6	8,2	9,2	11,8	13,7
Impedancia característica	100 Ω ± 15 % de 1 a 40 MHz						
Suma de potencias de paradiafonía (dB/100 m)	$-59 + 15 \log (f)$; 1 MHz $\leq f \leq$ 40 MHz						
Suma de potencias de relación de telediafonía (dB/100 m)	$-55 + 20 \log (f)$; 1 MHz $\leq f \leq$ 40 MHz						

En el caso de viviendas unifamiliares, con carácter general, se deberá tener en cuenta que la red de distribución se considerará exterior y los cables deberán tener aislamiento de polietileno, y una cubierta formada por una cinta de aluminio-copolímero de etileno y una capa continua de polietileno colocada por extrusión para formar un conjunto totalmente estanco.

ii) *Cables de acometida de uno o dos pares*

Los cables de acometida de uno o dos pares deberán cumplir con las especificaciones del tipo ICT+100 de la norma UNE 212001 (Especificación particular para cables metálicos de pares utilizados para el acceso al servicio de telefonía disponible al público. Redes de distribución, dispersión e interior de usuario), con cubierta de tipo no propagadora de la llama, libre de halógenos y con baja emisión de humos, salvo los parámetros de atenuación e impedancia característica que cumplirán con lo indicado en la tabla de apartado i) anterior, para garantizar las características de los cables de acometida hasta la frecuencia de 40 MHz.

En el caso de viviendas unifamiliares se deberán tener en cuenta que los cables de acometida, de uno o dos pares, de la red de distribución, podrán ser de exterior. En esta circunstancia, deberán llevar como protección metálica una malla de alambre de acero galvanizado.

c) *Red de cables coaxiales.*

Con carácter general, los cables coaxiales a utilizar en las redes de distribución y dispersión serán de los tipos RG-6, RG-11 y RG-59.

Los cables coaxiales cumplirán con las especificaciones de las Normas UNE-EN 50117-2-1 (Cables coaxiales. Parte 2-1: Especificación intermedia para cables utilizados en redes de distribución por cable. Cables de interior para la conexión de sistemas funcionando entre 5 MHz y 1.000 MHz) y de la Norma UNE-EN 50117-2-2 (Cables coaxiales. Parte 2-2: Especificación intermedia para cables utilizados en redes de distribución cableadas. Cables de acometida exterior para sistemas operando entre 5 MHz-1.000 MHz) y cumpliendo:

- Impedancia característica media 75 ohmios.
- Conductor central de acero recubierto de cobre de acuerdo a la Norma UNE-EN-50117-1.
- Dieléctrico de polietileno celular físico, expandido mediante inyección de gas de acuerdo a la norma UNE-EN 50290-2-23, estando adherido al conductor central.
- Pantalla formada por una cinta laminada de aluminio-poliéster-aluminio solapada y pegada sobre el dieléctrico.
- Malla formada por una trenza de alambres de aluminio, cuyo porcentaje de recubrimiento será superior al 75 %.
- Cubierta externa de PVC, resistente a rayos ultravioleta para el exterior, y no propagador de la llama debiendo cumplir la normativa UNE-EN 50265-2 de resistencia de propagación de la llama.
- Cuando sea necesario, el cable deberá estar dotado con un compuesto antihumedad contra la corrosión, asegurando su estanqueidad longitudinal.

Los diámetros exteriores y atenuación máxima de los cables cumplirán:

	RG-11	RG-6	RG-59
Diámetro exterior (mm)	10,3 ± 0,2	7,1 ± 0,2	6,2 ± 0,2
Atenuaciones	dB/100 m	dB/100m	dB/100m
5 MHz	1.3	1.9	2.8
862 MHz	13,5	20	24,5
Atenuación de apantallamiento	Clase A según Apartado 5.1.2.7 de las Normas UNE-EN 50117-2-1 y UNE-EN 50117-2-2		

d) *Red de cables de fibra óptica.*

i) *Cables multifibra*

El cable multifibra de fibra óptica para distribución vertical será preferentemente de hasta 48 fibras ópticas. Las fibras ópticas que se utilizarán en este tipo de cables serán monomodo del tipo G.657, categoría A2 o B3, con baja sensibilidad a curvaturas y están definidas en la Recomendación UIT-T G.657 *«Características de las fibras y cables ópticos monomodo insensibles a la pérdida por flexión para la red de acceso»*. Las fibras ópticas deberán ser compatibles con las del tipo G.652.D, definidas en la Recomendación UIT-T G.652 *«Características de las fibras ópticas y los cables monomodo»*.

La primera protección de las fibras ópticas deberá estar coloreada de forma intensa, opaca y fácilmente distinguible e identificable a lo largo de la vida útil del cable, de acuerdo con el siguiente código de colores:

Fibra	Color	Fibra	Color	Fibra	Color	Fibra	Color
1	Verde	3	Azul	5	Gris	7	Marrón
2	Rojo	4	Amarillo	6	Violeta	8	Naranja

El cable deberá ser completamente dieléctrico, no poseerá ningún elemento metálico y el material de la cubierta de los cables debe ser termoplástico, libre de halógenos, retardante a la llama y de baja emisión de humos. Las fibras ópticas estarán distribuidas en micromódulos con 1, 2, 4, 6 u 8 fibras. Los micromódulos serán de material termoplástico elastómero de poliéster o similar impregnados con compuesto bloqueante del agua, de fácil pelado sin usar herramientas especiales, y estar coloreados según el siguiente código:

Micromódulo	Color	Micromódulo	Color	Micromódulo	Color
1	Verde	3	Azul	5	Gris
2	Rojo	4	Blanco	6	Violeta
Micromódulo	**Color**	**Micromódulo**	**Color**	**Micromódulo**	**Color**
7	Marrón	9	Amarillo	11	Turquesa
8	Naranja	10	Rosa	12	Verde claro

El cable deberá estar realizado con suficientes elementos de refuerzo (p.ej., hilaturas de fibras de aramida o refuerzos dieléctricos axiales), para garantizar que para una tracción de 1.000 N, no se producen alargamientos permanentes de las fibras ópticas ni aumentos de la atenuación. Cuando sea necesario, en los cables deberá disponerse debajo de la cubierta un hilo de rasgado. El diámetro de estos cables estará en torno a 8 mm y su radio de curvatura mínimo en instalación deberá ser de diez veces el diámetro (8 cm). Alternativamente, se podrá considerar válido un diseño del cable realizado con fibras ópticas de 900 micras individuales, en lugar de micromódulos de varias fibras. El diámetro de estos cables estará en torno a 15 mm y su radio de curvatura mínimo en instalación deberá ser de diez veces el diámetro (15 cm).

Cuando los cables tengan más de 12 fibras, se repetirán los colores añadiendo anillos de color negro cada 50 mm, 1 anillo entre las fibras 13 y 24, 2 anillos entre las fibras 25 y 36 y 3 anillos entre las fibras 37 y 48.

Fibra	Color	Fibra	Color	Fibra	Color
1	Verde	3	Azul	5	Gris
2	Rojo	4	Blanco	6	Violeta
Fibra	**Color**	**Fibra**	**Color**	**Fibra**	**Color**
7	Marrón	9	Amarillo	11	Turquesa
8	Naranja	10	Rosa	12	Verde claro

Las características de las fibras ópticas de los cables multifibra de fibra óptica para distribución horizontal serán iguales que las indicadas para el cable de distribución vertical con el siguiente requisito adicional: el cable contará con los elementos necesarios, para evitar la penetración de agua en el mismo.

ii) *Cables de acometida individual.*

ii.1) Interior.

El cable de acometida óptica individual para instalación en interior será de 2 fibras ópticas con el siguiente código de colores:

Fibra 1: verde.

Fibra 2: roja.

Los cables y las fibras ópticas que incorporan serán iguales a las indicadas en el apartado 5.1.1.d.i) excepto en lo relativo a los elementos de refuerzo, que deberán ser suficientes para garantizar que para una tracción de 450 N, no se producen alargamientos permanentes de las fibras ópticas ni aumentos de la atenuación. Su diámetro estará en torno a 4 milímetros y su radio de curvatura mínimo deberá ser 5 veces el diámetro (2 cm).

ii.2) Exterior.

El cable de acometida óptica individual para instalación en exterior será de 2 fibras ópticas:

Fibra 1: verde.

Fibra 2: roja.

Los cables y las fibras ópticas que incorporan serán iguales a las indicadas en el apartado 5.1.1.d.i) excepto en lo relativo a los elementos de refuerzo, que deberán ser suficientes para garantizar que para una tracción de 1.000 N, no se producen alargamientos permanentes de las fibras ópticas ni aumentos de la atenuación, y en que el cable deberá tener protección frente a los agentes climáticos y preferentemente ser de color negro. Su diámetro estará en torno a 5 milímetros y su radio de curvatura mínimo deberá ser 10 veces el diámetro (5 cm).

5.1.2. *Red interior de usuario*

a) *Red de cables de pares trenzados.*

Los cables utilizados serán como mínimo de cuatro pares de hilos conductores de cobre con aislamiento individual clase E (categoría 6) y cubierta de material no propagador de la llama, libre de halógenos y baja emisión de humos, y deberán ser conformes a las especificaciones de la norma UNE-EN 50288-6-1 (Cables metálicos con elementos múltiples utilizados para la transmisión y el control de señales analógicas y digitales. Parte 6-1: Especificación intermedia para cables sin apantallar aplicables hasta 250 MHz. Cables para instalaciones horizontales y verticales en edificios) y UNE-EN 50288-6-2 (Cables metálicos con elementos múltiples utilizados para la transmisión y el control de señales analógicas y digitales. Parte 6-2: Especificación intermedia para cables sin apantallar aplicables hasta 250 MHz. Cables para instalaciones en el área de trabajo y cables para conexionado).

b) *Red de cables coaxiales.*

Con carácter general, los cables serán del tipo RG-59 y cumplirán los requisitos de dimensiones, características eléctricas y mecánicas especificadas en el apartado 5.1.1.c de la presente norma.

c) *Red de cables de fibra óptica.*

El cable de fibra óptica individual para instalación en la red interior de usuario será de 1 fibra óptica. Los cables y las fibras ópticas que incorporan serán iguales a las indicadas en el apartado 5.1.1.d.i) excepto en lo relativo a los elementos de refuerzo, que deberán ser suficientes para garantizar que para una tracción de 450 N no se producen alargamientos permanentes de las fibras ópticas ni aumentos de la atenuación. Su diámetro estará en torno a 4 milímetros y su radio de curvatura mínimo deberá ser 5 veces el diámetro (2 cm).

5.2. Elementos de conexión

5.2.1. *Elementos de conexión para la red de cables de pares trenzados*

a) *Panel para la conexión de cables de pares trenzados.*

El panel de conexión para cables de pares trenzados, en el punto de interconexión, alojará tantos puertos como cables que constituyen la red de distribución. Cada uno de estos puertos, tendrá un lado preparado para conectar los conductores de cable de la red de distribución, y el otro lado estará formado por un conector hembra miniatura de 8 vías (RJ45) de tal forma que en el mismo se permita el conexionado de los cables de acometida de la red de alimentación o de los latiguillos de interconexión. Los conectores cumplirán la norma UNE-EN 50173-1 (Tecnología de la información. Sistemas de cableado genérico. Parte 1: Requisitos generales y áreas de oficina).

El panel que aloja los puertos indicados será de material plástico o metálico, permitiendo la fácil inserción-extracción en los conectores y la salida de los cables de la red distribución.

b) *Roseta para cables de pares trenzados.*

El conector de la roseta de terminación de los cables de pares trenzados será un conector hembra miniatura de 8 vías (RJ45) con todos los contactos conexionados. Este conector cumplirá las normas UNE-EN 50173-1 (Tecnología de la información. Sistemas de cableado genérico. Parte 1: Requisitos generales y áreas de oficina).

c) *Conectores para cables de pares trenzados.*

Las diferentes ramas de la red interior de usuario partirán del interior del PAU equipados con conectores macho miniatura de ocho vías (RJ45) dispuestas para cumplir la norma UNE-EN 50173-1 (Tecnología de la información. Sistemas de cableado genérico. Parte 1: Requisitos generales y áreas de oficina).

d) *Las bases de acceso de los terminales* estarán dotadas de uno o varios conectores hembra miniatura de ocho vías (RJ45) dispuestas para cumplir la citada norma.

5.2.2. *Elementos de conexión para la red de cables de pares*

a) *Regletas de conexión para cables de pares.*

Las regletas de conexión para cables de pares estarán constituidas por un bloque de material aislante provisto de un número variable de terminales. Cada uno de estos terminales tendrá un lado preparado para conectar los conductores de cable, y el otro lado estará dispuesto de tal forma que permita el conexionado de los cables de acometida o de los hilos puente.

El sistema de conexión será por desplazamiento de aislante, y se realizará la conexión mediante herramienta especial.

En el punto de interconexión la capacidad de cada regleta será de 10 pares y en los puntos de distribución como máximo de 5 o 10 pares. En el caso de que ambos puntos coincidan, la capacidad de la regleta podrá ser de 5 o 10 pares.

Las regletas de interconexión y de distribución estarán dotadas de la posibilidad de medir hacia ambos lados sin levantar las conexiones.

La resistencia a la corrosión de los elementos metálicos deberá ser tal que soporte las pruebas estipuladas en la norma UNE-EN 60068-2-11 (Ensayos ambientales. Parte 2: Ensayos. Ensayo Ka: Niebla salina).

b) *Roseta para cables de pares.*

El conector de la roseta de terminación de los pares de la red de dispersión en el PAU, situado en el registro de terminación de red, será un conector hembra miniatura de ocho vías (RJ45) en el que, como mínimo, estarán equipados los contactos centrales 4 y 5. La realización mecánica de estos conectores roseta podrá ser individual o múltiple.

5.2.3. *Elementos de conexión para la red de cables coaxiales*

a) *Elementos pasivos.*

Todos los elementos pasivos utilizados en la red de cables coaxiales tendrán una impedancia nominal de 75 Ω, con unas pérdidas de retorno superiores a 15 dB en el margen de frecuencias de funcionamiento de los mismos que, al menos, estará comprendido entre 5 MHz y 1.000 MHz, y estarán diseñados de forma que permitan la transmisión de señales en ambos sentidos simultáneamente.

La respuesta amplitud-frecuencia de los derivadores cumplirá lo dispuesto en la norma UNE EN-50083-4 (Redes de distribución por cable para señales de televisión, sonido y servicios interactivos. Parte 4: Equipos pasivos de banda ancha utilizados en las redes de distribución coaxial), tendrán una directividad superior a 10 dB, un aislamiento derivación-salida superior a 20 dB y su aislamiento electromagnético cumplirá lo dispuesto en la norma UNE EN 50083-2 (Redes de distribución por cable para señales de televisión, señales de sonido y servicios interactivos. Parte 2: Compatibilidad electromagnética de los equipos).

Todos los puertos de los elementos pasivos estarán dotados con conectores tipo F y la base de los mismos dispondrá de un herraje para la fijación del dispositivo en pared. Su diseño será tal que asegure el apantallamiento electromagnético y, en el caso de los elementos pasivos de exterior, la estanqueidad del dispositivo.

Todos los elementos pasivos de exterior permitirán el paso y corte de corriente incluso cuando la tapa esté abierta, la cual estará equipada con una junta de neopreno o de poliuretano y de una malla metálica, que aseguren tanto su estanqueidad como su apantallamiento electromagnético. Los elementos pasivos de interior no permitirán el paso de corriente.

b) *Cargas tipo F anti-violables.*
Cilindro formado por una pieza única de material de alta resistencia a la corrosión. El puerto de entrada F tendrá una espiga para la instalación en el puerto F hembra del derivador. La rosca de conexión será de 3/8-32.

c) *Cargas de terminación.*
La carga de terminación coaxial a instalar en todos los puertos de los derivadores o distribuidores (incluidos los de terminación de línea) que no lleven conectado un cable de acometida será una carga de 75 ohmios de tipo F.

d) *Conectores.*
Con carácter general en la red de cables coaxiales se utilizarán conectores de tipo F universal de compresión.

e) *Distribuidor.*
Estará constituido por un distribuidor simétrico de dos salidas equipadas con conectores del tipo F hembra.

f) *Bases de acceso de Terminal.*
Cumplirá las siguientes características:

  i) Características físicas: Según normas UNE 20523-7 (Instalaciones de antenas colectivas. Caja de toma), UNE 20523-9 (Instalaciones de antenas colectivas. Prolongador) y UNE-EN 50083-2 (Redes de distribución por cable para señales de televisión, señales de sonido y servicios interactivos. Parte 2: Compatibilidad electromagnética de los equipos).

  ii) Impedancia: 75 Ω.

  iii) Banda de frecuencia: 86-862 MHz.

  iv) Banda de retorno 5-65 MHz.

  v) Pérdidas de retorno TV (40-862 MHz): ≥ 14 dB-1,5 dB/Octava y en todo caso ≥ 10 dB.

  vi) Pérdidas de retorno radiodifusión sonora FM: ≥ 10 dB.

5.2.4. Elementos de conexión para la red de cables de fibra óptica

a) *Caja de interconexión de cables de fibra óptica.*

La caja de interconexión de cables de fibra óptica estará situada en el RITI o RITU, y constituirá la realización física del punto de interconexión, desarrollando las funciones de registro principal óptico.

La caja de interconexión de cables de fibra óptica estará compuesta por dos zonas o compartimentos:

—Zona o compartimento de salida para terminar la red de fibra óptica del edificio. Esta zona permitirá la colocación en regletas de 24 o 48 conectores donde se efectuarán las conexiones con las fibras de la red de distribución del edificio, que a su vez deberán estar terminadas en sus correspondientes conectores.

—Zona o compartimento de entrada para terminar las redes de alimentación de los operadores.

En función del número de PAU, se establecen las siguientes particularidades de las cajas de interconexión de cables de fibras óptica:

i) Con carácter general y sin perjuicio de lo recomendado más adelante para instalaciones con un número de PAU mayor de 20:

— Se habilitarán en la caja de interconexión de cables de fibra óptica las zonas o compartimentos de salida necesarios para terminar las fibras de la red del edificio. Esta caja deberá disponer asimismo de los medios necesarios para su instalación en pared.

— Junto a las zonas o compartimentos de salida se dispondrá de espacio suficiente para la habilitación de zonas o compartimentos de entrada independientes para la terminación de las redes de los operadores, dotando a estas ubicaciones con los elementos pasa-fibras necesarios que permitan enlazar mediante latiguillos de fibra óptica las zonas o compartimentos de entrada de los diferentes operadores con las zonas o compartimentos de salida de la red de fibra óptica de la edificación.

— Para homogeneizar y facilitar la forma de enlazar mediante latiguillos los conectores de salida de la red del edificio y los conectores de entrada de los diferentes operadores, se recomienda que los diferentes tipos de zonas o compartimentos (de entrada y salida) dispongan en su lado derecho de un espacio de salida y paso de cables de fibra óptica, para crear de este modo un canal de guiado común entre las diferentes zonas o compartimentos, solo en el caso de ser instalados de forma apilada en vertical.

ii) En el caso de instalaciones con un número de PAU mayor de 20:

— Se recomienda que la caja de interconexión de cables de fibra óptica sea un armario tipo *rack* 19» o con perfiles normalizados ETSI, con unas dimensiones de 600 mm de ancho × 300 mm de fondo (mínimo), en el que terminen tanto la red del edificio como las redes de los operadores.

— Dicho armario tipo *rack* permitirá la fijación de bandejas extraíbles con disposición frontal del panel de conectores (SC/APC). En el interior de las bandejas se dispondrá de los elementos necesarios para la terminación de forma independiente de las fibras de la red de distribución del edificio o de la red de los diferentes operadores, según proceda.

— Como norma general, se recomienda que se sitúen en la parte superior del armario tipo *rack* las bandejas necesarias para finalizar en conectores SC/APC, en el panel de adaptadores frontal de las bandejas, todas las fibras ópticas de la red de distribución del edificio, dejando la parte inferior libre para la fijación de bandejas para la terminación de las redes de los operadores.

— Adicionalmente, en el armario tipo rack se dispondrá espacio suficiente para permitir la instalación de elementos de guiado, almacenamiento y gestión de los latiguillos que conectarán los conectores de salida de la red del edificio, con los conectores de entrada de las redes de los operadores, que podrán materializarse en forma de guía-hilos o bandejas fijadas al armario tipo *rack* para recoger el sobrante de cable de los latiguillos de interconexión.

— Se recomienda reservar dentro del armario tipo *rack* un espacio en altura para los elementos de guiado, almacenamiento y gestión de cordones, equivalente al utilizado por los paneles de terminación de conectores de la red de fibra óptica de la edificación.

— En el caso que no sea posible implementar las funciones de registro principal óptico mediante un único armario tipo *rack*, se deberán situar los conectores de entrada de todos los operadores tan cerca como sea posible del panel de conectores de salida de la red del edificio, siendo necesaria la instalación de elementos de guiado, tales como canaletas o similares, que permitan la comunicación de ambos elementos mediante latiguillos de interconexión.

iii) Para todos los casos:

— Las cajas de interconexión de cables de fibra óptica deberán haber superado las pruebas de frío, calor seco, ciclos de temperatura, humedad y niebla salina, de acuerdo a la parte correspondiente de la familia de normas UNE-EN 60068-2-2:2008 (Ensayos ambientales. Parte 2-2: ensayos).

— Si las cajas son de material plástico, deberán cumplir la prueba de autoextinguibilidad y haber superado las pruebas de resistencia frente a líquidos y polvo de acuerdo a las normas UNE-EN 60529:2018 [Grados de protección proporcionados por las envolventes (Código IP)], donde el grado de protección exigido será IP30 para interior o IP54 para exterior. También, deberán haber superado la prueba de impacto de acuerdo a la norma UNE-EN 50102:1996 [Grados de protección proporcionados por las envolventes de materiales eléctricos contra los impactos mecánicos externos (código IK)], donde el grado de protección exigido será IK7 (interior o exterior).

— Las cajas deberán haber superado las pruebas de carga estática, flexión, carga axial en cables, vibración, torsión y durabilidad, de acuerdo con la parte correspondiente en vigor de la familia de normas UNE-EN 61300-2 (Dispositivos de interconexión de fibra óptica y componentes pasivos - Ensayos básicos y procedimientos de medida. Parte 2: ensayos).

b) *Caja de segregación de cables de fibra óptica.*

La caja de segregación de fibras ópticas estará situada en los registros secundarios, y constituirá la realización física del punto de distribución óptico. Las cajas de segregación podrán ser de interior (para 4 u 8 fibras ópticas) o de exterior (para 4 fibras ópticas), para el caso de ICT para conjuntos de viviendas unifamiliares.

Las cajas deberán haber superado las mismas pruebas de frío, calor seco, ciclos de temperatura, humedad y niebla salina, de autoextinguibilidad, de resistencia frente a líquidos y polvo (grado de protección exigido será IP 52, en el caso de cajas de interior, e IP 68 en el caso de cajas de exterior), grado de protección IK 08, y de pruebas de carga estática, impacto, flexión, carga axial en cables, vibración, torsión y durabilidad, de la misma forma que se ha descrito en el apartado 5.2.4.a.

Todos los elementos de la caja de segregación estarán diseñados de forma que se garantice un radio de curvatura mínimo de 15 milímetros en el recorrido de la fibra óptica dentro de la caja.

c) *Roseta de fibra óptica.*

La roseta para cables de fibra óptica estará situada en el registro de terminación de red y estará formada por una caja que, a su vez, contendrá o alojará los conectores ópticos SC/APC de terminación de la red de dispersión de fibra óptica.

Las rosetas deberán haber superado las mismas pruebas de frío, calor seco, ciclos de temperatura, humedad y niebla salina, de autoextinguibilidad, de resistencia frente a líquidos y polvo (grado de protección exigido será IP 52), y de pruebas de carga estática, impacto, flexión, carga axial en cables, vibración, torsión y durabilidad, de la misma forma que se ha descrito en el apartado 5.2.4.a.

Cuando la roseta óptica esté equipada con un rabillo para ser empalmado a las acometidas de fibra óptica de la red de distribución, el rabillo con conector que se vaya a posicionar en el PAU será de fibra óptica optimizada frente a curvaturas, del tipo G.657, categoría A2 o B3, y el empalme y los bucles de las fibras ópticas irán alojados en una caja. Todos los elementos de la caja estarán diseñados de forma que se garantice un radio de curvatura mínimo de 20 milímetros en el recorrido de la fibra óptica dentro de la caja.

La caja de la roseta óptica estará diseñada para alojar dos conectores ópticos, como mínimo, con sus correspondientes adaptadores.

d) *Conectores para cables de fibra óptica.*

Los conectores para cables de fibra óptica serán de tipo SC/APC con su correspondiente adaptador, para ser instalados en los paneles de conexión preinstalados en el punto de interconexión del registro principal óptico y en la roseta óptica del PAU, donde irán equipados con los correspondientes adaptadores. Las características de los conectores ópticos responderán al proyecto de norma UNE-EN 50377-4-2:2015 (Conjuntos de conectores y componentes de interconexión para ser utilizados en los sistemas de comunicación por fibra óptica).

Las características ópticas de los conectores ópticos, en relación con la familia de normas UNE-EN 61300-2 (Dispositivos de interconexión de fibra óptica y componentes pasivos-Ensayos básicos y procedimientos de medida. Parte 2: ensayos), serán las siguientes:

Ensayo	Método de ensayo	Requisitos
Atenuación (At) frente a conector de referencia	UNE-EN 61300-3-4 método B	media ≤ 0,30 dB máxima ≤ 0,50 dB
Atenuación (At) de una conexión aleatoria	UNE-EN 61300-3-34	media ≤ 0,30 dB máxima ≤ 0,60 dB
Pérdida de Retorno (PR)	UNE-EN 61300-3-6 método 1	APC ≥ 60 dB

6. REQUISITOS TÉCNICOS

6.1. Generales

6.1.1. *Tendido de cables sobre los sistemas de canalización*

Para poder llevar a cabo en el futuro las labores de instalación de nuevos cables o, en su caso, sustitución de alguno de los cables instalados inicialmente, se conservarán siempre las guías en el interior de los sistemas de canalización formados por tubos de la ICT, tanto si la ocupación de los mismos fuera nula, parcial o total. En casos de ocupación parcial o total las guías en ningún caso podrán ser metálicas.

6.2. Red de distribución y dispersión de cables de pares trenzados

La redes de distribución y dispersión deberán cumplir los requisitos especificados en las normas UNE-EN 50174-1:2001 (Tecnología de la información. Instalación del cableado. Parte 1: Especificación y aseguramiento de la calidad), UNE-EN 50174-2 (Tecnología de la información. Instalación del cableado. Parte 2: Métodos y planificación de la instalación en el interior de los edificios) y UNE-EN 50174-3 (Tecnología de la información. Instalación del cableado. Parte 3: Métodos y planificación de la instalación en el exterior de los edificios) y serán certificadas con arreglo a la norma UNE-EN 50346 (Tecnologías de la información. Instalación de cableado. Ensayo de cableados instalados).

6.3. Red de distribución y dispersión de cables de pares

6.3.1. *Requisitos eléctricos de los cables de pares*

Los cables de pares metálicos cumplirán los siguientes requisitos eléctricos:

a) La resistencia óhmica de los conductores a la temperatura de 20 °C no será mayor de 98 Ω/km.

b) La rigidez dieléctrica entre conductores no será inferior a 500 V_{cc} ni 350 V_{efca}.

c) La rigidez dieléctrica entre núcleo y pantalla no será inferior a 1.500 V_{cc} ni 1.000 V_{efca}.

d) La resistencia de aislamiento no será inferior a 1.000 $M\Omega$/km. e) La capacidad mutua de cualquier par no excederá de 58 nF/km en cables de polietileno.

6.3.2. *Requisitos eléctricos de los elementos de conexión*

Los elementos de conexión (regletas y conectores) de pares metálicos cumplirán los siguientes requisitos eléctricos:

a) La resistencia de aislamiento entre contactos, en condiciones normales (23 °C, 50 % H.R.), deberá ser superior a 106 $M\Omega$.

b) La resistencia de contacto con el punto de conexión de los cables/hilos deberá ser inferior a 10 $m\Omega$.

c) La rigidez dieléctrica deberá ser tal que soporte una tensión, entre contactos, de 1.000 V_{efca} ±10 % y 1.500 V_{cc} ±10 %.

6.3.3. *Identificación y continuidad extremo a extremo de las conexiones*

Se comprobará la continuidad de los pares de las redes de distribución y dispersión y su correspondencia con las etiquetas de las regletas o las ramas, mediante un generador de señales de baja frecuencia o de corriente continua en un extremo y un detector o medidor adecuado en el otro extremo, o en el curso de las medidas del requisito especificado en el apartado 6.3.4.

Las medidas se realizarán desde las regletas de salida de pares, situadas en el registro principal de pares del RITI, hasta los conectores roseta de los PAU situados en el registro de terminación de red de cada vivienda, local o estancia común. Los PAU de todos los conectores roseta estarán vacantes, es decir, sin tener conectada ninguna rama de la red interior de usuario.

6.3.4. *Resistencia en corriente continua*

La resistencia óhmica en corriente continua, medida entre cada dos conductores de las redes de distribución y dispersión, cuando se cortocircuitan los contactos 4 y 5 del correspondiente conector roseta en el PAU, no deberá ser mayor de 40 Ω.

Las medidas se realizarán desde las regletas de salida de pares, situadas en el registro principal de pares del RITI, hasta los conectores roseta de los PAU situados en el registro de terminación de red de cada vivienda, local o estancia común, efectuando un cortocircuito entre los contactos 4 y 5 sucesivamente en todos los conectores roseta de cada PAU en cada registro de terminación de red.

6.3.5. *Resistencia de aislamiento*

La resistencia de aislamiento de todos los pares de las redes de distribución y dispersión, medida con 500 V de tensión continua entre los conductores de los pares de dichas redes o entre cualquiera de estos y tierra, no debe ser menor de 100 MΩ.

Las medidas se realizarán en las regletas de salida de pares, situadas en el registro principal de pares del RITI. Los PAU de todos los conectores roseta estarán vacantes, es decir, sin tener conectada ninguna parte de la red interior de usuario.

6.4. Red de distribución y dispersión de cables coaxiales para acceso por cable

Como requisito necesario en el cumplimiento de la norma UNE-EN-50083-7 para la señal de televisión analógica y digital en el punto de acceso al usuario, se comprobará la continuidad y atenuación de los cables coaxiales de las redes de distribución y dispersión de la edificación, así como la identificación de las diferentes ramas.

En cuanto a la atenuación total producida en las redes de distribución y de dispersión, en función de la topología de estas, se deberá cumplir:

6.4.1. *Topología en estrella*

La atenuación máxima entre el registro principal coaxial y el PAU más alejado no será superior a 20^1 dB en ningún punto de la banda 86 MHz-860 MHz.

6.4.2. *Topología en árbol-rama*

La atenuación máxima entre el registro principal coaxial y el PAU más alejado no será superior a 36 dB en ningún punto de la banda 86 MHz-860 MHz y a 29 dB en ningún punto de la banda 5 MHz-65 MHz.

6.4.3. *Casos singulares*

Cuando la configuración de la edificación impida el cumplimiento de los requisitos de atenuación máxima en los dos casos anteriores, el proyectista adoptará los criterios de diseño que estime oportuno pudiendo combinar ambos tipos de topologías para proporcionar el servicio al 100 % de los PAU de la edificación.

6.5. Red de distribución y dispersión de cables coaxiales para acceso radioeléctrico

6.5.1. *Características de transmisión*

El cableado y demás elementos que conformen la parte de la redes de distribución, dispersión e interior de usuario que, en su caso, discurran por el interior de la edificación para el acceso a los servicios de banda ancha de acceso inalámbrico (SAI), ha de constituir un sistema totalmente transparente al tipo de modulación en toda la banda de frecuencias y en ambos sentidos de transmisión, que permita transmitir o distribuir cualquier tipo de señal y optimizar la interoperatividad y la interconectividad.

6.5.2. *Características del punto de terminación de red*

Los puntos de terminación de red o tomas de usuario en las bases de acceso de terminal para los servicios de acceso inalámbrico (SAI), caso de existir, deberán satisfacer las características siguientes:

a) *Características físicas:*

  i)   RJ-45 para 120 ohmios.

  ii) DIN 1,6/5,6, BNC para 75 ohmios.

  iii) DB 15 para X.21.

  iv) Winchester (M 34) para V.35.

---

[1] Considerando una longitud máxima de cable RG-59 de 100 m y una atenuación de 0,14 dB/m.

b) *Características eléctricas:*

i) UIT-T Recomendación G. 703.

ii) UIT-T Recomendaciones X.21/V.35.

6.6. Red de distribución y dispersión de cables de fibra óptica

6.6.1. *Identificación y continuidad extremo a extremo de las conexiones*

Se comprobará la continuidad de las fibras ópticas de las redes de distribución y dispersión y su correspondencia con las etiquetas de las regletas o las ramas, mediante un generador de señales ópticas en las longitudes de onda (1.310 nm, 1.490 nm y 1.550 nm) en un extremo y un detector o medidor adecuado en el otro extremo, o en el curso de las medidas del requisito especificado en el apartado 6.6.2.

6.6.2. *Características de transmisión*

Se recomienda que la atenuación óptica de las fibras ópticas de las redes de distribución y dispersión no sea superior a 1,55 dB. En ningún caso la citada atenuación superará los 2 dB.

Mediante un generador de señales ópticas en las longitudes de onda (1.310 nm, 1.490 nm y 1.550 nm) en un extremo y un detector o medidor adecuado en el otro extremo.

Las medidas se realizarán desde las regletas de salida de fibra óptica, situadas en el registro principal óptico del RITI, hasta los conectores ópticos de la roseta de los PAU situada en el registro de terminación de red de cada vivienda, local o estancia común.

6.7. Red interior de usuario de pares trenzados

La red interior de usuario deberá cumplir los requisitos especificados en las normas UNE-EN 50174-1 (Tecnología de la información. Instalación del cableado. Parte 1: Especificación y aseguramiento de la calidad), UNE-EN 50174-2 (Tecnología de la información. Instalación del cableado. Parte 2: Métodos y planificación de la instalación en el interior de los edificios) y UNE-EN 50174-3 (Tecnología de la información. Instalación del cableado. Parte 3: Métodos y planificación de la instalación en el exterior de los edificios) y será certificada con arreglo a la norma UNE-EN 50346 (Tecnologías de la información. Instalación de cableado. Ensayo de cableados instalados).

6.8. Red interior de usuario de cables coaxiales

Como requisito necesario en el cumplimiento de la norma UNE-EN-50083-7 (Redes de distribución por cable para señales de televisión, señales de sonido y servicios interactivos. Parte 7: Prestaciones del sistema) para la señal de televisión analógica y digital en el punto de acceso al usuario, se comprobará la continuidad y atenuación de los cables coaxiales de la red interior de usuario de las viviendas, así como la identificación de las diferentes ramas.

7. REQUISITOS DE SEGURIDAD

7.1. Red de distribución y dispersión de cables de fibra óptica

Los adaptadores de montaje de los conectores ópticos de la roseta, dispondrán en la cara situada en el exterior de la roseta de una tapa abatible, accionada mediante un muelle u otro elemento flexible, de tal forma que permita el cierre y protección del adaptador cuando no esté alojado ningún conector óptico en dicha cara exterior de la roseta.

Para evitar el peligro de lesiones personales por la manipulación de los cables de fibra óptica de las redes ópticas de la ICT por parte de personal no experto o con cualificación técnica inadecuada, las puertas o tapas de las cajas de interconexión, de las cajas de segregación y de las rosetas ópticas, exhibirán de forma perfectamente visible en su exterior las correspondientes marcas y leyendas, de acuerdo con el apartado 5 de la norma UNE-EN 60825-1 (Seguridad de los productos láser. Parte 1: Clasificación de los equipos y requisitos).

7.2. Requisitos generales de seguridad eléctrica

7.2.1. *Conformidad a normas*

Con carácter general tanto la ICT como los elementos y dispositivos que la componen cumplirán, en aquellos aspectos en los que resulte de aplicación, lo dispuesto en lo dispuesto en el Real Decreto 7/1988, de 8 de enero, relativo a las exigencias de seguridad del material eléctrico destinado a ser utilizado en determinados límites de tensión, modificado por Real Decreto 154/1995, de 3 febrero, y el Real Decreto 842/2002, de 2 de agosto, por el que se aprueba el Reglamento electrotécnico para baja tensión.

7.2.2. *Disposición relativa de cableados*

Con el fin de reducir posibles diferencias de potencial entre sus recubrimientos metálicos, las entradas al edificio de los cables de alimentación de las redes de acceso de comunicaciones electrónicas y los de alimentación de energía eléctrica se realizarán a través de accesos independientes, pero próximos entre sí, y próximos también a la entrada del cable o cables de unión a la puesta a tierra del edificio.

7.2.3. *Interconexión equipotencial y apantallamiento*

Cuando se instalen los distintos equipos (armarios, bastidores y demás estructuras metálicas accesibles), se creará una red mallada de equipotencialidad que conecte las partes metálicas accesibles de todos ellos entre sí y al anillo de tierra del inmueble.

Todos los cables con portadores metálicos de telecomunicación procedentes del exterior del edificio serán apantallados, y el extremo de su pantalla estará conectado a tierra local en un punto tan próximo como sea posible de su entrada al recinto que aloja el punto de interconexión y nunca a más de 2 metros de distancia.

7.2.4. *Descargas atmosféricas*

En función del nivel ceráunico y del grado de apantallamiento presentes en la zona considerada, puede ser conveniente dotar a los portadores metálicos de telecomunicación procedentes del exterior de dispositivos protectores contra sobretensiones, conectados también al terminal o al anillo de tierra. La determinación de la necesidad de estas protecciones y su diseño, suministro e instalación, será responsabilidad de los operadores de servicio.

7.2.5. *Características específicas de seguridad de las redes de distribución y dispersión de cables de pares*

a) *Ruido.*

En los contactos correspondientes a cada par de las regletas de salida del punto de interconexión del registro principal de pares, no deberán aparecer, con el bucle cerrado en cada conector roseta del PAU, una señal transversal que represente niveles de «ruido sofométrico» superiores a 58 dB negativos, referidos a 1 milivoltio sobre 600 ohmios.

b) *Voltaje longitudinal de corriente alterna.*

En los contactos correspondientes a cada par de las regletas de salida del punto de interconexión del registro principal de pares, no deberán aparecer, con el bucle cerrado en cada conector roseta del PAU, tensiones superiores a 50 V (50 Hz) entre cualquiera de los hilos y tierra.

El requisito de este apartado se refiere a situaciones fortuitas o de avería que pudieran aparecer al originarse contactos indirectos con la red eléctrica coexistente.

7.3. Requisitos de seguridad frente a incendios

En los pasos de canalizaciones a través de elementos que deban cumplir una función de compartimentación frente a incendio se debe mantener la resistencia al fuego exigible a dichos elementos, de acuerdo con lo establecido en el artículo SI 1-3 del documento básico DB SI del Código Técnico de la Edificación.

8. REQUISITOS DE COMPATIBILIDAD ELECTROMAGNÉTICA

Las redes de distribución, dispersión e interior de usuario de la ICT, así como los elementos que constituyen los respectivos puntos de interconexión, distribución, acceso al usuario (PAU) y base de acceso de terminal (BAT) deberán cumplir, en los casos aplicables, con el Real Decreto 1580/2006, de 22 de diciembre, por el que se regula la compatibilidad electromagnética de los equipos eléctricos y electrónicos, que incorporó al ordenamiento jurídico español la Directiva 2004/108/CE, relativa a la aproximación de las legislaciones de los Estados miembros en materia de compatibilidad electromagnética y por la que se deroga la Directiva 89/336/CEE. Para ello, podrán utilizarse, con presunción de conformidad del cumplimiento de los requisitos de compatibilidad electromagnética, entre otras, las normas armonizadas que se publiquen en el Diario Oficial de las Comunidades Europeas al amparo de la citada Directiva 2004/108/CE.

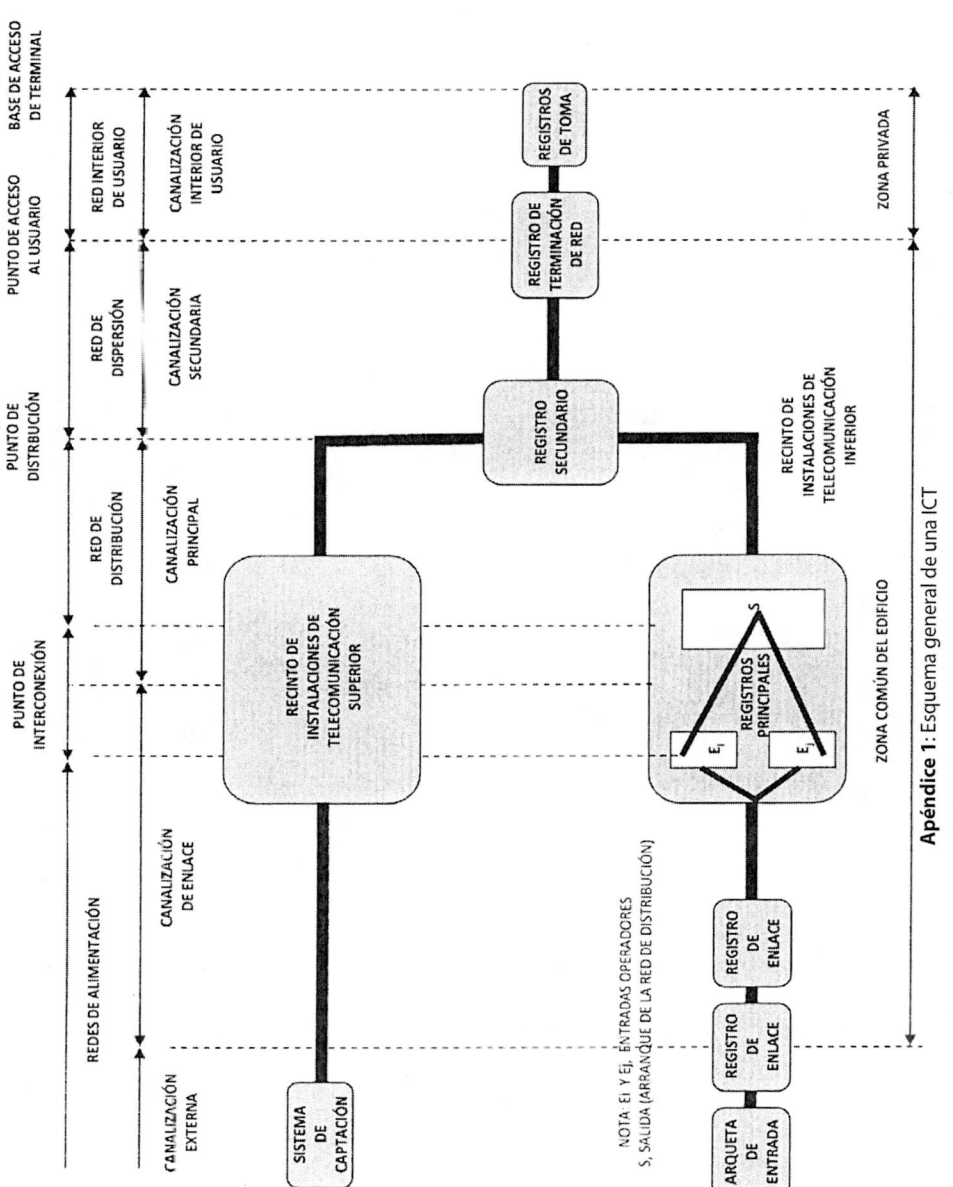

Apéndice 1: Esquema general de una ICT

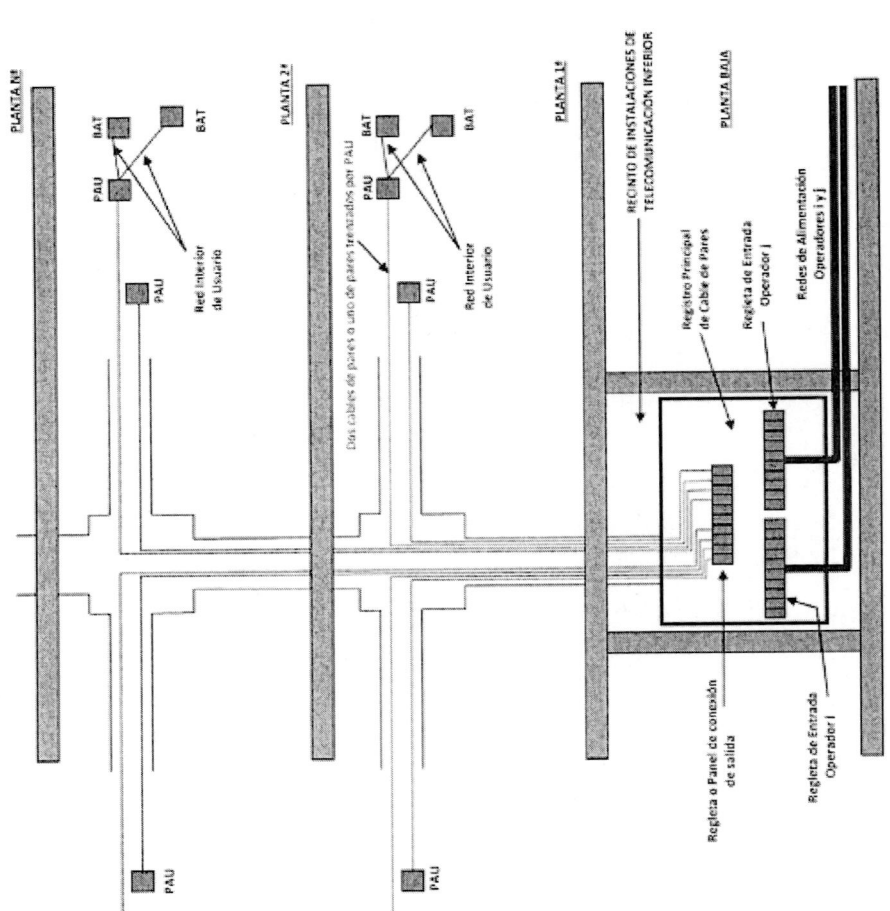

Apéndice 2: Esquema general de la red de cables de pares o pares trenzados

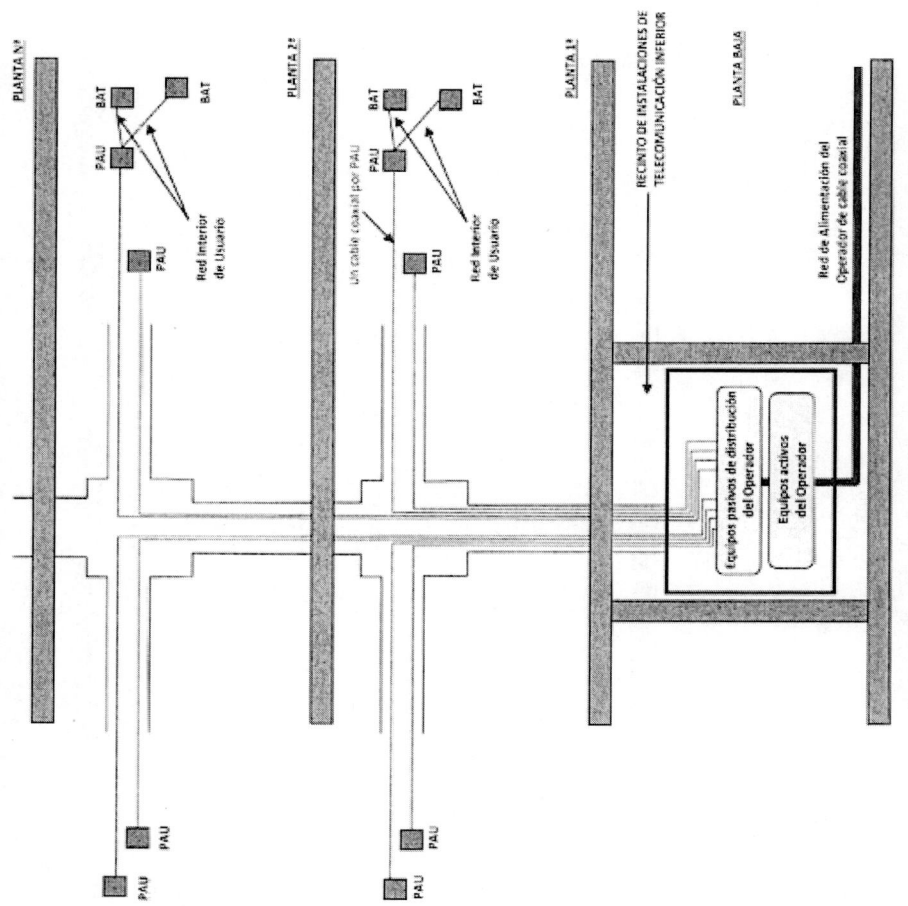

Apéndice 3a: Esquema general de la red de cables Coaxiales con topología en estrella

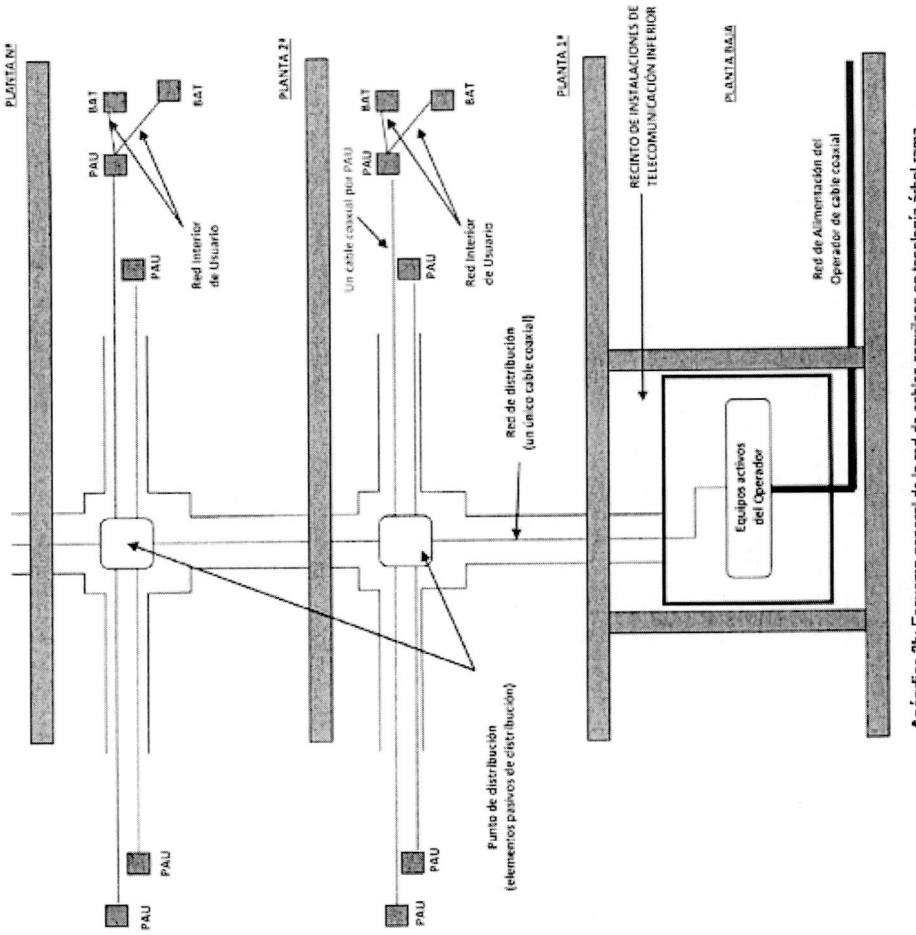

Apéndice 3b: Esquema general de la red de cables coaxiales en topología árbol-rama

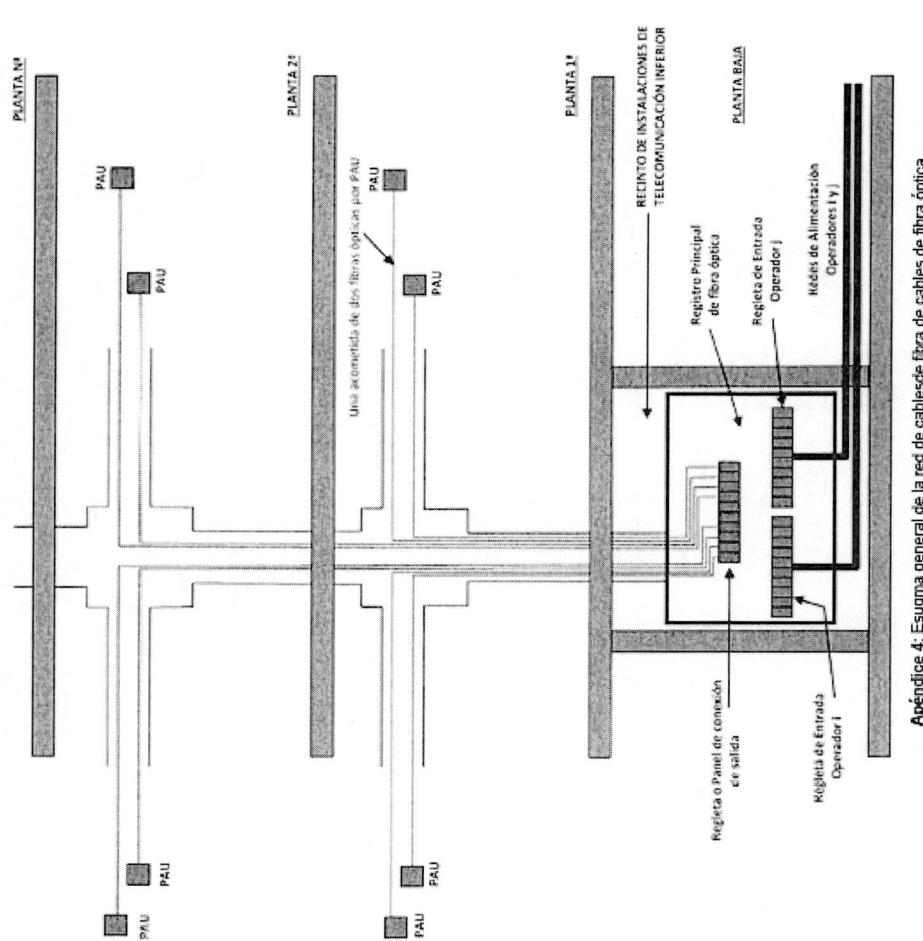

Apéndice 4: Esquema general de la red de cables de fibra de cables de fibra óptica

PLANTA Nª

PLANTA 2ª

PLANTA 1ª

PLANTA BAJA

PAU

PAU

PAU

PAU

PAU

PAU

Una acometida de dos fibras ópticas por PAU

RECINTO DE INSTALACIONES DE TELECOMUNICACIÓN INFERIOR

Registro Principal de fibra óptica

Regleta de Entrada Operador j

Redes de Alimentación Operadores i y j

Regleta o Panel de conexión de salida

Regleta de Entrada Operador i

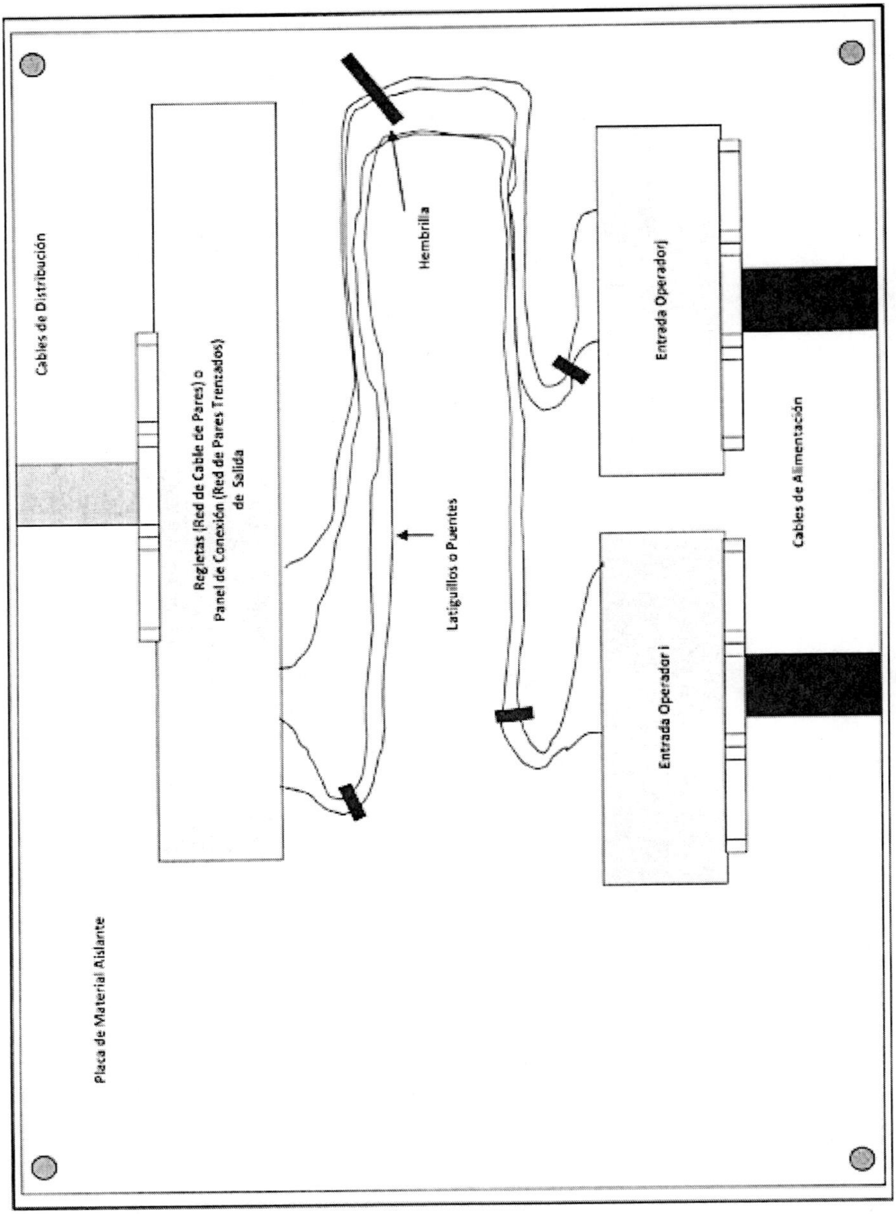

Apéndice 5: Punto de interconexión de la red de pares/pares trenzados

Cables de Distribución

Regletas (Red de Cable de Pares) o
Panel de Conexión (Red de Pares Trenzados)
de Salida

Hembrilla

Latiguillos o Puentes

Entrada Operador j

Entrada Operador i

Cables de Alimentación

Placa de Material Aislante

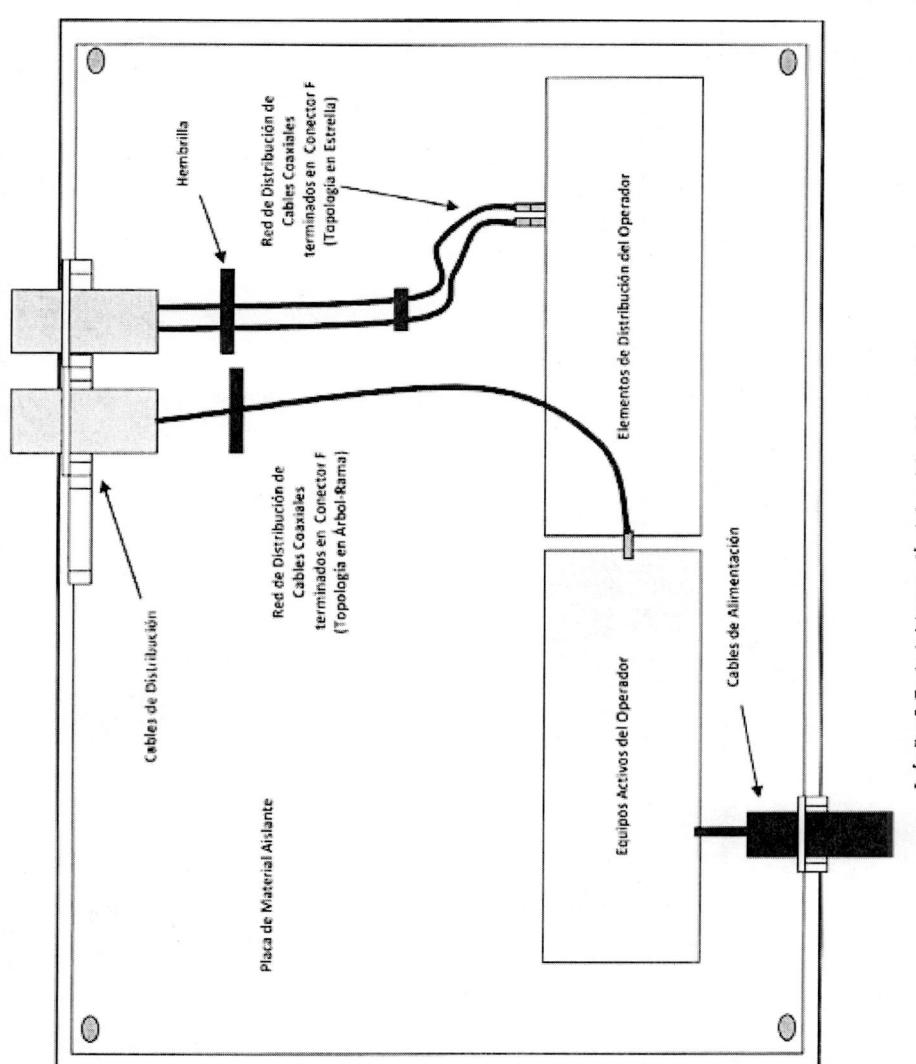

Apéndice 6: Punto de interconexión de la red de cables coaxiales

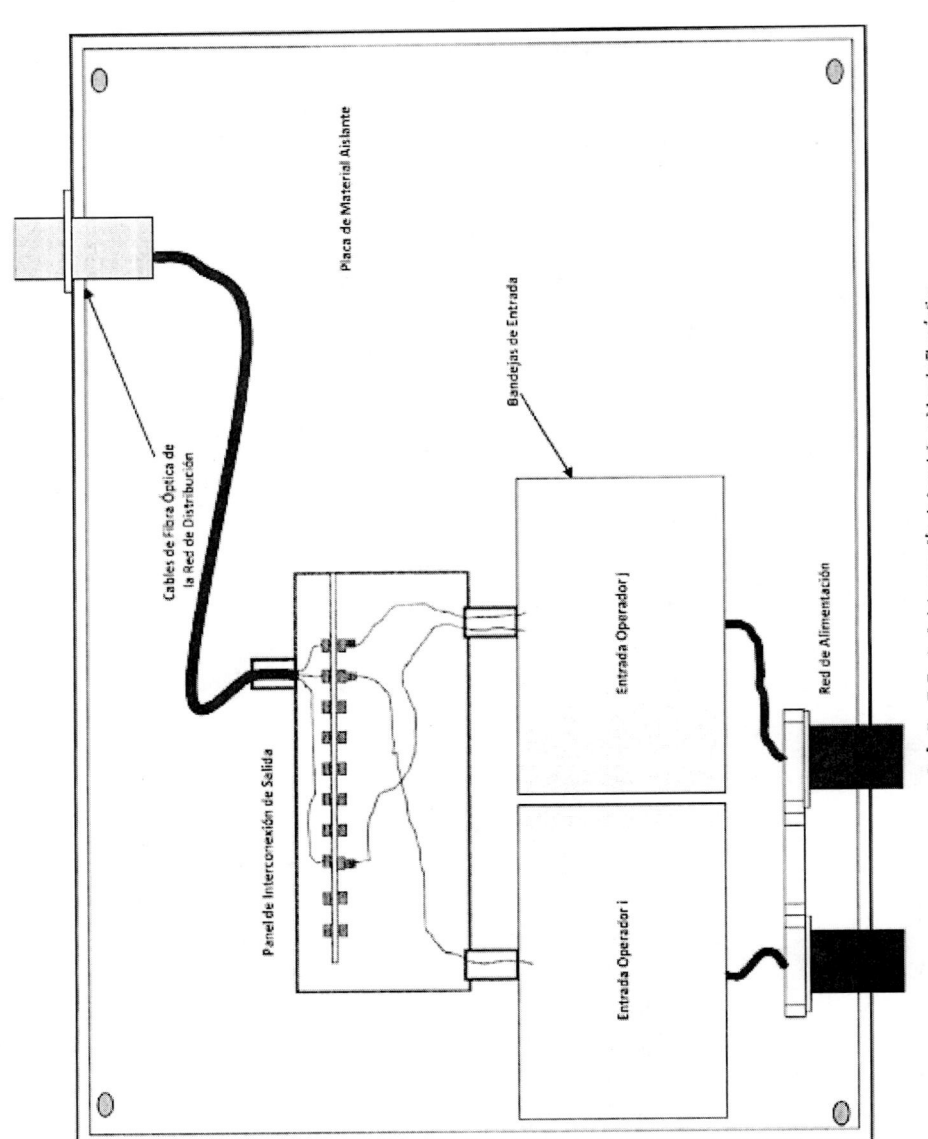

Apéndice 7: Punto de interconexión de la red de cables de fibra óptica

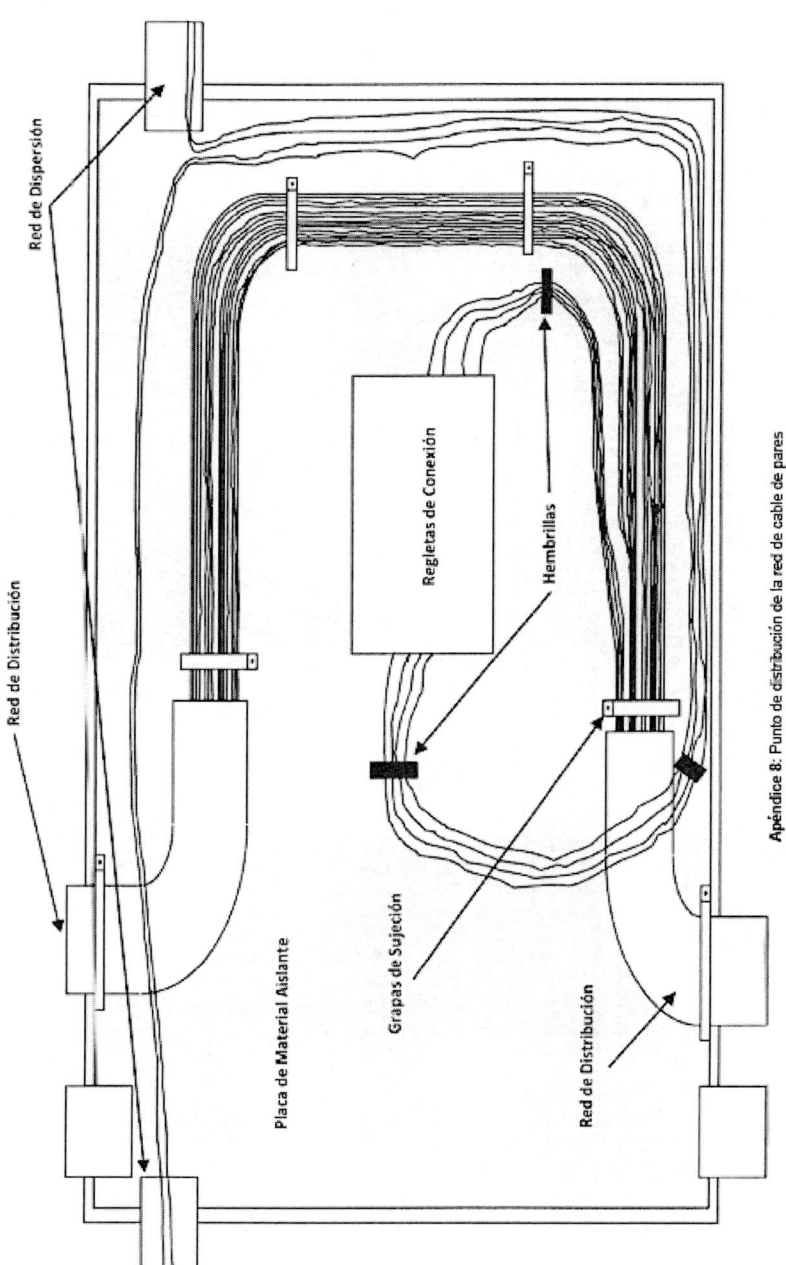

Red de Dispersión

Red de Distribución

Placa de Material Aislante

Regletas de Conexión

Hembrillas

Grapas de Sujeción

Red de Distribución

Apéndice 8: Punto de distribución de la red de cable de pares

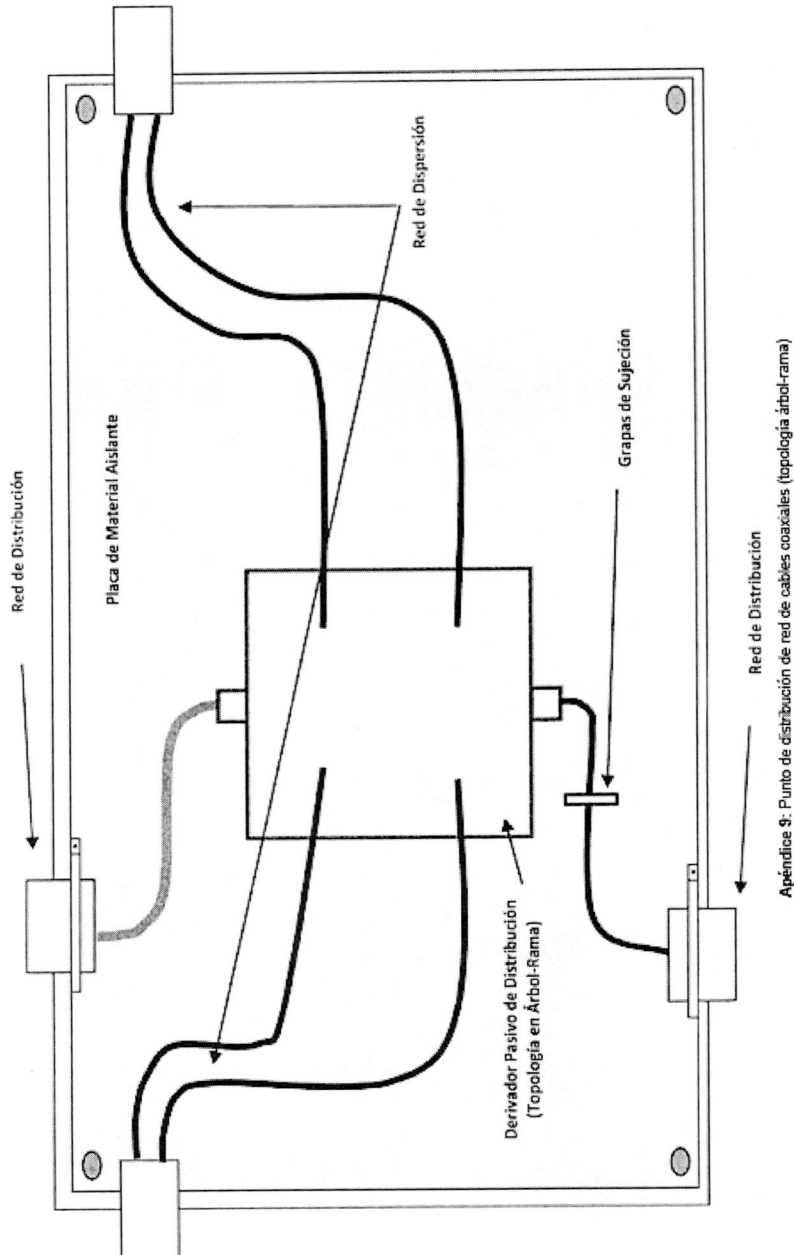

Apéndice 9: Punto de distribución de red de cables coaxiales (topología árbol-rama)

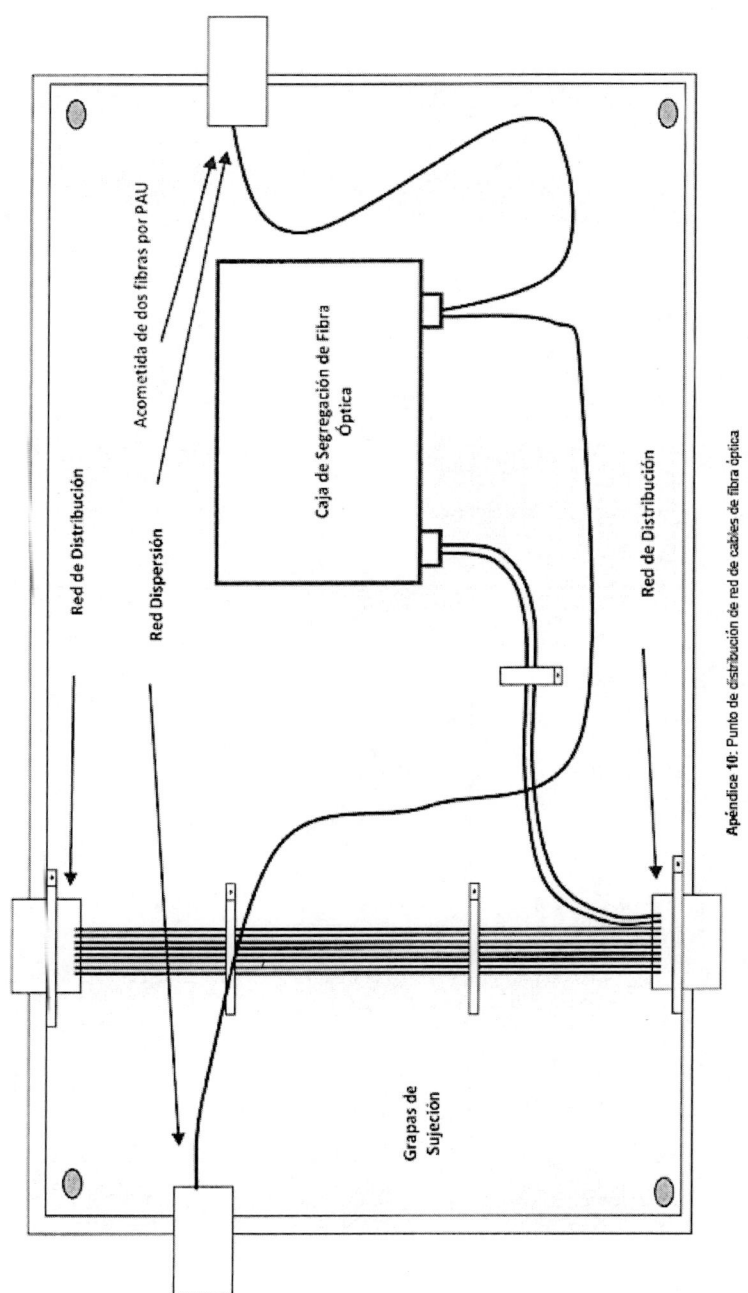

Apéndice 10: Punto de distribución de red de cables de fibra óptica

Acometida de dos fibras por PAU

Red de Distribución

Red Dispersión

Caja de Segregación de Fibra Óptica

Red de Distribución

Grapas de Sujeción

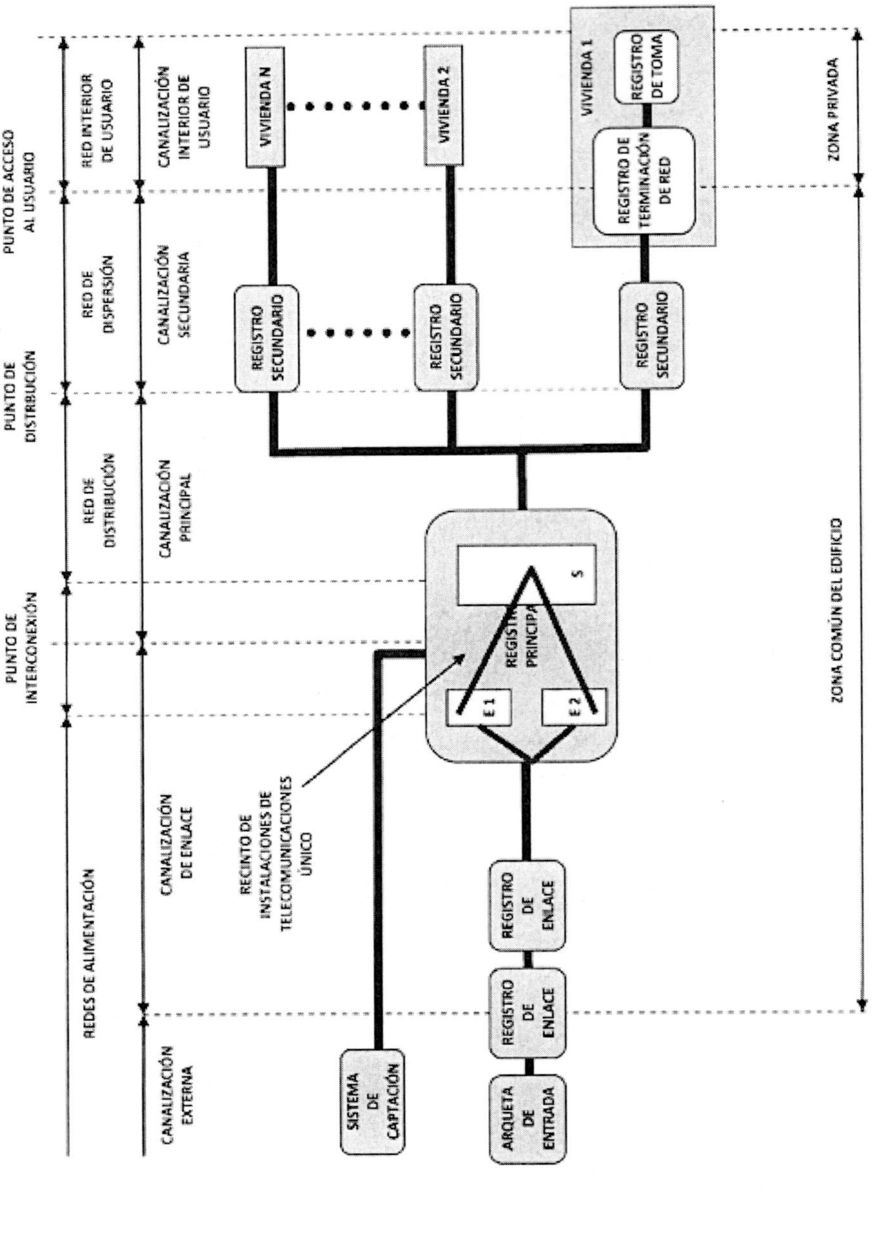

Apéndice 11: Esquema general para agrupaciones de viviendas unifamiliares

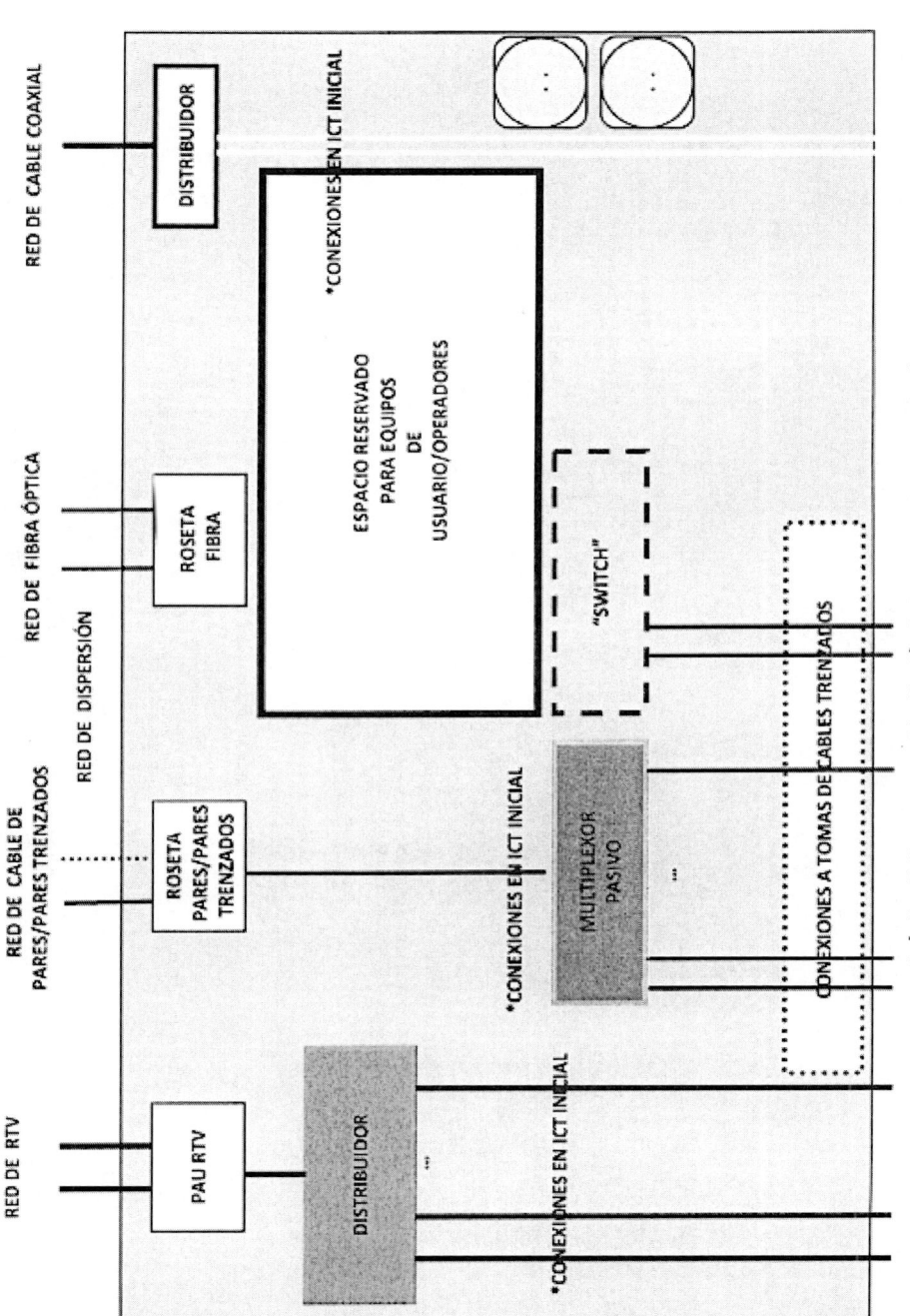

Apéndice 12: Esquema general de ubicación de elementos en riesgo de terminación de red

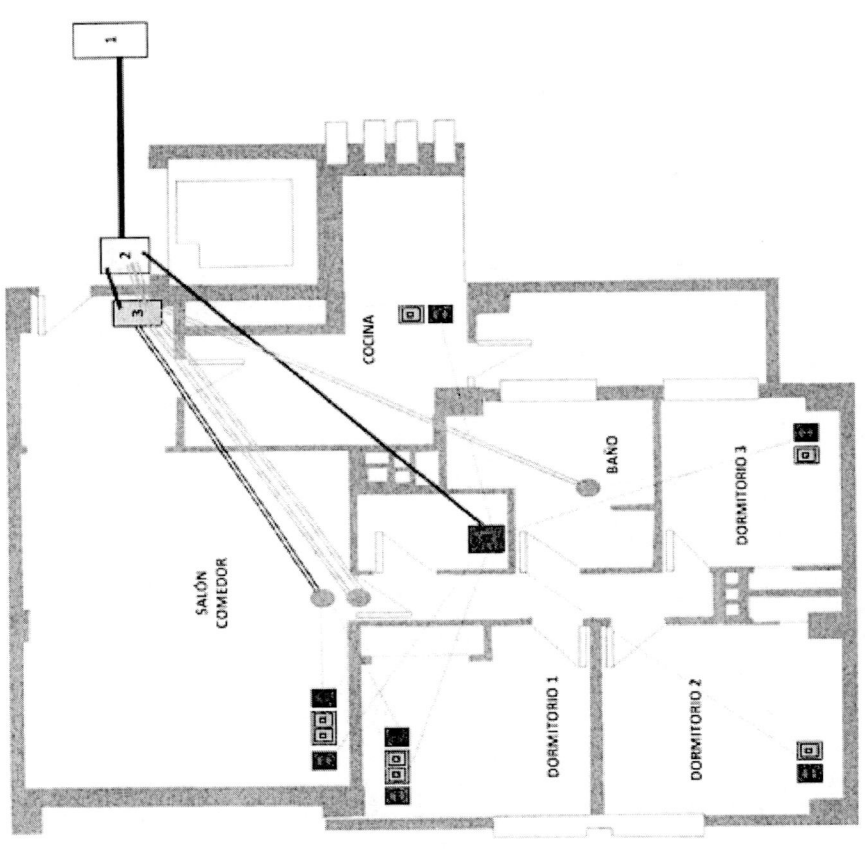

Apéndice 13: Esquema general de la red interior de usuario

REGISTRO SECUNDARIO.

REGISTRO DE PASO.

REGISTRO TERMINACIÓN RED TBA.

REGISTRO TERMINACIÓN RED RTV.

REGISTRO DE PASO.

TOMA TDSP+TBA.

TOMA RED INTERIOR COAXIAL.

TOMA RTV.

ANEXO III[1]

ESPECIFICACIONES TÉCNICAS MÍNIMAS DE LAS EDIFICACIONES EN MATERIA DE TELECOMUNICACIONES

1. OBJETO

Estas especificaciones técnicas establecen los requisitos mínimos que, desde un punto de vista técnico, han de cumplir las canalizaciones, recintos y elementos complementarios que alberguen la infraestructura común de telecomunicaciones (ICT) para facilitar su despliegue, mantenimiento y reparación, contribuyendo de esta manera a posibilitar el que los usuarios finales accedan a los servicios de telefonía disponible al público (STDP) y a los servicios de telecomunicaciones de banda ancha prestados por operadores de redes de telecomunicaciones por cable (TBA), o por operadores de servicios de acceso inalámbrico (SAI) y a los servicios de radiodifusión y televisión (RTV).

En los apéndices 1 al 9, de las presentes especificaciones técnicas, se describen gráficamente los términos y definiciones utilizados a lo largo de este anexo.

2. ÁMBITO DE APLICACIÓN

En todo caso, las presentes especificaciones técnicas serán de aplicación con carácter general a:

---

[1] *Véanse* el Real decreto 391/2019, de 21 de junio, por el que se aprueba el Plan Técnico Nacional de la Televisión Digital Terrestre y se regulan determinados aspectos para la liberación del segundo dividendo digital y la Orden ECE/983/2019, de 26 de septiembre, por la que se regulan las características de reacción al fuego de los cables de telecomunicaciones en el interior de las edificaciones, se modifican determinados anexos del Reglamento regulador de las infraestructuras comunes de telecomunicaciones para el acceso a los servicios de telecomunicación en el interior de las edificaciones, aprobado por Real Decreto 346/2011, de 11 de marzo y se modifica la Orden ITC/1644/2011, de 10 de junio, por la que se desarrolla dicho reglamento.

a) Todos los edificios y conjuntos inmobiliarios en los que exista continuidad en la edificación, de uso residencial o no, y sean o no de nueva construcción, que estén acogidos, o deban acogerse, al régimen de propiedad horizontal regulado por la Ley 49/1960, de 21 de julio, sobre Propiedad Horizontal, modificada por la Ley 8/1999, de 6 de abril; y

b) A los edificios que, en todo o en parte, hayan sido o sean objeto de arrendamiento por plazo superior a un año, salvo los que alberguen una sola vivienda.

No obstante lo anterior, estas especificaciones podrán servir como referencia para otros tipos de edificaciones no incluidas en los párrafos anteriores.

3. TOPOLOGÍA DE LA ICT

La infraestructura que soporta el acceso a los servicios de telecomunicación contemplados en estas especificaciones técnicas, para edificaciones como los señaladas en el párrafo a) del apartado anterior, responderá a los esquemas reflejados en los diagramas o planos tipo incluidos como apéndices 1 y 2 a este anexo.

Dicho esquema obedece a la necesidad de establecer de manera clara los diferentes elementos que conforman la ICT de la edificación y que permiten soportar los distintos servicios de telecomunicación.

Las redes de alimentación de los distintos operadores se introducen en la ICT, por la parte inferior de la edificación a través de la arqueta de entrada y de las canalizaciones externa y de enlace, atravesando el punto de entrada general de la edificación y, por su parte superior, a través del pasamuros y de la canalización de enlace hasta los registros principales situados en los recintos de instalaciones de telecomunicación, donde se produce la interconexión con la red de distribución de la ICT.

La red de distribución tiene como función principal llevar a cada planta de la edificación las señales necesarias para alimentar la red de dispersión. La infraestructura que la soporta está compuesta por la canalización principal, que une los recintos de instalaciones de telecomunicación inferior y superior y por los registros principales.

La red de dispersión se encarga, dentro de cada planta de la edificación, de llevar las señales de los diferentes servicios de telecomunicación hasta los PAU de cada usuario. La infraestructura que la soporta está formada por la canalización secundaria y los registros secundarios.

La red interior de usuario tiene como función principal distribuir las señales de los diferentes servicios de telecomunicación en el interior de cada vivienda, oficina, local o estancia común de la edificación, desde los PAU hasta las diferentes bases de acceso de terminal (BAT) de cada usuario. La infraestructura que la soporta está formada por la canalización interior de usuario y los registros de terminación de red y de toma.

Así, con carácter general, pueden establecerse como referencia los siguientes puntos de la ICT:

a) Punto de interconexión o de terminación de red: es el lugar donde se produce la unión entre las redes de alimentación de los distintos operadores de los servicios de telecomunicación con la red de distribución de la ICT de la edificación. Se encuentra situado en el interior de los recintos de instalaciones de telecomunicación.

b) Punto de distribución: es el lugar donde se produce la unión entre las redes de distribución y de dispersión de la ICT de la edificación. Habitualmente se encuentra situado en el interior de los registros secundarios.

c) Punto de acceso al usuario (PAU): son los lugares donde se produce la unión de las redes de dispersión e interiores de cada usuario de la ICT de la edificación. Se encuentran situados en el interior de los registros de terminación de red.

d) Base de acceso terminal: es el punto donde el usuario conecta los equipos terminales que le permiten acceder a los servicios de telecomunicación que proporciona la ICT de la edificación. Se encuentra situado en el interior de los registros de toma.

Desde el punto de vista de la titularidad del dominio en el que están situados los distintos elementos que conforman la ICT, puede establecerse la siguiente división:

a) Zona exterior de la edificación: en ella se encuentran la arqueta de entrada y la canalización externa.

b) Zona común de la edificación: donde se sitúan todos los elementos de la ICT comprendidos entre el punto de entrada general de la edificación y los puntos de acceso al usuario (PAU).

c) Zona privada de la edificación: la que comprende los elementos de la ICT que conforman la red interior de los usuarios.

Para el caso de conjuntos de viviendas unifamiliares, la topología de la ICT responderá a los esquemas reflejados en los diagramas o planos tipo incluidos como apéndices 8 y 9 de estas especificaciones técnicas. En ellos se observa que, como consecuencia del tipo de construcción, la red de dispersión y la de distribución se simplifican de manera notable. Habitualmente, los servicios de telecomunicación se introducen a partir de un único recinto común de instalaciones de telecomunicación y, en general, son válidos los conceptos y descripciones efectuadas para el otro tipo de edificaciones.

4. DEFINICIONES

4.1. Arqueta de entrada

Es el recinto que permite establecer la unión entre las redes de alimentación de los servicios de telecomunicación de los distintos operadores y la infraestructura común de telecomunicación de la edificación. Se encuentra en la zona exterior de la edificación y a ella confluyen, por un lado, las canalizaciones de los distintos operadores y, por otro, la canalización externa de la ICT de la edificación.

Su construcción corresponde a la propiedad de la edificación y, salvo que cuente con la autorización de la propiedad, solo podrá ser utilizada para dar servicio a la edificación de la que forma parte.

4.2. Canalización externa

Está constituida por los tubos que discurren por la zona exterior de la edificación desde la arqueta de entrada hasta el punto de entrada general de la edificación. Es la encargada de introducir en la edificación las redes de alimentación de los servicios de telecomunicación de los diferentes operadores. Su construcción corresponde a la propiedad de la edificación.

4.3. Punto de entrada general

Es el lugar por donde la canalización externa que proviene de la arqueta de entrada accede a la zona común de la edificación.

4.4. Canalización de enlace

Para el caso de edificaciones de viviendas y teniendo en cuenta el lugar por el que se acceda a la edificación, se define como:

a) Para la entrada a la edificación por la parte inferior, es la que soporta los cables de la red de alimentación desde el punto de entrada general hasta el registro principal ubicado en el recinto de instalaciones de telecomunicación inferior (RITI).

b) Para la entrada a la edificación por la parte superior, es la que soporta los cables que van desde los sistemas de captación hasta el recinto de instalaciones de telecomunicación superior (RITS), entrando en la edificación mediante el correspondiente elemento pasamuros.

Para el caso de conjuntos de viviendas unifamiliares, se define como la que soporta los cables de la red de alimentación de los diferentes servicios de telecomunicación desde el punto de entrada general hasta los registros principales, y desde los sistemas de captación hasta el elemento pasamuros, habitualmente situados en el recinto de instalaciones de telecomunicación único (RITU).

En cualquier caso está constituida por los sistemas de conducción de cables de entrada y los elementos de registro intermedios que sean precisos. Los elementos de registro son las envolventes intercaladas en esta canalización de enlace para poder facilitar el tendido de los cables de alimentación.

Su construcción y mantenimiento corresponden a la propiedad de la edificación.

4.5. Recintos de instalaciones de telecomunicación

Los recintos de instalaciones de telecomunicación generalmente estarán situados en zonas comunes de la edificación; en el caso de que no hubiera otra posibilidad, su instalación generará las servidumbres correspondientes. En cualquier caso, tendrán la consideración de elementos comunes de la edificación y su titularidad corresponderá a la propiedad de la edificación.

Su construcción y mantenimiento corresponde a la propiedad de la edificación.

Deberán contener únicamente los elementos necesarios para proporcionar los servicios de telecomunicación de la edificación. No obstante lo anterior, previa autorización de la propiedad, podrían contener instalaciones para dar servicio de telecomunicación a otras edificaciones de la zona. Si la autorización ha sido concedida en fase de construcción de la edificación, esta deberá ser ratificada por la comunidad de propietarios o por el propietario final de la edificación.

Se establecen los siguientes tipos de recintos:

4.5.1. *Recinto inferior (RITI)*

Es el local o habitáculo donde se instalarán los registros principales correspondientes a los distintos operadores de los servicios de telefonía disponible al público y de telecomunicaciones de banda ancha, y los posibles elementos necesarios para el suministro de estos servicios. Asimismo, de este recinto arranca la canalización principal de la ICT de la edificación.

Los registros principales para los servicios de telefonía disponible al público y de banda ancha son las envolventes que contienen los puntos de interconexión entre las redes de alimentación de los diferentes operadores y la de distribución de la edificación.

En el caso particular de que la red de distribución de la edificación atienda a un número reducido de PAU, puede contener directamente el punto de distribución.

4.5.2. *Recinto superior (RITS)*

Es el local o habitáculo donde se instalarán los elementos necesarios para el suministro de los servicios de RTV y, en su caso, elementos de los servicios de acceso inalámbrico (SAI). En él se alojarán los elementos necesarios para adecuar las señales procedentes de los sistemas de captación de emisiones radioeléctricas de RTV, para su distribución por la ICT de la edificación o, en el caso de servicios de acceso inalámbrico, los elementos necesarios para trasladar las señales recibidas hasta el RITI.

4.5.3. *Recinto único (RITU)*

i) Para el caso de edificios o conjuntos inmobiliarios de hasta tres alturas y planta baja y un máximo de dieciséis PAU, y para conjuntos de viviendas unifamiliares (sin limitación en el n.º de PAU), se establece la posibilidad de construir un único recinto de instalaciones de telecomunicación (RITU), que acumule la funcionalidad de los dos descritos anteriormente (RITI y RITS).

ii) Para edificios o conjuntos inmobiliarios de más de tres alturas y planta baja y un máximo de 16 PAU, y para aquéllos que dispongan entre 17 y 30 PAU, sin limitación en el n.º de alturas, se establece la posibilidad de construir un único recinto de instalaciones de telecomunicación ampliado (RITU-A), siempre que tenga una anchura accesible que sea el doble que la que correspondería a uno de los recintos a los que sustituye, manteniendo el resto de dimensiones, y que esté situado donde lo estaría cualquiera de ellos.

4.5.4. *Recinto modular (RITM)*

Para los casos de edificaciones de pisos de hasta cuarenta y cinco PAU (nota 1) y de conjuntos de viviendas unifamiliares de hasta veinte PAU (nota 1), los recintos superior, inferior y único podrán ser realizados mediante armarios de tipo modular no propagadores de la llama.

4.6. Canalización principal

Es la que soporta la red de distribución de la ICT de la edificación, conecta el RITI y el RITS entre sí y estos con los registros secundarios.

En ella se intercalan los registros secundarios, que conectan la canalización principal y las secundarias. También se utilizan para seccionar o cambiar de dirección la canalización principal.

En el caso de acceso inalámbrico de servicios distintos de los de radiodifusión sonora y televisión, la canalización principal tiene como misión añadida la de hacer posible el traslado de las señales desde el RITS hasta el RITI.

4.7. Canalización secundaria

Es la que soporta la red de dispersión de la edificación, une los registros secundarios con los registros de terminación de red. En ella se intercalan los registros de paso, que son los elementos que facilitan el tendido de los cables entre los registros secundarios y de terminación de red.

Los registros de terminación de red son los elementos que conectan las canalizaciones secundarias con las canalizaciones interiores de usuario. En estos registros se alojan los correspondientes puntos de acceso a los usuarios. Estos registros se ubicarán siempre en el interior de la vivienda, oficina, o estancia común de la edificación y algunos de los elementos que conforman los PAU que se alojan en ellos podrán ser suministrados por los operadores de los servicios previo acuerdo entre estos y los usuarios de las viviendas, oficinas, locales o estancias comunes.

4.8. Canalización interior de usuario

Es la que soporta la red interior de usuario, conecta los registros de terminación de red y los registros de toma. En ella se intercalan los registros de paso que son los elementos que facilitan el tendido de los cables de la red interior de usuario.

Los registros de toma son los elementos que alojan las bases de acceso terminal (BAT), o tomas de usuario, que permiten al usuario efectuar la conexión de los equipos terminales de telecomunicación o los módulos de abonado con la ICT, para acceder a los servicios proporcionados por ella.

5. DISEÑO Y DIMENSIONADO

Como norma general, las canalizaciones deberán estar, como mínimo, a 100 mm de cualquier encuentro entre dos paramentos.

5.1. Arqueta de entrada

En función del número de puntos de acceso al usuario de la edificación a los que da servicio, la arqueta (o arquetas, si procede) de entrada deberá tener las siguientes dimensiones interiores mínimas:

Número de PAU (nota 1) de la edificación	Dimensiones en mm (longitud × anchura × profundidad)
Hasta 20	400 × 400 × 600
De 21 a 100	600 × 600 × 800
Más de 100	800 ×700 × 820

Todas ellas tendrán la forma indicada en el apéndice 3 de las presentes especificaciones técnicas.

Su ubicación dependerá del resultado obtenido en la consulta e intercambio de información a que se hace referencia en el artículo 8 de este reglamento.

En aquellos casos excepcionales en que, por insuficiencia de espacio en acera o prohibición expresa del organismo competente, la instalación de este tipo de arquetas no fuera posible, se habilitará un punto general de entrada formado por:

a) Registro de acceso en la zona limítrofe de la finca de dimensiones capaces de albergar los servicios equivalentes a la arqueta de entrada; en todo caso, sus dimensiones mínimas serán de 400 ×600 × 300 mm (altura × anchura × profundidad); o

b) Pasamuros que permita el paso de la canalización externa en su integridad. Dicho pasamuros coincidirá en su parte interna con el registro de enlace, y deberá quedar señalizada su posición en su parte externa. Será responsabilidad del operador el enlace entre su red de servicio y la arqueta (o arquetas, si procede) o el punto de entrada general de la edificación.

5.2. Canalización externa

La canalización externa que va desde la arqueta de entrada hasta el punto de entrada general a la edificación, de forma lo más rectilínea posible, estará constituida por tubos de 63 mm de diámetro exterior, en número mínimo y con la utilización fijada en la siguiente tabla, en función del número de PAU (nota 1) de la edificación a los que da servicio:

N.º de PAU (nota 1)	N.º de tubos	Utilización de los tubos
Hasta 4	3	2 TBA +STDP, 1 reserva
De 5 a 20	4	2 TBA +STDP, 2 reserva
De 21 a 40	5	3 TBA +STDP, 2 reserva
Más de 40	6	4 TBA +STDP, 2 reserva

En función de los resultados obtenidos al desarrollar la consulta e intercambio de información a que se refiere el artículo 8 de este reglamento, el proyectista realizará la asignación de canalizaciones a las diferentes tecnologías que confluyen en la ICT.

Se colocarán arquetas de paso, intercaladas en la canalización externa, con dimensiones mínimas interiores de 400 × 400 × 400 mm, cuando se dé alguna de las siguientes circunstancias:

a) Cada 50 m de longitud.

b) En el punto de intersección de dos tramos rectos no alineados.

c) Dentro de los 600 mm antes de la intersección en un solo tramo de los dos que se encuentren. En este último caso, la curva en la intersección tendrá un radio mínimo de 350 mm y no presentará deformaciones en la parte cóncava del tubo.

5.3. Punto de entrada general

Es el elemento pasamuros que permite la entrada a la edificación de la canalización externa, capaz de albergar los tubos de 63 mm de diámetro exterior que provienen de la arqueta de entrada.

El punto de entrada general terminará por el lado interior de la edificación en un registro de enlace de las dimensiones indicadas en el apartado 5.4.1, para dar continuidad hacia la canalización de enlace.

5.4. Canalización de enlace

Esta canalización, que será lo más rectilínea posible, podrá estar formada por:

a) Sistemas de conducción de cables que ofrezcan protección mecánica tales como tubos (que podrán instalarse empotrados, en montajes superficiales, aéreos, en huecos de la construcción o enterrados), o canales (que podrán instalarse empotrados siempre que sea accesible su tapa, en montaje superficial, aéreo o en huecos de la construcción);

b) Sistemas de conducción de cables que no ofrezcan protección mecánica tales como bandejas (en montaje superficial, aéreo o a través de huecos de la construcción);

c) Cables fijados directamente a la pared o techo mediante bridas, abrazaderas, etc., siempre que discurran por el interior de galerías con espacios reservados para telecomunicaciones y cumplan los requisitos de seguridad entre instalaciones establecidos en el apartado 8 de este anexo.

En los dos primeros casos, alojarán, exclusivamente, redes de telecomunicación.

Las bandejas portacables y los cables no armados fijados directamente a la pared no tienen característica de envolvente por lo que no proporcionan protección mecánica ni evitan la accesibilidad a los cables y por tanto se podrán instalar con cables de telecomunicación siempre que se garantice la protección mecánica de la canalización mediante alguno de los medios siguientes:

a) Emplazando la bandeja o los cables no armados en una ubicación en la que esta no se encuentre sujeta a ningún tipo de riesgo mecánico[2] y los cables no sean accesibles. Las soluciones adoptadas se justificarán en el Proyecto de la instalación[3]

b) Disponiendo algún tipo de protección mecánica adicional al menos en aquellas zonas en las que la bandeja o los cables no armados se encuentren sujetos a algún tipo de riesgo mecánico[4][;]

c) Usando la combinación de alguna o todas las medidas anteriores.

5.4.1. *Para la entrada inferior de la edificación*

En el caso de utilización de tubos, en número idéntico al de la canalización externa, el diámetro exterior de los mismos oscilará entre 40 y 63 mm, dependiendo del número y del diámetro de los cables que vayan a alojar. El proyectista realizará la selección adecuada dependiendo de los cables que discurren por cada canalización, considerando una ocupación máxima de las mismas del 50 %.

En los casos en que parte de la canalización de enlace sea subterránea, será prolongación de la canalización externa de acuerdo con el apéndice 4 de estas especificaciones técnicas, eliminándose el registro de enlace asociado al punto de entrada general.

Los tubos de reserva serán, como mínimo, iguales al de mayor diámetro que se haya seleccionado anteriormente.

En el caso de canales se dispondrán cuatro espacios independientes, en una o varias canales; el proyectista realizará la selección adecuada dependiendo de los cables que discurren por cada canal, en función del número y diámetro de los cables que va a soportar cada canal, siendo la superficie útil necesaria mínima de 335 mm^2.

La sección útil de cada espacio *(Si)* se determinará según la siguiente fórmula:

$$Si \geq C \times Sj$$

siendo:

$C = 2$ para cables coaxiales, o $C = 1,82$ para el resto de cables.

Sj = suma de las secciones de los cables que se instalen en ese espacio.

Para seleccionar el canal o canales a instalar, se tendrá en cuenta que la dimensión interior menor de cada espacio será 1,3 veces el diámetro del cable mayor a instalar en él.

---

[2] Como riesgo mecánico se considerará cualquier causa que pueda dañar el aislamiento del cable de comunicación tal como el impacto, compresión, roedores, etc.

[3] Esta protección mecánica puede proporcionarla el uso adicional de tubos, canales o cables armados, la interposición de barreras adicionales que confieran la protección mecánica adecuada, etc.

[4]. Esta protección mecánica puede proporcionarla el uso adicional de tubos, canales o cables armados, la interposición de barreras adicionales que confieran la protección mecánica adecuada, etc.

En el caso de que se utilicen bandejas, para la determinación de sus espacios y dimensiones se seguirán los criterios antes indicados para el cálculo de canales.

En los tramos de canalización superficial con tubos, estos deberán fijarse mediante grapas, bridas, abrazaderas, perfiles o sujeciones separadas, como máximo, 1 metro.

Cuando la canalización sea mediante tubos, se colocarán registros de enlace (armarios, arquetas o cajas de derivación) en los siguientes casos:

a) Cada 30 m de longitud en canalización empotrada o 50 m en canalización por superficie.

b) Cada 50 m de longitud en canalización subterránea para tramos totalmente rectos.

c) En el punto de intersección de dos tramos rectos no alineados.

d) Dentro de los 600 mm antes de la intersección en un solo tramo de los dos que se encuentren. En este último caso, la curva en la intersección tendrá un radio mínimo de 350 mm y no presentará deformaciones en la parte cóncava del tubo.

Las dimensiones mínimas de estos registros de enlace serán 450 × 450 × 120 mm (altura × anchura × profundidad) para el caso de registros en pared. Para el caso de arquetas las dimensiones interiores mínimas serán 400 × 400 × 400 mm.

Cuando la canalización sea mediante canales, en los puntos de encuentro en tramos no alineados se colocarán accesorios de cambio de dirección con un radio mínimo de 350 mm.

En los casos en que existan curvas en la canalización de enlace, estas se harán mediante los accesorios adecuados garantizando el radio de curvatura necesario de los cables.

5.4.2. *Para la entrada superior de la edificación*

En esta canalización, los cables discurrirán entre los elementos de captación (antenas) y el punto de entrada a la edificación (pasamuros). El número y dimensión en mm será el siguiente en cada caso:

a) Tubos: 2 Ø 40 mm.

b) Canal y bandeja de 3.000 mm^2 con 2 compartimentos.

Las fijaciones superficiales de los tubos serán las mismas del apartado anterior 5.4.1.

Cuando sean necesarios, los registros de enlace se colocarán en los mismos casos que en el apartado anterior y sus dimensiones mínimas serán 360 × 360 × 120 mm (altura × anchura × profundidad).

5.5. Recintos de instalaciones de telecomunicación

Los recintos dispondrán de espacios delimitados en planta para cada tipo de servicio de telecomunicación. Estarán equipados con un sistema de bandejas, bandejas en escalera o canales para el tendido de los cables oportunos, disponiéndose en todo el perímetro interior a 300 mm del techo. Las características citadas no serán de aplicación a los recintos de tipo modular (RITM).

A los efectos especificados en el Documento Básico DB-SI (Seguridad en caso de incendio) del vigente Código Técnico de la Edificación, los recintos de telecomunicación, excepto los modulares, tendrán la misma consideración que los locales de contadores de electricidad y que los cuadros generales de distribución.

En cualquier caso tendrán una puerta de acceso metálica de dimensiones mínimas 180 × 80 cm en el caso de recintos de acceso lateral, y 80 × 80 cm para recintos de acceso superior o inferior, con apertura hacia el exterior, y dispondrán de cerradura con llave común para los distintos usuarios autorizados. El acceso a estos recintos estará controlado y la llave estará en poder del presidente de la comunidad de propietarios o del propietario de la edificación, o de la persona o personas en quien deleguen, que facilitarán el acceso a los distintos operadores para efectuar los trabajos de instalación y mantenimiento necesarios.

Se recomienda instalar, en un lugar estratégico y comunitario, y a ser posible empotrada, una caja o depósito metálico o de material plástico, con puerta abatible y cerradura antiganzúa, que contendrá la/las llaves de acceso a los diferentes recintos de instalaciones de telecomunicación de la edificación. Una llave de la mencionada caja estará en poder del presidente de la comunidad de propietarios o del propietario de la edificación, o de la persona o personas en quien deleguen. Otras llaves de la caja podrán obrar en poder de los diferentes operadores que proporcionan los servicios de telecomunicación a la edificación. Asimismo, en el caso de que exista empresa encargada del mantenimiento de la ICT, podría entregársele otra llave, al objeto de poder acceder a las instalaciones de telecomunicación cuando se produzcan incidencias en las mismas.

5.5.1. Dimensiones de los RIT

Los recintos de instalaciones de telecomunicación tendrán las dimensiones mínimas siguientes, y deberá ser accesible toda su anchura:

N.º de PAU (nota 1)	Altura (mm)	Anchura (mm)	Profundidad (mm)
Hasta 20	2.000	1.000	500
De 21 a 45	2.000	1.500	500
De 46 a 74	2.000	2.000	1.000
Más de 74	2.300	2.000	2.000

En el caso de RITU las medidas mínimas, serán de:

N.º de PAU (nota 1)	Altura (mm)	Anchura (mm)	Profundidad (mm)
Hasta 5 (*)	1.000	500	300
Hasta 5 (**)	1.000	1.000	500
De 6 a 16	2.000	1.000	500
De 17 a 30	2.000	1.500	1.000
Más de 30	2.000	2.000	1.500

(*) Edificios sin zonas comunes.
(**) Edificios con zonas comunes.

En el caso de RITU-A, las medidas mínimas serán:

N.º de PAU (nota 1)	Altura (mm)	Anchura (mm)	Profundidad (mm)
Hasta 16 (*)	2.000	2.000	500
De 17 a 20 (**)	2.000	2.000	500
De 21 a 30 (**)	2.000	3.000	500

(*) Edificios con planta baja y más de tres alturas.
(**) Edificios de cualquier altura.

5.5.2. *Características constructivas*

Los recintos de instalaciones de telecomunicación, excepto los RITM, deberán tener las siguientes características constructivas mínimas:

a) Solado: pavimento rígido que disipe cargas electrostáticas.

b) Paredes y techo con capacidad portante suficiente.

c) El sistema de toma de tierra se hará según lo dispuesto en el apartado 7.1 de estas especificaciones técnicas.

5.5.3. *Ubicación del recinto*

Los recintos estarán situados en zona comunitaria. El RITI (o el RITU, en los casos que proceda) estará a ser posible sobre la rasante; de estar a nivel inferior, se le dotará de sumidero con desagüe que impida la acumulación de aguas. El RITS estará preferentemente en la cubierta o azotea y nunca por debajo de la última planta de la edificación. En los casos en que pudiera haber un centro de transformación de energía próximo, caseta de maquinaria de ascensores o maquinaria de aire acondicionado, los recintos de instalaciones de telecomunicación se distanciarán de estos un mínimo de 2 metros, o bien se les dotará de una protección contra campo electromagnético prevista en el apartado 7.3 de estas especificaciones técnicas.

Se evitará, en la medida de lo posible, que los recintos se encuentren en la proyección vertical de canalizaciones o desagües y, en todo caso, se garantizará su protección frente a la humedad.

5.5.4. *Ventilación*

El recinto dispondrá de ventilación natural directa, ventilación natural forzada por medio de conducto vertical y aspirador estático, o de ventilación mecánica que permita una renovación total del aire del local al menos dos veces por hora.

5.5.5. *Instalaciones eléctricas de los recintos*

Con carácter general, las instalaciones eléctricas de los recintos deberán cumplir lo dispuesto en el Reglamento Electrotécnico para Baja Tensión, aprobado por el Real Decreto 842/2002, de 2 de agosto (REBT).

En el lugar de centralización de contadores, deberá preverse espacio suficiente para la colocación de, al menos, dos contadores de energía eléctrica para su utilización por posibles compañías operadoras de servicios de telecomunicación. Asimismo y con la misma finalidad, desde el lugar de centralización de contadores se instalarán al menos dos canalizaciones hasta el RITI, o hasta el RITU en los casos en que proceda, y una hasta el RITS, todas ellas de 32 mm de diámetro exterior mínimo.

Desde el Cuadro de Servicios Generales de la edificación se alimentarán también los servicios de telecomunicación, para lo cual estará dotado con al menos los siguientes elementos:

a) Cajas para los posibles interruptores de control de potencia (I.C.P.).

b) Interruptor general automático de corte omnipolar: tensión nominal 230/400 V_{ca}, intensidad nominal mínima 25 A, poder de corte 4.500 A.

c) Interruptor diferencial de corte omnipolar: tensión nominal 230/400 V_{ca}, intensidad nominal mínima 25 A, intensidad de defecto 300 mA de tipo selectivo o retardado.

d) Dispositivo de protección contra sobretensiones transitorias.

e) Tantos elementos de seccionamiento como se considere necesario.

En cumplimiento con el apartado 2.6 de la ITC-BT-19 del REBT de 2002 en el origen de este cuadro debe instalarse un dispositivo que garantice el seccionamiento de la alimentación.

Se habilitará una canalización eléctrica directa desde el Cuadro de Servicios Generales de la edificación hasta cada recinto, constituida por cables de cobre con aislamiento de 450/750 V y de $2 \times 6 + T$ mm^2 de sección mínimas, irá en el interior de un tubo de 32 mm de diámetro exterior mínimo o canal de sección equivalente, de forma empotrada o superficial.

La citada canalización finalizará en el correspondiente cuadro de protección, que tendrá las dimensiones suficientes para instalar en su interior las protecciones mínimas, y una previsión para su ampliación en un 50 por 100, que se indican a continuación:

a) Interruptor general automático de corte omnipolar: tensión nominal 230/400 V_{ca}, intensidad nominal mínima 25 A, poder de corte suficiente para la intensidad de cortocircuito que pueda producirse en el punto de su instalación, de 4.500 A como mínimo.

b) Interruptor diferencial de corte omnipolar: tensión nominal 230/400 V_{ca}, intensidad nominal mínima 25 A, intensidad de defecto 30 mA.

c) Interruptor magnetotérmico de corte omnipolar para la protección del alumbrado del recinto: tensión nominal 230/400 V_{ca}, intensidad nominal 10 A, poder de corte mínimo 4.500 A.

d) Interruptor magnetotérmico de corte omnipolar para la protección de las bases de toma de corriente del recinto: tensión nominal 230/400 V_{ca}, intensidad nominal 16 A, poder de corte mínimo 4.500 A.

En el recinto superior, además, se dispondrá de un interruptor magnetotérmico de corte omnipolar para la protección de los equipos de cabecera de la infraestructura de radiodifusión y televisión: tensión nominal 230/400 V_{ca}, intensidad nominal 16 A, poder de corte mínimo 4.500 A.

Si se precisara alimentar eléctricamente cualquier otro dispositivo situado en cualquiera de los recintos, se dotará el cuadro eléctrico correspondiente con las protecciones adecuadas.

Los citados cuadros de protección se situarán lo más próximo posible a la puerta de entrada, tendrán tapa y podrán ir instalados de forma empotrada o superficial. Podrán ser de material plástico no propagador de la llama o metálico. Deberán tener un grado de protección mínimo IP 4X + IK 05. Dispondrán de bornas para la conexión del cable de puesta a tierra.

En cada recinto habrá, como mínimo, dos bases de enchufe con toma de tierra y de capacidad mínima de 16 A. Se dotará con cables de cobre con aislamiento de 450/750 V y de $2 \times 2,5 + T$ mm^2 de sección. En el recinto superior se dispondrá, además, las bases de toma de corriente necesarias para alimentar las cabeceras de RTV.

5.5.6. *Alumbrado*

Se habilitarán los medios para que en los RIT exista un nivel medio de iluminación de 300 lux, así como un aparato de alumbrado de emergencia que, en cualquier caso, cumplirá las prescripciones del vigente Reglamento de Baja Tensión.

5.5.7. *Identificación de la instalación*

En todos los recintos de instalaciones de telecomunicación existirá una placa de dimensiones mínimas de 200 × 200 mm (ancho × alto), resistente al fuego y situada en lugar visible entre 1.200 y 1.800 mm de altura, donde aparezca el número de registro asignado por la Secretaría de Estado para el Avance Digital al proyecto técnico de la instalación.

5.6. Registros principales

5.6.1. *Registro principal para cables de pares trenzados*

El registro principal de cables de pares trenzados contará con el espacio suficiente para albergar los pares de las redes de alimentación y los paneles de conexión de salida; en el cálculo del espacio necesario se tendrá en cuenta que el número total de pares (para todos los operadores del servicio) de los paneles o regletas de entrada será como mínimo una y media veces el número de conectores de los paneles de salida, salvo en el caso de edificaciones o conjuntos inmobiliarios con un número de PAU igual o menor que 10, en los que será, como mínimo, dos veces el número de conectores de los paneles o regletas de salida.

5.6.2. *Registro principal para cables de pares*

El registro principal para cables de pares debe tener las dimensiones suficientes para alojar las regletas del punto de interconexión, así como las guías y soportes necesarios para el encaminamiento de cables y puentes, teniendo en cuenta que el número de pares de las regletas de salida será igual a la suma total de los pares de la red de distribución y que el de las regletas de entrada será 1,5 veces el de salida, salvo en el caso de edificios o conjuntos inmobiliarios con un número de PAU igual o menor que 10, en los que será, como mínimo, dos veces el número de pares de las regletas de salida.

5.6.3. *Registro principal para cables coaxiales de los servicios de TBA*

El registro principal de cables coaxiales contará con el espacio suficiente para permitir la instalación de elementos de reparto (derivadores o distribuidores) con tantas salidas como conectores de salida se instalen en el punto de interconexión y, en su caso, de los elementos amplificadores necesarios.

5.6.4. Registro *principal para cables de fibra óptica*

El registro principal de cables de fibra óptica contará con el espacio suficiente para alojar el repartidor de conectores de entrada, que hará las veces de panel de conexión y el panel de conectores de salida. El espacio interior previsto para el registro principal óptico deberá ser suficiente para permitir la instalación de una cantidad de conectores de entrada que sea dos veces la cantidad de conectores de salida que se instalen en el punto de interconexión. A su vez, se deberá disponer de espacio suficiente para permitir la instalación de elementos de almacenamiento de la longitud sobrante de los latiguillos de interconexión.

5.7. Canalización principal

En el caso de edificaciones en altura, la canalización principal deberá ser rectilínea, fundamentalmente vertical y de una capacidad suficiente para alojar todos los cables necesarios para los servicios de telecomunicación de la edificación. Cuando el número de usuarios (viviendas, oficinas, locales o estancias comunes de la edificación) por planta sea superior a 8, preferentemente se dispondrá de más de una distribución vertical, y atendiendo cada una de ellas a un número máximo de 8 usuarios por planta. En edificaciones con distribución en varias verticales, cada vertical tendrá su canalización principal independiente, y partirán todas ellas del registro principal único tal y como se contempla en el apéndice 5 de estas especificaciones técnicas. Para una edificación o conjunto de edificios, con canalización principal compuesta de varias verticales, se garantizará la continuidad de los servicios a toda la edificación o conjunto.

En general, las canalizaciones principales deberán unir los recintos superior e inferior. No obstante, en el caso de varias escaleras o bloques de viviendas en las que se instale una ICT común para todas ellas y con características constructivas que supongan distintas alturas de las escaleras o bloques de viviendas, cubiertas inclinadas de teja, existencia de viviendas dúplex en áticos, azoteas privadas y, en general, condicionantes que imposibiliten el acceso y la instalación de la canalización principal de unión de los recintos, las canalizaciones principales que correspondan a escaleras donde no esté ubicado el RITS, finalizarán en el registro secundario de la última planta según se contempla en el apéndice 6 de estas especificaciones técnicas. La canalización discurrirá próxima al hueco de ascensores o escalera.

La canalización principal estará formada por cualquiera de los sistemas indicados en los apartados 5.4.a y 5.4.b.

En los tramos a la intemperie, los sistemas de conducción de cables deberán tener una adecuada resistencia a las influencias externas.

Cuando la canalización principal esté construida mediante conductos de obra de fábrica la resistencia de las paredes deberá tener una resistencia al fuego EI 120. En estos casos y para evitar la caída de objetos y propagación de las llamas, se dispondrá de elementos cortafuegos como mínimo cada tres plantas

En el caso de viviendas unifamiliares, la canalización deberá ser lo más rectilínea posible y con capacidad suficiente para alojar todos los cables necesarios para los servicios de telecomunicación, que incluirá la ICT. Discurrirán, siempre que sea razonable, por la zona común y en cualquier caso por zonas accesibles.

5.7.1. *Canalización con tubos*

Su dimensionamiento irá en función del número de viviendas, oficinas, locales o estancias comunes de la edificación (PAU) (nota 1). El número de canalizaciones dependerá de la configuración de la estructura propia de la edificación. Se realizará mediante tubos de 50 mm de diámetro exterior y de pared interior lisa. El número de cables por tubo será tal que la suma de las superficies de las secciones transversales de todos ellos no superará el 50 % de la superficie de la sección transversal útil del tubo. Su dimensionamiento mínimo será como sigue:

N.º de PAU (nota 1)	N.º de tubos	Utilización de los tubos
Hasta 10	5	1 tubo RTV
		1 tubo cables de pares/pares trenzados
		1 tubo cables coaxiales
		1 tubo cable de fibra óptica
		1 tubo de reserva
De 11 a 20	6	1 tubo RTV
		1 tubo cables de pares/pares trenzados
		2 tubos cables coaxiales
		1 tubo cable de fibra óptica
		1 tubo de reserva
De 21 a 30	7	1 tubo RTV
		2 tubos cable de pares/pares trenzados
		1 tubo cable coaxial
		1 tubo cable de fibra óptica
		2 tubos de reserva
Más de 30	Cálculo específico en el proyecto de ICT	*Cálculo específico: se realizará en varias verticales, o bien se proyectará en función de las características constructivas del edificio y en coordinación con el proyecto arquitectónico de la obra, garantizando en todo momento la capacidad mínima de:
		1 tubo RTV
		1 tubo/20 PAU o fracción cable de pares trenzados o 2 tubos cable de pares
		1 tubo cable coaxial
		1 tubo cable de fibra óptica
		1 tubo de reserva por cada 15 PAU (nota 1) o fracción, con un mínimo de 3.

Los tramos horizontales de la canalización principal que unen distintas verticales se dimensionarán con la capacidad suficiente para alojar los cables necesarios para los servicios que se distribuyan en función del número de PAU a conectar.

5.7.2. *Canalización con canales o bandejas*

Su dimensionamiento irá en función del número de viviendas, oficinas, locales comerciales o estancias comunes de la edificación [PAU (nota 1)], con un compartimento independiente para cada tipo de cables. El número de canalizaciones dependerá de la configuración de la estructura de la edificación.

Para su dimensionamiento se aplicarán las reglas específicas de dimensionamiento de canales definidas en el apartado 5.4.1 de estas especificaciones técnicas, siendo el número de cables y su dimensión el determinado en el proyecto de ICT de la edificación.

En el caso de que por cada compartimento discurrieran más de ocho cables, estos se encintarán en grupos de ocho como máximo, identificándolos convenientemente.

La canalización principal se instalará, siempre que la edificación lo permita, en espacios previstos para el paso de instalaciones de este tipo, como galerías de servicio o pasos registrables en las zonas comunes de la edificación.

5.8. *Registros secundarios*

Los registros secundarios se ubicarán en zona comunitaria y de fácil acceso, y deberán estar dotados con el correspondiente sistema de cierre y, en los casos en los que en su interior se aloje algún elemento de conexión, dispondrá de llave que deberá estar en posesión de la propiedad de la edificación.

Se colocará un registro secundario en los siguientes casos:

a) En los puntos de encuentro entre una canalización principal y una secundaria en el caso de edificaciones de viviendas, y en los puntos de segregación hacia las viviendas, en el caso de viviendas unifamiliares. Deberán disponer de espacios delimitados para cada uno de los servicios. Alojarán, al menos, los derivadores de la red de RTV y de la red de cables coaxiales de TBA cuando proceda, así como las regletas o cajas de segregación que constituyen el punto de distribución de cables de pares y de fibra óptica (cuando proceda) y el paso de cables de pares trenzados, coaxiales (cuando proceda) y de fibra óptica (cuando proceda).

b) En cada cambio de dirección o bifurcación de la canalización principal.

c) En cada tramo de 30 m de canalización principal.

d) En los casos de cambio en el tipo de conducción.

Las dimensiones mínimas serán:

1º) 450×450×150 mm.

En edificaciones con un número de PAU (nota 1) por planta igual o menor que tres, y hasta un total de 20 en la edificación.

En edificaciones con un número de PAU (nota 1) por planta igual o menor que cuatro, y un número de plantas igual o menor que cinco.

En edificaciones, en los casos b) y c).

En viviendas unifamiliares.

2º) 500×700×150 mm (formato horizontal o vertical).

En edificaciones con un número de PAU (nota 1) comprendido entre 21 y 30.

En edificaciones con un número de PAU (nota 1) menor o igual a 20 en los que se superen las limitaciones establecidas en el apartado anterior en cuanto a número de viviendas por planta o número de plantas.

3º) 550×1.000×150 mm (formato horizontal o vertical).

En edificaciones con número de PAU (nota 1) mayor de 30.

4º) Arquetas de 400×400×400 mm.

En el caso b), cuando la canalización sea subterránea.

Si en algún registro secundario fuera preciso instalar algún amplificador o igualador, se utilizarán registros complementarios como los de los casos b) o c), solo para estos usos.

Los cambios de dirección con canales y bandejas se harán mediante los accesorios adecuados garantizando el radio de curvatura necesario de los cables.

En los casos en que se utilicen un RITI situado en la planta baja, o un RITS situado en la última planta de viviendas, podrá habilitarse una parte de este en la que se realicen las funciones de registro secundario de planta desde donde saldrá la red de dispersión de los distintos servicios hacia las viviendas, oficinas, locales o estancias comunes de la edificación situados en dichas plantas.

5.9. Canalizaciones secundarias

Del registro secundario podrán salir varias canalizaciones secundarias que deberán ser de capacidad suficiente para alojar todos los cables para los servicios de telecomunicación de las viviendas a las que sirvan. El apéndice 7 recoge un ejemplo práctico de configuración típica de una canalización secundaria. Esta canalización puede materializarse mediante tubos o canales.

Si es mediante tubos, en sus tramos comunitarios será como mínimo de 4 tubos, que se destinarán a lo siguiente:

a) Uno para cables de pares o pares trenzados.

b) Uno para cables coaxiales de servicios de TBA.

c) Uno para cables coaxiales de servicios de RTV.

d) Uno para cables de fibra óptica.

Su número, en función del tipo de cables que alojen y del número de PAU que atiendan, y sus dimensiones mínimas se determinarán por separado de acuerdo con la siguiente tabla:

Diámetro exterior mínimo del tubo (mm)	Número PAU atendidos por cables de pares trenzados/pares + fibra óptica		Número PAU atendidos por cables de coaxiales para servicios TBA	Número PAU atendidos por cables de coaxiales para servicios RTV
	Acometida interior	Acometida exterior		
25	3	2	2	2
32	6	4	6	6
40	8	6	8	8

Si la canalización es mediante canales, en los tramos comunitarios tendrá 4 espacios independientes con la asignación antedicha y dimensionados según las reglas establecidas en el apartado 5.4.1 de estas especificaciones técnicas. En los tramos de acceso a las viviendas, se dispondrán de tres espacios independientes y se dimensionarán de acuerdo con las citadas reglas del apartado 5.4.1.

Para la distribución o acceso a las viviendas en edificaciones de pisos, se colocará en la derivación un registro de paso tipo A (*ver* apartado 5.10 de estas especificaciones técnicas) del que saldrán a la vivienda 3 tubos de 25 mm de diámetro exterior, con la siguiente utilización:

a) Uno para cables de pares o pares trenzados y para los cables de fibra óptica.

b) Uno para cables coaxiales de servicios de TBA.

c) Uno para cables coaxiales de servicios de RTV.

Para el caso de edificaciones con un número de viviendas por planta inferior a seis o en el caso de viviendas unifamiliares, se podrá prescindir del registro de paso citado, por lo que las canalizaciones se establecerán entre los registros secundario y de terminación de red mediante 3 tubos de 25 mm de diámetro, o canales equivalentes con tres espacios delimitados, cuya utilización será la indicada en el párrafo anterior.

Esta simplificación podrá ser efectuada siempre que la distancia entre dichos registros no supere los 15 metros; en caso contrario habrán de instalarse registros de paso que faciliten las tareas de instalación y mantenimiento.

En los casos en que existan curvas en la canalización secundaria, el radio de curvatura será tal, que los cables en la instalación no tengan un radio de curvatura inferior a 2 cm.

5.10. Registros de paso

Los registros de paso son cajas con entradas laterales preiniciadas e iguales en sus cuatro paredes, a las que se podrán acoplar conos ajustables multidiámetro para entrada de tubos. Se definen tres tipos de las siguientes dimensiones mínimas, número de entradas mínimas de cada lateral y diámetro de las entradas:

Registro	Dimensiones (mm) (altura × anchura profundidad)	N.º de entradas en cada lateral	Diámetro máximo del tubo (mm)
Tipo A	360 × 360 × 20	6	40
Tipo B	100 × 100 × 40	3	25
Tipo C	100 × 160 × 40	3	25

Además de los casos indicados en el apartado anterior, se colocará como mínimo un registro de paso cada 15 m de longitud de las canalizaciones secundarias y de interior de usuario y en los cambios de dirección de radio inferior a 120 mm para viviendas o 250 mm para locales u oficinas y estancias comunes de la edificación. Estos registros de paso serán del tipo A para canalizaciones secundarias en tramos comunitarios, del tipo B para canalizaciones secundarias en los tramos de acceso a las viviendas y para canalizaciones interiores de usuario que alojan cables de pares trenzados, y del tipo C para las canalizaciones interiores de usuario que alojan cables coaxiales.

Se admitirá un máximo de dos curvas de noventa grados entre dos registros de paso, pero respetando que su radio de curvatura no produzca a su vez en lo cables, radios de curvatura inferiores a 2 cm.

Los registros se colocarán empotrados. Cuando vayan intercalados en la canalización secundaria, se ubicarán en lugares de uso comunitario, con su arista más próxima al encuentro entre dos paramentos a una distancia mínima de 100 mm.

En canalizaciones secundarias mediante canales, los registros de paso serán los correspondientes a las canales utilizadas.

5.11. Registros de terminación de red (RTR)

Estarán en el interior de la vivienda, local, oficina o estancia común de la edificación y empotrados en la pared y en montaje superficial cuando sea mediante canal: dispondrán de las entradas necesarias para la canalización secundaria y las de interior de usuario que accedan a ellos. Las dimensiones mínimas del mismo serán las siguientes:

1. Para una opción empotrable en tabique y disposición del equipamiento principalmente en vertical, 500 × 600 × 80 mm (siendo esta última dimensión la profundidad).

2. Alternativamente, será admisible la ejecución del RTR mediante la disposición de dos envolventes de 500 × 300 × 80 mm (siendo esta última dimensión la profundidad), colocadas de forma adyacente y dotadas de las correspondientes comunicaciones que permitan el paso entre ellas. Una de ellas estará dedicada en su integridad a la instalación de los equipos activos.

3. Para una opción empotrable en otro elemento constructivo (columna, altillo accesible, etc.) y disposición del equipamiento principalmente en horizontal, $300 \times 400 \times 300$ mm (siendo esta última dimensión la profundidad).

    En todas las opciones mencionadas, deberán instalarse dos tomas de corriente o bases de enchufe.

4. Si se opta por independizar los servicios de telefonía disponible al público y telecomunicaciones de banda ancha (SDTP y TBA) de los servicios dedicados a radiodifusión sonora y televisión (RTV) en dos envolventes independientes, la primera de ellas mantendrá las dimensiones y requisitos de la envolvente única en cualquiera de las opciones anteriores, y la dedicada a RTV tendrá unas dimensiones mínimas de $200 \times 300 \times 60$ mm (siendo esta última dimensión la profundidad), debiendo disponer de una toma de corriente o base de enchufe. Ambos envolventes deberán estar comunicadas entre ellas.

En las envolventes de las opciones primera y tercera y en la envolvente dedicada a SDTP y TBA de la opción cuarta, se instalarán los diversos elementos de su interior de tal forma que quede un volumen libre de cables y dispositivos para la futura instalación, en su caso, de elementos de terminación de red, formado por una superficie en el panel del fondo de la envolvente de dimensiones mínimas de 300×500 mm y su proyección perpendicular hasta la tapa de la misma, cuando la disposición del equipamiento es principalmente en vertical, o un volumen proporcional cuando la disposición del equipamiento es principalmente en horizontal.

Las tapas de las envolventes de los registros, deberán ser de fácil apertura con tapa abatible y, en los casos en que estén destinados a albergar equipos activos, dispondrán de una rejilla de ventilación capaz de evacuar el calor producido por la potencia disipada por estos (estimada en 25 W). En cualquier caso, las envolventes de los registros deberán ser de un material resistente que soporte las temperaturas derivadas del funcionamiento de los dispositivos, que en su caso, se instalen en su interior.

Todas las envolventes se instalarán a una distancia mínima de 200 mm y máxima de 2.300 mm del suelo.

5.12. Canalización interior de usuario

Estará realizada con tubos o canales y utilizará configuración en estrella, generalmente con tramos horizontales y verticales. En el caso de que se realice mediante tubos, estos serán rígidos o curvables, que irán empotrados por el interior de la vivienda, y unirán los registros de terminación de red con los distintos registros de toma, mediante tubos independientes de 20 mm de diámetro exterior mínimo. El apéndice 7 recoge un ejemplo práctico de configuración típica de una canalización interior de usuario.

En el caso de que se realice mediante canales, estas se instalarán en montaje superficial o enrasado, uniendo los registros de terminación de red con los distintos registros de toma. Dispondrán, como mínimo, de 3 espacios independientes que alojarán únicamente cables para servicios de telecomunicación, uno para cables de pares trenzados para servicios de TBA, otro para cables coaxiales para servicios de TBA y otro para servicios de RTV. Para el dimensionado, se aplicarán las reglas del apartado 5.4.1 de estas especificaciones técnicas.

En el caso particular de canalizaciones interiores de usuario en locales comerciales u oficinas se admite también el uso de bandejas bajo las condiciones de instalación incluidas en el apartado 5.4. Las bandejas serán dimensionadas y compartimentadas como los canales.

5.13. Registros de toma

Irán empotrados en la pared. En locales u oficinas, podrán ir también empotrados en el suelo o montados en torretas. Estas cajas o registros deberán disponer de los medios adecuados para la fijación del elemento de conexión (BAT o toma de usuario).

En viviendas se colocarán, al menos, los siguientes registros de toma:

a) En cada una de las dos estancias principales: 2 registros para tomas de cables de pares trenzados, 1 registro para toma de cables coaxiales para servicios de TBA y 1 registro para toma de cables coaxiales para servicios de RTV.

b) En el resto de las estancias, excluidos baños y trasteros: 1 registro para toma de cables de pares trenzados y 1 registro para toma de cables coaxiales para servicios de RTV.

c) En la cercanía del PAU: 1 registro para toma configurable.

En locales y oficinas, cuando estén distribuidos en estancias, y en las estancias comunes de la edificación, habrá un mínimo de tres registros de toma empotrados o superficiales, uno para cada tipo de cable (pares trenzados, coaxiales para servicios TBA y coaxiales para servicios RTV).

Cuando no esté definida la distribución en planta de los locales u oficinas, no se instalarán registros de toma. El diseño y dimensionamiento de los registros de toma, así como su realización futura, será responsabilidad de la propiedad del local u oficina, cuando se ejecute el proyecto de distribución en estancias.

Los registros de toma tendrán en sus inmediaciones (máximo 500 mm) una toma de corriente alterna, o base de enchufe.

6. MATERIALES

6.1. Arquetas de entrada y registros de acceso

Deberán soportar las sobrecargas normalizadas en cada caso y el empuje del terreno. Se presumirán conformes las tapas que cumplan lo especificado en la Norma UNE-EN 124 (Dispositivos de cubrimiento y de cierre para zonas de circulación utilizadas por peatones y vehículos. Principios de construcción, ensayos de tipo, marcado, control de calidad) para la Clase B 125, con una carga de rotura superior a 125 KN. Deberán tener un grado de protección IP 55. Las arquetas de entrada, además, dispondrán de cierre de seguridad y de dos puntos para tendido de cables en paredes opuestas a las entradas de conductos situados a 150 mm del fondo, que soporten una tracción de 5 kN. Se presumirán conformes con las características anteriores las arquetas que cumplan con la Norma UNE 133100-2 (Infraestructuras para redes de telecomunicaciones. Parte 2: Arquetas y cámaras de registro). En la tapa deberán figurar las siglas ICT.

Los registros de acceso se podrán realizar:

a) Practicando en el muro o pared de la fachada un hueco de las dimensiones de profundidad indicadas en el apartado 5.1, con las paredes del fondo y laterales perfectamente enlucidas. Deberán quedar perfectamente cerrados con una tapa o puerta, con cierre de seguridad, y llevarán un cerco que garantice la solidez e indeformabilidad del conjunto.

b) Empotrando en el muro una caja con la correspondiente puerta o tapa.

En ambos casos los registros tendrán un grado de protección mínimo IP 55, según la UNE-EN 62208 (Envolventes vacías destinadas a los conjuntos de aparamenta de baja tensión. Requisitos generales), y un grado IK 10, según UNE-EN 50102 (Grados de protección proporcionados por las envolventes de materiales eléctricos contra los impactos mecánicos externos (código IK)). Se considerarán conformes los registros de acceso de características equivalentes a los clasificados anteriormente, que cumplan con la norma UNE EN 62208.

6.2. Sistemas de conducción de cables[5]

6.2.1. *Tubos*

Con carácter general, e independientemente de que estén ocupados total o parcialmente, todos los tubos de la ICT estarán dotados con el correspondiente hilo-guía para facilitar las tareas de mantenimiento de la infraestructura. Dicha guía será de alambre de acero galvanizado de 2 mm de diámetro o cuerda plástica de 5 mm de diámetro, sobresaldrá 200 mm en los extremos de cada tubo y deberá permanecer aun cuando se produzca la primera o siguientes ocupaciones de la canalización. En este último caso, los elementos de guiado no podrán ser metálicos.

Los de las canalizaciones externa, de enlace y principal serán de pared interior lisa.

---

[5] *Véase* Orden ECE/983/2019, de 26 de septiembre, por la que se regulan las características de reacción al fuego de los cables de telecomunicaciones en el interior de las edificaciones, se modifican determinados anexos del Reglamento regulador de las infraestructuras comunes de telecomunicaciones para el acceso a los servicios de telecomunicación en el interior de las edificaciones, aprobado por Real Decreto 346/2011, de 11 de marzo y se modifica la Orden ITC/1644/2011, de 10 de junio, por la que se desarrolla dicho reglamento.

Los tubos serán conformes a lo establecido en la parte correspondiente de la norma UNE EN 50086 o UNE EN 61386 y sus características mínimas serán las siguientes:

Características	Tipo de tubos		
	Montaje superficial	**Montaje empotrado**	**Montaje enterrado**
Resistencia a la compresión.	≥ 1.250 N	≥ 320 N	≥ 450 N
Resistencia al impacto	≥ 2 J	≥ 1 J para R = 320 N ≥ 2 J para R > 320 N	Normal
Temperaturas de instalación y servicio.	−5 °C ≤ T ≤ 60 °C	−5 °C ≤ T ≤ 60 °C	No declaradas
Resistencia a la corrosión de tubos metálicos (*)	Protección interior y exterior media (Clase 2)	Protección interior y exterior media (Clase 2)	Protección interior y exterior media (Clase 2)
Propiedades eléctricas	Continuidad Eléctrica/Aislante	No declaradas	No declaradas
Resistencia a la propagación de la llama	No propagador	No propagador	No declarada

(*) Para instalaciones en intemperie, la resistencia a la corrosión será de protección elevada (clase 4).

6.2.2. *Canales*

Las canales serán conformes a lo establecido en la serie de normas UNE EN 50085 y sus características mínimas serán las siguientes:

Característica	Grado	
Dimensión del canal.	Altura: ≤ 17 mm y base: ≤ 50 mm	Altura: > 17 mm o base: > 50 mm
Resistencia al impacto	Muy ligera	Media
Temperatura de instalación y servicio.	15 °C ≤ T ≤ 60 °C	−5 °C ≤ T ≤ 60 °C
Propiedades eléctricas	Continuidad eléctrica /aislante	Continuidad eléctrica /Aislante
Resistencia a la penetración de objetos sólidos	IP 4X o XXD	No inferior a IP 2X
Resistencia a la penetración del agua	No declarada	No declarada
Resistencia a la propagación de la llama	No propagador	No propagador
Las canales metálicas deberán presentar, como mínimo, una resistencia a la corrosión equivalente la exigida para otros sistemas de conducción de cables.		

6.2.3. *Bandejas*

Las bandejas serán conformes a lo establecido en la norma UNE-EN 61537 y sus características mínimas serán las siguientes:

Características	Bandejas
Resistencia al impacto	2 J
Temperatura de instalación y servicio	$-5\ ^{\circ}C \leq T \leq 60\ ^{\circ}C$
Propiedades eléctricas	Continuidad eléctrica/aislante
Resistencia a la corrosión (*)	2
Resistencia a la propagación de la llama	No propagador

(*)Para instalaciones en intemperie, la resistencia a la corrosión será de clase 5.

Se presumirán conformes con las características anteriores las bandejas que cumplan la norma UNE-EN 61537 (Conducción de cables. Sistemas de bandejas y de bandejas de escalera).

6.3. Registros de enlace

Se considerarán conformes los registros de enlace de características equivalentes a los clasificados según la tabla siguiente, que cumplan con la UNE EN 60670-1 (Cajas y envolventes para accesorios eléctricos en instalaciones eléctricas fijas para uso doméstico y análogos. Parte 1: Requisitos generales) o con la UNE EN 62208 (Envolventes vacías destinadas a los conjuntos de aparamenta de baja tensión. Requisitos generales). Cuando estén en el exterior de los edificios serán conformes al ensayo 8.11 de la citada norma.

		Interior	Exterior
UNE 20324	1.ª cifra	3	5
	2.ª cifra	X	5
UNE EN 50102	IK	7	10

6.4. Armarios para recintos modulares

En el caso de utilización de armarios para implementar los recintos modulares, estos tendrán un grado de protección mínimo IP 55, según CEI 60529 (Grados de protección proporcionados por las envolventes (Código IP)), y un grado IK10, según UNE EN 50102 (Grados de protección proporcionados por las envolventes de materiales eléctricos contra los impactos mecánicos externos (código IK)), para ubicación en exterior, e IP 33, según CEI 60529, y un grado IK.7, según UNE EN 50102, para ubicación en el interior, con ventilación suficiente debido a la existencia de elementos activos.

6.5. Registro principal

Se considerarán conformes los registros principales para cables de pares trenzados (o pares), cables coaxiales para servicios de TBA y cables de fibra óptica de características equivalentes a los clasificados según la siguiente tabla, que cumplan con alguna de las siguientes normas UNE EN 60670-1 (Cajas y envolventes para accesorios eléctricos en instalaciones eléctricas fijas para uso doméstico y análogos. Parte 1: Requisitos generales) o UNE EN 62208 (Envolventes vacías destinadas a los conjuntos de aparamenta de baja tensión. Requisitos generales). Cuando estén en el exterior de los edificios los registros principales conformes a la UNE EN 62208, cumplirán con el ensayo 9.11 de la citada norma. Su grado de protección será:

		Interior	Exterior
UNE 20324	1.ª cifra	3	5
	2.ª cifra	X	5
UNE EN 50102	IK	7	10

6.6. Registros secundarios

Se podrán realizar:

a) Practicando en el muro o pared de la zona comunitaria de cada planta (descansillos) un hueco de 150 mm de profundidad a una distancia mínima de 300 mm del techo en su parte más alta. Las paredes del fondo y laterales deberán quedar perfectamente enlucidas y, en la del fondo, se adaptará una placa de material aislante (madera o plástico) para sujetar con tornillos los elementos de conexión correspondientes. Deberán quedar perfectamente cerrados asegurando un grado de protección IP 3X, según UNE 20324 (Grados de protección proporcionados por las envolventes (Código IP)), y un grado IK.7, según UNE EN 50102 (Grados de protección proporcionados por las envolventes de materiales eléctricos contra los impactos mecánicos externos (código IK)), con puerta de plástico o con chapa de metal que garantice la solidez e indeformabilidad del conjunto.

Cuando la canalización principal esté construida mediante conducto de obra las tapas o puertas de registro secundario tendrán una resistencia al fuego mínima, EI 30.

b) Empotrando en el muro o montando en superficie, una caja con la correspondiente puerta o tapa que tendrá un grado de protección IP 3X, según UNE 20324, y un grado IK.7, según UNE EN 50102. Para el caso de viviendas unifamiliares en las que el registro esté colocado en el exterior, el grado de protección será IP 55 IK 10.

Se considerarán conformes los registros secundarios de características equivalentes a los clasificados anteriormente que cumplan con la UNE EN 62208

(Envolventes vacías destinadas a los conjuntos de aparamenta de baja tensión. Requisitos generales) o con la UNE EN 60670-1 (Cajas y envolventes para accesorios eléctricos en instalaciones eléctricas fijas para uso doméstico y análogos. Parte 1: Requisitos generales).

Las puertas de los registros dispondrán de cerradura con llave de apertura. La llave quedará depositada en la caja contenedora, en los casos en que esta exista, de las llaves de entrada a los recintos de instalaciones de telecomunicación indicada en el punto 5.5.

6.7. Registros de paso, terminación de red y toma

Si se materializan mediante cajas, se consideran como conformes los productos de características equivalentes a los clasificados a continuación, que cumplan con alguna de las normas siguientes UNE EN 60670-1 (Cajas y envolventes para accesorios eléctricos en instalaciones eléctricas fijas para uso doméstico y análogos. Parte 1: Requisitos generales) o UNE EN 62208 (Envolventes vacías destinadas a los conjuntos de aparamenta de baja tensión. Requisitos generales) o UNE EN 62208 (Envolventes vacías destinadas a los conjuntos de aparamenta de baja tensión. Requisitos generales). Deberán tener un grado de protección IP 33, según UNE 20324 (Grados de protección proporcionados por las envolventes (Código IP)), y un grado IK.5, según UNE EN 50102 (Grados de protección proporcionados por las envolventes de materiales eléctricos contra los impactos mecánicos externos (código IK)). En todos los casos estarán provistos de tapa de material plástico o metálico.

7. COMPATIBILIDAD ELECTROMAGNÉTICA

7.1. Tierra local

El sistema general de tierra de la edificación debe tener un valor de resistencia eléctrica no superior a 10 Ω respecto de la tierra lejana.

El sistema de puesta a tierra en cada uno de los recintos constará esencialmente de un anillo interior y cerrado de cobre (aplicable solo a recintos no modulares), en el cual se encontrará intercalada, al menos, una barra colectora, también de cobre y sólida, dedicada a servir como terminal de tierra de los recintos. Este terminal será fácilmente accesible y de dimensiones adecuadas, estará conectado directamente al sistema general de tierra de la edificación en uno o más puntos. A él se conectará el conductor de protección o de equipotencialidad y los demás componentes o equipos que han de estar puestos a tierra regularmente.

Los conductores del anillo de tierra estarán fijados a las paredes de los recintos a una altura que permita su inspección visual y la conexión de los equipos. El anillo y el cable de conexión de la barra colectora al terminal general de tierra de la edificación estarán formados por conductores flexibles de cobre de un mínimo de 25 mm^2 de sección. Los soportes, herrajes, bastidores, bandejas, etc., metálicos de los recintos estarán unidos a la tierra local. Si en la edificación existe más de una toma de tierra de protección, deberán estar eléctricamente unidas.

7.2. Interconexiones equipotenciales y apantallamiento

Se supone que la edificación cuenta con una red de interconexión común, o general de equipotencialidad, del tipo mallado, unida a la puesta a tierra de la propia edificación. Esa red estará también unida a las estructuras, elementos de refuerzo y demás componentes metálicos de la edificación.

7.3. Compatibilidad electromagnética entre sistemas en el interior de los recintos de instalaciones de telecomunicación

Al ambiente electromagnético que cabe esperar en los recintos, la normativa internacional (ETSI y UIT) le asigna la categoría ambiental clase 2. Por tanto, en lo que se refiere a los requisitos exigibles a los equipamientos de telecomunicación de un recinto con sus cableados específicos, por razón de la emisión electromagnética que genera, se estará a lo dispuesto en el Real Decreto 1580/2006, de 22 de diciembre, por el que se regula la compatibilidad electromagnética de los equipos eléctricos y electrónicos, que incorpora al ordenamiento jurídico español la Directiva 2004/108/CE sobre compatibilidad electromagnética. Para el cumplimiento de estos requisitos podrán utilizarse como referencia las normas armonizadas (entre ellas la ETS 300386) que proporcionan presunción de conformidad con los requisitos incluidos en esta normativa.

8. REQUISITOS DE SEGURIDAD ENTRE INSTALACIONES

Como norma general, se procurará la máxima independencia entre las instalaciones de telecomunicación y las del resto de servicios y, salvo excepciones justificadas, las redes de telecomunicación no podrán alojarse en el mismo compartimento utilizado para otros servicios. Los cruces con otros servicios se realizarán preferentemente pasando las canalizaciones de telecomunicación por encima de las de otro tipo, con una separación entre la canalización de telecomunicación y las de otros servicios de, como mínimo, de 100 mm para trazados paralelos y de 30 mm para cruces, excepto en la canalización interior de usuario, donde la distancia de 30 mm será válida en todos los casos.

La rigidez dieléctrica de los tabiques de separación de estas canalizaciones secundarias conjuntas deberá tener un valor mínimo de 1500 V (según ensayo recogido en la norma UNE EN 50085). Si son metálicas, se pondrán a tierra.

Cuando los sistemas de conducción de cables para las instalaciones de comunicaciones sean metálicos y simultáneamente accesibles a las partes metálicas de otras instalaciones, se deberán conectar a la red de equipotencialidad.

NOTA 1: Aun cuando a cada servicio le corresponde un punto de acceso al usuario, en los apartados de este anexo en los que se incluye una referencia a esta nota, se entenderá un único punto de acceso al usuario por cada vivienda, oficina, local comercial o estancia común de la edificación.

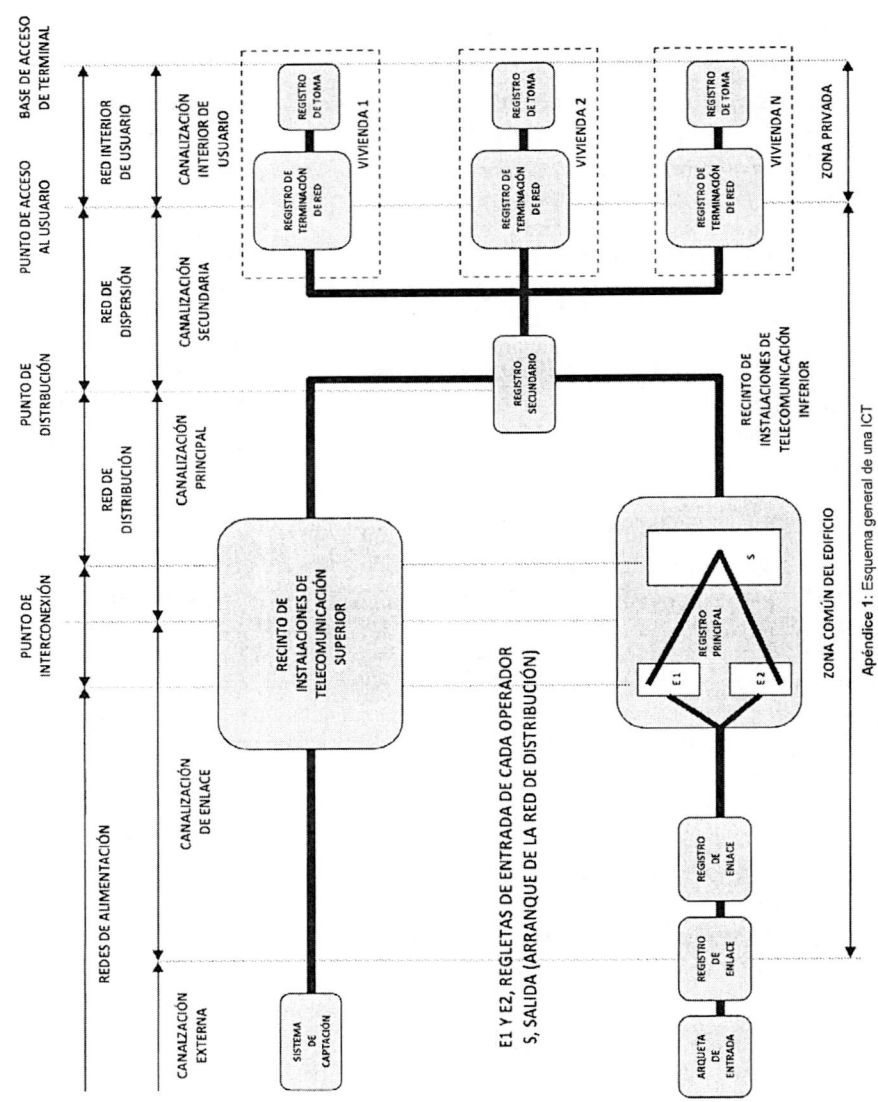

Apéndice 1: Esquema general de una ICT

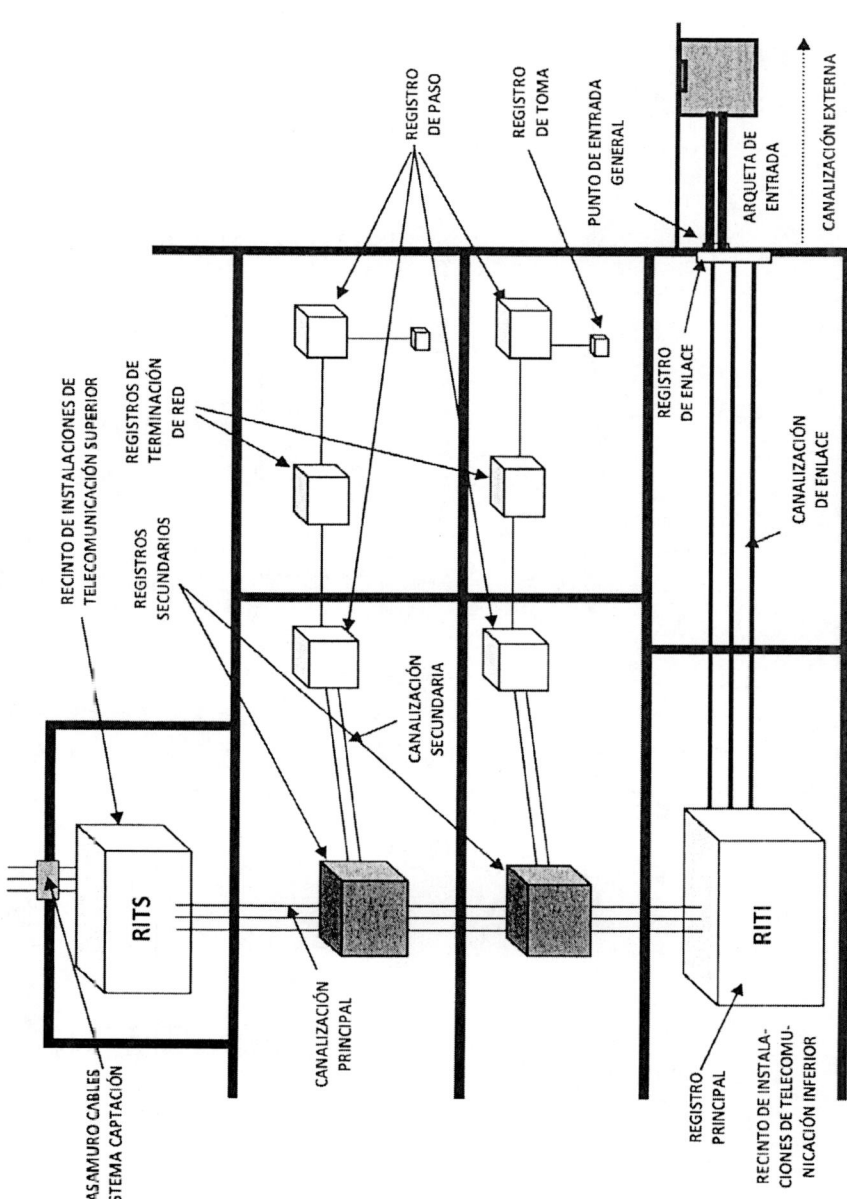

Apéndice 2: Esquema de canalizaciones para inmuebles de pisos

Número de PAU	Dimensiones en mm (b x a x c)
Hasta 20	400 x 400 x 600
Entre 21 y 100	600 x 600 x 800
Mas de 100	800 x 720 x 820

PUNTOS PARA EL TENDIDO DE LOS CABLES

SECCIÓN B - B'

SECCIÓN A - A'

SECCIÓN C - C'

150

Apéndice 3: Dimensiones mínimas de arqueta de entrada

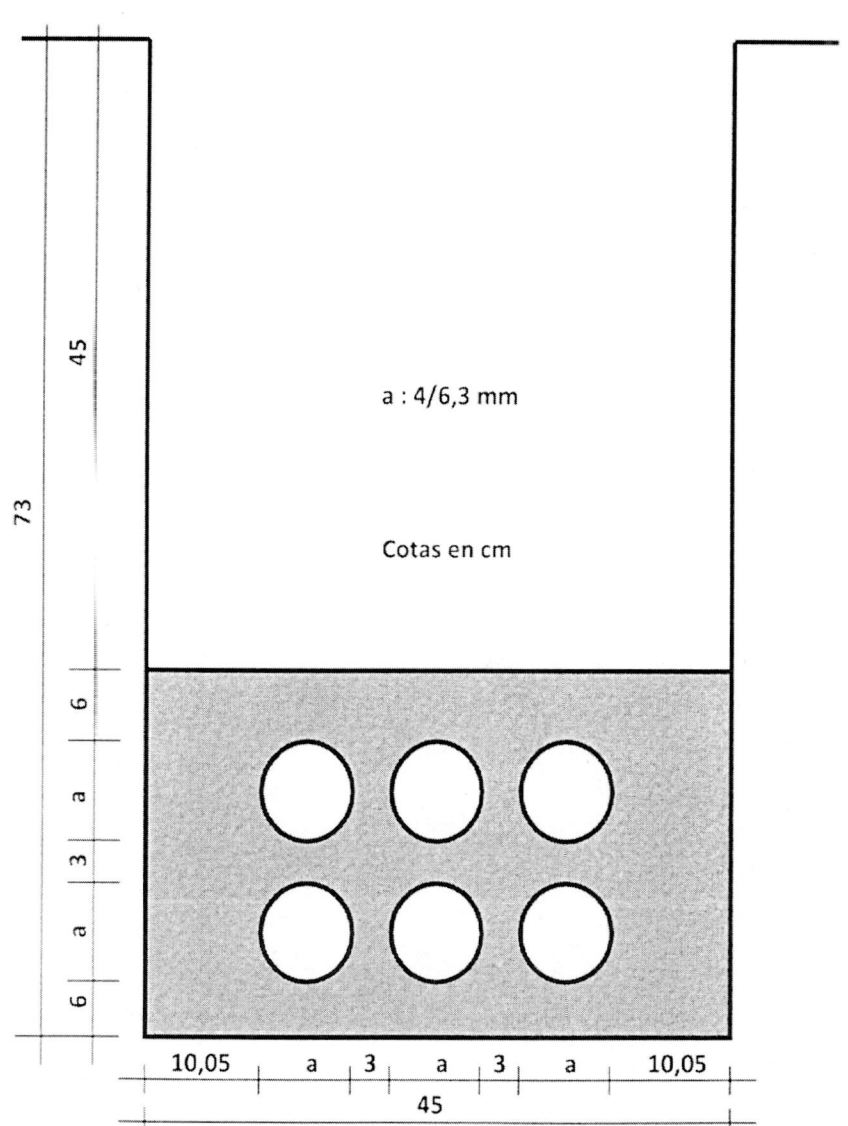

a : 4/6,3 mm

Cotas en cm

Apéndice 4: Sección trasversal de la canalización de enlace

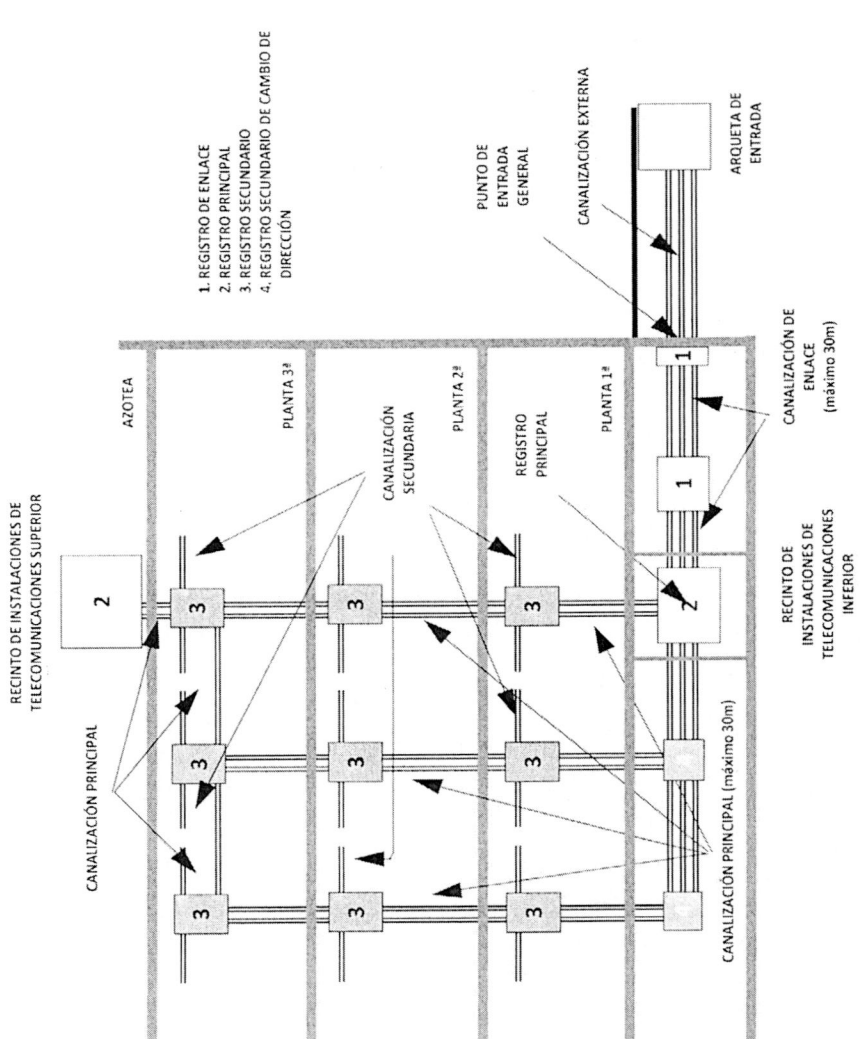

Apéndice 5: Esquema general de canalizaciones con varias verticales

1. REGISTRO DE ENLACE
2. REGISTRO PRINCIPAL
3. REGISTRO SECUNDARIO
4. REGISTRO SECUNDARIO DE CAMBIO DE DIRECCIÓN

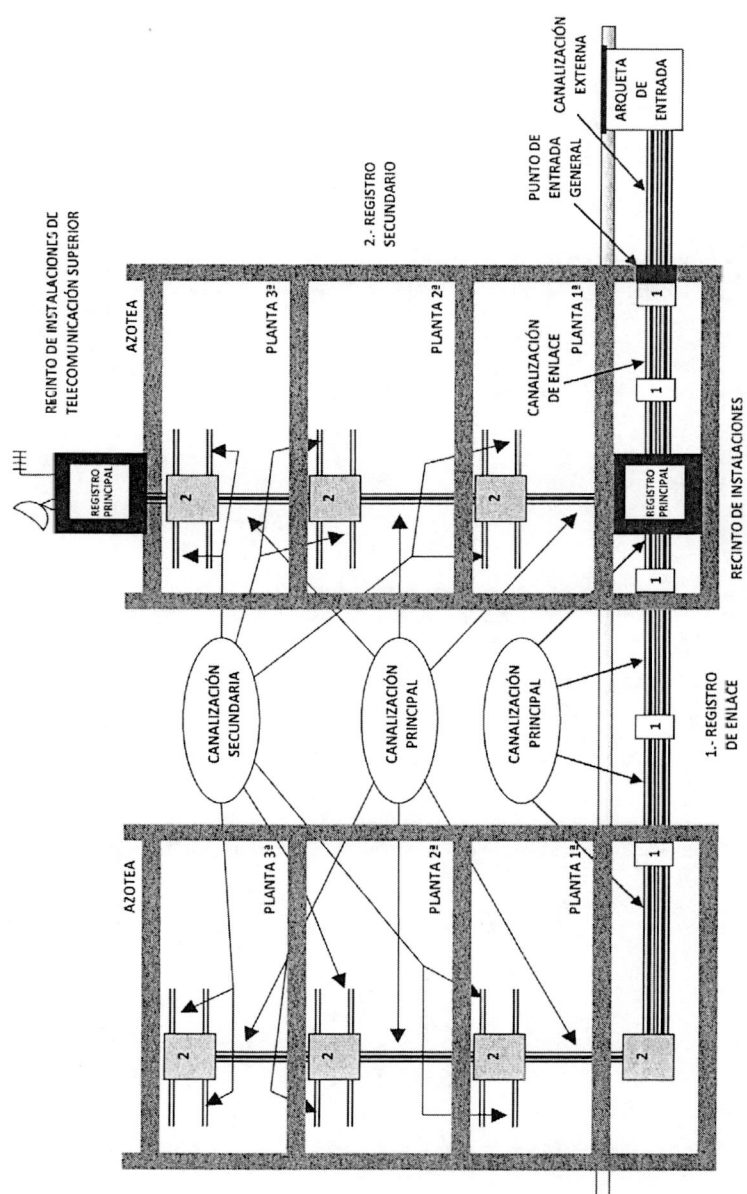

Apéndice 6: Esquema general de canalizaciones con varias verticales en edificios independientes

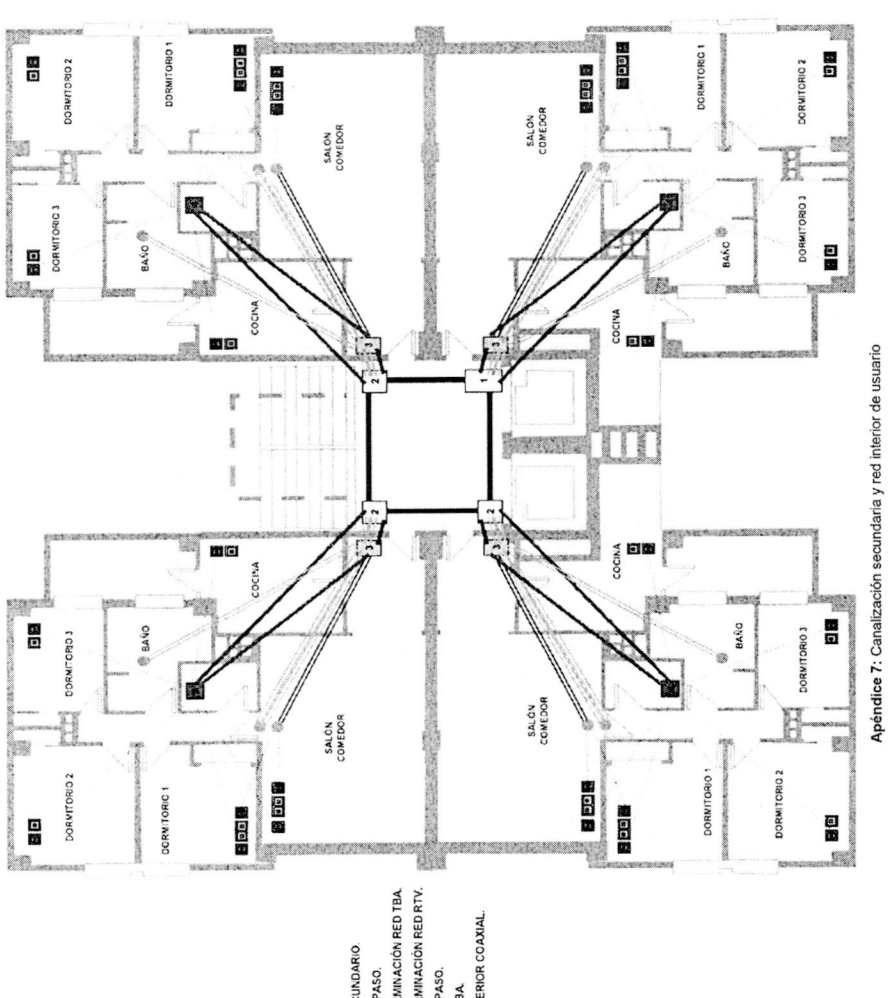

Apéndice 7: Canalización secundaria y red interior de usuario

REGISTRO SECUNDARIO.
REGISTRO DE PASO.
REGISTRO TERMINACIÓN RED TBA.
REGISTRO TERMINACIÓN RED RTV.
REGISTRO DE PASO.
TOMA TDSP+TBA.
TOMA RED INTERIOR COAXIAL.
TOMA RTV.

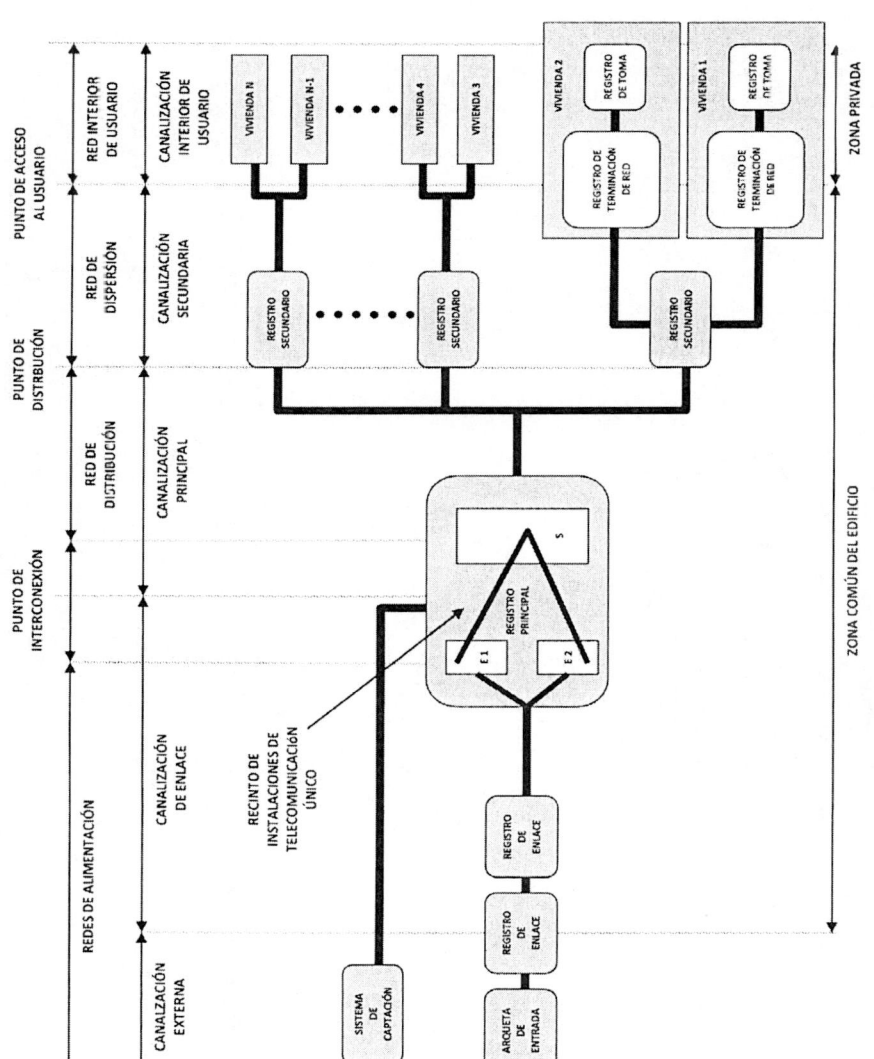

Apéndice 8: Esquema general de la ITC para viviendas unifamiliares

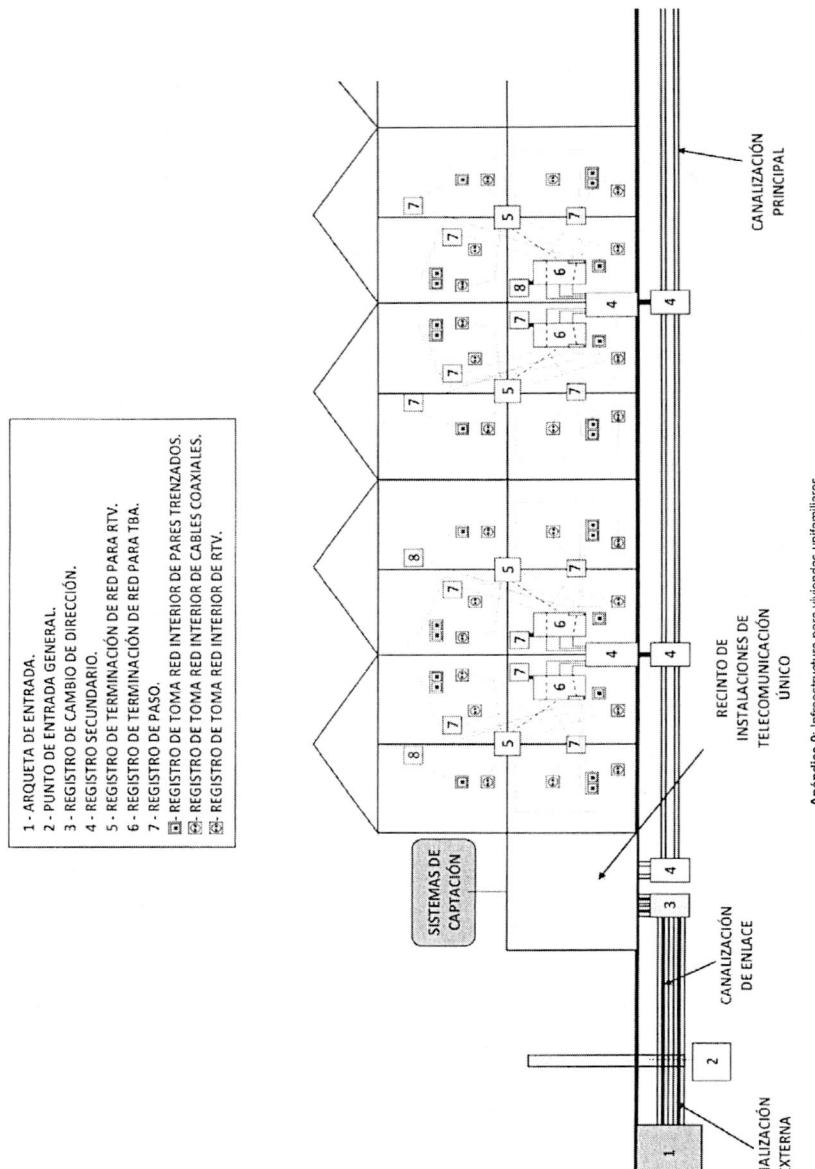

1 - ARQUETA DE ENTRADA.
2 - PUNTO DE ENTRADA GENERAL.
3 - REGISTRO DE CAMBIO DE DIRECCIÓN.
4 - REGISTRO SECUNDARIO.
5 - REGISTRO DE TERMINACIÓN DE RED PARA RTV.
6 - REGISTRO DE TERMINACIÓN DE RED PARA TBA.
7 - REGISTRO DE PASO.
🔳 - REGISTRO DE TOMA RED INTERIOR DE PARES TRENZADOS.
🔳 - REGISTRO DE TOMA RED INTERIOR DE CABLES COAXIALES.
🔳 - REGISTRO DE TOMA RED INTERIOR DE RTV.

SISTEMAS DE CAPTACIÓN

CANALIZACIÓN PRINCIPAL

RECINTO DE INSTALACIONES DE TELECOMUNICACIÓN ÚNICO

CANALIZACIÓN DE ENLACE

CANALIZACIÓN EXTERNA

Apéndice 9: Infraestructura para viviendas unifamiliares

ANEXO IV

Sección 1. Inspección técnica de las infraestructuras de telecomunicaciones de las edificaciones

Sección 2. Documento normalizado para la realización del mantenimiento de las infraestructuras de telecomunicaciones de las edificaciones

Sección 3. Documentos normalizados para la realización del Análisis Documentado y del Estudio Técnico de las infraestructuras de telecomunicaciones de las edificaciones

INTRODUCCIÓN

Las inspecciones técnicas de edificios son un reconocimiento obligatorio que han de pasar las edificaciones de más de 30 años de antigüedad, y que se lleva a cabo cada 10 años.

Los ayuntamientos, quienes tienen la obligación de hacer cumplir este reconocimiento, establecen mecanismos, a través de las gerencias de urbanismo, para indicar los plazos en los que cada edificio deberá pasar la inspección técnica.

Estas inspecciones son obligatorias para todos los edificios del país, lo cual incluye edificios de viviendas, industriales, oficinas, locales o zonas comerciales, almacenes, etc. Tradicionalmente se han venido inspeccionando las áreas relacionadas con los elementos constructivos de mayor incidencia sobre la seguridad de la edificación y de sus ocupantes: fachada, cubierta y estructura.

No obstante, el Texto Refundido de la Ley de Suelo, aprobado por Real Decreto Legislativo 2/2008, de 20 de junio, establece en su artículo 9 (Contenido del derecho de propiedad del suelo: deberes y cargas) que «El derecho de propiedad de los terrenos, las instalaciones, construcciones y edificaciones, comprende, cualquiera que sea la situación en que se encuentren, los deberes de dedicarlos a usos que no sean incompatibles con la ordenación territorial y urbanística; conservarlos en las condiciones legales para servir de soporte a dicho uso y, en todo caso, en las de seguridad, salubridad, accesibilidad y ornato legalmente exigibles; así como realizar los trabajos de mejora y rehabilitación hasta donde alcance el deber legal de conservación. Este deber constituirá el límite de las obras que deban ejecutarse a costa de los propietarios».

Asimismo, la Ley 49/1960, de 21 de julio, sobre Propiedad Horizontal, reformada por la Ley 8/99, de 6 de abril, establece en su artículo 10.1 que será obligación de la comunidad la realización de las obras necesarias para el adecuado sostenimiento y conservación del inmueble y de sus servicios, de modo que reúna las debidas condiciones estructurales, de estanqueidad, habitabilidad, accesibilidad y seguridad. Entre los servicios comunes afectados se encuentran las infraestructuras comunes de telecomunicación de la edificación (artículo 17).

Por último, la Ley 38/1999, de 5 de noviembre, de Ordenación de la Edificación, aduce otros motivos que complementan las exigencias de las normas de impulso a la sociedad de la información y el conocimiento. Así, en su artículo 3, establece que, con el fin de garantizar la seguridad de las personas, el bienestar de la sociedad y la protección del medio ambiente, los edificios deberán proyectarse, construirse, mantenerse y conservarse de tal forma que satisfagan los requisitos básicos siguientes relativos a la funcionalidad de la edificación: (…) a.3) Acceso a los servicios de telecomunicación, audiovisuales y de información de acuerdo con lo establecido en su normativa específica.

Por ello, en la sección 1 del presente anexo, se reflejan los documentos relativos al estado en que se encuentren las infraestructuras de telecomunicación de la edificación que en el proceso de realización de la Inspección Técnica de los Edificios, ITE, que incluya la supervisión de estas infraestructuras, se han de cumplimentar por la entidad acreditada para la realización de las mismas.

En el informe de la ITE, se debe precisar de forma clara:

1. Que la instalación no precisa trabajos inmediatos porque mantiene su funcionalidad.

2. Que precisa trabajos de mantenimiento general o mantenimiento preventivo.

3. Que precisa actuaciones correctivas y, en este caso, se debe indicar el grado de urgencia de las mismas y los elementos a reparar o sustituir.

Por otra parte, el artículo 5 del Real Decreto-ley 1/1998, del 27 de febrero, establece que la comunidad de propietarios deberá cumplir lo establecido en la Ley sobre propiedad horizontal vigente, en cuanto al mantenimiento de los elementos, pertenencias y servicios comunes, obligando a los propietarios a la realización de las obras necesarias para el adecuado sostenimiento y conservación del inmueble y de sus servicios, de modo que reúnan las debidas condiciones de estanqueidad, habitabilidad, accesibilidad y seguridad.

Las instalaciones de telecomunicaciones en los edificios, tienen la categoría de elementos comunes que deben estar correctamente mantenidas por la propiedad en cumplimiento de lo previsto en la Ley 49/1960, de 21 de julio.

Por ello, y con el fin de normalizar la documentación que la empresa instaladora de telecomunicaciones encargada por la propiedad, de la realización de las tareas de conservación y mantenimiento necesarias para garantizar la funcionalidad de las instalaciones, ha de entregar a dicha propiedad, se establece un modelo de Protocolo de Pruebas de los sistemas e instalaciones de telecomunicación. El contenido de este documento se ajustará a los trabajos contratados para cada una de las instalaciones presentes en la edificación. Dicho modelo se recoge en la sección 2 del presente anexo.

El protocolo de pruebas, antes citado, podrá ser requerido a la propiedad del edificio por la empresa o entidad encargada de la realización de la ITE con el fin de verificar el estado de correcta conservación de las instalaciones de telecomunicaciones, incorporándolos, si procede, al informe de inspección técnica.

Asimismo, y con el fin de normalizar la documentación que debe cumplimentarse cuando, a requerimiento de la propiedad, o como resultado de la inspección de las infraestructuras de telecomunicación de los edificios, se vaya a actualizar, renovar o sustituir una parte importante de las instalaciones de telecomunicaciones, se establecen los modelos de la documentación a cumplimentar:

- Análisis Documentado a realizar por la empresa instaladora de telecomunicaciones.

- Estudio Técnico **a realizar por un Ingeniero de Telecomunicación o un Ingeniero Técnico de Telecomunicación**[1].

Dichos modelos se recogen en la sección 3 del presente anexo.

---

[1] Téngase en cuenta que se declara la nulidad del inciso destacado en negrita por Sentencia del TS de 17 de octubre de 2012. Ref. BOE-A-2012-13774.

Sección 1

INSPECCIÓN TÉCNICA DE LAS INFRAESTRUCTURAS DE TELECOMUNICACIONES DE LAS EDIFICACIONES

INFORME DE INSPECCIÓN TÉCNICA DE LA EDIFICACIÓN

TÉCNICO REDACTOR DEL INFORME

NOMBRE:

DIRECCIÓN:

TELÉFONO:

FECHA/S DE INSPECCIÓN:

MEDIOS EMPLEADOS EN LA INSPECCIÓN

DESCRIPCIÓN:

MEDIDAS URGENTES EJECUTADAS DURANTE LA REALIZACIÓN DEL INFORME

DESCRIPCIÓN:

MEDIDAS PROPUESTAS EN ANTERIORES INFORMES DE INSPECCIÓN TÉCNICA

DESCRIPCIÓN:

GRADO DE EJECUCIÓN DE DICHAS MEDIDAS

DESCRIPCIÓN (siempre que no hayan sido finalizadas las medidas, especifique el motivo del retraso):

EFECTIVIDAD DE DICHAS MEDIDAS

DESCRIPCIÓN:

FECHA EN QUE DEBERÁ PRESENTARSE EL PRÓXIMO INFORME DE ITE:

DIRECCIÓN:

INFORME DE INSPECCIÓN TÉCNICA DE LA EDIFICACIÓN

TÉCNICO REDACTOR DEL INFORME
NOMBRE:
DIRECCIÓN:
TELÉFONO:
FECHA/S DE INSPECCIÓN:

PLANO DE SITUACIÓN DE LA FINCA O EDIFICIO

FOTOGRAFÍAS DE LOS DEFECTOS ENCONTRADOS (por favor, inténtese que se vea claramente la situación y estado de los equipos deteriorados)

DIRECCIÓN:

INSTALACIONES: TELECOMUNICACIONES

A. DAÑOS OBSERVADOS

0	SÍ		En buen estado, o con mqínimas afecciones que no requieren la realización de obras de reparación.
1		%	Pequeños daños que requieren la realización de intervenciones leves de reparación.
2		%	Daños de cierta entidad que requieren la realización de obras de obras de reparación o sustitución, sin requerir la adopción de medidas inmediatas.
3		%	Daños importantes que impiden la habitabilidad de la edificación, requiriendo intervenciones de reparación o sustitución y la adopción de medidas inmediatas.

B. POSIBLES CAUSAS DE LOS DAÑOS (Según Anexo de Verificación)
TEXTO:

C. MEDIDAS RECOMENDADAS DE REPARACIÓN
TEXTO:

Fecha máxima de inicio de las obras:		DD/MM/AA
Plazo de ejecución:		MESES
Presupuesto estimativo:		EUROS

Señalar con una (X) lo que se estime necesario para la ejecución de las obras señaladas:

☐ Es preciso el nombramiento de técnico competente, tanto para su definición precisa (proyecto), como para el seguimiento de su ejecución (dirección de obras) y la prevención de riesgos laborales (seguridad y salud).

☐ Es precisa la presentación de proyecto de medios auxiliares (andamios, guindolas, plataformas elevadoras, grúas, técnicas alpinas, etc.).

☐ Es precisa la autorización de instalación de contenedor en la vía pública.

DIRECCIÓN:	

D. MEDIDAS INMEDIATAS DE SEGURIDAD

Este apartado únicamente se rellenará en el caso de que la casilla n.º 3 del apartado A (DAÑOS OBSERVADOS) sea superior a 0 %.

Medidas necesarias	Localización de la intervención en el edificio		
☐ Desalojo de perso-nas			
☐ Otros (relacionar)			
Plazo de inicio	☐ Inminente	Plazo de ejecución	
	días (máximo 40 días)		

Justificación de la necesidad de adoptar medidas inmediatas de seguridad (Señalar con una X lo que se estime necesario para la ejecución de las obras señaladas):

☐ Es preciso el nombramiento de técnico competente, tanto para su definición precisa (proyecto), como para el seguimiento de su ejecución (dirección de obras) y la prevención de riesgos laborales (seguridad y salud).

☐ Es precisa la presentación de proyecto de medios auxiliares (andamios, guindolas, plataformas elevadoras, grúas, técnicas alpinas, etc.).

☐ Es precisa la autorización de instalación de contenedor en la vía pública.

DIRECCIÓN:	

CONCLUSIÓN FINAL

Don _____, en su calidad de
_____colegiado n.º _____ en el colegio de
_____
Informa que, inspeccionado el edificio de referencia en fecha/s _____
utilizando para ello los medios adecuados para obtener el suficiente conocimiento del edificio:

☐ El mismo REÚNE las condiciones de seguridad, salubridad y ornato público definidas en el planeamiento vigente.

☐ El mismo NO REÚNE las condiciones de seguridad, salubridad y ornato público definidas en el planeamiento vigente.

Para que conste, firmo en _____ a __ de _____ de 20__

Para que conste, firmo en _____ a __ de _____ de 20__

DIRECCIÓN:

COMPROMISO DE EJECUCIÓN

Cuando el edificio presente desperfectos y deficiencias, se cumplimentarán los apartados precisos que a continuación se recogen:

1. EDIFICIO QUE REQUIERE OBRAS DE CONSERVACIÓN

A cumplimentar cuando el informe de inspección técnica de la edificación recoja en sus recomendaciones la necesidad de ejecutar obras de conservación.

Don_____, en su calidad de
_____ del edificio de referencia, declara conocer y aceptar toda la información contenida en el presente documento, comprometiéndose a solicitar los permisos o licencias oportunas y a iniciar la ejecución de las obras indicadas en el mismo en los plazos señalados en el presente documento.

Para que conste, firmo en _____ a __ de _____ de 20__

2. EDIFICIO QUE REQUIERE MEDIDAS INMEDIATAS DE SEGURIDAD A EJECUTAR PREVIA SOLICITUD DE LICENCIA

A cumplimentar cuando el informe de inspección técnica de la edificación recoja en sus recomendaciones la necesidad de ejecutar medidas de seguridad que sean necesarias por venir acompañadas de una circunstancia de urgencia.

Don_____, en su calidad de
_____ del edificio de referencia, declara conocer y aceptar toda la información contenida en el presente documento, comprometiéndose a iniciar la ejecución de las obras indicadas en el mismo en los plazos señalados en el presente documento.

Para ello, al presente informe se acompañan los siguientes documentos al objeto de obtener la correspondiente licencia:

- Solicitud de licencia de obras.
- Proyecto técnico.
- Estudio de seguridad.
- Proyecto de medios auxiliares (si procede).

Para que conste, firmo en _____ a __ de _____ de 20__

Dirección:

3. EDIFICIO QUE REQUIERE MEDIDAS INMEDIATAS DE SEGURIDAD A EJECUTAR DE FORMA INMEDIATA Y SIN PREVIA SOLICITUD DE LICENCIA

A cumplimentar cuando el informe de inspección técnica de la edificación recoja en sus recomendaciones la necesidad de ejecutar medidas inmediatas de seguridad, y que se corresponde cuando el plazo señalado en el presente documento sea inminente

Don _____, en su calidad de _____ del edificio de referencia, declara conocer y aceptar toda la información contenida en el presente documento, comprometiéndose a ejecutar de forma inmediata y bajo dirección técnica competente de todas aquellas medidas señaladas como de ejecución inmediata.

Para que conste, firmo en _____ a __ de _____ de 20__

Don _____, en su calidad de _____ colegiado n.º_____ en el colegio de _____ declara que ha recibido y aceptado el encargo de dirigir las obras señaladas como inminentes en el presente informe de inspección técnica de la edificación.

Para que conste, firmo en _____ a __ de _____ de 20__

Dirección:

Sección 2

PROTOCOLO DE PRUEBAS PARA LA REALIZACIÓN DEL MANTENIMIENTO DE LAS INSTALACIONES Y SISTEMAS DE TELECOMUNICACIÓN EN LOS EDIFICIOS Y CONJUNTOS INMOBILIARIOS

1. TITULAR DE LA PROPIEDAD, EMPRESA RESPONSABLE DE LA ACTUACIÓN Y RELACIÓN DE INSTALACIONES DEL EDIFICIO O CONJUNTO INMOBILIARIO

Titular de la propiedad	Nombre o razón social:		
	Dirección:		N.º viviendas/locales/oficinas:
	Población:		
	Provincia:		C.P.:
	NIF:	Teléfono:	Fax:
Autor de la revisión	Nombre o razón social:	Dirección:	Teléfono:
	N.º de Registro empresa instaladora:	Correo electrónico:	Fax:

Número de Registro o expediente:

Relación de Instalaciones a verificar (marcar con una «X»):

☐ Sistema de control de accesos.

☐ Sistema de captación, amplificación y distribución de señales de radiodifusión sonora y televisión.

☐ Sistema de telefonía disponible al público y de acceso a banda ancha.

☐ Infraestructura de acceso ultrarrápido.

Otros.

2. EQUIPOS DE MEDIDA UTILIZADOS

Equipo	Marca	Modelo	N.º serie	Observaciones
Multímetro				
Medidor de resistencia de tierra				
Sonómetro				
Medidor de intensidad de campo				Con monitor: ☐ B/N ☐Color ☐
Analizador/certificador de redes				
Medidor de Potencia óptica y testeador de fibra óptica monomodo para FTTH				
Medidor de impedancia				
Medidor de aislamiento				
Otros equipos (se describirá tipo, marca, modelo y n.º de serie)				

3. SISTEMA DE CONTROL DE ACCESOS EN EDIFICIOS Y CONJUNTOS INMOBILIARIOS

Tipo de instalación existente	☐ Control de acceso individual
	☐ Control de acceso colectivo

3.1. Elementos componentes de la instalación

A. Elementos externos del sistema de control de accesos.

Acceso n.º	Elemento	Ud.	Marca	Modelo	Ubicación	Funcionamiento correcto
						☐ Sí ☐ No
						☐ Sí ☐ No
						☐ Sí ☐ No
						☐ Sí ☐ No

B. Elementos de alimentación y conmutación del sistema (cuando exista).

Elemento	Ud.	Marca	Modelo	Ubicación	Funcionamiento correcto
					☐ Sí ☐ No
					☐ Sí ☐ No

C. Distribución del cableado (si lo hubiera).

☐ Punto a punto	☐ Derivación

D. Elementos para el control de acceso en el interior de vivienda, oficina, local, etc. (cuando exista)

Elemento	Ud.	Marca	Modelo	Funcionamiento correcto	Nivel de audio correcto	Nitidez subjetiva correcta
				☐ Sí ☐ No	☐ Sí ☐ No	☐ Sí ☐ No
				☐ Sí ☐ No	☐ Sí ☐ No	☐ Sí ☐ No
						☐ Sí ☐ No
						☐ Sí ☐ No

3.2. Continuidad y resistencia de la toma de tierra

Conexión:	☐ A tierra general del edificio.
	☐ A tierra exclusiva.
	☐ Otras circunstancias.

NECESIDADES O RECOMENDACIONES DE ACTUACIÓN (Si las hubiera).
(Se deberán explicar y justificar con croquis o fotografías las actuaciones correctivas que se estimen convenientes llevar a cabo tras la revisión realizada)

4. SISTEMA DE CAPTACIÓN, AMPLIFICACIÓN Y DISTRIBUCIÓN DE SEÑALES DE RADIODIFUSIÓN SONORA Y TELEVISIÓN EN EDIFICIOS Y CONJUNTOS INMOBILIARIOS

4.1. RTV terrestre

4.1.1. *Descripción general de la red de radiodifusión sonora y televisión terrestre*

Tipo de instalación existente	☐ Antenas individuales
	☐ Antena colectiva sin ICT
	☐ ICT

Topología red de distribución	☐ Árbol-rama con derivación
	☐ En estrella con reparto
	☐ En cascada con tomas de paso
	☐ Infraestructura común de telecomunicaciones
Distribución por	☐ Exterior
	☐ Interior
	☐ Mixta

4.1.2. *Elementos componentes de la instalación*

Antenas	Marca	Modelo/tipo	Centro emisor

	Tipo	N.º elementos	Longitud (m)	Nivel de oxidación (% aprox.)
Torreta/mástil				
Anclajes				
Juegos de vientos				

Conexión a tierra de equipos de aptación:	☐ A tierra general del edificio
	☐ A tierra exclusiva
	☐ Otras circunstancias

	Tipo	Marca	Modelo	Canales instalados	Estado correcto
Equipo de cabecera					☐ Sí ☐ No

	Tipo	Marca	Modelo	Canales instalados	Estado Correcto
Amplificadores en red de distribución					☐ Sí ☐ No
Derivadores					☐ Sí ☐ No
Distribuidores					☐ Sí ☐ No
Cable coaxial					☐ Sí ☐ No
Puntos de acceso al usuario					☐ Sí ☐ No
Bases de toma de TV.					☐ Sí ☐ No

4.1.3. *Niveles de señales de R.F. en la instalación*

Ramal	Canal	Frecuencia central de canal (MHz)	Entrada cabecera		Salida cabecera		Entrada amplif línea		Salida amplif línea		Nivel mejor toma		Nivel peor toma		Estado correcto	Referencia	
			Nivel	BER	Nivel	BER	Nivel	BER	Nivel	BER	Nivel	BER	Nivel	BER	☐ Sí ☐ No	Nivel	BER
Ramal 1	Mejor														☐ Sí ☐ No	47-70	$<9\times10^{-5}$
	Peor														☐ Sí ☐ No	47-70	$<9\times10^{-5}$
Ramal 2	Mejor														☐ Sí ☐ No	47-70	$<9\times10^{-5}$
	Peor														☐ Sí ☐ No	47-70	$<9\times10^{-5}$
Ramal n	Mejor														☐ Sí ☐ No	47-70	$<9\times10^{-5}$
	Peor														☐ Sí ☐ No	47-70	$<9\times10^{-5}$

4.2. RTV satélite

4.2.1. *Descripción de la Red Satélite*

Red colectiva para ancho de banda 850 MHz-2150 MHz	EXISTE Sí ☐ No ☐
Topología red de satélite	☐ Distribución en FI por la misma red de RTV ☐ En estrella con *multiswitch* (en este caso completar tipo distribución) ☐ Transmodulado a canal (incluir unidades en 4.2.2. y mediciones en 4.2.3)
Distribución por (solo para *multiswitch*)	☐ Exterior ☐ Interior ☐ Mixta
Otros elementos	Cable coaxial: Tomas TV-SAT:

4.2.2. *Elementos componentes de la instalación*

	Marca	Modelo	Características	Funcionamiento Correcto	Estado Correcto
Parábola orientada a:				☐ Sí ☐ No	☐ Sí ☐ No
Unidad exterior:				☐ Sí ☐ No	☐ Sí ☐ No
Equipos instalados en cabecera				☐ Sí ☐ No	☐ Sí ☐ No

Conexión a tierra de equipos de captación:	☐ A tierra general del edificio
	☐ A tierra exclusiva
	☐ Otras circunstancias

4.2.3. *Niveles de señales de F.I. en la instalación*

Ramal	Canal	Frecuencia central de canal (MHz)	Entrada cabecera Nivel	Entrada cabecera BER	Salida cabecera Nivel	Salida cabecera BER	Entrada amplif línea Nivel	Entrada amplif línea BER	Salida amplif línea Nivel	Salida amplif línea BER	Nivel mejor toma Nivel	Nivel mejor toma BER	Nivel peor toma Nivel	Nivel peor toma BER	Estado correcto ☐ Sí ☐ No	Referencia Nivel	Referencia BER
Ramal 1	1ª F.I.														☐ Sí ☐ No	47-70	<9×10⁻⁵
	2ª F.I.														☐ Sí ☐ No	47-70	<9×10⁻⁵
	3ª F.I.														☐ Sí ☐ No	47-70	<9×10⁻⁵
Ramal 2	1ª F.I.														☐ Sí ☐ No	47-70	<9×10⁻⁵
	2ª F.I.														☐ Sí ☐ No	47-70	<9×10⁻⁵
	3ª F.I.														☐ Sí ☐ No	47-70	<9×10⁻⁵
Ramal n	1ª F.I.														☐ Sí ☐ No	47-70	<9×10⁻⁵
	2ª F.I.														☐ Sí ☐ No	47-70	<9×10⁻⁵
	3ª F.I.														☐ Sí ☐ No	47-70	<9×10⁻⁵

NECESIDADES O RECOMENDACIONES DE ACTUACIÓN (Si las hubiera).

(Se deberán explicar y justificar con croquis o fotografías las actuaciones correctivas que se estimen convenientes llevar a cabo tras la revisión realizada)

5. SISTEMA DE TELEFONÍA DISPONIBLE AL PÚBLICO Y BANDA ANCHA Y/O INFRAESTRUCTURA DE ACCESO ULTRARRAPIDO (IAU) EN EDIFICIOS Y CONJUNTOS INMOBILIARIOS

5.1. Elementos componentes de la instalación

	Par trenzado (PT) coaxial (COAX) Fibra óptica (FO)	Elemento	Ud.	Ubicación	Funcionamiento correcto	Estado correcto
Red de distribución						☐ Sí ☐ No
Red de dispersión						☐ Sí ☐ No
Regletas de conexión						☐ Sí ☐ No
PAU o elemento de interconexión con la red interior de usuario						☐ Sí ☐ No
Red interior de usuario						☐ Sí ☐ No

5.2. Niveles de señal en instalación pares trenzados (cuando exista y pertenezca a la propiedad)

- Se medirán los siguientes datos, al menos, en dos pares de las verticales más desfavorables de la instalación.

Par	Identificación	Resistencia aislamiento (Ω) Valor mínimo 1.000 MΩ/km	Resistencia óhmica (Ω) Valor máximo 98 Ω/km	Funcionamiento correcto
				☐ Sí ☐ No
				☐ Sí ☐ No
				☐ Sí ☐ No

5.3. Niveles de señal en cables coaxiales (cuando exista y pertenezca a la propiedad)

- Se medirán los siguientes datos, al menos, en dos cabes coaxiales de las verticales más desfavorables de la instalación.

Cable coaxial	Identificación	Frecuencias (MHz)	Atenuación	Referencia
		86		Estrella: ≤ 27 dB
		860		Árbol-Rama: ≤ 26 dB
		5		Estrella: ≤ 36 dB
		65		Árbol-Rama: ≤ 29 dB

5.4. Niveles de señal en instalación de fibra óptica (cuando exista y pertenezca a la propiedad)

- Se medirán los siguientes datos, al menos, en dos fibras, extremo a extremo de las verticales más desfavorables de la instalación.

Fibra	Identificación	Longitud de onda λ (nm)	Atenuación óptica (dB) Atenuación máxima ≤ 3 dB
		1.310	
		1.490	
		1.550	

5.5. Continuidad y resistencia de la toma de tierra

Conexión:	☐ A tierra general del edificio
	☐ A tierra exclusiva
	☐ Otras circunstancias

NECESIDADES O RECOMENDACIONES DE ACTUACIÓN (Si las hubiera).
(Se deberán explicar y justificar con croquis o fotografías las actuaciones correctivas que se estimen convenientes llevar a cabo tras la revisión realizada)

En.............................. a........................ de................de 2......

La revisión ha sido realizada de conformidad con las disposiciones vigentes.

SECCIÓN 3

Documentos normalizados para la realización del análisis documentado y estudio técnico de las infraestructuras de telecomunicación de las edificaciones

1. ANÁLISIS DOCUMENTADO DE LAS INSTALACIONES Y SISTEMAS DE TELECOMUNICACIÓN EN LOS EDIFICIOS Y CONJUNTOS IN-MOBILIARIOS

Descripción	Instalaciones analizadas: ☐ Sistema de control de accesos. ☐ Sistema de captación, amplificación y distribución de señales de radiodifusión sonora y televisión. ☐ Sistema de telefonía disponible al público y de acceso a banda ancha. ☐ Infraestructuras de acceso ultrarrápido. ☐ Otras (indicar cuáles): **Nota**: se cumplimentarán los apartados concretos que incluya la propuesta
	Dirección:
	Tipo vía:
	Nombre vía:
	Localidad:
	Municipio:
	Código postal:
	Provincia:
Autor	Apellidos y nombre, o razón social: Dirección: Población: Código postal: Provincia: Teléfono: Fax: Correo electrónico:
	Número inscripción en el Registro de Empresas Instaladoras de Telecomunicación:
Fecha	En, a de 20

CONTENIDO DEL ANÁLISIS DOCUMENTADO

1. OBJETO

El objeto del análisis documentado de la instalación es el de recoger los trabajos que se precisan realizar para la implantación de la reforma necesaria o de la nueva red.

2. MODIFICACIÓN PROPUESTA

Se incluirán en este apartado todas las informaciones, acordes con las características técnicas de los elementos del sistema, necesarios para la modificación propuesta, los cuales deberán garantizar, al menos, los parámetros medidos en el protocolo de pruebas.

3. ESQUEMAS

Se incluirán en este apartado, al menos, los siguientes documentos:
- Esquema de principio de la instalación, mostrando todos los elementos activos y pasivos, sus conexiones y acotaciones en metros.
- Documentación complementaria.

4. PRECAUCIONES PARA GARANTIZAR LA CONTINUIDAD DEL SERVICIO

Se describirán las precauciones a tomar para garantizar el mantenimiento de los servicios, en tanto no se encuentre en perfectas condiciones de funcionamiento la instalación modificada.

5. SEGURIDAD Y SALUD

En su caso se describirán los riesgos que se identifican en la realización de los trabajos por la empresa instaladora, en función de las peculiaridades de los mismos, de las características del edificio y de la forma de su ejecución.

6. RECOMENDACIONES

El análisis documentado servirá de guía para el estudio de las diferentes ofertas que pueda solicitar la propiedad.

Una vez finalizada la instalación propuesta en el presente análisis documentado, la propiedad recibirá de la empresa instaladora el boletín de instalación y la documentación técnica que lo acompañe así como las instrucciones de uso y mantenimiento del equipamiento o del sistema, en todo caso adaptado a la instalación realizada.

SISTEMA DE CAPTACIÓN, AMPLIFICACIÓN Y DISTRIBUCIÓN DE SEÑALES DE RADIODIFUSIÓN SONORA Y TELEVISIÓN EN EDIFICIOS Y CONJUNTOS INMOBILIARIOS

1. OBJETO

El objeto del análisis documentado de la instalación es determinar las señales de radiodifusión sonora y televisión digital terrestres y, en su caso, procedentes de satélite, que se reciben en la ubicación del edificio, aquellas, de entre estas, que la Comunidad desea que se distribuyan, y realizar la evaluación de los equipos y redes que constituyen el sistema existente.

Como resultado del mismo se indicarán las modificaciones que es necesario realizar en dicho sistema para que los usuarios puedan recibir correctamente dichas señales.

2. SEÑALES A DISTRIBUIR

Se identificarán todas las señales de radiodifusión sonora y televisión digital terrestres que se reciben en el emplazamiento de la antena, y se medirán los niveles de cada una de ellas para determinar cuáles pueden ser distribuidas, así como aquellas que dispongan de título habilitante en la zona, aunque todavía no emitan, acompañando estas últimas de un calendario orientativo de puesta en servicio. Se procederá en el mismo sentido para las señales procedentes de satélite que la propiedad desee distribuir en la instalación.

Se establecerá, de acuerdo con la propiedad del inmueble, la relación de señales a distribuir, dejando clara la decisión acordada sobre las señales digitales terrestres que no puedan ser distribuidas por falta de señal.

3. ANÁLISIS Y EVALUACIÓN DE LA INSTALACIÓN EXISTENTE

En función del acuerdo con la Comunidad de Propietarios y mediante las comprobaciones y medidas que sean necesarias se definirán los equipos y materiales que constituyen la red existente, los niveles de señal captados en antena y en función de las características técnicas, condiciones de instalación y estado de conservación, se establecerá:

- Radiodifusión sonora y televisión digital terrestre:
  - a) Niveles de señal de salida del amplificador de cabecera para cada uno de los canales múltiples que trata.
  - b) Niveles de señal en toma de usuario en el mejor y peor caso.
  - c) La relación de los elementos que no son válidos para la recepción de las señales de radiodifusión sonora y televisión digital.
  - d) La relación de los elementos que son válidos para la recepción de las señales de radiodifusión sonora y televisión digital.

- Radiodifusión sonora y televisión digital por satélite en F.I:
  a) Niveles de señal de salida del amplificador de cabecera para cada una de las polaridades a distribuir.
  b) Niveles de señal en toma de usuario en el mejor y peor caso.
  c) La relación de los elementos que no son válidos para la recepción de las señales de radiodifusión sonora y televisión digital.
  d) La relación de los elementos que son válidos para la recepción de las señales de radiodifusión sonora y televisión digital.

4. MODIFICACIÓN PROPUESTA

Se incluirán en este apartado todas las informaciones, acordes con las características técnicas de los elementos de la instalación, necesarios para la modificación propuesta, que deberá garantizar el cumplimiento de los parámetros de calidad establecidos en el anexo I de este Reglamento. Se indicarán, al menos, los parámetros siguientes:

- Niveles de señal medida a la entrada de la vivienda, oficina, local etc., en los casos mejor y peor, o en el primer y último punto de derivación de cada línea troncal.
- Respuesta amplitud-frecuencia medida (variación máxima de la atenuación a diversas frecuencias, en el mejor y peor caso).

Se analizarán especialmente los problemas de interferencias que se puedan presentar, proponiéndose las soluciones técnicas que sean adecuadas. Se incluirá un cuadro resumen con los elementos que componen la instalación a modificar, indicando los que existen, los que deben incorporarse y los que deben desmontarse.

5. ESQUEMAS Y FOTOGRAFÍAS

Se incluirán en este apartado, al menos, los siguientes documentos, con preferencia fotografías, y siempre que no pudiera ser, se adjuntarán croquis:

- Croquis o fotografía de la cubierta, con la ubicación de los sistemas de captación.
- Croquis o fotografía con la ubicación del equipamiento de cabecera.
- Croquis o fotografía mostrando los distintos componentes del equipamiento de cabecera.
- Croquis detallados de las instalaciones por planta o planta tipo (cuando sea posible).
- Esquema general de canalizaciones (cuando sea posible).
- Esquema de principio de la instalación de radiodifusión sonora y televisión, mostrando todos los elementos activos y pasivos, sus conexiones y acotaciones en metros.
- Documentación complementaria.
- Documentación de mantenimientos anteriores, si la hubiera.

6. PRECAUCIONES PARA GARANTIZAR LA CONTINUIDAD DEL SERVICIO

Se describirán las precauciones a tomar para garantizar la continuidad de la recepción por los usuarios de las señales de radiodifusión sonora y televisión a través de la instalación existente, en tanto no se encuentre en perfectas condiciones de funcionamiento la instalación modificada.

7. SEGURIDAD Y SALUD

En su caso se describirán los riesgos que se identifican en la realización de los trabajos por la empresa instaladora, en función de las peculiaridades de los mismos, de las características del edificio y de la forma de su ejecución.

SISTEMA DE TELEFONÍA DISPONIBLE AL PÚBLICO Y DE ACCESO A BANDA ANCHA EN EDIFICIOS Y CONJUNTOS INMOBILIARIOS

1. OBJETO

El objeto del análisis documentado de la instalación es determinar el sistema de telefonía disponible al público y de acceso de banda ancha en edificios e inmuebles y el estado actual en que se encuentran.

2. ANÁLISIS Y EVALUACIÓN DE LA INSTALACIÓN EXISTENTE

Mediante las comprobaciones y medidas que sean necesarias se definirán los equipos y materiales que constituyen la red existente, los niveles de señal existentes y, en función de las características técnicas, condiciones de instalación y estado de conservación, se establecerá:

- Resistencia de aislamiento, al menos, en dos pares de la manguera más desfavorable de cada vertical, en el mejor y peor caso.
- Resistencia óhmica, al menos, en dos pares de la manguera más desfavorable de cada vertical, en el mejor y peor caso.
- Relación de los elementos que no son válidos para el correcto funcionamiento del sistema de telefonía disponible al público y de acceso de banda ancha.
- Relación de los elementos que son válidos para el correcto funcionamiento del sistema de telefonía disponible al público y de acceso de banda ancha.

3. MODIFICACIÓN PROPUESTA

Se incluirán en este apartado todas las informaciones, acordes con las características técnicas de los elementos de la instalación, necesarios para la modificación propuesta, que deberá garantizar el cumplimiento de los parámetros de calidad establecidos en el anexo II de este reglamento. Se indicarán, al menos, los parámetros siguientes:

- Resistencia de aislamiento a la entrada de la vivienda en dos pares de la manguera más desfavorable de cada vertical, en el mejor y peor caso.
- Resistencia óhmica a la entrada de la vivienda en dos pares de la manguera más desfavorable de cada vertical, en el mejor y peor caso.

Se incluirá un cuadro resumen con los elementos que componen la instalación a modificar, indicando los que existen, los que deben incorporarse y los que deben desmontarse. Todo ello, garantizando a los usuarios del sistema el libre acceso a los operadores de telecomunicaciones que presten, o puedan prestar, servicios en el edificio o conjunto inmobiliario.

4. ESQUEMAS Y FOTOGRAFÍAS

Se incluirán en este apartado, al menos, los siguientes documentos, con preferencia fotografías, y siempre que no pudiera ser, se adjuntarán croquis:

- Croquis o fotografía con la ubicación de los registros principales de los distintos operadores.
- Esquema general de canalizaciones (si es posible).
- Esquema de principio de la instalación, mostrando todos los elementos activos y pasivos, sus conexiones y acotaciones en metros.
- Documentación complementaria.
- Documentación de mantenimientos anteriores, si la hubiera.

5. PRECAUCIONES PARA GARANTIZAR LA CONTINUIDAD DEL SERVICIO

Se describirán las precauciones a tomar para garantizar la continuidad de las señales provenientes del sistema de telefonía disponible al público y de acceso de banda ancha, en tanto no se encuentre en perfectas condiciones de funcionamiento la instalación modificada.

6. SEGURIDAD Y SALUD

En su caso se describirán los riesgos que se identifican en la realización de los trabajos por la empresa instaladora, en función de las peculiaridades de los mismos, de las características del edificio y de la forma de su ejecución.

INFRAESTRUCTURA DE ACCESO ULTRARRÁPIDO EN EDIFICIOS Y CONJUNTOS INMOBILIARIOS (en caso de existir)

1. OBJETO

El objeto del análisis documentado de la instalación es determinar la infraestructura de acceso ultrarrápido en edificios y conjuntos inmobiliarios y el estado actual en que se encuentran, siempre que la Comunidad de propietarios sea la propietaria de las mismas.

2. ANÁLISIS Y EVALUACIÓN DE LA INSTALACIÓN EXISTENTE

Mediante las comprobaciones y medidas que sean necesarias se definirán los equipos y materiales que constituyen la red existente, los niveles de señal existentes y, en función de las características técnicas, condiciones de instalación y estado de conservación, se establecerá:

PAR TRENZADO (PT):

- Diafonía de, al menos, en dos pares de la manguera más desfavorable de cada vertical, en el mejor y peor caso.
- Perdida de retorno de, al menos, en dos pares de la manguera más desfavorable de cada vertical, en el mejor y peor caso.
- Atenuación de, al menos, en dos pares de la manguera más desfavorable de cada vertical, en el mejor y peor caso.
- ACR de, al menos, en dos pares de la manguera más desfavorable de cada vertical, en el mejor y peor caso.
- ELFEXT de, al menos, en dos pares de la manguera más desfavorable de cada vertical, en el mejor y peor caso.
- Diafonía Power Sum de, al menos, en dos pares de la manguera más desfavorable de cada vertical, en el mejor y peor caso.
- Power Sum ACR de, al menos, en dos pares de la manguera más desfavorable de cada vertical, en el mejor y peor caso.
- ELFEXT Power Sum de, al menos, en dos pares de la manguera más desfavorable de cada vertical, en el mejor y peor caso.

CABLEADO ESTRUCTURADO (CEst.):

- Diafonía de, al menos, en dos pares de la manguera más desfavorable de cada vertical, en el mejor y peor caso.
- Pérdida de retorno de, al menos, en dos pares de la manguera más desfavorable de cada vertical, en el mejor y peor caso.

- Atenuación de, al menos, en dos pares de la manguera más desfavorable de cada vertical, en el mejor y peor caso.

- ACR de, al menos, en dos pares de la manguera más desfavorable de cada vertical, en el mejor y peor caso.

- ELFEXT de, al menos, en dos pares de la manguera más desfavorable de cada vertical, en el mejor y peor caso.

- Diafonía Power Sum de, al menos, en dos pares de la manguera más desfavorable de cada vertical, en el mejor y peor caso.

- Power Sum ACR de, al menos, en dos pares de la manguera más desfavorable de cada vertical, en el mejor y peor caso.

- ELFEXT Power Sum de, al menos, en dos pares de la manguera más desfavorable de cada vertical, en el mejor y peor caso.

FIBRA ÓPTICA (FO):

- Events de, al menos, en una fibra de la manguera más desfavorable de cada vertical, en el mejor y peor caso.

- λ (nm) de, al menos, una fibra de la manguera más desfavorable de cada vertical, en el mejor y peor caso.

- Distancia (km) de, al menos, una fibra de la manguera más desfavorable de cada vertical, en el mejor y peor caso.

- Loss (dB) de, al menos, una fibra de la manguera más desfavorable de cada vertical, en el mejor y peor caso.

- Reflectance (dB) de, al menos, una fibra de la manguera más desfavorable de cada vertical, en el mejor y peor caso.

- Culm. Loss (dB) de, al menos, una fibra de la manguera más desfavorable de cada vertical, en el mejor y peor caso.

- Slope (dB/km) de, al menos, una fibra de la manguera más desfavorable de cada vertical, en el mejor y peor caso.

- Rango de potencia (W) de, al menos, una fibra de la manguera más desfavorable de cada vertical, en el mejor y peor caso.

- Relación de los elementos que no son válidos para el correcto funcionamiento de la infraestructura de acceso ultrarrápido.

- Relación de los elementos que son válidos para el correcto funcionamiento de la infraestructura de acceso ultrarrápido.

3. MODIFICACIÓN PROPUESTA

Se incluirán en este apartado todas las informaciones, acordes con las características técnicas de los elementos de la instalación, necesarios para la modificación propuesta, que deberá garantizar el cumplimiento de los parámetros de calidad establecidos en el anexo I de este reglamento. Se indicarán, al menos, los parámetros siguientes:

PAR TRENZADO (PT)

- Diafonía de, al menos, en dos pares de la manguera más desfavorable de cada vertical, en el mejor y peor caso.
- Perdida de retorno de, al menos, en dos pares de la manguera más desfavorable de cada vertical, en el mejor y peor caso.
- Atenuación de, al menos, en dos pares de la manguera más desfavorable de cada vertical, en el mejor y peor caso.
- ACR de, al menos, en dos pares de la manguera más desfavorable de cada vertical, en el mejor y peor caso.
- ELFEXT de, al menos, dos pares de manguera más desfavorable.
- Diafonía Power Sum de, al menos, en dos pares de la manguera más desfavorable de cada vertical, en el mejor y peor caso.
- Power Sum ACR de, al menos, en dos pares de la manguera más desfavorable de cada vertical, en el mejor y peor caso.
- ELFEXT Power Sum de, al menos, en dos pares de la manguera más desfavorable de cada vertical, en el mejor y peor caso.

CABLEADO ESTRUCTURADO (CEst.)

- Diafonía de, al menos, en dos pares de la manguera más desfavorable de cada vertical, en el mejor y peor caso.
- Perdida de Retorno de, al menos, en dos pares de la manguera más desfavorable de cada vertical, en el mejor y peor caso.
- Atenuación de, al menos, en dos pares de la manguera más desfavorable de cada vertical, en el mejor y peor caso.
- ACR de, al menos, en dos pares de la manguera más desfavorable de cada vertical, en el mejor y peor caso.
- ELFEXT de, al menos, en dos pares de la manguera más desfavorable de cada vertical, en el mejor y peor caso.
- Diafonía Power Sum de, al menos, en dos pares de la manguera más desfavorable de cada vertical, en el mejor y peor caso.
- Power Sum ACR de, al menos, en dos pares de la manguera más desfavorable de cada vertical, en el mejor y peor caso.
- ELFEXT Power Sum de, al menos, en dos pares de la manguera más desfavorable de cada vertical, en el mejor y peor caso. FIBRA (F):

FIBRA (F):

- Events de, al menos, una fibra de la manguera más desfavorable de cada vertical, en el mejor y peor caso.
- λ (nm) de, al menos, una fibra de la manguera más desfavorable de cada vertical, en el mejor y peor caso.
- Distancia (km) de, al menos, una fibra de la manguera más desfavorable de cada vertical, en el mejor y peor caso.

- Loss (dB) de, al menos, una fibra de la manguera más desfavorable de cada vertical, en el mejor y peor caso.
- Reflectance (dB) de, al menos, una fibra de la manguera más desfavorable de cada vertical, en el mejor y peor caso.
- Culm. Loss (dB) de, al menos, una fibra de la manguera más desfavorable de cada vertical, en el mejor y peor caso.
- Slope (dB/km) de, al menos, una fibra de la manguera más desfavorable de cada vertical, en el mejor y peor caso.
- Rango de potencia (W) de, al menos, una fibra de la manguera más desfavorable de cada vertical, en el mejor y peor caso.

Se incluirá un cuadro resumen con los elementos que componen la instalación a modificar, indicando los que existen, los que deben incorporarse y los que deben desmontarse.

Todo ello, garantizando a los usuarios del sistema el libre acceso a los operadores de telecomunicaciones que presten, o puedan prestar, servicios en el edificio o conjunto inmobiliario.

4. ESQUEMAS Y FOTOGRAFÍAS

Se incluirán en este apartado, al menos, los siguientes documentos, con preferencia fotografías, y siempre que no pudiera ser, se adjuntarán croquis:

- Croquis o fotografía con la ubicación de los Registros Principales de los distintos operadores.
- Esquema general de canalizaciones (si es posible).
- Esquema de principio de la instalación del Infraestructura de acceso ultrarrápido, mostrando todos los elementos activos y pasivos, sus conexiones y acotaciones en metros.
- Documentación complementaria.
- Documentación de mantenimientos anteriores, si la hubiera.

5. PRECAUCIONES PARA GARANTIZAR LA CONTINUIDAD DEL SERVICIO

Se describirán las precauciones a tomar para garantizar la continuidad de las señales provenientes del infraestructura de acceso ultrarrápido, en tanto no se encuentre en perfectas condiciones de funcionamiento la instalación modificada.

6. SEGURIDAD Y SALUD

En su caso se describirán los riesgos que se identifican en la realización de los trabajos por la empresa instaladora, en función de las peculiaridades de los mismos, de las características del edificio y de la forma de su ejecución.

2. ESTUDIO TÉCNICO DE LAS INSTALACIONES Y SISTEMAS DE TELE-COMUNICACIÓN EN LOS EDIFICIOS Y CONJUNTOS INMOBILIARIOS

Descripción	Instalaciones analizadas: ☐ Sistema de captación, amplificación y distribución de señales de radiodifusión sonora y televisión. ☐ Sistemas para el acceso a los servicios de telecomunicaciones de telefonía disponible al público y de banda ancha. ☐ Otras (indicar cuáles): **Nota**: se cumplimentarán los apartados concretos que incluya la propuesta
	Dirección:
	Tipo vía:
	Nombre vía:
	Localidad:
	Municipio:
	Código postal:
	Provincia:
Autor	Apellidos y nombre, o razón social: Titulación (1): Dirección: Población: Código postal: Provincia: Teléfono: Fax: Correo electrónico:
Fecha	En, a de 20

CONTENIDO DEL ESTUDIO TÉCNICO

A) SISTEMA DE CAPTACIÓN, AMPLIFICACIÓN Y DISTRIBUCIÓN DE SEÑALES DE RADIODIFUSIÓN SONORA Y TELEVISIÓN EN EDIFICIOS Y CONJUNTOS INMOBILIARIOS

1. OBJETO

El objeto del estudio técnico es determinar las señales de radiodifusión sonora y televisión digital terrestres y las de radiodifusión sonora y televisión satélite que se reciben en la ubicación del edificio, aquellas, de entre estas, que la Comunidad desea que se distribuyan, y realizar la evaluación de los equipos y redes que constituyen el sistema existente instalado con anterioridad, para adaptarlo a la recepción de las nuevas señales de radiodifusión sonora y televisión digital terrestres y de radiodifusión sonora y televisión satélite.

Como resultado del mismo se indicarán las modificaciones que es necesario realizar en dicho sistema para que los usuarios puedan recibir correctamente dichas señales garantizando la continuidad de recepción por los usuarios de las emisiones que se estaban recibiendo.

Como resultado del mismo se indicarán las modificaciones que es necesario realizar en dicho sistema para que los usuarios puedan recibir correctamente dichas señales.

2. SEÑALES A DISTRIBUIR

Se identificarán todas las señales de radiodifusión sonora y televisión digital terrestres y las de radiodifusión sonora y televisión satélite que se reciben en el emplazamiento de la antena, y se medirán los niveles de cada una de ellas para determinar cuáles pueden ser distribuidas, así como aquellas que dispongan de título habilitante en la zona, aunque todavía no emitan, acompañando estas últimas de un calendario orientativo de puesta en servicio.

Se establecerá, de acuerdo con la propiedad del inmueble, la relación de señales a distribuir, dejando clara la decisión acordada sobre las señales digitales terrestres que no puedan ser distribuidas por falta de señal.

3. ANÁLISIS Y EVALUACIÓN DE LA INSTALACIÓN EXISTENTE

En función del acuerdo con la Comunidad de Propietarios y mediante las comprobaciones y medidas que sean necesarias se definirán los equipos y materiales que constituyen la red existente, los niveles de señal captados en antena y en función de las características técnicas, condiciones de instalación y estado de conservación, se establecerá:

- Niveles de señal de salida del amplificador de cabecera para cada uno de los canales múltiples que trata.
- Niveles de señal en toma de usuario en el mejor y peor caso.

- La relación de los elementos que no son válidos para la recepción de las señales de radiodifusión sonora y televisión digital terrestre y radiodifusión sonora y televisión satélite.
- La relación de los elementos que siguen siendo válidos para la recepción de las señales de radiodifusión sonora y televisión digital y radiodifusión sonora y televisión satélite.

4. DISEÑO DE LA MODIFICACIÓN PROPUESTA

Se incluirán en este apartado todas las informaciones, cálculos o sus resultados, que sean aplicables, acordes con las características técnicas de los elementos de la instalación, necesarios para la modificación propuesta, que deberá garantizar el cumplimiento de los parámetros de calidad establecidos en el anexo I de este reglamento. Se indicarán, al menos, los parámetros siguientes:

- Las características de los amplificadores de cabecera, los niveles de ajuste y los niveles de salida de cabecera.
- Las características de los cables y de los elementos pasivos de red.
- Niveles de señal medida a la entrada de la vivienda en los casos mejor y peor, o en el primer y último punto de derivación de cada línea troncal.
- Respuesta amplitud-frecuencia medida (variación máxima de la atenuación a diversas frecuencias, en el mejor y peor caso).

Se analizarán especialmente los problemas de interferencias, que se puedan presentar, cuando existan canales digitales y analógicos adyacentes, proponiéndose las soluciones técnicas que sean adecuadas.

Se incluirá un cuadro resumen con los elementos que componen la instalación a modificar, indicando los que existen, los que deben incorporarse y los que deben desmontarse.

5. PLANOS ESQUEMAS Y FOTOGRAFÍAS

Se incluirán en este apartado, al menos, los siguientes documentos:

a) Relativos a la situación actual:
- Plano de detalle o croquis detallado o fotografía de la cubierta, con la ubicación de los sistemas de captación.
- Plano de detalle o croquis detallado o fotografía mostrando los distintos componentes del equipamiento de cabecera.
- Plano o croquis detallados de las instalaciones por planta singular o planta tipo (cuando sea posible).
- Esquema general de canalizaciones de telecomunicación del edificio.
- Esquema de principio de la instalación de radiodifusión sonora y televisión, mostrando todos los elementos activos y pasivos, sus conexiones y acotaciones en metros.

b) Para la instalación propuesta:

- Los que sean de aplicación de los referidos a radiodifusión sonora y televisión que sean necesarios para la instalación propuesta.

6. PLIEGO DE CONDICIONES

Deberá incluir:

- Características de los materiales: se incluirán las características técnicas de los materiales que se deben incluir en la instalación.
- Precauciones para garantizar la continuidad del servicio: se describirán las precauciones a tomar para garantizar la continuidad de la recepción por los usuarios de las señales de radiodifusión sonora y televisión a través de la instalación existente, en tanto no se encuentre en perfectas condiciones de funcionamiento la instalación modificada.
- Seguridad y salud: en su caso, se describirán los riesgos que se identifican en la realización de los trabajos por la empresa instaladora, en función de las peculiaridades de los mismos, de las características del edificio y de la forma de su ejecución.

B) SISTEMAS PARA EL ACCESO A LOS SERVICIOS DE TELECOMUNICACIONES DE TELEFONÍA DISPONIBLE AL PÚBLICO Y DE BANDA ANCHA

1. OBJETO

El objeto del estudio técnico es determinar las redes de telecomunicaciones de telefonía disponible al público y de banda ancha del edificio que la Comunidad de Propietarios desea actualizar, renovar o sustituir, realizar la evaluación de las mismas y diseñar y dimensionar las nuevas redes a instalar.

2. ANÁLISIS Y EVALUACIÓN DE LA INSTALACIÓN EXISTENTE

En función del acuerdo con la Comunidad de Propietarios y mediante las comprobaciones y medidas que sean necesarias se definirán los equipos y materiales que constituyen las redes existentes y en función de las características técnicas, las condiciones de las instalaciones y el estado de conservación de las mismas, se establecerán los equipos y materiales que deberán constituir las nuevas redes de telecomunicaciones de telefonía disponible al público y de banda ancha para las tecnologías de cables de pares o pares trenzados, de cables coaxiales, y de fibra óptica.

3. DISEÑO Y DIMENSIONAMIENTO DE LA MODIFICACIÓN PROPUESTA

Se incluirán en este apartado todas las informaciones, cálculos o sus resultados, que sean aplicables, acordes con las características técnicas de los elementos de la instalación, necesarios para la modificación propuesta, que deberá garantizar el cumplimiento del cálculo de la demanda y del dimensionamiento de los establecidos en el anexo II de este reglamento. Se indicarán, al menos, los parámetros siguientes:

a) Relativos a la situación actual:

- Tecnologías basadas en redes de cables de pares o pares trenzados: se medirá el valor más desfavorable de la resistencia de aislamiento y de la resistencia óhmica.
- Tecnologías basadas en redes de cables coaxiales: se medirá la atenuación para el caso peor.
- Tecnologías basadas en redes de cables de fibra óptica: se medirá la atenuación para el caso más desfavorable.

b) Para la instalación propuesta:

- Para las tres tecnologías indicadas en el punto anterior se incluirán todos los cálculos o sus resultados, acordes con las características técnicas de los elementos de la instalación, necesarios para la modificación propuesta, que deberá garantizar el cumplimiento de las especificaciones establecidas en el anexo II de este reglamento.

Se incluirá un cuadro resumen con los elementos que componen la instalación a modificar, indicando los que existen, los que deben incorporarse y los que deben retirarse.

Todo ello, garantizando a los usuarios el libre acceso a los operadores que presten, o puedan prestar, servicios de telecomunicaciones de telefonía disponible al público y de banda ancha, en el edificio o conjunto inmobiliario.

4. PLANOS ESQUEMAS Y FOTOGRAFÍAS

Se incluirán en este apartado, al menos, los siguientes documentos:

a) Relativos a la situación actual:

- Plano de detalle o croquis detallado o fotografía de las instalaciones que se desea actualizar, renovar o sustituir.
- Plano o croquis detallados de las instalaciones por planta singular o planta tipo (cuando sea posible).
- Esquema general de canalizaciones de telecomunicación del edificio.
- Esquema de principio de cada una de las instalaciones existentes con todos los elementos activos y pasivos, sus conexiones y acotaciones en metros.

b) Para la instalación propuesta:

Para cada una de las tecnologías basadas en redes de cables de pares o pares trenzados, en redes de cables coaxiales o en redes de cables de fibra óptica, que se vayan a instalar, se deberán incluir los siguientes planos o esquemas:

- Plano detallado de las instalaciones por planta singular o planta tipo.
- Esquema de principio de cada una de las redes.
- Esquema general de las nuevas canalizaciones de telecomunicación del edificio.

5. PLIEGO DE CONDICIONES

Deberá incluir:

- Características de los materiales: se incluirán las características técnicas de los materiales que se deben incluir en la instalación.

- Precauciones para garantizar la continuidad del servicio: se describirán las precauciones a tomar para garantizar la continuidad por los usuarios de los servicios a través de la instalación existente, en tanto no se encuentre en perfectas condiciones de funcionamiento la instalación modificada.

- Seguridad y salud: en su caso, se describirán los riesgos que se identifican en la realización de los trabajos por la empresa instaladora, en función de las peculiaridades de los mismos, de las características del edificio y de la forma de su ejecución.

ANEXO V

HOGAR DIGITAL

1. OBJETO

Este anexo contiene reglas para facilitar la incorporación de las funcionalidades del «hogar digital» a las viviendas, apoyándose en las soluciones aplicadas en el presente reglamento.

Un objetivo estratégico de cualquier sociedad avanzada, hoy día, es la construcción de edificaciones con el mayor grado posible de integración medio-ambiental, edificaciones cada día más sostenibles. El reciente Código Técnico de la Edificación (CTE) incluye una serie de medidas con dos objetivos claros: ahorrar energía y diversificar las fuentes energéticas utilizadas por los edificios. Adicionalmente, hay que contemplar medidas concretas que ayuden a realizar un uso eficiente de la energía.

Facilitando la introducción del «hogar digital» en la vivienda se contribuye a los objetivos del Código Técnico de la Edificación (CTE), el Reglamento de Instalaciones Térmicas de los Edificios (RITE), y la Certificación Energética de Edificios de fomentar el ahorro y la eficiencia energética en la edificación. El «hogar digital» aporta soluciones concretas que permiten un uso eficiente de la energía.

Asimismo, el desarrollo de la edificación en una sociedad avanzada debe contemplar infraestructuras y soluciones tecnológicas que garanticen la accesibilidad universal para todos los colectivos que lo requieran, cumpliendo con la legislación vigente, adaptando las viviendas a las necesidades de las personas con discapacidad o personas mayores. Las necesidades de los habitantes de las viviendas evolucionan con el paso de los años, de forma que es necesario plantearse la incorporación a la misma de infraestructuras que faciliten la adaptación de las viviendas a estas necesidades.

La aportación de soluciones a estas cuestiones en la nueva vivienda, y de otras muchas como pueden ser la seguridad, el acceso a contenidos multimedia, el confort, el teletrabajo o la teleformación, etc., constituye la esencia del concepto de «hogar digital».

Para impulsar la implantación y desarrollo generalizado del concepto de «hogar digital», es imprescindible dotar a las administraciones competentes en materia de edificación, fundamentalmente Ayuntamientos y Comunidades Autónomas, de elementos de referencia que les permitan discernir de forma sencilla e inequívoca, si las distintas promociones que se acometan en su ámbito geográfico de competencias, se ajustan al citado concepto. Para conseguirlo se incluye una clasificación de las viviendas y edificaciones atendiendo a los equipamientos y tecnologías con las que se pretenden dotar las promociones. En dicha clasificación se establecen tres niveles de equipamiento, en función del número de servicios que se pretenda.

2. DEFINICIÓN DEL «HOGAR DIGITAL» Y SUS ÁREAS DE SERVICIOS

Se define el «hogar digital» como el lugar donde, mediante la convergencia de infraestructuras, equipamientos y servicios, son atendidas las necesidades de sus habitantes en materia de confort, seguridad, ahorro energético e integración medioambiental, comunicación y acceso a contenidos multimedia, teletrabajo, formación y ocio.

Para atender estas necesidades, el «hogar digital» requiere de un conjunto de infraestructuras y equipamientos que faciliten el acceso a muchos servicios existentes y faciliten la incorporación de otros que llegarán en el futuro próximo. Básicamente estas infraestructuras y equipamientos consisten en: una línea de acceso de banda ancha, redes domésticas para la interconexión de los dispositivos de la vivienda y una pasarela residencial (función pasarela) que es el elemento, o conjunto de elementos, que integra las redes domésticas y las interconecta con el exterior a través del acceso de banda ancha.

Para la interconexión de ordenadores, periféricos y dispositivos de electrónica de consumo que permiten la conexión a Internet se utiliza la red de datos interior de la vivienda, red de área local (RAL). Los sensores y actuadores necesarios para la automatización de las distintas funciones de la vivienda se interconectan entre sí mediante las redes de automatización y control. La interconexión entre los dispositivos de las distintas redes se consigue gracias a la pasarela residencial que actúa como elemento integrador.

Los diferentes servicios se agrupan para su descripción en grupos que se definen de una manera global. Estos servicios cuando se tratan de una forma individualizada tienen funcionalidades que suelen participar en más de uno de los grupos. El «hogar digital» ofrece a sus habitantes servicios obtenidos gracias a las Tecnologías de la Información y las Comunicaciones en las áreas de: Comunicaciones, Eficiencia Energética (Diversificación y Ahorro Energético), Seguridad, Control del Entorno, Acceso Interactivo a Contenidos Multimedia (relativos a teleformación, ocio, teletrabajo, etc.) y Ocio y entretenimiento. Varias de estas funcionalidades que se mencionan están asociadas a las técnicas propias de la edificación (aislamientos, orientación del edificio,…) pero pueden conseguirse también o potenciarse con tecnologías asociadas al «hogar digital» (gracias a sus sistemas de automatización, gestión técnica de la energía y seguridad, etc.).

Estas áreas o grupos de servicios pueden definirse de la siguiente manera:

2.1. Comunicaciones

Servicio básico del «hogar digital» que proporciona el medio de transporte de la información, sea esta en forma de voz, datos o imagen, entre el usuario y los distintos dispositivos/servicios, o entre distintos dispositivos que conforman el «hogar digital».

2.2. Eficiencia energética

El «hogar digital» tiene potencial para conseguir significativos ahorros de energía en comparación con un hogar convencional. Siguiendo las pautas del Código Técnico de la Edificación, estará diseñado para una gestión inteligente de la climatización y la iluminación, así como del resto de las cargas de la vivienda. El control de la misma también debe llegar a regular el consumo de energía según el grado de ocupación de la vivienda.

2.3. Seguridad

Servicio básico de «hogar digital» que permite controlar, de forma local (hogar, inmueble o conjunto inmobiliario) o remota (más allá de los límites señalados en los apartados anteriores), cualquier zona de la vivienda y cualquier incidencia relativa a la seguridad del hogar, bienes, y/o de las personas, como intrusiones en la vivienda, fugas de agua o gestión de emergencias. Cualquiera de estos eventos se comunica mediante avisos y/o señales de alarma al propio usuario o a un centro proveedor de servicios. La secuencia incluida en el servicio contempla detección, aviso y, en su caso, actuación.

2.4. Control del entorno

Los servicios de Control del Entorno se basan en sistemas tecnológicos que permiten un control integrado de los diferentes sistemas que utilizan los servicios generales de una vivienda, proporcionando la integración necesaria para ser el medio más económico para satisfacer las necesidades de seguridad, eficacia energética y confort al usuario. En definitiva, favoreciendo que la vivienda alcance el grado máximo de: ç

a) Flexibilidad: que la vivienda sea capaz de incorporar nuevos servicios en el futuro, a la vez que en el presente sea posible efectuar redistribuciones, sin perder el nivel de servicios existentes.

b) Economía: que supone un eficaz uso y gestión de energías consumibles. Lo que representa importantes ahorros de disminución de costos de explotación, mantenimiento y simplificación en estructuras.

c) Integración de datos heterogéneos. Del control, gestión y mantenimiento de todos los servicios y sistemas del edificio y de sus infraestructuras, una de las más importantes, su cableado.

d) Confort y seguridad para sus ocupantes, que supone ayuda, disfrute y eficacia para ellos.

e) Comunicación eficaz en su operación y mantenimiento. Con máxima automatización de la actividad. Con programación del flujo de la información.

Los Sistemas de Control General de una vivienda deben disponer de una tecnología avanzada que sea:

a) Fácil en su implantación y, sobre todo, en su utilización por el usuario final.

b) Segura en lo que se refiere a su funcionamiento y eficacia.

c) Con alta capacidad de comunicación interna, tanto de visualización de estados, como de posibilidades de actuación para el usuario. Al tiempo que con sus entornos exteriores.

2.5. Acceso interactivo a contenidos multimedia

En el «hogar digital» se debe poder acceder de una forma interactiva a contenidos como archivos de texto, documentos, imágenes, páginas Web, gráficos y audio utilizados para proporcionar y comunicar información, generalmente a través de un sitio web. Incluye datos, informaciones y entretenimiento proporcionados por varios servicios a los usuarios de los hogares y que pueden ser entregados electrónicamente o en soportes físicos tales como CD, DVD, cinta magnética, libros u otras publicaciones.

2.6. Ocio y Entretenimiento

El servicio de Ocio y Entretenimiento permite a las personas disfrutar de sus ratos libres de forma pasiva o interactiva, mediante contenido multimedia al que se puede acceder desde un equipo reproductor/visualizador. Dicho contenido puede encontrarse en el hogar o bien ser recibido de fuentes externas, mediante una infraestructura de telecomunicaciones de banda ancha. El objetivo es avanzar en el desarrollo de servicios de Ocio y Entretenimiento en el hogar, dotados de la inteligencia necesaria para que, a partir de la información y la funcionalidad que brindan los dispositivos digitales multimedia y la conducta social del individuo, sean capaces de tomar decisiones y adelantarse a las necesidades de los usuarios asistiéndoles en las tareas cotidianas.

3. INSTALACIONES DEL «HOGAR DIGITAL»

Las infraestructuras comunes de telecomunicación (ICT) consiguen que las tecnologías de la información y las comunicaciones entren en el hogar y proporcionen un soporte físico y lógico para la implantación de los nuevos servicios mencionados en la definición del «hogar digital». Las ICT incluyen un acceso de banda ancha hasta el punto de acceso al usuario (PAU) y una red de cableado estructurado, categoría 6 o superior, en el interior de la vivienda. En el proceso de conversión de las viviendas tradicionales en hogares digitales, no basta con dotar a las viviendas de una serie de equipamientos que proporcionen confort, seguridad, ahorro energético, accesibilidad, etc., resulta imprescindible que todos estos equipamientos estén interconectados para posibilitar su gestión y control, para aprovechar las sinergias que presentan y, lo más importante si el objetivo es generalizar el uso por parte de toda la población, esa gestión y control debería poder efectuarse desde fuera del hogar, bien sea de una forma personal o a través de servicios ofrecidos por empresas especializadas.

Los conceptos clave que definen el «hogar digital» y su materialización en las nuevas viviendas son la convergencia y la integración de instalaciones, dispositivos, etc., que permiten llegar con facilidad a un conjunto de servicios, convergentes y accesibles desde cualquier lugar gracias a las facilidades que ofrecen las comunicaciones, dentro o fuera del hogar. Sobre esta base se crea la posibilidad de integrar diferentes infraestructuras y crear cada vez más servicios. El conjunto será lo que constituya el «hogar digital».

Hay que señalar que las comunicaciones son, en sí mismas y por sus prestaciones, el elemento que posibilita los nuevos servicios de control (dentro y fuera de casa). Aun no siendo un elemento suficiente constituyen un elemento imprescindible y crítico para el desarrollo de toda la potencialidad del «hogar digital». El acceso de las redes de los distintos operadores a la edificación, posibilita la existencia de líneas de banda ancha y, en consecuencia, la posibilidad de que estén operativos los citados servicios. Además, la existencia en la edificación de instalaciones internas propias, permite el desarrollo de servicios como la televisión digital terrestre (TDT).

Esto supone que la vivienda que pueda ser clasificada como «hogar digital» dispone, además de una red interna de comunicaciones con cableado estructurado (RAD), tal y como se recoge en el anexo II de este reglamento, de una red de gestión, control y seguridad (RGCS).

Definimos la RGCS como una red de datos adicional que presta soporte a un conjunto de servicios específicos del «hogar digital». La RGCS puede ser parcialmente soportada por otros medios de transmisión además del cableado.

La interconexión entre ambos tipos de redes se consigue gracias a la pasarela residencial que actúa como elemento integrador, habilitando la mayoría de los servicios en el «hogar digital». Por tanto, se deberá dotar al «hogar digital», para considerarlo como tal, de las infraestructuras necesarias.

4. SERVICIOS DEL «HOGAR DIGITAL»

En este apartado se recogen, dentro de los grupos anteriormente definidos, los servicios de una forma individualizada. Se mantienen dentro del grupo que se considera que tienen más relación pero tienen también significación en otros.

4.1. Seguridad

a) Alarmas técnicas de incendio y/o humo.

b) Alarmas técnicas de gas (si existe).

c) Alarmas técnicas de inundación (zonas húmedas).

d) Alarmas de intrusión.

e) Alarma pánico SOS.

f) Control de accesos: vídeo-portero.

g) Control de accesos: tarjetas proximidad.

h) Videovigilancia.

i) Teleseguridad: Central Receptora de Alarmas.

4.2. Control del entorno

a) Simulación de presencia.

b) Telemonitorización.

c) Telecontrol.

d) Automatización y control de toldos y persianas.

e) Creación de ambientes.

f) Control de temperatura y climatización.

g) Diagnóstico y mantenimiento remoto.

4.3. Eficiencia energética

a) Gestión de dispositivos eléctricos.

b) Gestión de electrodomésticos.

c) Gestión del riego.

d) Gestión del agua.

e) Gestión circuitos eléctricos prioritarios.

f) Monitorización de consumos.

g) Control de consumos.

h) Control de iluminación.

4.4. Ocio y entretenimiento

a) Radio difusión sonora (AM, FM, DAB).

b) Televisión digital terrestre.

c) Televisión por satélite/cable.

d) Vídeo bajo demanda (VOD)

e) Distribución multimedia/multiroom.

f) Televisión IP.

g) Música on-line.

h) Juegos on-line.

4.5. Comunicaciones

a) Telefonía básica.

b) Acceso a Internet con banda ancha.

c) Red de Área Doméstica (Cableado UTP Cát. 6).

d) Telefonía IP.

e) Videotelefonía.

4.6. Acceso interactivo a contenidos multimedia

a) Tele-asistencia básica.

b) Videoconferencia.

c) Tele-trabajo/Tele-educación.

5. EQUIPAMIENTOS Y NIVELES DEL «HOGAR DIGITAL»

Se establece en las tablas que siguen, una referencia de los equipamientos que debe incluir en las viviendas para que estas puedan ser consideradas como «hogares digitales».

Para que un hogar pueda ser clasificado como «hogar digital», ha de incluir los dispositivos que facilitan un número mínimo de servicios. Debe entenderse que muchos de los servicios serán posibles siempre que el usuario los contrate con un proveedor, como puede ser la línea de banda ancha.

En otros casos, su provisión vendrá dada por la exclusiva existencia de las infraestructuras y dispositivos adecuados, como puede ser la recepción de la TDT. Unos servicios serán de carácter local o podrán utilizarse desde fuera de la vivienda, siempre que el usuario tome o contrate las disposiciones necesarias.

Adicionalmente a las redes ya incluidas en la ICT una vivienda para ser considerada «hogar digital» contará con:

5.1. Red de Área Doméstica ampliada

La Red de Área doméstica interior de la vivienda deberá tener un equipamiento superior de bases de acceso terminal (BAT RJ45) que las contempladas en la propia ICT. Este equipamiento debe incluir la pasarela residencial, elemento clave, no solo para la interconexión de las redes internas del hogar con las exteriores, sino portadora de la inteligencia necesaria para un funcionamiento adecuado de los dispositivos que permita la provisión de todos los servicios.

5.2. Red de Gestión, Control y Seguridad:

Si la Pasarela Residencial lo requiere, se colocará una caja ciega con terminación de la Red de Gestión, Control y Seguridad junto al BAT donde se ha de conectar la pasarela.

Además se consideran las siguientes infraestructuras adicionales con el fin de garantizar la integración y convergencia de los servicios:

5.3. El «hogar digital» deberá de contar con la canalización y el cableado adecuado desde el PAU hasta el lugar donde se disponga el videoportero (normalmente punto de acceso y/o cocina). Concretamente, el «hogar digital» básico debe disponer de:

- Una canalización del videoportero que pase por el PAU
- Alternativamente, que exista una canalización desde el videoportero hasta el PAU.

5.4. Para facilitar la provisión de los servicios de Diversificación y Ahorro Energético (Eficiencia Energética) se deberá de tener en cuenta este tipo de nuevos servicios y dotar al «hogar digital» de las infraestructuras necesarias.

5.5. La RGCS debe estar conectada con el PAU y con los cuadros eléctricos para que su instalación sea sencilla. Con tal fin desde el PAU se facilitará el acceso al cuadro eléctrico principal de la vivienda, sitio donde se debieran de situar los contadores o los elementos intermedios de medida. Así, el «hogar digital» desde su concepción más básica, deberá contar con un conducto adicional desde el PAU hasta dicho cuadro eléctrico.

Se definen en la tabla que se recoge a continuación, los niveles del «hogar digital» (tres) sobre la base de los servicios implantados. Un «hogar digital», dependiendo de su nivel, tiene un mínimo de servicios implantados.

Cada grupo de servicios o áreas, se desglosa en los servicios propiamente dichos. En las siguientes columnas se muestran las infraestructuras y los dispositivos necesarios para que se pueda disponer del servicio. En la siguiente columna, la cuarta, «Ubicación» se trata de mostrar, tanto la ubicación propiamente dicha, como si debe existir (su ubicación es obvia o indefinida).

Los criterios para determinar cómo se alcanza cada uno de los tres niveles de «hogar digital» son los siguientes:

- Para alcanzar cada uno de los tres niveles, el hogar debe disponer de un número mínimo de servicios y cubrir todas las áreas o grupos de servicios.

- Los servicios tienen diferentes funcionalidades que han sido ponderadas. La suma de las funcionalidades y ponderaciones de un servicio proporciona un baremo para la puntuación otorgada a dicho servicio.

- El «hogar digital básico» —y todos los demás— debe poseer todos los servicios y las funcionalidades descritas en la Tabla de Servicios (documento adjunto) y estar entre los valores señalados en la tabla que se muestra más abajo. Así por ejemplo continuando con el «hogar digital básico», la puntuación que debe obtener valorando los diferentes servicios, debe estar entre los 80 y 100 puntos.

- En estas puntuaciones se debe respetar los intervalos que cada área de servicios debe tener. Así, por ejemplo continuando con un «hogar digital básico», en un total de una puntuación de 100 puntos máxima, se ha concedido a la Seguridad un 15 % de la puntuación total, a Control del Entorno un 25 %, a Eficiencia Energética un 25 %, a Ocio y Entretenimiento un 5 %, a Comunicaciones un 15 % y a Acceso Interactivo a Contenidos Multimedia un 15 %.

- El «hogar digital básico» también puede alcanzarse con una puntuación de 80 puntos siempre que los mismos aparezcan con los mínimos señalados: 15 de Seguridad, 15 de Control del Entorno, 15 de Eficiencia Energética, 10 de Ocio y Entretenimiento, 20 de Comunicaciones y 5 de Acceso Interactivo a Contenidos Multimedia.

- De la misma manera se pueden evaluar los «hogares digitales medio y alto».

TABLA PUNTUACIÓN NIVELES HOGAR DIGITAL							
Servicios	Seguridad	Control del entorno	Eficiencia Energética	Ocio y Entretenimiento	Comunicaciones	Acceso Interactivo a Contenidos Multimedia	Puntuación Total
Hogar digital alto	50	40	50	25	25	10	200
	45	40	45	15	25	10	180
Hogar digital medio	40	35	40	10	20	5	150
	35	30	30	10	20	5	130
Hogar digital básico	15	25	25	10	20	5	100
	15	15	15	10	20	5	80

A continuación, se adjunta la tabla de servicios completa:

CONTROL DEL ENTORNO

RELACIÓN DE SERVICIOS	INFRAESTRUCTURA	DISPOSITIVOS	UBICACIÓN	PUNTUACIÓN	SEGURIDAD	CONFORT	ACCESIBILIDAD	EFICIENCIA ENERGÉTICA	COMUNICACIONES	OCIO Y ENTRETENIMIENTO	HD NIVEL BÁSICO	HD NIVEL MEDIO	HD NIVEL SUPERIOR
Simulación de presencia	RGCS	Simuladores de presencia por programación en cenas de iluminación	Sí	3	x							x	x
	RGCS	Simuladores de presencia por programación de toldos/persianas	Sí	1	x								x
	RGCS	Simuladores de presencia por programación de fuentes de sonido y/u otros electrodomésticos	Sí	1	x								x
Automatización y control de toldos y persianas	RGCS	Motorización de persianas / toldos	Todas las superficie superior a 2m²	10		x	x	x			x		
Control de temperatura y climatización	RGCS	Cronotermostato	Todos	12		x					x	x	
			1 en salón (zona única zona)	15		x		x				x	
			Los necesarios para zonificar la vivienda en varias zonas	18		x		x					x
			Los necesarios para zonificar la vivienda por estancias	21		x		x					x
		Control de toldos y persianas en función de la radiación solar	En estancias al exterior	2				x					

EFICIENCIA ENERGÉTICA

RELACIÓN DE SERVICIOS	INFRAESTRUCTURA	DISPOSITIVOS	UBICACIÓN	PUNTUACIÓN	SEGURIDAD	CONFORT	ACCESIBILIDAD	EFICIENCIA ENERGÉTICA	COMUNICACIONES	OCIO Y ENTRETENIMIENTO	HD NIVEL BÁSICO	HD NIVEL MEDIO	HD NIVEL SUPERIOR
Gestión del riego		Sistema de riego programado	Sí	1		x		x				x	x
		Sistema de riego inteligente	Sí	3		x		x					x
Gestión circuitos eléctricos priorizados		Gestor energético	Sí	2				x					x
Monitorización de consumos		Medidor energético agua		1									x
		Medidor energético gas		1									x
		Medidor energético electricidad		1									x
Control de consumos		Toma de corriente más significativa	20% de las tomas de corriente	3		x		x					x

RELACIÓN DE SERVICIOS	INFRAESTRUCTURA	DISPOSITIVOS	UBICACIÓN	PUNTUACIÓN	SEGURIDAD	CONFORT	ACCESIBILIDAD	EFICIENCIA ENERGÉTICA	COMUNICACIONES	OCIO Y ENTRETENIMIENTO	HD NIVEL BÁSICO	HD NIVEL MEDIO	HD NIVEL SUPERIOR
EFICIENCIA ENERGÉTICA — Control de iluminación		Reguladores luminosos con programación de escenas	En salón (o sala dedicada al ocio)	1		x		x			x		x
		Dispositivos con función crepuscular o astronómica en jardín y grandes terrazas	En salón (o sala dedicada al ocio) y dormitorios	6				x				x	x
		Conversión automática general de la iluminación	sí	1									
			En un acceso a la vivienda	8		x		x			x	x	x
			En todos los accesos a la vivienda	10							x	x	
		Dispositivos de encendido y apagado por detección de presencia	En entrada	5		x		x			x	x	
			En todas las zonas de paso	7									
			En entrada, todas las zonas de paso y baños y patios	9								x	x
		Reguladores de nivel de iluminación por medición de luz natural	En salón	7		x		x			x		
			En salón y dormitorios	9									x
			En salón, dormitorios y cocina	11									
SEGURIDAD: detección + actuación (si es necesario) + aviso													
Alarmas técnicas fuego/humo y/o humos	RIGES	Detector interior de encendidos y/o humos + Aviso obligatorio 1 por vivienda (interior)	1 en cocina	2	x						x	x	x
			1 cada 30m²	5								x	
			1 por estancia	7									
Alarmas técnicas de gas (exterior)	RIGES	Detector de gas – Avisador obligatorio 1 por vivienda (exterior)	1 por zona donde se prevea elementos que funcionen con gas	2	x						x	x	x
		Electroválvula de gas (al menos una)	Donde sea necesaria	1									
		Electroválvula de gas (más de una)	Donde sean necesarias	1									

SELECCIÓN DE SERVICIOS	INFRAESTRUCTURA	DISPOSITIVOS	UBICACIÓN	PUNTUACIÓN	FUNCIONALIDAD O CARACTERÍSTICA APORTADA POR EL SERVICIO						HD NIVEL BÁSICO	HD NIVEL MEDIO	HD NIVEL SUPERIOR
					SEGURIDAD	CONFORT	ACCESIBILIDAD	EFICIENCIA ENERGÉTICA	COMUNICACIONES	OCIO Y ENTRETENIMIENTO			
			SEGURIDAD: detección + actuación (si es necesario) + aviso										
Alarmas técnicas de inundación (aviso humedad)	ROCS	Detector de agua - Actuador obligatorio 1 por vivienda (cisterna)	Los necesarios en zonas húmedas	2							x	x	x
		Electroválvula de agua	Al menos una	4	x							x	x
			Donde sean necesarias	3							x		
Alarmas de intrusión	ROCS	Detección de presencia	2 detectores	2	x								x
			1 cada 20m2	4	x								x
			1 por estancia	7	x						x	x	x
		Arma interior	sí	2	x						x	x	x
		Contacto de puerta/detector de entrada	sí	2	x							x	x
		Contacto de ventana y/o impacto	En puntos de fácil acceso	2	x							x	x
			En todas las ventanas	4	x								x
		Sistema de alimentación auxiliar (baterías, SAI, etc.)	sí	4	x								x
		Sistema de huella escucha destinado a la comunicación en caso de alarma	sí	3	x								x
Alarmas Pánico SOS	ROCS	Colgante, pulsera o similar	sí	2	x		x				x		x
		Pulsador fijo	sí	2	x						x		x
Control de acceso (Vídeo o portero)	Propia / IAU ROCS	Videoportero (estándar)		4	x				x			x	x
		Videoportero (con integración en la pasarela)		2	x				x			x	x
Control acústico (vídeo y portero)	ROCS	Teclado codificado, llave electrónica o equivalente	En punto de acceso	4	x				x			x	x
Videovigilancia	Propia / IAU ROCS	Videocámaras	En salón	2	x				x			x	x
			En salón y habitaciones	7	x								x

RELACIÓN DE SERVICIOS	INFRAESTRUCTURA	DISPOSITIVOS	UBICACIÓN	PUNTUACIÓN	SEGURIDAD	CONFORT	ACCESIBILIDAD	EFICIENCIA ENERGÉTICA	COMUNICACIONES	OCIO Y ENTRETENIMIENTO	HD NIVEL BÁSICO	HD NIVEL MEDIO	HD NIVEL SUPERIOR
Telegestión OSA	RGCS	Centralita Domótica	SI		x	x							x
OCIO Y ENTRETENIMIENTO													
Radio difusión Sonora (AM, FM, DAB) *	ICT	Tomas de servicio en la vivienda	Según IAU	1						x	x	x	x
Televisión analógica y digital Terrestre *	ICT	Bases de acceso Terminal	Según IAU							x	x	x	x
Televisión por satélite (-) *	ICT	Bases de acceso terrenal	Según IAU	4						x	x	x	x
Vídeo bajo demanda (VOD)	ICT	Set top box	Dependencias dedicadas al ocio	4						x			x
Distribución multimedia / multicanal	ICT, IAU / RAD	Reproductor servidor de contenidos	Dependencias dedicadas al ocio	2						x			x
Televisión IP	ICT, IAU / RAD	Set top box	Dependencias dedicadas al ocio	4						x			x
Música del hilo	ICT, IAU / RAD		Dependencias dedicadas al ocio	3						x			x
Juegos en línea	ICT, IAU / RAD		Estancias con conexión a red de área local	3						x			x
COMUNICACIONES													
Telefonía Básica *	ICT	Bases de acceso Terminal	Estancias con servicio	4					x		x	x	x
Acceso a Internet en Banda Ancha	ICT	Bases de acceso Terminal	Estancias con conexión a red de área local (Regalía de terminación de red a estancia con toma RJ45 integrada en la red de área local)	3					x		x	x	x
Red de gran capacidad (estándar UTP /Cable)	ICT, IAU / RAD	Bases de acceso Terminal y Switch	Registro de terminación de red.	15					x				x
Telefonía IP	ICT, IAU / RAD	Bases de acceso Terminal	Estancias con servicio	3					x				x
Videotelefonía	IAU	Bases de acceso Terminal	Estancias con servicio	2					x				x
ACCESO INTERACTIVO A CONTENIDOS MULTIMEDIA													
Telemedicina básica	RGCS	Pulsador	Estancias con conexión a red de área local *	4	x		x			x	x	x	x
Videovigilancia	ICT, IAU / RAD		Estancias con conexión a red de área local	3						x			x
Toma segura (red video /datos)	ICT, IAU / RAD		Estancias con conexión a red de área local	1						x			x

RGCS: Red de Gestión, Control y Seguridad
RAD: Red de Área Doméstica (HAN)
IAU: Infraestructura de Acceso Ultrarrápido
* En este caso, se entiende por acceso a internet la garantía de posibilidad de la contratación por parte del usuario.
Comentario general: La RGCS podrá ser soportada endómsmamente ó enas por la IAU dependiendo de las tecnologías utilizadas.

DESARROLLO DEL REGLAMENTO REGULADOR DE LAS INFRAESTRUCTURAS COMUNES DE TELECOMUNICACIONES

I DISPOSICIONES GENERALES

MINISTERIO DE INDUSTRIA, TURISMO Y COMERCIO

10457 *Orden ITC/1644/2011, de 10 de junio, por la que se desarrolla el Reglamento regulador de las infraestructuras comunes de telecomunicaciones para el acceso a los servicios de telecomunicación en el interior de las edificaciones, aprobado por el Real Decreto 346/2011, de 11 de marzo.*

Mediante el Real Decreto 346/2011, de 11 de marzo, se aprobó el Reglamento regulador de las infraestructuras comunes de telecomunicaciones para el acceso a los servicios de telecomunicación en el interior de las edificaciones.

El artículo 8, del citado Reglamento, señala que por orden del Ministro de Industria, Turismo y Comercio, previo acuerdo de la Comisión Delegada del Gobierno para Asuntos Económicos, se podrá regular un procedimiento de consulta e intercambio de información entre los proyectistas de las infraestructuras comunes de telecomunicaciones (ICT) y los operadores de telecomunicaciones que desplieguen red en la zona en la que se va a construir la edificación. Asimismo, de acuerdo con el apartado 3 de dicho artículo 8, la indicada orden regulará la forma en que la Administración actuará como gestor del proceso de consulta e intercambio de información y la forma de normalizar y canalizar las consultas efectuadas por los proyectistas de la ICT hacia los diferentes operadores con red y las respuestas de estos hacia los correspondientes proyectistas, sin ningún otro tipo de intervención en el proceso.

Por otro lado, el artículo 9, del citado Reglamento determina que, por orden del Ministro de Industria, Turismo y Comercio, podrá aprobarse un modelo tipo de proyecto técnico que normalice los documentos que lo componen, estableciéndose en su apartado 3 que se presumirá que el proyecto técnico cumple con las determinaciones establecidas en dicho reglamento y demás normativa aplicable, cuando haya sido verificado por una entidad que cumpla los requisitos señalados en el apartado 1 del mencionado artículo 9, siempre y cuando dicha verificación se realice siguiendo los criterios básicos establecidos mediante orden del Ministerio de Industria, Turismo y Comercio. Asimismo, el apartado 6 de este artículo establece que, la entidad de verificación, una vez acreditada, deberá cumplir los requisitos y criterios que se establezcan mediante orden del titular del Ministerio de Industria, Turismo y Comercio, que tendrán como objetivo facilitar la gestión y la tramitación ante la Secretaría de Estado de Telecomunicaciones y para la Sociedad de la Información de los proyectos verificados por la referida entidad.

Por último, el artículo 10, del mencionado Reglamento, dispone que la forma y contenido del certificado y los casos en que este sea exigible, en razón de la complejidad de la instalación, se establezcan por orden ministerial. También dispone este artículo que, por orden del Ministro de Industria, Turismo y Comercio, podrá aprobarse un modelo tipo de manual de usuario que normalice su estructura y la información que debe contener.

La disposición final segunda del Real Decreto 346/2011, de 11 de marzo, autoriza al Ministro de Industria, Turismo y Comercio para dictar las normas que resulten necesarias para el desarrollo y ejecución de lo establecido en el mismo.

Se ha recabado, en la tramitación de esta norma, el informe de la Comisión del Mercado de las Telecomunicaciones, de acuerdo con lo previsto en la Ley 32/2003, de 3 de noviembre, General de Telecomunicaciones. Asimismo, se ha realizado el preceptivo trámite de audiencia a través del Consejo Asesor de Telecomunicaciones y de la Sociedad de la Información, conforme al artículo 2.b del Real Decreto 1029/2002, de 4 de octubre, por el que se establece la composición y funcionamiento de dicho órgano colegiado.

En su virtud y previo acuerdo de la Comisión Delegada del Gobierno para Asuntos Económicos en su reunión de 2 de junio de 2011, dispongo

Artículo 1. *Objeto, ámbito de aplicación y definiciones.*

1. Esta Orden tiene por objeto:

   a) Aprobar el contenido y la estructura del proyecto técnico necesario para la ejecución de las infraestructuras de las edificaciones incluidas en el ámbito de aplicación del Reglamento regulador de las infraestructuras comunes de telecomunicaciones (ICT) para el acceso a los servicios de telecomunicación en el interior de las edificaciones, aprobado por el Real Decreto 346/2011, de 11 de marzo, de acuerdo con lo previsto en su artículo 9.

   b) Regular el procedimiento de consulta e intercambio de información, definido en el artículo 8 del Reglamento aprobado por el Real Decreto 346/2011, de 11 de marzo, entre los proyectistas de las ICT y los operadores de telecomunicaciones que desplieguen red en la zona en la que se va a construir la edificación.

   c) Establecer el procedimiento de comprobación del cumplimiento de los requisitos establecidos en el artículo 9 del Reglamento aprobado por el Real Decreto 346/2011, de 11 de marzo, por parte de las entidades que deseen prestar servicios de verificación de los proyectos técnicos de ICT.

d) Establecer los criterios básicos de verificación de los proyectos técnicos a aplicar por las entidades que presten servicios de verificación.

e) Establecer las obligaciones y requisitos del director de obra en una ICT definido en el artículo 9 del Reglamento aprobado por el Real Decreto 346/2011, de 11 de marzo.

f) Establecer determinados modelos de acta de replanteo, de certificaciones de fin de obra y de protocolos de pruebas para distintos tipos de instalaciones, como comprobantes de su correcta ejecución y los casos en que se deben emplear.

g) Establecer el formato y contenido del manual de usuario de la instalación ejecutada.

2. A los efectos de la presente orden se entenderá como:

a) Proyectista de la ICT: El profesional encargado por el promotor de la edificación para el diseño de la ICT, que dispone de la titulación establecida en el artículo 3 del Real Decreto-ley 1/1998, de 27 de febrero, sobre infraestructuras comunes en los edificios para el acceso a los servicios de telecomunicación.

b) Director de obra de la ICT: El agente que, formando parte de la dirección facultativa, dirige el desarrollo de la obra de la infraestructura común de telecomunicaciones en los aspectos técnicos, de conformidad con el proyecto que la define, la licencia de edificación y demás autorizaciones preceptivas y las condiciones del contrato, con el objeto de asegurar su adecuación al fin propuesto. Debe disponer de la titulación establecida en el artículo 3 del Real Decreto-ley 1/1998, de 27 de febrero, sobre infraestructuras comunes en los edificios para el acceso a los servicios de telecomunicación.

c) Operadores con red: Operadores de telecomunicación que, mediante diferentes tecnologías, despliegan redes de telecomunicación hasta las edificaciones y que, de forma voluntaria, se adhieren al proceso de consulta e intercambio de información objeto del artículo 3 de la presente orden.

Artículo 2. *Proyecto técnico.*

1. Con objeto de garantizar que las infraestructuras comunes de telecomunicaciones en el interior de los edificios cumplan con las normas técnicas establecidas en el Reglamento aprobado por el Real Decreto 346/2011, de 11 de marzo, aquellas deberán contar con el correspondiente proyecto técnico elaborado y firmado por el proyectista de la ICT que, en todo caso, actuará en coordinación con el autor del proyecto de edificación.

En el proyecto técnico se describirán, detalladamente, todos los elementos que componen la instalación y su ubicación y dimensiones, mencionando las normas que cumplen. El proyecto técnico deberá tener la estructura y contenidos que se determinan en el anexo I a esta orden, debiendo incluir, en cualquier caso, referencias concretas al cumplimiento de la legalidad vigente en las siguientes materias:

a) Normativa sobre prevención de riesgos laborales en la ejecución del proyecto técnico.

b) Seguridad eléctrica, compatibilidad electromagnética y especificaciones técnicas que, con carácter obligatorio, deben cumplir los equipos e instalaciones que conformen las infraestructuras objeto del proyecto técnico.

c) Normas de seguridad que deben cumplir el resto de materiales que vayan a ser utilizados en la instalación, especialmente las contenidas en el vigente Código Técnico de la Edificación en materia de seguridad contra incendios y de resistencia frente al fuego.

d) En el caso de edificios o conjuntos de edificaciones en los que existan infraestructuras individuales en los que esté prevista su sustitución por una infraestructura común, precauciones a tomar durante la ejecución del proyecto técnico para asegurar, a quienes tengan instalaciones individuales, la normal utilización de las mismas durante la construcción de la nueva infraestructura o la adaptación de la existente, en tanto esta no se encuentre en perfecto estado de funcionamiento.

e) Precauciones a tomar en la instalación para garantizar el secreto de las comunicaciones en los términos establecidos en el artículo 33 de la Ley 32/2003, de 3 de noviembre, General de Telecomunicaciones.

El proyecto técnico deberá incluir, de manera pormenorizada, la utilización que se hace de elementos no comunes del edificio o conjunto de edificaciones, describiendo dichos elementos, su uso y determinando las servidumbres impuestas a los mismos.

Asimismo, además de las otras tecnologías que deben formar parte de la ICT, el proyecto técnico incluirá los cálculos necesarios para la correcta recepción, adaptación y distribución de los servicios de radiodifusión sonora y televisión por satélite hasta las diferentes tomas de usuario, aun cuando no se ejecute inicialmente la instalación de los equipos de captación y adaptación. Esta circunstancia deberá ser resaltada en el proyecto técnico.

Se presumirá que el proyecto técnico cumple con las determinaciones establecidas en el reglamento aprobado por el Real Decreto 346/2011, de 11 de marzo, y demás normativa aplicable, cuando haya sido verificado por una entidad que cumpla los requisitos establecidos en el artículo 4 de esta orden.

2. La propiedad o su representante presentará electrónicamente en el registro electrónico del Ministerio de Industria, Turismo y Comercio, siguiendo los procedimientos establecidos a tales efectos en su sede electrónica, un ejemplar verificado del proyecto técnico al objeto de que se pueda inspeccionar la instalación resultante, cuando la autoridad competente lo considere oportuno.

En los casos en que las Jefaturas Provinciales de Inspección de Telecomunicaciones, del Ministerio de Industria, Turismo y Comercio, dentro de su programa de comprobación e inspección, detectaran incumplimientos en la realización del proyecto técnico podrán requerir electrónicamente la subsanación de las anomalías detectadas, todo ello sin perjuicio del resto de las acciones que se inicien en materia de infracciones y sanciones.

3. Un segundo ejemplar verificado del proyecto, servirá para ser presentado por la propiedad en el Ayuntamiento correspondiente. De acuerdo con lo establecido en el artículo 3 del Real Decreto-ley 1/1998, de 27 de febrero, no se concederá autorización para la construcción o rehabilitación integral de ningún edificio de los contemplados en su ámbito de aplicación, si al correspondiente proyecto arquitectónico no se une el que prevea la instalación de una ICT.

4. Otro ejemplar verificado de dicho proyecto técnico, deberá obrar en poder del titular de la propiedad del edificio o conjunto de edificaciones, a cualquier efecto que proceda. Es obligación del titular de la propiedad recibir, conservar y transmitir el proyecto técnico de la ICT ejecutada que, en cualquier caso, formará parte del libro de la edificación.

Artículo 3. *Proceso de consulta e intercambio de información.*

1. De acuerdo con lo dispuesto en el artículo 8 del Reglamento aprobado por el Real Decreto 346/2011, de 11 de marzo, se establece un procedimiento de consulta e intercambio de información entre los proyectistas de las ICT y los operadores de telecomunicaciones con red presente o prevista en la zona en la que se va a construir la edificación, con la finalidad de:

a) Posibilitar que las infraestructuras de telecomunicación, que deben incorporarse a dichas edificaciones, permitan que la oferta de servicios de telecomunicación dirigida a los usuarios finales, en régimen de libre competencia, sea lo más amplia posible. Así, la consulta del proyectista de la ICT hacia los operadores con red pertinentes en la zona donde se va a construir la edificación, incluirá una pregunta relativa a los tipos de redes que, formando parte del proyecto técnico original de la ICT, no tienen previsto utilizar para proporcionar servicios de telecomunicación a sus potenciales usuarios.

b) Confirmar la ubicación más idónea de la arqueta de entrada de la ICT.

2. El proceso de consulta e intercambio de información objeto de este artículo, que será gestionado de forma transparente por la Secretaría de Estado de Telecomunicaciones y para la Sociedad de la Información a través de los procedimientos y formularios establecidos al efecto en la sede electrónica del Ministerio de Industria, Turismo y Comercio, consistirá en:

a) El envío, de forma electrónica, por parte del proyectista de la ICT, de una petición de información dirigida a los operadores con despliegue de red en la zona geográfica en que está prevista la construcción de la edificación, en la que se aporten los datos esenciales y precisos de configuración y localización geográfica de la ICT (incluyendo un fichero con el plano de situación propuesta de la arqueta de entrada), los datos del promotor y los datos del proyectista autor de la consulta, así como una pregunta relativa a los tipos de redes tal como se establece en el artículo 8.1 a) del citado Reglamento.

b) En función de la localización de la edificación objeto del proceso de consulta, la Secretaría de Estado de Telecomunicaciones y para la Sociedad de la Información reenviará, de forma electrónica, la consulta a todos los operadores con red que, habiéndose adherido al proceso descrito en el presente artículo, hayan declarado su interés por la zona geográfica donde se prevea la localización de la edificación.

c) En un plazo no superior a 30 días naturales, los citados operadores con red habrán de responder, de forma electrónica, a la consulta recibida. En su respuesta se incluirán los datos de una persona de contacto para resolver las posibles dudas del proyectista, así como si lo estima conveniente, un fichero con el plano de la ubicación alternativa de la arqueta de entrada de la ICT, a la propuesta por el proyectista de la ICT.

d) La Secretaría de Estado de Telecomunicaciones y para la Sociedad de la Información reenviará, de forma electrónica, las respuestas recibidas de todos los operadores consultados al proyectista autor de la consulta. Transcurrido el plazo señalado en el párrafo anterior, sin haber recibido respuesta alguna, comunicará esta circunstancia al autor de la consulta.

3. Los operadores con red, que deseen adherirse al proceso de consulta e intercambio de información descrito, deberán suscribir un Convenio con la Administración de telecomunicaciones en el que se incluya:

a) El compromiso de responder en el tiempo y forma establecidos a cuantas consultas les sean remitidas por la Administración de telecomunicaciones.

b) El compromiso de respetar la respuesta anterior, desplegando la red que fuere necesaria, para prestar servicio a los usuarios de la ICT que se lo soliciten.

c) El suministro de los siguientes datos:

    i) Dirección electrónica a la que desean que les sean remitidas las consultas.

    ii) Los datos identificativos de las personas de su organización, con capacidad y autoridad para actuar como administradores principales de las aplicaciones informáticas encargadas de gestionar la consulta.

    iii) Áreas geográficas de interés para efectuar despliegues de red y para ofrecer la prestación de servicios de telecomunicación.

    iv) En el caso de operadores que utilizan tecnologías de acceso basadas en cable coaxial, lista de municipios donde están presentes con despliegue efectivo el día de la publicación de esta orden.

    v) Identificación de los datos de la persona encargada del seguimiento y cumplimiento del convenio.

4. El intercambio de información o consulta deberá efectuarse inmediatamente antes del momento del comienzo de las obras de ejecución de la edificación proyectada, haciéndolo coincidir con el proceso de replanteo de la obra. Su resultado deberá reflejarse en la correspondiente acta de replanteo y, si procede, en función de las respuestas de los operadores, provocará que se realicen las modificaciones oportunas en el proyecto técnico, mediante el anexo correspondiente.

Artículo 4. *Requisitos exigibles a las entidades de verificación de proyectos técnicos de ICT.*

1. De acuerdo con lo dispuesto en el artículo 9.5 del Reglamento aprobado por el Real Decreto 346/2011, de 11 de marzo, la Entidad Nacional de Acreditación (ENAC) concederá las acreditaciones a las entidades de verificación de proyectos técnicos de ICT.

2. Sin perjuicio de los requerimientos que pueda establecer ENAC, las entidades de verificación de proyectos de ICT deberán reunir, al menos, los siguientes requisitos:

a) Disponer de la independencia necesaria respecto al proceso de construcción de la edificación, cuyos proyectos de ICT van a ser objeto de verificación. Para ello, y hasta la aprobación del procedimiento de acreditación de entidades de verificación de proyectos de ICT, por parte ENAC previsto en la disposición transitoria tercera del Real Decreto 346/2011, de 11 de marzo, la entidad deberá cumplir los criterios de independencia listados en el Anexo A de la norma UNE EN ISO/IEC 17020 y no deberá estar directamente implicada en el proceso de construcción de la edificación ni representar a partes implicadas en el mismo. Asimismo, la entidad deberá estar libre de cualquier tipo de presión, coacción e incentivos, en especial de orden económico, que puedan influir sobre su opinión o los resultados de sus tareas.

b) Ser capaz de llevar a cabo todas las tareas del procedimiento de verificación, para lo cual, tendrá a su disposición el personal necesario y acceso a las instalaciones necesarias para llevar a cabo correctamente las tareas implicadas en su procedimiento de verificación. El personal deberá disponer de una adecuada formación técnica y profesional, conocimientos satisfactorios de las cuestiones relativas a las tareas que van a realizar y una experiencia adecuada para verificar correctamente la conformidad de los requisitos exigidos. Entre los recursos humanos disponibles para la realización de la actividad de verificación de los proyectos de ICT, deberá contar con, al menos, una persona que disponga de la titulación exigible para la realización de los citados proyectos y una experiencia de, al menos, dos años en la verificación de proyectos de ICT o en la realización de los mismos.

c) Disponer de un procedimiento de verificación que, al menos, incluya las comprobaciones establecidas en el artículo 5 de esta orden.

d) Tener contratado un seguro de responsabilidad civil que cubra los posibles daños y responsabilidades derivados de la actividad de verificación de proyectos de ICT por una cuantía mínima de 500.000 euros.

Artículo 5. *Procedimiento de verificación de los proyectos técnicos de ICT.*

El proceso de verificación de un proyecto técnico de ICT deberá incluir, al menos, las siguientes comprobaciones:

a) La comprobación de la habilitación profesional del autor del proyecto técnico de ICT.

b) La comprobación de la integridad documental del proyecto verificado y de que, el mismo, se ajusta a la estructura y contenidos que se determinan en el anexo I a esta orden.

c) La comprobación de que el proyecto verificado cumple la normativa vigente aplicable al mismo.

d) La comprobación de que el proyecto verificado cumple con lo dispuesto en la legislación vigente, en relación con los parámetros técnicos recogidos en el anexo II de esta orden.

Artículo 6. *Ejecución del proyecto técnico.*

1. En el momento del inicio de los trabajos de ejecución de las obras de la ICT, el promotor encargará al director de obra de la ICT, si existe, o en caso contrario a un profesional que reúna sus mismos requisitos de titulación, la realización del replanteo de la obra. Dicho replanteo quedará reflejado en un acta, firmada por su autor y por el promotor de la edificación, en la que figurará una declaración expresa de validez del proyecto original o, si las circunstancias hubieren variado y fuera necesario la actualización de este, la forma en que se va a acometer dicha actualización, bien como modificación del proyecto, si se trata de un cambio sustancial de los recogidos en el punto 2 del presente artículo, o bien como anexo al proyecto original si los cambios fueren de menor entidad o si fueran motivados por el resultado del proceso de consulta e intercambio de información contemplado en el artículo 3 de esta orden. Siempre que sea necesario un anexo motivado por los resultados de dicho proceso, será realizado por el autor del acta de replanteo y adjuntado a la misma. Asimismo, el acta de replanteo reflejará de forma explícita los resultados derivados de la aplicación del citado proceso, ajustándose al modelo incluido como anexo III a la presente orden.

Una copia del acta de replanteo deberá ser presentada por la propiedad o por su representante de forma electrónica en el registro electrónico del Ministerio de Industria, Turismo y Comercio, siguiendo los procedimientos establecidos, a tales efectos, en su sede electrónica en un plazo no superior a 15 días naturales a partir de la fecha de su firma.

2. Cuando una edificación en construcción experimente cambios que requieran un proyecto arquitectónico de ejecución modificado/reformado, el promotor deberá solicitar del director de obra o de un proyectista de ICT, la redacción y firma de la modificación correspondiente del proyecto técnico de la ICT.

    Igualmente, será necesario realizar un proyecto técnico modificado de la ICT cuando, sin que se haya variado el proyecto de ejecución arquitectónico de la edificación, se produzca alguno de los siguientes cambios:

    a) Se contemplen nuevos servicios de telecomunicación, no reflejados en el proyecto técnico, en la ICT proyectada.

    b) El aumento o la disminución, en la ICT proyectada, de más del 12 por 100 en el número de puntos de acceso a usuarios.

    c) En el caso de las infraestructuras destinadas a soportar los servicios de radiodifusión sonora y televisión procedentes de emisiones tanto terrenales como de satélite, cuando la incorporación de nuevos canales radioeléctricos de televisión a la infraestructura, suponga una ocupación superior al 3 por 100 del ancho de banda de cualquiera de los cables de la red de distribución.

    d) Cuando se modifique el número de recintos de instalaciones de telecomunicación en la ICT proyectada.

    Cuando los cambios en el proyecto modificado de ejecución arquitectónica se refieran solo a la distribución interior de las viviendas o locales de la edificación, sin que varíe el número de los mismos, o cuando se introduzcan cambios de orden técnico diferentes de los contemplados en los párrafos anteriores de este punto, los cambios en el proyecto técnico de la ICT se incorporarán como anexos al mismo.

    El proyecto técnico modificado de la ICT, convenientemente verificado, deberá ser presentado por la propiedad, o por su representante, de forma electrónica en el registro electrónico del Ministerio de Industria, Turismo y Comercio, siguiendo los procedimientos establecidos a tales efectos en su sede electrónica, así como en el Ayuntamiento correspondiente, y será el que se utilice como referencia durante la ejecución de la obra.

3. Por último, el titular de la propiedad o su representante hará entrega de una copia del proyecto técnico y del acta de replanteo, con las actualizaciones que se hubieran determinado, en su caso, en esta última, a la empresa instaladora de telecomunicación seleccionada, que ejecutará la infraestructura común de telecomunicaciones proyectada con sujeción a las especificaciones recibidas.

4. Finalizados los trabajos de ejecución del proyecto técnico mencionado, la empresa instaladora de telecomunicación que ha ejecutado la ICT entregará al titular de la propiedad del edificio o conjunto de edificaciones o a su representante un boletín de instalación, como garantía de que esta se ajusta al proyecto técnico.

    Será, asimismo, responsabilidad de la empresa instaladora, cumplimentar y firmar el protocolo de pruebas realizado para comprobar la correcta ejecución de la instalación, que se ajustará al modelo normalizado incluido como anexo V de esta orden y, adjuntarlo al boletín, excepto en los casos en que exista director de obra. La forma y contenido del citado boletín se ajustará a lo dispuesto en el anexo III de la Orden ITC/1142/2010, de 29 de abril, por la que se desarrolla el Reglamento regulador de la actividad de instalación y mantenimiento de equipos y sistemas de telecomunicación, aprobado por el Real Decreto 244/2010, de 5 de marzo.

A su vez, cuando exista, el director de obra expedirá y entregará al titular de la propiedad o a su representante un certificado de fin de obra, que se ajuste al modelo normalizado incluido como anexo IV de esta orden, y supervisará y entregará al citado titular el protocolo de pruebas realizado y firmado por la empresa instaladora para comprobar la correcta ejecución de la instalación, ambos, como garantías de que la instalación se ajusta al proyecto técnico.

5. La dirección de obra será obligatoria, al menos, en los siguientes casos:

   a) Cuando el proyecto técnico se refiera a la realización de infraestructuras comunes de telecomunicación en edificios o conjunto de edificaciones de más de 20 viviendas.

   b) Que en las infraestructuras comunes de telecomunicación en edificaciones de uso residencial se incluyan elementos activos en la red de distribución.

   c) Cuando el proyecto técnico de ICT incluya las instalaciones de Hogar Digital siguiendo los criterios establecidos para alcanzar alguno de los niveles de hogar digital recogidos en el anexo V del Reglamento aprobado mediante el Real Decreto 346/2011, de 11 de marzo.

   d) Cuando el proyecto técnico se refiera a la realización de infraestructuras comunes de telecomunicaciones en edificios o conjunto de edificaciones de uso no residencial.

6. En los casos en que se haya contemplado la necesidad de introducir cambios no sustanciales durante el replanteo de la instalación o hayan sobrevenido durante la ejecución de la misma y, en consecuencia, haya sido necesario efectuar un anexo al proyecto técnico original, este deberá adjuntarse al boletín de instalación, cuando no exista director de obra o, en caso contrario, al certificado de fin de obra.

7. La propiedad, o su representante, presentará de forma electrónica en el registro electrónico del Ministerio de Industria, Turismo y Comercio, siguiendo los procedimientos establecidos a tales efectos en su sede electrónica, el boletín de instalación, el protocolo de pruebas y, en su caso, el certificado de fin de obra y anexos al proyecto técnico. De forma electrónica, la Jefatura Provincial de Inspección de Telecomunicaciones que corresponda devolverá sellada una copia de la documentación presentada, con excepción de los anexos. Será obligación de la propiedad, recibir, conservar y transmitir dichos documentos que, en cualquier caso, pasarán a formar parte del Libro del Edificio.

En los casos en que las Jefaturas Provinciales de Inspección de Telecomunicaciones, dentro de su programa de comprobación e inspección, detectaran incumplimientos en la realización de la infraestructura o en el contenido de los certificados de fin de obra, boletines de instalaciones o protocolos de pruebas, podrán denegar el sellado de dichos documentos, todo ello sin perjuicio del resto de las acciones que se inicien en materia de infracciones y sanciones.

8. En los supuestos de edificios o conjunto de edificaciones de nueva construcción, será requisito imprescindible para la concesión de las licencias y permisos de primera ocupación la presentación ante la Administración competente, junto con el certificado de fin de obra relativo a la edificación, del citado boletín de instalación de telecomunicaciones y protocolo de pruebas y, cuando exista, del certificado de fin de obra, sellados por la Jefatura Provincial de Inspección de Telecomunicaciones correspondiente.

Asimismo, en el caso de urbanizaciones o conjuntos de edificaciones que, como consecuencia de su entrega en varias fases, sea necesaria la obtención de licencias parciales de primera ocupación, podrán presentarse boletines, protocolos y certificaciones parciales relativos a la parte de la infraestructura común de telecomunicaciones ya ejecutada y correspondiente a dichas fases. En estos casos se hará constar en los boletines, protocolos y certificaciones parciales, que la validez de estos está condicionada a la presentación del correspondiente boletín de instalación o certificación final, una vez acabadas las obras contempladas en el proyecto técnico. Las certificaciones, tanto parciales como finales, de fin de obra se ajustarán a los modelos contenidos en el anexo IV de esta orden.

9. A requerimiento del titular de la propiedad o de su representante, previo pago de las tasas establecidas, las Jefaturas Provinciales de Inspección de Telecomunicaciones expedirán una certificación a los solos efectos de acreditar que por parte del promotor o constructor se han presentado ante la correspondiente Jefatura, el proyecto técnico que ampara la infraestructura, el acta de replanteo, el boletín de instalación y el protocolo de pruebas y, en su caso, el certificado de fin de obra y los anexos, que garanticen que la ejecución de la misma se ajusta al citado proyecto técnico.

10. En los casos de edificios o conjunto de edificaciones ya construidos, el titular de la propiedad o su representante, la empresa instaladora y, en su caso el director de obra, durante la ejecución del proyecto técnico seguirán las precauciones a tomar indicadas en el mismo, para asegurar a aquellos que tengan instalaciones individuales, la normal utilización de las mismas durante la construcción de la nueva infraestructura común de telecomunicaciones, en tanto esta no se encuentre en perfecto estado de funcionamiento. Igualmente, en el caso de urbanizaciones o conjuntos de edificaciones en que se haya efectuado la entrega parcial de las mismas, el promotor seguirá las precauciones a tomar indicadas en el proyecto técnico para asegurar la normal utilización de la parte de infraestructura común de telecomunicaciones entregada, durante la ejecución del resto de las fases.

Artículo 7. *Manual de usuario.*

Una vez finalizada la ejecución de la ICT, el director de obra de la ICT, si existe, o en su defecto, la empresa instaladora de telecomunicaciones encargada de su ejecución, hará entrega a la propiedad de una copia de un manual de usuario, ajustada al modelo incluido como anexo VI de la presente orden, que describirá de forma exhaustiva y didáctica las posibilidades y funcionalidades que ofrece la infraestructura a los usuarios finales, así como las recomendaciones en cuanto a uso y mantenimiento de la misma. El promotor de la edificación entregará, con la vivienda, a cada uno de los propietarios, un ejemplar del manual de usuario. Cada propietario tendrá la obligación de transferir esta información, convenientemente actualizada, en caso de venta o arrendamiento de la propiedad.

Artículo 8. *Modificación de infraestructuras comunes de telecomunicación existentes.*

1. Cuando en una infraestructura común de telecomunicación existente que se desee modificar concurra alguna de las circunstancias indicadas en el apartado 2 del artículo 6 de esta orden, o cuando se superen los límites fijados en dicho artículo por acumulación de dos o mas modificaciones no incluidas en dicho apartado, la propiedad encargará a un proyectista de ICT la elaboración de un proyecto técnico con el contenido y estructura señalados en el artículo 2. El proyecto técnico incluirá, además, un informe sobre la infraestructura común de telecomunicaciones existente, proponiendo una solución que garantice la viabilidad del conjunto de la infraestructura, indicando las precauciones a tomar durante la ejecución del proyecto técnico, para garantizar la normal utilización de la infraestructura existente, en tanto la infraestructura resultante de la modificación no se encuentre en perfecto estado de funcionamiento.

2. Finalizados los trabajos de ejecución del proyecto técnico mencionado en el punto anterior, la empresa instaladora de telecomunicaciones que ha ejecutado la instalación entregará al titular de la propiedad del edificio o conjunto de edificaciones o a su representante un boletín de instalación, como garantía de que esta se ajusta al proyecto técnico.

Será asimismo, responsabilidad de la empresa instaladora, cumplimentar y firmar el protocolo de pruebas realizado para comprobar la correcta ejecución de la instalación, que se ajustará al modelo normalizado incluido como anexo V de esta orden, y adjuntarlo al boletín excepto en los casos en que exista director de obra.

3. Cuando la modificación se realice en edificios o conjunto de edificaciones en los que concurren las circunstancias contempladas en el artículo 6.5 de esta orden, será obligatoria la dirección de obra. En consecuencia, el director de obra expedirá y hará entrega al titular de la propiedad o a su representante legal, de un certificado de fin de obra de la infraestructura común de telecomunicaciones que se ajuste al modelo normalizado incluido como anexo IV a esta orden, y supervisará y entregará al citado titular el protocolo de pruebas realizado y firmado por la empresa instaladora, ambos como garantía de que la instalación se ajusta al proyecto técnico.

4. El titular de la propiedad, o su representante, deberá presentar de forma electrónica en el registro electrónico del Ministerio de Industria, Turismo y Comercio, siguiendo los procedimientos establecidos a tales efectos en su sede electrónica, tanto un ejemplar verificado del proyecto técnico, como copias del boletín de instalación y, en su caso, el certificado de fin de obra de la infraestructura común de telecomunicaciones, acompañados del correspondiente protocolo de pruebas. Asimismo, conservará una copia de dichos documentos, haciendo que los mismos pasen a formar parte del Libro del Edificio.

5. En cualquier caso, el titular de la propiedad, o su representante, la empresa instaladora y, en su caso, el director de obra, tomarán las medidas necesarias para asegurar, a aquellos que tengan instalaciones individuales, la normal utilización de las mismas durante la modificación de la infraestructura común de telecomunicaciones, en tanto esta no se encuentre en perfecto estado de funcionamiento.

Artículo 9. *Requisitos y obligaciones a cumplir por el director de obra en una infraestructura común de telecomunicaciones.*

1. El director de obra ha de reunir los requisitos de estar en posesión de la titulación académica y profesional habilitante y cumplir las condiciones exigibles para el ejercicio de la profesión. En caso de personas jurídicas, se designará a un técnico director de obra que tenga la titulación profesional indicada anteriormente.

2. Son obligaciones del director de obra:

    a) Resolver las contingencias que se produzcan durante la instalación y consignar estas en el libro de órdenes y asistencias de la ICT, y comunicar fehacientemente al director de obra de la edificación y a la empresa instaladora de telecomunicación responsable de la ejecución del proyecto, las instrucciones precisas para la correcta interpretación del mismo.

    b) Elaborar y suscribir el acta de replanteo, incorporando los resultados del procedimiento de consulta e intercambio de información regulado en el artículo 3 de esta orden.

    c) Elaborar y suscribir, a requerimiento del promotor o con su conformidad, eventuales modificaciones del proyecto que vengan exigidas por la marcha de la obra o por otras razones, bien como proyecto técnico modificado o como anexos, para entregarlas al promotor, con las verificaciones que sean preceptivas, siempre que las mismas se adapten a las disposiciones normativas contempladas y observadas en la redacción del proyecto.

    d) Suscribir el certificado de fin de obra, y supervisar los protocolos de pruebas elaborados por la empresa instaladora de telecomunicación encargada de la ejecución que sean de aplicación.

    e) Elaborar y entregar a la propiedad el manual de usuario de la instalación.

    f) Realizar las visitas necesarias a la obra, dejando constancia de ellas en el libro de órdenes y asistencias de la ICT, cuando exista o, en su defecto, en el libro de órdenes y asistencias de la edificación.

Disposición adicional primera. *Coordinación en la presentación de los proyectos técnicos arquitectónico y de infraestructura común de telecomunicaciones.*

De acuerdo con lo establecido en el artículo 3 del Real Decreto-Ley 1/1998, de 27 de febrero, sobre infraestructuras comunes en los edificios para el acceso a los servicios de telecomunicación, a cada licencia de obras de edificación le corresponde un proyecto de edificación y un proyecto de infraestructura común de telecomunicaciones. Con el fin de posibilitar la coordinación de actuaciones entre los autores de los proyectos técnicos arquitectónico y de infraestructura común de telecomunicaciones del edificio o conjunto de edificaciones, se podrá acompasar la elaboración y presentación de estos ante las autoridades competentes para la obtención de los correspondientes permisos y licencias para la realización de las obras. La presentación del proyecto de infraestructura común de telecomunicaciones convenientemente verificado, podrá ser diferida hasta la presentación del proyecto de ejecución arquitectónica de obra al cual deberá acompañar. En ningún caso se podrán iniciar las obras en tanto en cuanto no se presente el correspondiente proyecto técnico de infraestructura común de telecomunicaciones del edificio o conjunto de edificaciones.

Disposición adicional segunda. *Competencias de las Comunidades Autónomas.*

Las referencias efectuadas en la presente orden a los distintos órganos y, en su caso, unidades de la Secretaría de Estado de Telecomunicaciones y para la Sociedad de la Información, se entenderán efectuadas a los correspondientes órganos y, en su caso, unidades de aquellas comunidades autónomas que tengan transferidas competencias en materia de infraestructuras comunes de telecomunicaciones en el interior de las edificaciones.

Asimismo las referencias efectuadas en la presente orden al Registro electrónico del Ministerio de Industria, Turismo y Comercio, se entenderán efectuadas a los registros correspondientes de las Comunidades Autónomas con competencia en la materia, debiendo establecerse entre las Administraciones Públicas implicadas, los oportunos mecanismos de intercambio de datos, con efectos meramente informativos.

Las disposiciones de la presente orden, se entenderán sin perjuicio de las que puedan aprobar las comunidades autónomas en el ejercicio de sus competencias en materia de vivienda y de medios de comunicación social, y de los actos que puedan dictar en materia de antenas colectivas y televisión en circuito cerrado.

Disposición adicional tercera. *Supervisión de las actualizaciones de los sistemas de recepción de televisión digital.*

Con el fin de supervisar adecuadamente el proceso de adaptación a la evolución de la televisión digital terrestre, en aquellas edificaciones que, disponiendo de un sistema de recepción colectiva anterior a la promulgación de la Reglamentación de ICT, o en aquellas que disponiendo de una ICT su actualización no suponga una modificación sustancial de la misma, se opte por realizar una modificación del mismo para que sea posible la recepción de las nuevas señales de televisión digital terrestre, el propietario, o la comunidad de propietarios, vendrá obligado a optar, en función de su conveniencia y teniendo en cuenta la antigüedad y estado de conservación de la instalación existente y la complejidad de las actuaciones a realizar, por alguna de las dos alternativas siguientes:

A) Acordar las actuaciones necesarias con la empresa instaladora de telecomunicación seleccionada para realizar la actualización de la instalación. Este acuerdo deberá formalizarse por escrito y firmarse por los representantes de ambos actores e incluirá, al menos, una descripción detallada de las actuaciones a realizar y un listado de los nuevos elementos que se vayan a incorporar a la misma, y de los antiguos que sea necesario sustituir.

B) Cuando, por no cumplir los requisitos de calidad utilizados como referencia, sea necesario sustituir, actualizar o renovar una parte importante de la instalación existente (sistema de cabecera y red de distribución) se deberá encargar a una empresa instaladora de telecomunicaciones autorizada la realización de un análisis documentado de la instalación existente, donde se recoja una relación de las necesidades de la instalación, o bien se deberá encargar a un proyectista de ICT la realización de un estudio técnico donde, además, se analicen y determinen, de acuerdo con el propietario, o la comunidad de propietarios, las distintas alternativas en relación con las modificaciones a realizar para permitir la recepción de todas las señales de radiodifusión sonora y televisión digitales terrestres habilitadas.

En cualquiera de los casos anteriores:

a) Las señales de radiodifusión sonora y de televisión digitales terrestres que, difundidas por las entidades que disponen del preceptivo título habilitante en el lugar donde se encuentre situado el inmueble, se incorporen a la instalación objeto de actualización, al menos deberán ser distribuidas sin manipulación ni conversión de frecuencia, salvo en los casos en los que técnicamente se justifique.

b) Se indicarán las precauciones a tomar durante la ejecución de los trabajos, para asegurar la normal utilización de las instalaciones existentes, hasta que se encuentre en perfecto estado de funcionamiento la instalación modificada.

c) El propietario, o la comunidad de propietarios, encargará los trabajos de actualización de la instalación a una empresa instaladora de telecomunicación inscrita en el Registro de Empresas Instaladoras de Telecomunicación de la Secretaría de Estado de Telecomunicaciones y para la Sociedad de la Información, al menos, en los tipos A o F de los contemplados en la Orden ITC/1142/2010, de 29 de abril.

d) La modificación de la instalación se efectuará tomando como referencia lo dispuesto en el anexo I del Reglamento aprobado por Real Decreto 346/2011, de 11 de marzo, cumpliendo los parámetros de calidad establecidos en sus artículos 4 y 5.

Asimismo en todos los casos, y una vez finalizados los trabajos, la empresa instaladora de telecomunicaciones encargada de la actualización:

1º Hará entrega al propietario, o la comunidad de propietarios, de un ejemplar del boletín de instalación, que se ajuste al modelo normalizado incluido como anexo III a la Orden ITC/1142/2010, de 29 de abril, por la que se desarrolla el Reglamento regulador de la actividad de instalación y mantenimiento de equipos y sistemas de telecomunicación, aprobado por el Real Decreto 244/2010, de 5 de marzo, acompañado de un ejemplar del protocolo de pruebas, que se ajuste al modelo normalizado incluido como anexo VII de la presente orden, cumplimentado en los apartados que se correspondan con los trabajos realizados, como garantía de que la modificación realizada se ajusta a lo acordado.

2º En el plazo máximo de 25 días naturales, a partir de la finalización de los trabajos, deberá presentar de forma electrónica en el registro electrónico del Ministerio de Industria, Turismo y Comercio, siguiendo los procedimientos establecidos a tales efectos en su sede electrónica, una copia del acuerdo, análisis documentado o del estudio técnico en que se basa la modificación de la instalación, así como del citado boletín de instalación acompañado del protocolo de pruebas, cumplimentado en los apartados que se correspondan con los trabajos realizados, emitido con posterioridad a la ejecución de la misma.

Disposición transitoria primera. *Adecuación de los proyectos técnicos, certificaciones de fin de obra y boletines de instalación.*

Los proyectos técnicos, actas de replanteo, anexos, certificaciones de fin de obra, boletines de instalación y protocolos de pruebas que se presenten ante la Administración en el plazo de los seis meses siguientes a la entrada en vigor de la presente orden, podrán adaptar su contenido bien a lo dispuesto en la presente orden, bien a lo establecido en la Orden CTE/1296/2003, de 14 de mayo, por la que se desarrolla el Reglamento regulador de las infraestructuras comunes de telecomunicaciones, aprobado por el Real Decreto 401/2003, de 4 de abril.

Disposición transitoria segunda. *Presentación electrónica.*

Los procedimientos y formularios electrónicos a que se refiere la presente orden estarán disponibles en la sede electrónica del Ministerio de Industria, Turismo y Comercio en el plazo máximo de seis meses a partir de la entrada en vigor de esta orden.

La obligación de presentar electrónicamente ante la Administración, cualquiera de los documentos exigidos en la presente orden, será efectiva a partir del momento en que estén operativos los correspondientes procedimientos y formularios en la sede electrónica del Ministerio de Industria, Turismo y Comercio.

Disposición transitoria tercera. *Comprobación del cumplimiento de requisitos por parte de las entidades de verificación de proyectos técnicos de ICT.*

En tanto ENAC no tenga disponible y operativo un procedimiento para acreditar entidades de verificación de proyectos de ICT, las entidades interesadas en la prestación de servicios de verificación de proyectos de ICT deberán presentar ante la Secretaría de Estado de Telecomunicaciones y para la Sociedad de la Información, con carácter previo al comienzo de dichas actividades, la siguiente documentación:

e) Una declaración responsable de la entidad en la que, de forma inequívoca, quede salvaguardada su independencia respecto al proceso de construcción de las edificaciones cuyos proyectos técnicos de ICT pretende verificar.

f) La relación identificativa de los medios técnicos y de las personas con la cualificación necesaria que van a estar involucrados en el proceso de verificación.

g) La documentación completa y exhaustiva en la que se describa del procedimiento de verificación de los proyectos técnicos de ICT que va a ser seguido por la entidad.

h) La información completa del sistema de marcado de los documentos verificados.

i) Una declaración responsable de la entidad en la que se comprometa a que la verificación de los proyectos de ICT, al menos, incluya la realización de las tareas señaladas en el artículo 5 de la presente orden.

j) La información necesaria para demostrar que dispone del seguro de responsabilidad civil que cubre sus actividades en relación con la verificación de los proyectos de ICT.

La Secretaría de Estado de Telecomunicaciones y para la Sociedad de la Información procederá al análisis y evaluación de la documentación presentada y, si la misma resultara suficiente para comprobar el cumplimiento de los requisitos establecidos, procederá a resolver la acreditación de la entidad.

Cuando como consecuencia del análisis y evaluación de la documentación presentada, se comprobase el incumplimiento de los requisitos establecidos, la Secretaría de Estado de Telecomunicaciones y para la Sociedad de la Información dictará resolución motivada denegatoria de la condición de entidad de verificación, en el plazo de seis meses a contar desde la presentación de la solicitud.

De acuerdo con lo dispuesto en el artículo 9.6 del Reglamento aprobado por el Real Decreto 346/2011, de 11 de marzo, una vez acreditada la entidad de verificación, y con carácter previo al inicio de su actividad, la Secretaría de Estado de Telecomunicaciones y para la Sociedad de la Información procederá a comunicar la asignación de un código identificativo a la entidad de verificación. La entidad de verificación estará obligada a marcar con dicho código todos los proyectos verificados, y a asegurarse de que una vez verificado y marcado el proyecto no es posible su alteración ni manipulación.

Contra la resolución de la Secretaría de Estado de Telecomunicaciones y para la Sociedad de la Información, que pondrá fin a la vía administrativa, los interesados podrán interponer recurso potestativo de reposición ante el Secretario de Estado de Telecomunicaciones y para la Sociedad de la Información en el plazo de un mes, o impugnarla directamente ante el orden jurisdiccional contencioso-administrativo.

Disposición derogatoria única *Eficacia derogatoria.*

Queda derogada la Orden CTE/1296/2003, de 14 de mayo, por la que se desarrolla el Reglamento regulador de las infraestructuras comunes de telecomunicaciones para el acceso a los servicios de telecomunicación en el interior de los edificios y la actividad de instalación de equipos y sistemas de telecomunicaciones, aprobado por el Real Decreto 401/2003, de 4 de abril, así como todas las disposiciones de igual o inferior rango que se opongan a lo dispuesto en la presente orden.

Disposición final primera. *Facultad de desarrollo normativo.*

Se faculta al Director General de Telecomunicaciones y Tecnologías de la Información para actualizar la lista de parámetros técnicos recogidos en el anexo II, los protocolos de prueba de las instalaciones recogidos en los anexos V y VII, y el contenido del manual de usuario contemplado en el anexo VI de la presente Orden, cuando la evolución de las innovaciones tecnológicas y las circunstancias así lo aconsejen.

Disposición final segunda. *Fundamento constitucional.*

Esta Orden se dicta al amparo del artículo 149.1.21.ª de la Constitución, que atribuye competencia exclusiva al Estado en materia de telecomunicaciones.

Disposición final tercera. *Entrada en vigor.*

Esta Orden entrará en vigor a los 30 días de su publicación en el «Boletín Oficial del Estado».

Madrid, 10 de junio de 2011. –El Ministro de Industria, Turismo y Comercio, Miguel Sebastián Gascón.

ANEXO I

CONTENIDO Y ESTRUCTURA DE LOS PROYECTOS TÉCNICOS DE INFRAESTRUCTURAS COMUNES DE TELECOMUNICACIÓN EN EL INTERIOR DE LOS EDIFICIOS

Proyecto técnico de infraestructura común de telecomunicación

Descripción	Proyecto Técnico de Infraestructuras Comunes de Telecomunicación para la edificación:		
	N.º plantas:	N.º viviendas:	N.º locales/oficinas:
Situación	Tipo vía:		Nombre vía:
	Localidad:		
	Código Postal:		Provincia:
	Coordenadas Geográficas (grados, minutos, segundos):	º N	º E / O
Promotor	Nombre o Razón Social:		
	NIF:		
	Dirección:	Tipo vía::	
		Nombre vía:	
	Población		
	Código Postal:		Provincia:
	Teléfono:		Fax:
Autor del Proyecto Técnico	Apellidos y Nombre:		
	Titulación:		
	Dirección:	Tipo vía::	
		Nombre vía:	
	Localidad:		
	Municipio:		Código Postal:
	Provincia:		Teléfono:
	Fax:		Correo electrónico
Verificado por:			
Fecha de presentación	En , a		

1. MEMORIA

El objeto de la memoria es la descripción del edificio o conjunto de edificios para el que se redacta el Proyecto Técnico, descripción de los servicios que se incluyen en la ICT, así como las señales, entradas y demás datos de partida, cálculos o sus resultados, que determinen las características y cantidad de los materiales a emplear, ubicación en las diferentes redes y la forma y características de la instalación. Por tanto lo que sigue debe responder a estos condicionantes.

1.1. Datos generales

    1.1.A Datos del promotor.

    1.1.B Descripción del edificio o complejo urbano, con indicación del número bloques, portales, escaleras, plantas, viviendas por planta, dependencias de cada vivienda, locales comerciales, oficinas, etc.

    1.1.C Aplicación de la Ley de Propiedad Horizontal.

    1.1.D Objeto del Proyecto Técnico.

1.2. Elementos que constituyen la infraestructura común de telecomunicación

    1.2.A Captación y distribución de radiodifusión sonora y televisión terrestres.

    Se incluirán aquí todas las informaciones, cálculos o sus resultados, acordes con las características técnicas de los materiales que intervienen en la instalación y situación de los mismos. Se complementará este apartado con un resumen general en el que se mostrarán las características, cantidades y tipos de materiales que son necesarios para la instalación.

    a)   Consideraciones sobre el diseño.

    b)   Señales de radiodifusión sonora y televisión terrestres que se reciben en el emplazamiento de las antenas receptoras.

    c)   Selección de emplazamiento y parámetros de las antenas receptoras.

    d)   Cálculo de los soportes para la instalación de las antenas receptoras.

    e)   Plan de frecuencias.

    f)   Número de tomas.

    g)   Cálculo de parámetros básicos de la instalación:

        1)   Número de repartidores, derivadores, según su ubicación en la red, PAU y sus características, así como las de los cables utilizados.

        2)   Cálculo de la atenuación desde los amplificadores de cabecera hasta las tomas de usuario, en la banda 15 MHz–862 MHz. (Suma de las atenuaciones en las redes de distribución, dispersión e interior de usuario).

        3)   Respuesta amplitud frecuencia (Variación máxima de la atenuación a diversas frecuencias en el mejor y en el peor caso).

4) Amplificadores necesarios (número, situación en la red y tensión máxima de salida).

5) Niveles de señal en toma de usuario en el mejor y peor caso.

6) Relación señal / ruido en la peor toma.

7) Productos de Intermodulación.

8) En el caso de utilización de amplificadores de red de distribución, y con el fin de facilitar al titular de la propiedad, la información necesaria respecto a posibles ampliaciones de la infraestructura, se incluirá detalle relativo al número máximo de canales de televisión incluyendo los considerados en el proyecto original, que puede distribuir la instalación, manteniendo sus características dentro de los límites establecidos en el anexo I del Reglamento.

h) Descripción de los elementos componentes de la instalación.

1) Sistemas captadores.

2) Amplificadores.

3) Mezcladores.

4) Distribuidores, derivadores, PAUS.

5) Cables.

6) Materiales complementarios.

1.2.B Distribución de radiodifusión sonora y televisión por satélite.

En este apartado, se establecerán las premisas sobre la elección del emplazamiento de las antenas receptoras de señales de radiodifusión sonora y televisión por satélite, las características de las mismas que inciden en los cálculos mecánicos de las bases de las parábolas y el cálculo de la estructura de soporte de las mismas. También se explicará en el mismo, las previsiones para incorporar las señales de radiodifusión sonora y televisión por satélite en función de la cabecera para la captación terrestre que se defina, así como la forma en que, en función de dicha cabecera, se pueda producir la mezcla de ambas señales para su posterior distribución. En todo caso, y al objeto de garantizar que la instalación es adecuada para la introducción de los servicios de radiodifusión sonora y televisión por satélite, se establecerán los niveles de señal requeridos a la salida de la cabecera que deberán ser compatibles con los amplificadores disponibles en el mercado. Asimismo, se determinarán los niveles de señal obtenidos en el mejor y peor caso.

a) Selección del emplazamiento y parámetros de las antenas receptoras de la señal de satélite.

b) Cálculo de los soportes para la instalación de las antenas receptoras de la señal de satélite.

c) Previsión para incorporar las señales de satélite.

d) Mezcla de las señales de radiodifusión sonora y televisión por satélite con las terrestres.

e) Cálculo de parámetros básicos de la instalación:

1) Cálculo de la atenuación desde los amplificadores de cabecera hasta las tomas de usuario, en la banda 950 MHz–2150 MHz. (Suma de las atenuaciones en las redes de distribución, dispersión e interior de usuario).

2) Respuesta amplitud frecuencia en la banda 950 MHz–2150 MHz (Variación máxima desde la cabecera hasta la toma de usuario en el mejor y en el peor caso).

3) Amplificadores necesarios.

4) Niveles de señal en toma de usuario en el mejor y peor caso.

5) Relación señal / ruido en la peor toma.

6) Productos de intermodulación.

f) Descripción de los elementos componentes de la instalación (cuando proceda):

1) Sistemas captadores.

2) Amplificadores.

3) Materiales complementarios.

1.2.C Acceso y distribución de los servicios de telecomunicaciones de telefonía disponible al público (STDP) y de banda ancha (TBA).

En este capítulo se procederá, acorde con la descripción del edificio realizado en el Apartado 1.1, en función del número de plantas, viviendas, locales comerciales y oficinas, a determinar las características de las redes de cables a instalar. También se realizará la asignación de pares, cables coaxiales y fibras ópticas a cada vivienda, como datos para que el instalador proceda a la confección de los paneles de conexión y regleteros correspondientes. Todo ello, se completará con un cuadro resumen en el que, de forma sucinta, se recojan los distintos tipos de cables y elementos de conexión para cada tipo de medio portador a utilizar en la instalación en las redes de distribución y dispersión y en las redes interiores de usuario.

1.2.C.1) Redes de Distribución y de Dispersión.

a) Redes de Cables de Pares o Pares Trenzados.

1) Establecimiento de la topología de la red de cables de pares.

2) Cálculo y dimensionamiento de las redes de distribución y dispersión de cables de pares, y tipos de cables.

3) Cálculo de los parámetros básicos de la instalación:

3.i) Cálculo de la atenuación de las redes de distribución y dispersión de cables de pares (para el caso de pares trenzados).

        3.ii) Otros cálculos.

4)   Estructura de distribución y conexión.

5)   Dimensionamiento de:

        5.i) Punto de Interconexión.

        5.ii) Puntos de Distribución de cada planta.

6)   Resumen de los materiales necesarios para la red de cables de pares.

        6.i) Cables.

        6.ii) Regletas o Paneles de salida del Punto de Interconexión.

        6.iii) Regletas de los Puntos de Distribución.

        6.iv) Conectores.

        6.v) Puntos de Acceso al Usuario (PAU).

b)   Redes de Cables Coaxiales.

  1)   Establecimiento de la topología de la red de cables coaxiales.

  2)   Cálculo y dimensionamiento de las redes de distribución y dispersión de cables coaxiales y tipos de cables.

  3)   Cálculo de los parámetros básicos de la instalación:

        3.i) Cálculo de la atenuación de las redes de distribución y dispersión de cables coaxiales.

        3.ii) Otros cálculos.

  4)   Estructura de distribución y conexión.

  5)   Dimensionamiento de:

        5.i) Punto de Interconexión.

        5.ii) Puntos de Distribución de cada planta.

  6)   Resumen de los materiales necesarios para las redes de distribución y dispersión de cables coaxiales.

        6.i) Cables.

        6.ii) Elementos pasivos.

        6.iii) Conectores.

        6.iv) Puntos de Acceso al usuario (PAU).

c)   Redes de Cables de Fibra Óptica.

  1)   Establecimiento de la topología de la red de cables de fibra óptica.

  2)   Cálculo y dimensionamiento de las redes de distribución y dispersión de cables de fibra óptica, y tipos de cables.

  3)   Cálculo de los parámetros básicos de la instalación:

3.i) Cálculo de la atenuación de las redes de distribución y dispersión de fibra óptica.

3.ii) Otros cálculos.

4) Estructura de distribución y conexión.

5) Dimensionamiento de:

5.i) Punto de Interconexión.

5.ii) Puntos de Distribución de cada planta.

6) Resumen de los materiales necesarios para las redes de distribución y dispersión de cables de fibra óptica.

6.i) Cables.

6.ii) Panel de conectores de salida.

6.iii) Cajas de segregación.

6.iv) Conectores.

6.v) Puntos de Acceso al Usuario (PAU).

1.2.C.2) Redes Interiores de Usuario.

a) Red de Cables de Pares Trenzados.

1) Cálculo y dimensionamiento de la red interior de usuario de pares trenzados.

2) Cálculo de los parámetros básicos de la instalación:

2.i) Cálculo de la atenuación de la red interior de usuario de pares trenzados.

2.ii) Otros cálculos.

3) Número y distribución de las Bases de Acceso Terminal.

4) Tipo de cables.

5) Resumen de los materiales necesarios para la red interior de usuario de cables de pares trenzados.

5.i) Cables.

5.ii) Conectores.

5.iii) BATs.

b) Red de Cables Coaxiales.

1) Cálculo y dimensionamiento de la red interior de usuario de cables coaxiales.

2) Cálculo de los parámetros básicos de la instalación:

2.i) Cálculo de la atenuación de la red interior de usuario de cables coaxiales.

2.ii) Otros cálculos.

3) Número y distribución de las Bases de Acceso Terminal.

4) Tipo de cables.

5) Resumen de los materiales necesarios para la red interior de usuario de cables coaxiales:

5.i) Cables.

5.ii) Conectores.

5.iii) BATs.

1.2.D Infraestructuras de Hogar Digital.

En este apartado se describirán los servicios, infraestructuras, redes y dispositivos que componen el Hogar Digital, incluidos en el proyecto, siempre que siga los criterios establecidos para alcanzar alguno de los niveles de hogar digital (de acuerdo a la puntuación obtenida) recogidos en el anexo V del Reglamento aprobado mediante el Real Decreto 346/2011, de 11 de marzo.

1.2.E Canalización e infraestructura de distribución.

En este apartado, se procederá al estudio general del edificio para determinar la ubicación de los diferentes elementos de la infraestructura. En el cálculo de las canalizaciones precisas, en función de las necesidades de la red, se incluirán, al menos, los resultados del mismo. Deberá existir una descripción sobre la realización de las diversas canalizaciones en función de las características estructurales del edificio, con indicación de la ubicación de los registros secundarios, de paso, de terminación de red y de toma, así como las soluciones constructivas que se deban adoptar en cada caso de acuerdo con las Normas de la Edificación que, en cada momento, resulten de aplicación. Se deberán señalar las características y dimensiones de las canalizaciones empleadas en cada caso, cuando exista grado de libertad para ello, así como las características básicas de la red de enlace. En lo referente a los recintos de instalaciones de telecomunicación (RIT), se deberán indicar las características de su equipamiento en función de lo especificado en la Norma de la Edificación. Se finalizará con un cuadro resumen de los materiales necesarios, sus características básicas y sus dimensiones.

a) Consideraciones sobre el esquema general del edificio.

b) Arqueta de Entrada y Canalización Externa.

c) Registros de Enlace inferior y superior.

d) Canalizaciones de enlace inferior y superior.

e) Recintos de Instalaciones de Telecomunicación:

1) Recinto Inferior.

2) Recinto Superior.

3) Recinto Único.

4) Equipamiento de los mismos.

    f)   Registros Principales.

    g)   Canalización Principal y Registros Secundarios.

    h)   Canalización Secundaria y Registros de Paso.

    i)   Registros de Terminación de Red.

    j)   Canalización Interior de Usuario.

    k)   Registros de Toma.

    l)   Cuadro resumen de materiales necesarios:

        1)   Arquetas.

        2)   Tubos de diverso diámetro y canales.

        3)   Registros de los diversos tipos.

        4)   Material de equipamiento de los recintos.

1.2.F Varios.

Análisis, estudio y soluciones de protección e independencia de la ICT respecto a otras instalaciones previstas en el edificio o conjunto de edificaciones que puedan interferir o ser interferidas en su funcionamiento en/por la ICT (cuando sea necesario).

2. PLANOS

En este capítulo se incluyen los planos y esquemas de principio necesarios para la instalación de la infraestructura objeto del Proyecto Técnico. Constituyen la herramienta para que el constructor pueda ubicar en los lugares adecuados los elementos requeridos en la memoria, de acuerdo con las características de los mismos incluidas en el Pliego de Condiciones. Deben ser, por tanto, claros y precisos. Delineados por medios electrónicos o manuales eliminando dudas en su interpretación. Los reflejados a continuación, considerados como mínimos, podrán ser complementados con otros planos que a juicio del proyectista sean necesarios en cada caso concreto. Es importante señalar que se deben incluir junto a los planos del edificio, que muestren la ubicación de los recintos, las canalizaciones, registros y bases de acceso terminal, los esquemas básicos de las infraestructuras de radiodifusión sonora y televisión y de los servicios de telecomunicaciones de telefonía disponible al público y de banda ancha. El esquema de la infraestructura tiene por objeto mostrar las canalizaciones, recintos, registros y bases de acceso terminal. El esquema de radiodifusión sonora y televisión tiene por objeto mostrar los elementos de esta infraestructura, desde los elementos de captación de las señales hasta las bases de acceso de los terminales. El esquema de telecomunicaciones de telefonía disponible al público y de banda ancha tiene por objeto mostrar la distribución de los cables y demás elementos de la redes de telefonía disponible al público y de banda ancha del edificio o conjunto de edificaciones y su asignación a cada vivienda. Se incluirán, al menos, los siguientes planos:

2.1 Plano general de situación del edificio.

2.2 Planos descriptivos de la infraestructura para la instalación de las redes de telecomunicación que constituyen la ICT.

   2.2.A Instalaciones de ICT en planta sótano o garaje (en su caso).

   2.2.B Instalaciones de ICT en planta baja.

   2.2.C Instalaciones de ICT en planta tipo.

   2.2.D Instalaciones de ICT en plantas singulares.

   2.2.E Instalaciones de ICT en ático (cuando proceda).

   2.2.F Instalaciones de ICT en planta cubierta o bajo cubierta.

   2.2.G Instalaciones de ICT en sección (cuando la estructura del edificio lo permita).

   2.2.H Instalaciones para servicios de Hogar Digital, y otros servicios. Cuando sea posible, estas instalaciones se podrán incluir en los planos de las instalaciones comunitarias de la ICT, siempre que queden debidamente diferenciadas. Si ello no fuera posible o adecuado, por su complejidad, se incluirán en planos separados. Las instalaciones en el interior de las viviendas o locales se mostrarán en planos separados.

2.3. Esquemas de principio.

   2.3.A Esquema general de la infraestructura proyectada para el edificio, con las diferentes canalizaciones y registros identificados para cada red de telecomunicación incluida en la ICT.

   2.3.B Esquemas de principio de la instalación de Radiodifusión Sonora y Televisión, mostrando todo el material activo y pasivo (con su identificación con relación a lo indicado en Memoria y Pliego de Condiciones) y acotaciones en metros.

   2.3.C Esquemas de principio de cada una de las redes para el acceso a los servicios de telefonía disponible al público y de banda ancha, mostrando la asignación de cables por planta y por vivienda así como las características de los cables, y demás elementos utilizados en los puntos de interconexión, distribución y de acceso al usuario (con su identificación con relación a lo indicado en Memoria y Pliego de Condiciones) y acotaciones en metros.

   2.3.D Esquemas de principio de la instalación proyectada para cualquier otra red incluida en la ICT.

   2.3.E Esquema de distribución de equipos en el interior del Registro de Terminación de Red.

3. PLIEGO DE CONDICIONES

El Pliego de Condiciones constituirá la parte del Proyecto Técnico en la que se describan los materiales, de forma genérica o bien particularizada de productos de fabricantes concretos, si así lo requiriese el promotor, en el entendimiento que resultan de obligado cumplimiento las Normas anexas al Reglamento y solo cuando los requerimientos utilizados por el proyectista en cuanto a características técnicas resulten más estrictos que las de dichas Normas, o en los casos no contemplados en las mismas, o cuando estas resulten de difícil cumplimiento será necesario incidir en las mismas. Para todos aquellos materiales necesarios cuyas características no están definidas en las Normas, se hará mención especial de sus características para que así sea tenido en cuenta por el instalador a la hora de su selección. También se hará mención expresa de las características de la instalación y peculiaridades que el proyectista, en función de su criterio o a petición del promotor, determine deben cumplirse en aquellos puntos no existentes en la Norma o que se requieran condiciones más restrictivas que lo indicado en aquella. Se completará con aquellas recomendaciones específicas que deban ser tenidas en cuenta de la legislación de aplicación, así como con una relación nominativa de las Normas, legislaciones y recomendaciones que, con carácter genérico, deban ser tenidas en cuenta en este tipo de instalaciones.

3.1 Condiciones particulares:

Como se ha indicado anteriormente, en este apartado se incluyen las condiciones particulares de los materiales en los casos en que o no están definidos en las Normas anexas al Reglamento o cuando las características técnicas exigidas sean más estrictas que lo indicado en las mismas. Lo indicado a continuación resulta de carácter mínimo, sin perjuicio de que, en cada caso, el proyectista pueda o necesite ampliar la relación de características que a continuación se mencionan. El cumplimiento de lo indicado en la memoria y en el pliego debe quedar reflejado en el cuadro de medidas que deberá constituir el elemento básico con el cual el instalador ratifica el resultado de su trabajo con respecto al Proyecto Técnico, de forma que puedan realizarse las comprobaciones necesarias y contrastarlas con los resultados de la instalación terminada, para emitir la certificación cuando sea preceptiva.

3.1.A Radiodifusión sonora y televisión.

    a)   Condicionantes de acceso a los sistemas de captación.

    b)   Características de los sistemas de captación.

    c)   Características de los elementos activos.

    d)   Características de los elementos pasivos.

3.1.B Distribución de los servicios de telecomunicaciones de telefonía disponible al público (STDP) y de banda ancha (TBA).

    a)   Redes de cables de Pares o Pares Trenzados.

        1)   Características de los cables.

        2)   Características de los elementos activos (si existen).

        3)   Características de los elementos pasivos.

    b)   Redes de Cables Coaxiales.

        1)   Características de los cables.

        2)   Características de los elementos pasivos.

    c)   Redes de cables de Fibra Óptica.

        1)   Características de los cables.

        2)   Características de los elementos pasivos.

        3)   Características de los empalmes de fibra en la instalación (si procede).

3.1.C Infraestructuras de Hogar Digital (cuando se incluyan en el proyecto).

3.1.D Infraestructura.

    a)   Condicionantes a tener en cuenta para su ubicación.

    b)   Características de las arquetas.

    c)   Características de la canalización externa, de enlace, principal, secundaria e interior de usuario.

    d)   Condicionantes a tener en cuenta en la distribución interior de los RIT. Instalación y ubicación de los diferentes equipos.

    e)   Características de los registros de enlace, secundarios, de paso, de terminación de red y toma.

3.1.E Cuadros de medidas.

    a)   Cuadro de medidas a satisfacer en las tomas de televisión terrestre, incluyendo también el margen del espectro radioeléctrico comprendido entre 950 MHz y 2150 MHz.

    b)   Cuadro de medidas de las redes de telecomunicaciones de telefonía disponible al público y de banda ancha.

        1)   Redes de Cables de Pares o Pares Trenzados.

        2)   Redes de Cables Coaxiales.

        3)   Redes de Cables de Fibra Óptica.

3.1.F Utilización de elementos no comunes del edificio o conjunto de edificaciones (si existe).

    a)   Descripción de los elementos y de su uso.

    b)   Determinación de las servidumbres impuestas a los elementos.

3.1.G Estimación de los residuos generados por la instalación de la ICT.

    Estimación de los residuos de acuerdo con el Real Decreto 105/2008, 1 de febrero, por el que se regula la producción y gestión de los residuos de construcción y demolición. Esta información se podrá incluir en forma de apéndice o anexo al proyecto, en orden a facilitar su entrega al responsable o encargado de realizar, cuando proceda, el estudio general de residuos de la instalación.

3.2 Condiciones generales.

En este apartado se recogerán, como ya se ha indicado, las Normas y requisitos legales que sean de aplicación, con carácter general, a la ICT proyectada. Se deberán incluir referencias específicas, al menos, a:

3.2.A Reglamento de ICT y Normas Anexas.

3.2.B Normativa vigente sobre Prevención de Riesgos Laborales, acompañada de una relación exhaustiva de las actividades y tareas que deben realizarse para la ejecución de las infraestructuras proyectadas, así como para el mantenimiento posterior de las mismas, para que el responsable de la redacción del Estudio de Seguridad y Salud o el Estudio Básico de Seguridad y Salud evalúe los riesgos que se derivan de las mismas y establezca las medidas preventivas adecuadas que deben ser incluidas en el Plan de Seguridad y Salud de la Obra e implementadas por parte del coordinador de seguridad y salud de la obra en cuestión. Especial atención deberá observarse en relación con las actividades y tareas a realizar, en fase de mantenimiento de la infraestructura. Sobre la cubierta de la edificación y el acceso a la misma, al objeto de que se garantice la permanencia con carácter indefinido de las medidas de protección que se hayan definido como necesarias para realizar las citadas actividades o tareas. Esta información se podrá incluir en forma de apéndice o anexo al proyecto, en orden a facilitar su entrega al responsable o encargado de realizar los citados estudios.

3.2.C Normativa sobre protección contra campos electromagnéticos.

3.2.D Secreto de las comunicaciones.

3.2.E Normativa sobre gestión de residuos.

3.2.F Normativa en materia de protección contra incendios. Deberá incluirse una declaración de que todos los materiales prescritos cumplen la normativa vigente en materia de protección contra incendios. En el diseño de las canalizaciones se tendrá en cuenta el mantenimiento de la resistencia al fuego de los elementos de compartimentación, en coordinación con el responsable del proyecto de edificación.

4. PRESUPUESTO Y MEDIDAS

Tal y como se ha dicho anteriormente, los materiales objeto del Proyecto Técnico serán genéricos, salvo cuando, por razones especiales, se decida que sean referidos a un fabricante concreto, utilizándose precios de mercado. Este apartado constituye un elemento importante para poder realizar la comprobación de las partidas instaladas e identificar los materiales utilizados en cada caso en la instalación.

En él se especificará el número de unidades y precio unitario de cada una de las partes en que puedan descomponerse los trabajos, que deberá responder al coste de material, su instalación o conexión, cuando proceda.

Pueden redactarse tantos presupuestos parciales como conjuntos de obra distintos puedan establecerse por la disposición y situación de la edificación o por la especialidad en que puedan evaluarse. Como resumen, deberá establecerse un presupuesto general en el que consten, como partidas, los importes de cada presupuesto parcial.

ANEXO II

LISTA DE PARÁMETROS A VERIFICAR EN LOS PROYECTOS DE ICT

Lista mínima de parámetros a verificar en los proyectos de ICT

Punto normativa	Descripción	Comprobación
0	Aspectos administrativos y formales.	El documento es aparentemente completo de acuerdo con lo establecido en el anexo I de esta orden y está firmado por el autor.
		En el caso que el proyecto sea un modificado de uno anterior se incluirá una referencia al anterior y una descripción de las modificaciones realizadas.
		No deben existir páginas en blanco.
		Se incluyen todos los datos solicitados en el modelo de portada del anexo I de esta orden.
1	**Memoria**	
1.1.B	Descripción del edificio o complejo urbano.	La descripción es coherente con memoria y planos. Se identifica el número de portales en caso que los haya. También se describe mediante tabla o similar la distribución detallada de viviendas/ planta/ portal y su configuración en cuanto al tipo de estancias a considerar para la ICT.
1.1.C	Aplicación de la Ley de Propiedad Horizontal.	Se describe la forma en que están constituidas las comunidades de propietarios a los efectos del mantenimiento de la ICT.
1.1.D	Objeto del Proyecto Técnico.	Se indica la normativa a la que da cumplimiento. En el caso que el proyecto sea un modificado de uno anterior se incluirá una referencia al anterior y una descripción de las modificaciones realizadas.
1.2.A	Captación y distribución de radiodifusión sonora y televisión terrenales.	
1.2.A.a	Consideraciones de diseño.	Se especifica la topología de la red, la situación de la cabecera y se justifica el diseño elegido particularizado para el edificio proyectado. También se especifican las consideraciones en cuanto a la potencia de señal que se tendrán en cuenta para los cálculos. Se comprueba que el diseño garantiza la llegada de dos cables al usuario que permitan la distribución de la señal en la banda 5-2.150 MHz.
1.2.A.b	Señales de radiodifusión sonora y TV terrenales que se reciben en el emplazamiento de la antena.	Se incluyen aparentemente todos los canales o servicios de radiodifusión sonora y televisión con título habilitante correspondientes a la ubicación del edificio. En el caso que no se incluyan todos los servicios con título habilitante, por ejemplo, por no recibirse, se justificará razonadamente indicando los niveles medidos y el centro emisor de procedencia.
1.2.A.c	Selección de emplazamiento y parámetros de las antenas receptoras.	Se especifica dónde estarán ubicadas las antenas receptoras. Se especifica el tipo de antenas necesarias.

Punto normativa	Descripción	Comprobación
1.2.A.d	Cálculo de los soportes para la instalación de las antenas receptoras.	Se incluyen los cálculos de los esfuerzos o sus resultados.
1.2.A.e	Número de tomas.	El número de tomas está correctamente calculado.
1.2.A.f.1	Cálculo de la atenuación desde la cabecera hasta las tomas de usuario, en la banda 15-862 MHz.	Se incluyen los valores de la atenuación hasta al menos una toma por vivienda, al menos en dos frecuencias en la banda de RTV. Esta información se podrá poner en un anexo a la memoria de forma alternativa. Deberán figurar destacadas las atenuaciones hasta la mejor y la peor toma. La precisión del cálculo en dB debe ser de al menos dos decimales y no superior a cuatro.
1.2.A.f.2	Respuesta amplitud frecuencia.	El rizado es inferior a 16 dB.
1.2.A.f.3	Amplificadores necesarios.	Se indica número, situación y tensión máxima de salida, incluyendo tanto amplificadores de cabecera como de reamplificación intermedia o de usuario. Caso de usar centrales amplificadoras o amplificadores de banda ancha, comprobar que estos son conformes con lo indicado en el apartado 4.3 del Anexo I del Reglamento.
1.2.A.f.4	Niveles de señal en toma de usuario en el mejor y peor caso.	Los niveles están dentro de los márgenes máximo y mínimo.
1.2.A.f.5	Relación señal/ruido en la peor toma.	Se verifica que es superior a 25 dB para las señales digitales.
1.2.A.f.6	Productos de intermodulación.	Se verifica que el valor es superior a 30 dB para las señales digitales. En caso de utilizar una central de banda ancha se comprobará que se utiliza la expresión que tiene en cuenta el número de canales.
1.2.A.f.7	Número máximo de canales que puede distribuir la instalación.	Se especifica en el caso que la instalación incorpore amplificadores en la red de distribución.
1.2.A.g	Descripción de los elementos componentes de la instalación.	Se incluye un cuadro resumen, tabla o apartados que incluya todos los elementos.
1.2.B	Distribución de radiodifusión sonora y televisión por satélite.	
1.2.B.a	Selección del emplazamiento y parámetros de las antenas receptoras de la señal satélite.	Se especifica la orientación de las parabólicas al menos para dos satélites, en los que España esté incluida en su zona de cobertura.
1.2.B.b	Cálculo de los soportes para la instalación de las antenas receptoras de la señal de satélite.	Se incluyen los cálculos de los esfuerzos o sus resultados.
1.2.B.c	1Cálculo de la atenuación desde los amplificadores de cabecera hasta las tomas en la banda 950-2.150 MHz.	Se incluyen las atenuaciones al menos para dos frecuencias en la banda. Alternativamente se podrá incluir una tabla con dichos cálculos a modo de anexo. Deberán figurar destacadas las atenuaciones hasta la mejor y la peor toma.

Punto normativa	Descripción	Comprobación
1.2.B.c.2	Respuesta amplitud frecuencia en la banda 950-2.150 MHz.	Se verifica que el rizado es inferior a 20 dB.
1.2.B.c.3	Amplificadores necesarios.	Se especifican los amplificadores que serán necesarios y su nivel de salida.
1.2.B.c.4	Niveles de señal en toma de usuario en el mejor y peor caso.	Se verifica que los niveles están dentro de los márgenes máximo y mínimo.
1.2.B.c.5	Relación señal/ruido.	Se verifica que el valor es superior a 11 dB.
1.2.B.c.6	Productos de intermodulación.	Se verifica que el valor es superior a 18 dB.
1.2.B.d	Descripción de los elementos componentes de la instalación (cuando proceda).	Se incluye un cuadro o tabla resumen que incluye todos los elementos.
1.2.C	Acceso y distribución del servicio de telecomunicaciones de telefonía disponible al público (STDP) y de banda ancha (TBA).	
1.2.C.1.a.1	Redes de pares o pares trenzados.	
1.2.C.1.a.3	Cálculo de los parámetros básicos de la instalación.	Se ha calculado la atenuación desde punto de interconexión hasta el RTR más alejado y se encuentra dentro de los parámetros establecidos (para el caso de pares trenzados).
1.2.C.1.a.4	Estructura de distribución y conexión.	Se especifica la distribución de los cables.
1.2.C.1.a.5	Dimensionamiento de punto de interconexión y puntos de distribución de cada planta.	Se dimensiona correctamente.
1.2.C.1.a.6	Resumen de los materiales necesarios para la red de telefonía.	Se incluye un cuadro resumen o similar que incluye todos los elementos.
1.2.C.1.b.1	Redes de cables coaxiales.	
1.2.C.1.b.2	Cálculo y dimensionamiento de las redes de distribución y dispersión de cables coaxiales y tipos de cables.	El dimensionado es conforme a la normativa.
1.2.C.1.b.3	Cálculo de los parámetros básicos de la instalación.	Se ha calculado la atenuación desde punto de interconexión hasta el RTR más alejado y se encuentra dentro de los parámetros establecidos.
1.2.C.1.b.3	Cálculo de los parámetros básicos de la instalación.	Se ha calculado la atenuación desde punto de interconexión hasta el RTR más alejado y se encuentra dentro de los parámetros establecidos.
1.2.C.1.b.4	Dimensionamiento.	El dimensionamiento del punto de interconexión y de los puntos de distribución por planta es correcto.
1.2.C.1.b.5	Resumen de los materiales necesarios para la red de cables coaxiales.	Se incluye un cuadro resumen o similar que incluye todos los elementos.

Punto normativa	Descripción	Comprobación
1.2.C.1.c.	Redes de cables de fibra óptica.	
1.2.C.1.c.1	Establecimiento de la topología de la red de cables de fibra óptica.	La topología es adecuada para la distribución de viviendas.
1.2.C.1.c.2	Cálculo y dimensionamiento de las redes de distribución y dispersión de fibra óptica.	El dimensionamiento del punto de interconexión y de los puntos de distribución por planta es correcto.
1.2.C.1.c.3	Cálculo de parámetros básicos.	Se ha calculado la atenuación desde punto de interconexión hasta el RTR más alejado y se encuentra dentro de los parámetros establecidos.
1.2.C.1.c.4	Estructura de distribución y conexión.	Se especifica la distribución de los cables.
1.2.C.1.c.5	Dimensionamiento.	El dimensionamiento del punto de interconexión y de los puntos de distribución por planta es correcto.
1.2.C.1.c.6	Resumen de los materiales necesarios para la red de cables de fibra óptica.	Se incluye un cuadro resumen o similar que incluye todos los elementos.
1.2.C.2	Redes interiores de usuario.	Se especifica el tipo de cables y la distribución de las Bases de Acceso Terminal.
1.2.D	Infraestructuras Hogar Digital (cuando se incluyan en el proyecto).	
1.2.D.1	Hogar Digital.	Se comprobará que los servicios, infraestructuras, redes y dispositivos instalados y el nivel y puntuación de Hogar Digital obtenido se ajustan a los criterios establecidos en el anexo V del Reglamento aprobado mediante Real Decreto 346/2011, de 11 de marzo.
1.2.E	Canalización e infraestructura de distribución.	
1.2.E.a	Consideraciones sobre el esquema general del edificio.	Se describirán las consideraciones tenidas en cuenta, justificando especialmente cuando se apliquen soluciones que no estén descritas en la normativa.
1.2.E.b	Recintos de Instalaciones de Telecomunicación.	Los recintos son del tipo y dimensiones adecuadas a las características de la edificación.
1.2.E.c	Canalización Principal (CP) y Registros Secundarios (RS).	El dimensionamiento de la CP y las dimensiones de los RS son adecuadas a las características de la edificación. Se exigirá que en el caso de que haya elementos de reamplificación en la red de distribución, dichos elementos se sitúen en un registro secundario adicional con alimentación eléctrica. En el proyecto deberá estar claramente marcado este hecho. En el caso de que se quiera integrarlo en un registro existente, este deberá dimensionarse adecuadamente y deberá justificarse explícitamente dicha adecuación del espacio en el punto 1.2.E.g de la memoria, mediante aplicación de la disposición adicional segunda del Reglamento.
1.2.E.d	Canalización Secundaria (CS) y Registros de Paso (RP).	El dimensionamiento de la CS y las dimensiones de los RP son adecuadas a las características de la edificación.
1.2.E.e	Registros de Terminación de Red (RTR).	Las dimensiones de los RTR son las establecidas en el Reglamento.

Punto normativa	Descripción	Comprobación
1.2.E.1	Canalización Interior de Usuario.	Se comprueba que se han diseñado todas las canalizaciones cumpliendo las características establecidas en el Reglamento y que todas las canalizaciones están configuradas en estrella.
1.2.E.f	Registros de toma.	Se comprueba que: a) En cada una de las dos estancias principales existen: 2 registros para tomas de cables de pares trenzados (admitiéndose un registro que equipe BAT con 2 tomas); 1 registro para toma de cables coaxiales para servicios de TBA y 1 registro para toma de cables coaxiales para servicios de RTV. b) En el resto de las estancias, excluidos baños y trasteros, existen: 1 registro para toma de cables de pares trenzados y 1 registro para toma de cables coaxiales para servicios de RTV. c) En la cercanía del PAU: 1 registro para toma configurable.
1.2.E.g	Resumen de materiales necesarios.	Se incluye un cuadro resumen que incluye todos los elementos.
2	**Planos**	
	Aspectos generales.	Los planos son claros y concisos, no están pixelados ni presentan instalaciones de otros servicios ajenos a la ICT que puedan prestarse a la confusión. Se incluye un cajetín en cada plano con los datos del proyecto y del plano.
2.1	Plano general de situación del edificio.	Se incluye el plano con la clara identificación de la ubicación del edificio.
2.2	Planos descriptivos de la instalación.	
2.2.A	Instalaciones de ICT en planta sótano o garaje (en su caso).	En el caso de utilizar bandejas se comprobará que disponen de los elementos necesarios para realizar los giros mediante elementos adecuados para garantizar la curvatura de radio mínima de 350 mm.
2.2.B	Instalaciones de servicios de ICT en planta baja.	Se comprueba la ubicación de la arqueta de entrada o del elemento que la sustituya, la ubicación del RITI y el acceso hasta este de la canalización de enlace.
2.2.C	Instalaciones de servicios de ICT en planta tipo.	Se comprobará que la distribución de las canalizaciones, registros y tomas, cumplen lo establecido en el Reglamento y son coherentes con lo especificado en la memoria. Las canalizaciones han de estar configuradas en estrella. En el caso que se use algún tramo común para varios cuales se tendrá que dimensionar según lo establecido en el punto 5.9 del anexo III del Reglamento, debiendo estar justificado en el punto 1.2.E.j de la memoria en aplicación de la disposición adicional segunda, y estar reflejado adecuadamente en los planos y esquemas.
2.2.D	Instalaciones de servicios de ICT en plantas singulares.	Se revisará de igual modo que para la planta tipo.
2.2.E	Instalaciones de ICT en ático (cuando proceda).	Además de realizar la revisión de la distribución de igual modo que para la planta tipo, se comprobará que se especifica la ubicación del RITS (cuando proceda).
2.2.F	Instalaciones de servicios de ICT en planta cubierta o bajo cubierta.	Deberá quedar claramente reflejado cómo se accede a la cubierta. Alternativamente puede estar indicado en otro punto del proyecto. En plano de planta cubierta se reflejará la ubicación de los elementos de captación.

Punto normativa	Descripción	Comprobación
2.2.G	Instalaciones de servicios de ICT en sección (cuando la estructura del edificio lo permita).	Este plano es opcional.
2.2.H	Instalaciones para servicios de Hogar Digital y otros servicios.	Se mostrarán las instalaciones (redes y dispositivos) en planos diferenciados siempre que se instale algún servicio.
2.3	Esquemas de Principio.	Se incluyen, al menos, los esquemas indicados a continuación.
2.3.A	Esquema general de la infraestructura proyectada para el edificio, con las diferentes canalizaciones y servicios identificados para cada servicio de telecomunicación incluido en la ICT.	Se incluye claramente el número de tubos de las canalizaciones y las dimensiones de registros y recintos.
2.3.B	Esquemas de principio de la instalación de Radiodifusión Sonora y Televisión.	Se incluyen acotaciones en metros y se identifican todos los elementos activos y pasivos.
2.3.C	Esquemas de principio de cada una de las redes de acceso para STDP y banda ancha.	Se muestra la asignación de cables por planta y vivienda, así como las características de los cables, regletas o elementos de conexión y puntos de acceso a usuario y acotaciones en metros.
2.3.D	Esquema de principio de la instalación proyectada para cualquier otra red incluida en la ICT.	Se incluye esquema.
2.3.E	Esquema de distribución de equipos en el interior del RTR.	Se incluye esquema con las proporciones correctas. Se detalla la ubicación y el tamaño previsto para los equipos que puedan formar parte del RTR.
3	**Pliego de Condiciones**	
3.1	Condiciones particulares.	
3.1.A	Radiodifusión sonora y televisión.	
3.1.A.a	Condicionantes de acceso a los sistemas de captación.	Se describe salvo que en el plano de cubierta esté específicamente indicado, la forma en que se puede acceder a la cubierta para realizar los trabajos de instalación y mantenimiento de los sistemas de captación.
3.1.A.b	Características de los elementos de captación.	Se indican las características de las antenas especificadas en Memoria.
3.1.A.c.	Características de los elementos activos	Las características son coincidentes con la de los materiales indicados en la Memoria.
3.1.A.d	Características de los elementos pasivos.	Se indica la banda de trabajo de 47 MHz-2.150 MHz, y que existe coincidencia con los elementos (derivadores, distribuidores, etc.) indicados en la Memoria.
3.1.B	Distribución de los servicios de telecomunicaciones de telefonía disponible al público (STDP) y de banda ancha (TBA).	
3.1.B.a	Características de los cables de Pares o Pares trenzados.	Se especifican los tipos de cables utilizados, las características eléctricas y mecánicas y de propagación de la llama. Se comprobará que se especifican las características de los elementos pasivos.

Punto normativa	Descripción	Comprobación
3.1.B.b.	Redes cables coaxiales.	Se especifica el tipo de cable, incluyendo la atenuación características mecánicas y de propagación de la llama. Se especifican las atenuaciones de los elementos pasivos
3.1.B.c	Redes de cables de Fibra Óptica.	Se especifican el tipo de fibra utilizada, la atenuación, características mecánicas y de propagación de la llama.
3.1.C	Infraestructuras de Hogar Digital (cuando se incluyan en el proyecto).	Se incluye información sobre las características de los elementos que van a usarse en la instalación.
3.1.D	Infraestructura.	Se comprueba que las características de arquetas, canalizaciones, recintos y registros coinciden con los de la Memoria y Planos. Se comprueba que, en el apartado de Recintos, se indican las características de las instalaciones eléctricas y las dimensiones y condiciones de instalación de la placa de identificación. Se comprobará que los cables de toma de tierra son de al menos 25 mm^2 de sección.
3.1.F	Utilización de elementos no comunes del edificio o conjunto de edificaciones (si existe).	Se describen las servidumbres (si existen) o se indica que no existen.
3.1.G	Estimación de los residuos generados por la instalación de ICT.	Se incorporan los cálculos indicando el peso por tipo de residuo según la codificación de la normativa específica.
3.2	Condiciones Generales.	
3.2.A	Reglamento de ICT y Normas Anexas.	Se incluyen las normas y requisitos legales que sean de aplicación, con referencias específicas, al menos, a las disposiciones indicadas a continuación:
3.2.B	Reglamento de Prevención de Riesgos Laborales.	Se incluye una descripción exhaustiva de tareas en instalación y mantenimiento de las infraestructuras proyectadas para posibilitar la evaluación de riesgos y el establecimiento de las medidas preventivas y la descripción de medidas de protección permanente en cubierta. Esta información podrá presentarse en forma de un anexo sobre las Condiciones sobre Seguridad y Salud.
3.2.C	Normativa sobre protección frente a campos electromagnéticos.	Se incluye relación de normativa aplicable.
3.2.D	Secreto de las comunicaciones.	Se incluye referencia al Secreto de las Comunicaciones.
3.2.F	Normativa en materia de protección contra incendios.	Se incluye declaración de cumplimiento del CTE.
4	**Presupuesto y Medidas**	
	Resumen de partidas.	Se incluye un resumen con la suma de las partidas del presupuesto.
	Precios unitarios y totales.	Se incluye descripción de precios unitarios y totales (únicamente de los elementos que van a instalarse), en euros.

ANEXO III

Modelo de acta de replanteo

Modelo de acta de replanteo de proyecto técnico de ITC

N.º expediente administrativo:	
N.º verificado del proyecto original:	
Por la entidad de verificación:	
Fecha de verificación:	
N.º licencia de obras de la edificación:	

Reunidas las personas, que figuran y que rubrican al final del presente documento, al efecto de cumplimentar lo dispuesto en el artículo 6, de la Orden ITC/____/2011, de __ de 2011,

Hacen constar: Que, efectuado el procedimiento de consulta e intercambio de información establecido en el artículo 8 del Reglamento aprobado por el Real Decreto 346/2011, de 11 de marzo:

Fecha de la consulta:	
Número de la consulta:	
Operadores consultados:	
Operadores que han respondido:	

y el replanteo previo correspondiente al Expediente Administrativo indicado en el encabezamiento:

☐ No es necesaria la actualización del Proyecto Original.

☐ Es necesaria la actualización del Proyecto Original, mediante:

      ☐ Anexo al Proyecto.

      ☐ Modificación del Proyecto.

☐ Afectan a las especificaciones del Anexo I del reglamento aprobado por el RD 346/2011.

☐ Afectan a las especificaciones del Anexo II del reglamento aprobado por el RD 346/2011.

☐ Afectan a las especificaciones del Anexo III del reglamento aprobado por el RD 346/2011.

y para que así conste, se extiende la presente Acta, que firman en _____
a ___ de _____ de ___

Por la Promotora	El Autor del Replanteo (2)
D.............	D...
NIF.....................	(Director de Obra) (3)
Como (1)................................... de	
Nombre o Razón Social........................	
	Domicilio:..............................
	Población:..............................
	Código Postal:.........................
	Provincia:..............................
Domicilio:	
Población:	
Código Postal:	
Provincia:	

(1) Promotor c Representante Legal
(2) Se hará figurar la titulación del autor del replanteo de la obra de ICT.
(3) Se incluirá el texto cuando proceda.

ANEXO IV

Modelos de certificaciones de fin de obra

Certificación de fin de obra de infraestructura común de telecomunicaciones para edificaciones construidas en una única fase

D/Dª   NIF:

Como director de obra de la ICT más abajo descrita,

Certifica:

Que el día......de................de...... ha sido finalizada la ejecución de la Instalación de Infraestructura Común de Telecomunicaciones, realizada bajo mi dirección, correspondiente al edificio cuyos datos se especifican a continuación:

Descripción	Proyecto Técnico de Infraestructura Común de Telecomunicaciones para la edificación:		
	N.º plantas:	N.º viviendas:	N.º locales/oficinas:
Situación	Tipo vía:	Nombre vía:	
	Localidad:		
	Código Postal:	Provincia:	
Propiedad	Nombre o Razón Social:		NIF:
	Dirección:	Tipo vía:	
		Nombre vía:	
	Localidad:		
	Código Postal:	Provincia:	
	Teléfono:	Fax:	
Empresa instaladora	Nombre o Razón Social:		
	Número de Registro:		
Autor del proyecto técnico	Apellidos y Nombre:		
	Titulación:		
	Dirección:	Tipo vía:	
		Nombre vía:	
	Localidad:		
	Municipio:	Código Postal:	
	Provincia:	Teléfono:	
	Fax:	Correo electrónico:	
Ayuntamiento	Número de expediente:		
Jefatura Provincial de Inspección de Telecomunicaciones	Provincia:		
	Número de Registro del Proyecto:		
Proyecto verificado por:	Entidad (1)	Número: (2)	
Lugar y fecha	En, a		

(1) Se indicará el nombre de la entidad de verificación. (2) Se indicará el número de verificación del Proyecto.

Y que la ejecución se ha llevado a cabo de manera conforme al Proyecto Técnico correspondiente y al Acta de Replanteo, con los datos específicos del material instalado, los valores obtenidos en la medición y las verificaciones realizadas reflejadas en el Protocolo de pruebas adjunto, por mi supervisado.

Firma

Certificación parcial primera de fin de obra de infraestructura común de telecomunicaciones (*)

D/Dª   NIF:

Como director de obra de la ICT más abajo descrita,

Certifica:

Que el día......de...................de...... ha sido finalizada la ejecución de la Instalación de Infraestructura Común de Telecomunicaciones, realizada bajo mi dirección, correspondiente al edificio cuyos datos se especifican a continuación:

Descripción	Proyecto Técnico de Infraestructura Común de Telecomunicaciones para la edificación (FASE 1ª):		
	N.º plantas:	N.º viviendas:	N.º locales/oficinas:
Situación	Tipo vía:	Nombre vía:	
	Localidad:		
	Código Postal:	Provincia:	
Propiedad	Nombre o Razón Social:		NIF:
	Dirección:	Tipo vía:	
		Nombre vía:	
	Localidad:		
	Código Postal:	Provincia:	
	Teléfono:	Fax:	
Empresa instaladora	Nombre o Razón Social:		
	Número de Registro:		
Autor del proyecto técnico	Apellidos y Nombre:		
	Titulación:		
	Dirección:	Tipo vía:	
		Nombre vía:	
	Localidad:		
	Municipio:	Código Postal:	
	Provincia:	Teléfono:	
	Fax:	Correo electrónico:	
Ayuntamiento	Número de expediente:		
Jefatura Provincial de Inspección de Telecomunicaciones	Provincia:		
	Número de Registro del Proyecto:		
Proyecto verificado por:	Entidad (1)	Número: (2)	
Lugar y fecha	En, a		

(1)Se indicará el nombre de la entidad de verificación. (2) Se indicará el número de verificación del Proyecto.

Y que la ejecución se ha llevado a cabo de manera conforme al Proyecto Técnico correspondiente y al Acta de Replanteo, con los datos específicos del material instalado, los valores obtenidos en la medición y las verificaciones realizadas reflejadas en el Protocolo de pruebas adjunto, por mí supervisado.

Firma

(*) La validez de esta certificación está condicionada a la presentación de la correspondiente certificación final, una vez acabadas las obras contempladas en el Proyecto Técnico.

Certificación parcial (ordinal) de fin (*) de obra de infraestructura común de telecomunicaciones (*)

D/Dª   NIF:

Como director de obra de la ICT más abajo descrita,

Certifica:

Que el día......de....................de...... ha sido finalizada la ejecución de la Instalación de Infraestructura Común de Telecomunicaciones, realizada bajo mi dirección, correspondiente al edificio cuyos datos se especifican a continuación:

Descripción	Proyecto Técnico de Infraestructura Común de Telecomunicaciones para la edificación (FASE N.º):		
	N.º plantas:	N.º viviendas:	N.º locales/oficinas:
Situación	Tipo vía:	Nombre vía:	
	Localidad:		
	Código Postal:	Provincia:	
Propiedad	Nombre o Razón Social:		NIF:
	Dirección:	Tipo vía:	
		Nombre vía:	
	Localidad:		
	Código Postal:	Provincia:	
	Teléfono:	Fax:	
Empresa instaladora	Nombre o Razón Social:		
	Número de Registro:		
Autor del proyecto técnico	Apellidos y Nombre:		
	Titulación:		
	Dirección:	Tipo vía:	
		Nombre vía:	
	Localidad:		
	Municipio:	Código Postal:	
	Provincia:	Teléfono:	
	Fax:	Correo electrónico:	
Ayuntamiento	Número de expediente:		
Jefatura Provincial de Inspección de Telecomunicaciones	Provincia:		
	Número de Registro del Proyecto:		
Proyecto verificado por:	Entidad (1)	Número: (2)	
Lugar y fecha	En, a		

(1)Se indicará el nombre de la entidad de verificación. (2) Se indicará el número de verificación del Proyecto.

Y que la ejecución se ha llevado a cabo de manera conforme al Proyecto Técnico correspondiente y al Acta de Replanteo, con los datos específicos del material instalado, los valores obtenidos en la medición y las verificaciones realizadas reflejadas en el Protocolo de pruebas adjunto, por mi supervisado. Asimismo se ha comprobado que la entrada en servicio de esta fase, no ha supuesto perjuicio alguno para la instalación y funcionamiento de la ICT de las fases anteriormente ejecutadas.

Firma

(*)La validez de esta certificación está condicionada a la presentación de la correspondiente certificación final, una vez acabadas las obras contempladas en el Proyecto Técnico.

Certificación parcial (ordinal) y última de fin de obra de infraestructura común de telecomunicaciones

D/Dª   NIF:

Como director de obra de la ICT más abajo descrita,

Certifica:

Que el día......de...................de...... ha sido finalizada la ejecución de la Instalación de Infraestructura Común de Telecomunicaciones, realizada bajo mi dirección, correspondiente al edificio cuyos datos se especifican a continuación:

Descripción	Proyecto Técnico de Infraestructura Común de Telecomunicaciones para la edificación (FASE N.º Y ÚLTIMA):		
	N.º plantas:	N.º viviendas:	N.º locales/oficinas:
Situación	Tipo vía:	Nombre vía:	
	Localidad:		
	Código Postal:	Provincia:	
Propiedad	Nombre o Razón Social:		NIF:
	Dirección:	Tipo vía:	
		Nombre vía:	
	Localidad:		
	Código Postal:	Provincia:	
	Teléfono:	Fax:	
Empresa instaladora	Nombre o Razón Social:		
	Número de Registro:		
Autor del proyecto técnico	Apellidos y Nombre:		
	Titulación:		
	Dirección:	Tipo vía:	
		Nombre vía:	
	Localidad:		
	Municipio:	Código Postal:	
	Provincia:	Teléfono:	
	Fax:	Correo electrónico:	
Ayuntamiento	Número de expediente:		
Jefatura Provincial de Inspección de Telecomunicaciones	Provincia:		
	Número de Registro del Proyecto:		
Proyecto verificado por:	Entidad (1)	Número: (2)	
Lugar y fecha	En, a		

(1)Se indicará el nombre de la entidad de verificación. (2) Se indicará el número de verificación del Proyecto.

Y que la ejecución se ha llevado a cabo de manera conforme al Proyecto Técnico correspondiente y al Acta de Replanteo, con los datos específicos del material instalado, los valores obtenidos en la medición y las verificaciones realizadas reflejadas en el Protocolo de pruebas adjunto, por mi supervisado. Asimismo se ha comprobado que la entrada en servicio de esta fase, no ha supuesto perjuicio alguno para la instalación y funcionamiento de la ICT de las fases anteriormente ejecutadas. Con la presente certificación y las expedidas anteriormente con los siguientes datos identificativos:

Certificación parcial	N.º de registro	Fecha de presentación
1ª	AAAAAAA	XX/YY/ZZ
2ª	BBBBBBB	XX/YY/ZZ
Nª	CCCCCCC	XX/YY/ZZ

Queda finalizada la instalación completa de la ICT de manera conforme al Proyecto Técnico correspondiente.

Firma

ANEXO V
Protocolo de pruebas para una ICT

1. Promotor y características del edificio o conjunto de edificaciones

	Nombre o Razón Social:	
	Tipo de vía:	Nombre de la vía:
1.1. Promotor	C.P.:	Población:
	Provincia:	
	NIF:	Tel.:	Fax:
1.2. Representante legal	Apellidos:	
	Nombre:	NIF:
1.3. Número de licencia de obra:		
1.4. Número de Expediente JPIT:		
1.5. Situación y descripción del edificio o conjunto de edificaciones:		
1.6. Empresa instaladora:	Número de Registro:	
1.7. Nombre y titulación del director de obra: (Si existe Dirección de Obra)		
1.8. Relación de materiales instalados: (En la relación se incluirán marca y modelo de los materiales instalados)		

2. Equipos de medida utilizados en la instalación:

Equipos	Marca	Modelo	N.º serie	Observaciones
2.1. Medidor de campo				Con monitor: ☐
				B/N: ☐ Color: ☐
2.2. Medidor de resistencia de toma de tierra				
2.3. Equipo multímetro				
2.4. Medidor de aislamiento				
2.5. Simulador de Frecuencia Intermedia				
2.6. Medidor de potencia óptica y testeador de fibra óptica monomodo para FTTH				
2.7. Equipo Analizador/Certificador de Redes				
2.8. Otros equipos				

3. Captación y distribución de radiodifusión sonora y televisión digital terrestre

3.1. Calidad de las señales de TDT que se reciben en el emplazamiento de la antena (caso peor)

☐ MER < 23 dB
☐ 23 dB MER < 25 dB
☐ 25 dB MER < 27 dB
☐ 27 dB MER

3.2. Elementos componentes de la instalación.

A. Antenas.

Antena	Marca	Modelo/Tipo

B. Mástil/Torreta.

Tipo	N.º elementos	Longitud (m)

C. Amplificación.

Elementos	Marca	Modelo/Tipo
Equipo de cabecera		
Amplificador de extensión		

D. Tipo de mezcla.
      a.   Elementos instalados:
      b.   Elementos de mezcla integrados en amplificador de FI:

E. Distribución (Se especificará la ubicación en los casos en los que esta difiera de la contemplada en el Proyecto):

Elementos	Tipo	Marca	Modelo	Ubicación
Derivadores				
Distribuidores				
Cable coaxial				
Puntos de acceso al usuario				
Tomas				

F. Número de tomas:
    ☐   Existen todas las tomas indicadas en el Proyecto Técnico para cada vivienda, su ubicación se corresponde con lo indicado en el mismo, están correctamente conectadas y es correcta la continuidad desde el Registro de Toma.
    ☐   El número de tomas instaladas no coincide con lo indicado en el Proyecto Técnico (Descríbase la modificación).

3.3. Niveles de señales de R. F. en la instalación.

A. Señales de radiofrecuencia a la entrada y salida de los amplificadores, anotándose los niveles en dBμV de las señales en la frecuencia central para cada canal de televisión digital.

Tipo de señal	Banda/ Canal	Frecuencia central del emisor (MHz)	Nombre emisión (Empresa)	Señales de R.F. en dBμV/75 Ω	
				A la entrada del amplifi-cador	A la salida del amplifi-cador
Televisión digital					
FM					
DAB					

B. Niveles de señal en toma de usuario en el mejor y peor caso de F.M. y T.V.
de cada ramal según Proyecto Técnico.

a. Banda TDT+FM+DAB. Niveles de las señales en dBμV de la frecuencia central de cada canal para televisión digital.

Tipo de señal	Canal	Frecuencia central de canal para te-levisión digi-tal (MHz)	Nivel de señal de prueba en el mejor caso de cada ramal (dBμV/75) Ω					Nivel de señal de prueba en el peor caso de cada ramal (dBμV/75) Ω				
			Ramal					Ramal				
			1	2	3	4	...N	1	2	3	4	...N
Televisión digital		Fc.										
		Fc.										
		Fc.										
FM		Fc.										
DAB		Fc.										

b. Banda 950 - 2150 MHz. (Solo cuando no existan sistemas de captación de señales de radiodifusión y televisión por satélite). Se determinará con ayuda de un simulador de FI u otro dispositivo equivalente,
los niveles de señal en la mejor y peor toma de cada ramal para tres
frecuencias significativas en la banda.

Frecuencia	Nivel de se-ñal de salida del simula-dor de FI en cabecera (dBμV)	Nivel de señal de prue-ba en el mejor caso de cada ramal (dBμV/75) Ω					Nivel de señal de prue-ba en el peor caso de cada ramal (dBμV/75) Ω				
		Ramal					Ramal				
		1	2	3	4	...N	1	2	3	4	...N
Televisión digital											
FM											
DAB											

3.4. MER y BER para señales de TV Digital Terrestre.

Se medirá el MER y el BER, al menos, en los canales de televisión digital terrestre en el peor caso de cada ramal.

Frecuencia del canal	Ramal 1		Ramal 2		Ramal 3		Ramal 4		Ramal...N	
	MER	BER	MER	BER	MER	BER	MER	BER	MER	BER

3.5. Continuidad y resistencia de la toma de tierra.

Parámetro	Valor
Continuidad:	Ω
Resistencia:	Ω
Sección del cable de toma de tierra:	mm²
Conexión:	☐ a tierra general del edificio, ☐ a tierra exclusiva, ☐ otras circunstancias.

3.6. Respuesta en frecuencia.

La variación de la diferencia de nivel entre las frecuencias superior e inferior de cualquier canal, desde la entrada de los amplificadores hasta cualquier toma, no supera ± 5 dB cualesquiera que sean las condiciones de carga de la instalación. La diferencia entre niveles de canales de la misma naturaleza es igual o inferior a 3 dB.

4. Captación y distribución de las señales de televisión y radiodifusión sonora por satélite. (Si existe)

4.1. Bases para las antenas parabólicas.

☐ Situación respecto a plano.

☐ Construcción de acuerdo al pliego de condiciones.

4.2. Cuando en la ICT se incorporen antenas parabólicas para la recepción de señales de satélite se deberá incluir:

Parábola orientada a:	Marca	Modelo	Características
Unidad exterior	Marca	Modelo	Características
Equipos instalados en el RITS	Marca	Modelo	Características

4.3. Nivel de las señales que se reciben a la entrada y salida del amplificador de cabecera en tres frecuencias significativas de la banda y en toma de usuario y en los casos mejor y peor de cada ramal:

Frecuencia	Nivel de señal de entrada en cabecera según proyecto (dBµV)	Nivel de señal de salida en cabecera según proyecto (dBµV)	Nivel de señal de prueba en el mejor caso de cada ramal (dBµV/75) Ω					Nivel de señal de prueba en el peor caso de cada ramal (dBµV/75) Ω				
			Ramal					Ramal				
			1	2	3	4	...N	1	2	3	4	...N
1ª F.I.												
2ª F.I.												
3ª F.I.												

4.4. BER para señales de TV digital por satélite.

Se medirá la tasa de error, al menos, en los canales de televisión digital por satélite en el peor caso de cada ramal.

Frecuencia del canal	BER (ramal 1)	BER (ramal 2)	BER (ramal 3)	BER (ramal 4)	BER (ramal...N)

5. Acceso al servicio de de telecomunicaciones de banda ancha

5.1. Redes de distribución y dispersión.

5.1.1 Cables de pares

    A.   Registro Principal de Cables de Pares (Punto de Interconexión).

        a.   Regletas de operadores (regletas de conexión de entrada).

            ☐ Espacio disponible debidamente señalizado.

            ☐ Canalización de acometida instalada y equipada con hilo guía.

        b.   Regletas de la comunidad (regletas de conexión de salida).

Regletas de interconexión	
Cantidad	
Tipo de regleta	
Marca:	
Modelo:	
Características específicas	

B. Red de distribución/dispersión.

    a. Cables:

Número			
Tipo de cubierta			
Calibre/N.º de pares:			
Características específicas			

    b. Número total de pares conectados en el RITI:

C. Puntos de distribución.

    a. Tarjetero: ☐ Instalado; ☐ Correctamente marcado.

    b. Regletas de los puntos de distribución.

Planta	1ª	2ª	3ª	...n
Cantidad				
Tipo				
Modelo				
Características específicas				

    c. Número total de pares conectados en registros secundarios de cada planta:

Planta	1ª	2ª	3ª	...n
N.º de pares				

D. Puntos de acceso al usuario:

Planta	1ª	2ª	3ª	...n
Cantidad				
Tipo				
Modelo				
Características específicas				

E. Medidas a realizar en la Red de cables de pares:

    a. Resistencia óhmica: La resistencia óhmica medida desde el Registro Principal, entre los dos conductores, cuando se cortocircuitan los dos terminales de línea en el PAU (se comprobará para todos los PAU) es:

        1. Máxima medida:

        2. Mínima medida:

b. Resistencia de aislamiento: La resistencia de aislamiento de todos los pares conectados, medida desde el Registro Principal con 500V de tensión continua entre los dos conductores de la red, o entre cualquiera de estos y tierra, no deberá ser menor de 100 M (se comprobará para todos los PAU) es:

1. Valor mínimo medido:

c. Continuidad y correspondencia:

Punto de interconexión Registro principal (Regletas de salida)		Vertical		Punto de distribución Registro secundario			Vivienda	Estado
N° Regleta	Posición	N° de par del cable	Color par/cinta	Planta	N° Regleta	Posición	Planta/ Letra	

Abreviaturas a utilizar en la columna Estado:

B: Par bueno.

A: Abierto (uno de los hilos del par no tiene continuidad)

C.C.: Cortocircuito (Contacto metálico entre dos hilos del mismo par)

C-14 -16: Cruce (Contacto metálico entre dos hilos de distinto par: en este caso par 14 con el 16)

T: Tierra (Contacto metálico entre los hilos del par y la pantalla del cable)

Las anomalías están reflejadas en el tarjetero del Registro Principal.

5.1.2. Red de pares trenzados.

A. Registro Principal de Cables de Pares Trenzados (Punto de Interconexión).

a. Punto de interconexión de operadores (paneles de conexión de entrada).

□ Espacio disponible debidamente señalizado

□ Canalización de acometida instalada y equipada con hilo guía

b. Conexiones de cable de pares trenzados pertenecientes a la comunidad.

Conexiones de cableado de pares trenzados	
Cantidad de conexiones en el punto de interconexión	
Tipo de conector (incluyendo categoría según ISO / IEC 11801)	
Marca:	
Modelo:	

□ Los cables están debidamente identificados y etiquetados, detallando la vivienda a la cual pertenece cada uno de los enlaces.

B. Red de distribución/dispersión.

a. Cables:

Número	
Tipo de cubierta	
Calibre/N.º de pares:	
Características específicas (tipo de cable y categoría)	

C. Puntos de acceso al usuario (Roseta de Pares Trenzados):

Planta	1ª	2ª	3ª	...n
Cantidad				
Tipo				
Modelo				
Características específicas				

D. Medidas a realizar en la red de cables de Pares Trenzados: Se realizarán las medidas de la tabla siguiente desde el Registro principal hasta cada PAU

Vertical Vivienda	Tipo de certificación	Certificación de prueba en el mejor caso de la vertical			Certificación de prueba en el peor caso de la vertical		
		Longitud	Atenuación	Pasa/Falla	Longitud	Atenuación	Pasa/Falla

☐ Se ha efectuado la certificación de los todos los enlaces permanentes en la instalación, verificando que los reflejados en el presente Protocolo de Pruebas son, en cuanto a valores de atenuación, efectivamente el mejor y el peor caso de cada vertical.

5.1.3. Red de cables coaxiales.

A. Registro Principal de Cables Coaxiales (Punto de Interconexión).

a. Punto de interconexión de operadores.

☐ Espacio disponible debidamente señalizado
☐ Canalización de acometida instalada y equipada con hilo guía

b. Conexiones del cableado coaxial pertenecientes a la comunidad.

Conexiones de cableado coaxial	
Cantidad de conexiones en el punto de interconexión	
Tipo de conector	
Marca:	
Modelo:	

B.   Red de distribución / dispersión.

  a.   Topología:

  ☐ Topología Árbol–rama
  ☐ Topología Estrella

  b.   Cables:

Número	
Tipo de cubierta	
Diámetro exterior	
Características específicas	

  c.   Elementos de las redes de distribución y dispersión:

Elementos	Tipo	Marca	Modelo	Ubicación
Derivadores				
Cable coaxial				
Distribuidores				

C.   Puntos de acceso al usuario (Distribuidor):

Planta	1ª	2ª	3ª	...n
Cantidad				
Tipo				
Modelo				
Características específicas				

D.   Medidas a realizar en la red de cables Coaxiales.

Valores de atenuación: La atenuación, medida desde el Registro Principal hasta el PAU, de los cables coaxiales de la red de distribución (se comprobará para todos los PAU) es:

1.   Máxima medida:

2.   Mínima medida:

5.1.4. Red de cables de fibra óptica.

A.   Registro Principal de Cables de Fibra Óptica (Punto de Interconexión).

  a.   Punto de interconexión de operadores.

  ☐ Espacio disponible debidamente señalizado
  ☐ Canalización de acometida instalada y equipada con hilo guía

  b.   Conexiones de cables de fibra óptica pertenecientes a la comunidad.

Conexiones de cableado de fibra óptica	
Cantidad de conexiones en el punto de interconexión	
Tipo de conector	
Marca:	
Modelo:	

  ☐ Los cables están debidamente identificados y etiquetados, detallando la vivienda a la cual pertenece cada uno de los enlaces.

B. Red de distribución/dispersión.

a. Cables:

Número	
Tipo de cubierta	
Diámetro exterior	
Características específicas	

b. Elementos de empalme (en caso existir para cables multifibra).

Elementos	Tipo	Marca	Modelo	Ubicación
Empalmes				
Conectores				
Conectores				

C. Puntos de acceso al usuario (Roseta óptica):

Planta	1ª	2ª	3ª	...n
Cantidad				
Tipo				
Modelo				
Características específicas				

D. Medidas a realizar en la red de cables de Fibra Óptica:

Se realizarán las medidas de la tabla siguiente desde el Registro principal hasta cada PAU

Vertical Vivienda	Tipo de certificación	Certificación de prueba en el mejor caso de la vertical			Certificación de prueba en el peor caso de la vertical		
		Longitud	Atenuación	Pasa/Falla	Longitud	Atenuación	Pasa/Falla

☐ Se ha efectuado la certificación de los todos los enlaces permanentes en la instalación, verificando que los reflejados en el presente Protocolo de Pruebas son, en cuanto a valores de atenuación, efectivamente el mejor y el peor caso de cada vertical.

5.2. Red interior de usuario

5.2.1. Red Interior de Usuario de Cables de Pares Trenzados

A. Punto de Acceso del Usuario:

☐ Todos los cables de la red interior de usuario están finalizados mediante los correspondientes conectores macho miniatura en el interior del Registro de Terminación de Red.

Tipo de conector	
Categoría	
Características específicas	

B. Cableado de pares trenzados en la red interior de usuario.

Tipo de conector	
Categoría	
Características específicas	

C. Número de tomas:

☐ Existen todas las tomas indicadas en el Proyecto Técnico para cada vivienda, su ubicación se corresponde con lo indicado en el mismo, están correctamente conectadas y es correcta la continuidad desde el PAU.

☐ El número de tomas instaladas no coincide con lo indicado en el Proyecto Técnico (Descríbase la modificación). Las tomas instaladas están correctamente conectadas y es correcta la continuidad desde el PAU.

D. Medidas a realizar en la red de cables de Pares Trenzados:

Se realizarán las medidas de la tabla siguiente desde el PAU hasta cada toma:

Vivienda Toma	Tipo de certificación	Certificación de prueba en el mejor caso de la vivienda			Certificación de prueba en el peor caso de la vivienda		
		Longitud	Atenuación	Pasa/Falla	Longitud	Atenuación	Pasa/Falla

5.2.2 Red Interior de usuario de Cables Coaxiales

A. Punto de Acceso del Usuario:

Tipo de conector	
Características específicas	

B. Cables coaxiales en la red interior de usuario:

Número	
Tipo de cubierta	
Diámetro exterior	
Características específicas	

C. Número de tomas:

☐ Existen todas las tomas indicadas en el Proyecto Técnico para cada vivienda, su ubicación se corresponde con lo indicado en el mismo, están correctamente conectadas y es correcta la continuidad desde el PAU.

☐ El número de tomas instaladas no coincide con lo indicado en el Proyecto Técnico (Descríbase la modificación). Las tomas instaladas están correctamente conectadas y es correcta la continuidad desde el PAU.

D. Medidas a realizar en la red de cables Coaxiales

Valores de atenuación:

La atenuación medida desde el PAU hasta cada toma de usuario es:

1. Atenuación Máxima medida:

2. Atenuación Mínima medida:

6. Canalizaciones, recintos de instalaciones de telecomunicación y registros

6.1. Arqueta de Entrada. (Si no se instala descríbase la alternativa)

Tipo	
Dimensiones	
Ubicación	
Características constructivas	

6.2. Canalización Externa.

Tipo de tubos	N.º de tubos

6.3. Canalización de Enlace.

a. Inferior:

Tipo de construcción	Tipo de material	N° y diámetro (tubos) / N.º y canales (canaletas)	Longitud	Arquetas o registros
Tubos				
Canaletas				

b. Superior:

Tipo de construcción	Tipo de material	N° y diámetro (tubos) / N.º y canales (canaletas)	Longitud	Arquetas o registros
Tubos				
Canaletas				

6.4. Recinto de Instalaciones de Telecomunicación Inferior.

Características generales	
Dimensiones	
Características constructivas	
Ubicación del recinto	
Disposición de escalerillas o canaletas para tendido de cables	
Tipo de ventilación	
Canalizaciones eléctricas hasta el lugar de centralización de contadores	
Canalizaciones eléctricas hasta el cuadro de servicios generales	
Equipamiento del cuadro de protección	
Número de enchufes	
Torna de tierra del recinto (características del anillo y valor de la resistencia eléctrica con relación a la tierra lejana)	
Alumbrado incluyendo el de emergencia	
Registro principal de cable de pares	
Registro para cables de pares trenzados (Comunidad). Equipado segúr 5.1.2	
Previsión para Operador 1	
Registro principal de cables coaxiales	
Registro para cables coaxiales (Comunidad). Equipado según 5.1.3	
Previsión para Operador 1	
Registro principal de cables de fibra óptica	
Registro para cables de fibra óptica (Comunidad). Equipado según 5 1.4	
Previsión para Operador 1	

6.5. Recinto de Instalaciones de Telecomunicación Superior:

Características generales	
Dimensiones	
Características constructivas	
Ubicación del recinto	
Disposición de escalerillas o canaletas para tendido de cables	
Tipo de ventilación	
Canalizaciones eléctricas hasta el lugar de centralización de contadores	
Canalizaciones eléctricas hasta el cuadro de servicios generales	
Equipamiento del cuadro de protección	
Número de enchufes	
Torna de tierra del recinto (características del anillo y valor de la resistencia eléctrica con relación a la tierra lejana)	
Alumbrado incluyendo el de emergencia	
Registro principal para servicios de radiodifusión y televisión	
Ubicación cabecera para RF + TV	
Previsión para satélite 1	
Previsión para satélite 2	
Registro principal de cables coaxiales	
Registro para cables coaxiales (Comunidad). Equipado según 5.1.3	
Previsión para Operador 1	
Registro principal para servicios de telecomunicaciones de banda ancha	
Previsión para Operador 1	
Previsión para Operador 2	

6.6. Antenas conectadas a la tierra del edificio.

☐ Para emisiones terrestres.- Sección del cable de tierra (mm²):

☐ Para emisiones por satélite.- Sección del cable de tierra (mm²):

6.7. Canalizaciones y Registros:

Elementos	Dimensiones	Cantidad
Canalización Principal		
Registros Secundarios		
Canalizaciones Secundarias		
Registros de Paso		
Registros de Terminación de Red		
Canalización Interior de Usuario (*)		
Registros de Toma		

(*) Se adjuntarán esquemas de las canalizaciones interiores de usuario, en los casos en que estas difieran de las contempladas en el Proyecto Técnico.

7. Hogar digital

Si existe, se incluirá el protocolo de pruebas realizado sobre las instalaciones de Hogar Digital que se hayan incluido en el Proyecto Técnico de la ICT, de acuerdo al Anexo V del Reglamento.

Fecha, firma y sello de la empresa instaladora

ANEXO VI
CONTENIDO Y ESTRUCTURA DEL
MANUAL DE USUARIO DE UNA ICT

El objetivo general del Manual de Usuario es informar a los usuarios sobre las funcionalidades que la vivienda dispone en lo que respecta a instalaciones de telecomunicación. Para ello es imprescindible que el lenguaje sea adaptado y asequible para el usuario no experto y se plantee siempre con descripciones visuales que puedan incluir croquis, dibujos realizados y fotografías. Además se debe añadir información sobre la documentación de las instalaciones de telecomunicación y de la normativa legal sobre la que se soportan estas instalaciones.

1. Identificación

Se identificará de forma inequívoca cada tipo de vivienda, local comercial o estancia común de la edificación a la que corresponde el Manual de Usuario.

2. Objetivo

Se reflejará el objeto general del documento.

3. Introducción

En este capítulo se hará referencia a la normativa de aplicación (Ley de Ordenación de la Edificación, Ley General de Telecomunicaciones y normativa específica de las ICT). Asimismo, se enumerarán los diferentes tipos de servicios de telecomunicación que la infraestructura instalada permite que sean recibidos. Por último, se dispondrá una relación de enlaces de interés con administraciones públicas competentes en telecomunicación, colegios profesionales, registro de empresas instaladoras, información de televisión digital, asociaciones profesionales de empresas instaladoras, operadores de telecomunicaciones con presencia en la zona, etc.

4. Esquema de la instalación efectuada

Se incluirá el esquema general de la infraestructura proyectada para el edificio que figura en el Proyecto Técnico, con las actualizaciones necesarias. Se delimitarán las partes comunes y privativas de la ICT y se establecerán las prohibiciones, recomendaciones de uso y responsabilidades de mantenimiento de cada una de ellas.

5. Resumen de servicios instalados

Se realizará una breve descripción de los diferentes servicios que han sido efectivamente instalados, así como de la oferta de operadores en la zona. En caso de instalación de servicios de Hogar Digital, se indicarán y describirán los servicios disponibles de acuerdo a la tabla de servicios del anexo V del Real Decreto 346/2011, de 11 de marzo.

6. Descripción de la instalación interior de usuario

6.1 Registro de Terminación de Red.

Se explicará la función de este registro en cuanto a la delimitación de responsabilidades respecto a la Comunidad de Propietarios. Se describirá la función de este registro, especificando los elementos principales que lo contienen aportando esquema o fotografía del mismo y señalando la finalidad de los espacios para la colocación de equipos, en su caso, por parte del Operador. Se mostrará también su ubicación en la vivienda, a través de planos, esquemas o fotografías de la misma. Se prestará especial atención a incluir recomendaciones para favorecer la ventilación natural del registro y evitar su manipulación.

- Descripción.
- Principales elementos.
- Recomendaciones de Uso.

6.2 Tomas.

Se especificarán las diferentes tomas que se incluyen en la vivienda reflejando los servicios que el usuario puede recibir e indicando, mediante fotografías, planos o esquemas, su ubicación en las diferentes estancias. Se incluirán aquellas recomendaciones de uso que se considere oportuno.

- Tipos de Tomas.
- Número y Distribución de Tomas.
- Recomendaciones y consejos de uso.

6.3 Redes y Dispositivos del Hogar Digital.

En caso de instalación de servicios del Hogar Digital, se describirán las redes y dispositivos que lo componen, prestando especial atención a la ubicación y descripción de los interfaces de usuario de los diferentes servicios.

7. Servidumbres

En caso de que existan servidumbres de paso, se señalarán aquí aportando detalle mediante planos, esquemas o fotografías de la ubicación y finalidad de las mismas.

8. Garantía de la ICT

Se reflejará el periodo de garantía de la infraestructura, tanto de los dispositivos electrónicos, como de la canalización y el cableado, y sobre quién recae la responsabilidad de la misma, así como se citará la normativa legal que regula la misma.

9. Documentación de las Instalaciones de Telecomunicación de la Edificación (ICT)

Se detallará de manera breve la documentación de la obra ejecutada en relación a la ICT que se entrega al representante de la Comunidad de Propietarios de la Edificación, indicando el n.º de expediente que tiene asignada, citándose la serie de documentos que la conforman y la finalidad de cada uno, e indicando su autoría.

9.1 Proyecto.

9.2 Acta de Replanteo.

9.3 Certificación Fin de Obra.

9.4 Protocolo de Pruebas.

9.5 Boletín de Instalación.

10. Recomendaciones de mantenimiento para las instalaciones

Se incluirán las recomendaciones pertinentes en orden a mantener en perfecto estado de funcionamiento la instalación ejecutada.

ANEXO VII

PROTOCOLO DE PRUEBAS PARA LA ACTUALIZACIÓN DE INFRAESTRUCTURAS DE RECEPCIÓN DE SEÑALES DE RADIODIFUSIÓN SONORA Y TELEVISIÓN DIGITAL TERRESTRES

1. Titular de la propiedad y características de la instalación

1.1. Titular de la propiedad	Nombre o Razón Social:			
	Tipo de vía:	Nombre de la vía:	Número de la vía:	N.º viviendas:
	C.P.:	Población:		
	Provincia:			
	NIF:	Tel.:		Fax:
1.2. Autor del Proyecto o Estudio Técnico	Apellidos y nombre: Titulación: Dirección: Teléfono:	Correo electrónico:		Fax:
1.3. Número de Registro/Expediente:				
1.4. Relación de nuevos materiales incorporados: (En la relación se incluirán marca y modelo de los materiales instalados)				

2. Equipos de medida utilizados en la instalación

Equipos	Marca	Modelo	N.º serie	Observaciones	
2.1. Medidor de campo				Con monitor: ☐	
				B/N: ☐	Color: ☐
2.2. Medidor de resistencia de tierra					
2.3. Otros equipos (se describirá tipo, marca, modelo, n.º de serie)					

3. Captación y distribución de radiodifusión sonora y televisión terrenal.

3.1. Calidad de las señales de TDT que se reciben en el emplazamiento de la antena (caso peor).

☐ MER < 23 dB
☐ 23 dB MER < 25 dB
☐ 25 dB MER < 27 dB
☐ 27 dB MER

3.2. Calidad de las señales terrestres digitales que se reciben en el emplazamiento de la antena (Caso peor).

☐ Nivel de señal: _____
☐ Zona de cobertura: _____
☐ Interferencia por otro canal: (canal _____)
☐ B.E.R.: _____

3.3. Elementos existentes en la instalación.

(i) Antenas

	Marca	Modelo/Tipo
Antenas		

(ii) Mástil/Torreta

Tipo	N.º elementos	Longitud (m)

(iii) Amplificación

	Marca	Modelo/Tipo
Equipo de cabecera		

(iv) Tipo de mezcla:
1. Elementos instalados
2. Elementos de mezcla integrados en amplificador de F.I.

(v) Distribución

	Tipo	Marca	Modelo	Ubicación
Derivadores				
Distribuidores				
Cable coaxial				
Puntos de acceso al usuario				
Tomas				

3.4. Niveles de señales de R.F. en la instalación

(i) Señales de RF a la entrada y salida de los amplificadores, anotándose los niveles en dBV de la frecuencia central para cada canal de TV digital.

Tipo de señal	Banda/Canal	Frecuencia central del emisor (MHz)	Nombre emisión (Empresa)	Señales de R.F. en dBμV/75 Ω	
				A la entrada del amplificador	A la salida del amplificador
Televisión digital					

(ii) Niveles de señal de entrada a vivienda en primera y última planta o en primer y último punto de derivación de cada línea troncal, ramales. Niveles de las señales en dBV en la frecuencia central de cada canal para televisión digital.

Tipo de señal	Canal	Frecuencia central de canal para televisión digital (MHz)	Nivel de señal de prueba en el mejor caso de cada ramal (dBμV/75) Ω					Nivel de señal de prueba en el peor caso de cada ramal (dBμV/75) Ω				
			Ramal					Ramal				
			1	2	3	4	...N	1	2	3	4	...N
Televisión digital		$F_{central}$										
		$F_{central}$										
		$F_{central}$										

3.5. BER para señales de TV digital terrestre.

Se medirá la tasa de error, al menos, en los canales de televisión digital terrestre en el peor caso de cada ramal.

Frecuencia del canal	Ramal 1		Ramal 2		Ramal 3		Ramal 4		Ramal...N	
	MER	BER	MER	BER	MER	BER	MER	BER	MER	BER

3.6. Continuidad y resistencia de la toma de tierra.

Conexión:
□ A tierra general del edificio.
□ A tierra exclusiva.
□ Otras circunstancias.

3.7. Respuesta en frecuencia.

La variación de la diferencia de nivel entre las frecuencias superior e inferior de cualquier canal, desde la entrada de los amplificadores hasta cualquier toma, no supera ± 5 dB cualesquiera que sean las condiciones de carga de la instalación. La diferencia entre niveles de canales de la misma naturaleza es igual o inferior a 3 dB.

4. Captación y distribución de las señales de televisión y radiodifusión sonora por satélite (Cuando exista).

4.1. Cuando se incorporen antenas parabólicas para la recepción de señales de satélite se deberá incluir:

Parábola orientada a:	Marca	Modelo	Características
Unidad exterior	Marca	Modelo	Características
Equipos instalados en el RITS	Marca	Modelo	Características

4.2. Nivel de las señales que se reciben a la entrada y salida del amplificador de cabecera en tres frecuencias significativas de la banda y en toma de usuario y en los casos mejor y peor de cada ramal

Frecuencia	Nivel de señal de entrada en cabecera según proyecto (dBμV)	Nivel de señal de salida en cabecera según proyecto (dBμV)	Nivel de señal de prueba en el mejor caso de cada ramal (dBμV/75) Ω Ramal					Nivel de señal de prueba en el peor caso de cada ramal (dBμV/75) Ω Ramal				
			1	2	3	4	...N	1	2	3	4	...N
1ª F.I.												
2ª F.I.												
3ª F.I.												

4.3. BER para señales de TV digital por satélite: Se medirá la tasa de error, al menos, en los canales de televisión digital por satélite en el peor caso de cada ramal (Se incluirá el canal con peor C/N).

Frecuencia del canal	BER (ramal 1)	BER (ramal 2)	BER (ramal 3)	BER (ramal 4)	BER (ramal...N)

5. Observaciones

La modificación de la instalación ha sido realizada de conformidad con las disposiciones vigentes y, en su caso, con el Proyecto/Estudio Técnico de actualización correspondiente

Fecha, firma y sello de la empresa instaladora.

Normativa adicional

REAL DECRETO 250/2025, DE 25 DE MARZO, POR EL QUE SE APRUEBA EL PLAN TÉCNICO NACIONAL DE LA TELEVISIÓN DIGITAL TERRESTRE Y SE REGULAN DETERMINADAS MEDIDAS DE IMPULSO DE LA EVOLUCIÓN TECNOLÓGICA DE LA TELEVISIÓN DIGITAL TERRESTRE

I

El artículo 86 de la Ley 11/2022, de 28 de junio, General de Telecomunicaciones, establece que corresponde al Gobierno la aprobación de los planes técnicos nacionales de radiodifusión y televisión, en el marco de la competencia exclusiva del Estado para la planificación, gestión y control del dominio público radioeléctrico reconocida en el artículo 149.1.21.ª de la Constitución Española.

Mediante el Real Decreto 391/2019, de 21 de junio, se aprobó el Plan Técnico Nacional de la Televisión Digital Terrestre y se regularon determinados aspectos para la liberación del segundo dividendo digital. Dicho real decreto estableció las actuaciones a realizar para la liberación de la banda del segundo dividendo digital (banda 694-790 MHz), del uso para la prestación del servicio de televisión digital terrestre (TDT), para destinarla a la prestación de servicios de comunicaciones móviles de banda ancha. El proceso de liberación de esta banda se completó el 31 de octubre de 2020, y esta banda se está utilizando actualmente para la prestación de servicios de comunicaciones electrónicas inalámbricas de banda ancha, con las condiciones técnicas establecidas en la Decisión de Ejecución (UE) 2016/687, de 28 de abril de 2016, relativa a la armonización de la banda de frecuencias de 694-790 MHz para los sistemas terrenales capaces de prestar servicios de comunicaciones electrónicas inalámbricas de banda ancha y para un uso nacional flexible en la Unión. De acuerdo con lo previsto en el Plan técnico nacional el servicio de televisión digital terrestre se presta en la banda de frecuencias de 470 a 694 MHz (canales radioeléctricos 21 a 48).

Entre otros aspectos, en el Real Decreto 391/2019, de 21 de junio, se incluyeron también algunas medidas para el impulso de la innovación tecnológica en los servicios audiovisuales televisivos, en particular la implantación de la televisión de alta definición (HD) y la introducción de la ultra alta definición (UHD), así como medidas para favorecer la evolución futura de los equipos de difusión hacia tecnologías de mayor eficiencia espectral, y para favorecer la evolución del parque de aparatos receptores de televisión digital terrestre para poder recibir estas emisiones.

Asimismo, el 14 de febrero de 2024 se completó el cese de las emisiones TDT en definición estándar, de manera que desde esa fecha todas las emisiones de televisión digital terrestre en España son en alta definición (HD).

En el ámbito de la Unión Europea, el 25 de mayo de 2017 se publicó en el Diario Oficial de la Unión Europea, la Decisión (UE) 2017/899 del Parlamento Europeo y del Consejo, de 17 de mayo de 2017, sobre el uso de la banda de frecuencias de 470-790 MHz en la Unión, que tiene como objetivo garantizar un enfoque coordinado del uso de esta banda en la Unión Europea de conformidad con objetivos comunes. Asimismo, durante los últimos años se está produciendo un intenso debate en Europa entre los Estados Miembros y la Comisión Europea sobre el futuro de la banda UHF y los usos de dicha banda en los años venideros, y a largo plazo. Este debate se está desarrollando fundamentalmente en el seno del Grupo de Política del Espectro de la Unión Europea, que ha aprobado varios Dictámenes. Uno de los principales debates que se está produciendo es la necesidad de la evolución tecnológica de la TDT para la introducción de las técnicas de codificación y modulación más avanzadas, que ofrecen una mayor eficiencia, robustez y flexibilidad.

En el ámbito internacional, la Conferencia Mundial de Radiocomunicaciones de 2023 (CMR-23) organizada por la Unión Internacional de Telecomunicaciones (UIT), y celebrada en Dubái (Emiratos Árabes Unidos) del 20 de noviembre al 15 de diciembre de 2023, incluyó como punto 1.5 de la agenda «Examinar la utilización del espectro y las necesidades de espectro de los servicios existentes en la banda de frecuencias 470-960 MHz en la Región 1 y considerar posibles medidas reglamentarias para la banda de frecuencias 470-694 MHz en la Región 1 a partir del examen previsto en la Resolución 235 (CMR 15)». Tras los debates desarrollados durante la CMR-23 sobre este punto se adoptó la decisión de mantener la atribución de la subbanda 470-694 en la Región 1 de la UIT, en la que se encuentra encuadrada España, sólo para el servicio de radiodifusión, y se acordó asimismo no incluir estos aspectos como punto de la agenda para la Conferencia Mundial de Radiocomunicaciones que se celebrará en el año 2027, e incluirlo como punto preliminar de la agenda para la Conferencia Mundial de Radiocomunicaciones a celebrar en 2031.

En la mayoría de los Estados Miembros de la Unión Europea ya se están llevando a cabo emisiones de televisión digital terrestre con la tecnología de transmisión DVB-T2, de manera que España, una vez completado el cese de las emisiones de televisión digital terrestre en definición estándar (SD), y que desde el 14 de febrero de 2024 todas las emisiones de televisión digital terrestre son en alta definición (HD), debe adoptar medidas para continuar avanzando en la incorporación de los nuevos estándares de innovación tecnológica en el servicio de televisión digital terrestre que permita disponer de un servicio moderno y actualizado tecnológicamente de televisión digital terrestre que se traduzca en la mejora en la eficiencia de uso del espectro radioeléctrico y, en definitiva, en un servicio de mayor calidad y de mayor atractivo aún para los ciudadanos, teniendo en cuenta la relevancia social e informativa que actualmente sigue caracterizando al servicio de televisión digital terrestre en España, que sigue siendo la principal vía de acceso de los ciudadanos a los servicios de comunicación audiovisual.

De acuerdo con las iniciativas que se están llevando a cabo en la Unión Europea, y teniendo en cuenta los resultados de la Conferencia Mundial de Radiocomunicaciones 2023, una vez completado en España el cese de las emisiones en definición estándar y que todas las emisiones de televisión digital terrestre en España son en alta definición, se considera necesario planificar de manera más precisa la evolución a estándares avanzados de televisión digital terrestre, incluyendo la tecnología de transmisión DVB-T2 que incrementa de manera importante la capacidad de régimen binario disponible en cada múltiple digital y que permite, por tanto, realizar un uso más eficiente del espectro.

Esta mejora en la eficiencia del uso del dominio público radioeléctrico de la tecnología de transmisión DVB-T2 va a permitir adicionalmente que se pueda extender y generalizar la prestación del servicio de televisión digital terrestre con tecnología de ultra alta definición (UHD), con las indudables ventajas que ello reporta a los ciudadanos en su acceso a esta modalidad de servicio de comunicación audiovisual.

El diseño de cada una de las actuaciones a llevar a cabo, previstas en este real decreto, tiene como objetivo final la evolución a la tecnología de transmisión DVB-T2 de todos los múltiples digitales de la TDT, y la utilización de HEVC como nuevo estándar de codificación más eficiente, garantizando la capacidad necesaria para que todos los canales de televisión puedan evolucionar en el futuro a emisiones con resolución UHD.

II

Para avanzar en este objetivo, se considera necesario disponer inicialmente de un múltiple digital que evolucione a la tecnología de transmisión DVB-T2, en el que se emitirán canales de TV con resolución UHD en emisiones simultáneas. Se ha identificado que el múltiple RGE2, que incluye en la actualidad un canal de TV en UHD, como el más adecuado para evolucionar a la tecnología de transmisión DVB-T2 desde la primera fase de la ejecución del Plan, con el objetivo de favorecer la implantación de esta tecnología, y en particular la adaptación del parque de receptores de TV para poder recibir esta nueva tecnología.

Por otra parte, se incluyen otras medidas de impulso de la innovación tecnológica en los servicios audiovisuales televisivos, para favorecer la implantación de la ultra alta definición (UHD). Asimismo, se prevé que la Secretaría de Estado de Telecomunicaciones e Infraestructuras Digitales puede autorizar emisiones técnicas experimentales que hagan uso de otras tecnologías en el servicio de televisión digital terrestre con tecnologías de mayor eficiencia espectral, condicionado a la disponibilidad de frecuencias y a las limitaciones derivadas de los acuerdos de coordinación internacional de frecuencias.

Asimismo, se establecen medidas para favorecer la evolución del parque de aparatos receptores de televisión digital terrestre para poder recibir las emisiones con los nuevos estándares tecnológicos.

Para el establecimiento de la fecha en la que todos los múltiples digitales deberán evolucionar a los nuevos estándares tecnológicos, se establecen una serie de indicadores que se deberán utilizar, y se define los valores a alcanzar para fijar dicha fecha.

El servicio de televisión digital terrestre se prestará en la banda de frecuencias de 470 a 694 MHz (canales radioeléctricos 21 a 48) y, de acuerdo con el objetivo señalado con anterioridad, se establece en esta norma que en dicha banda de frecuencias se dispondrá de las mismas redes de televisión digital terrestre (múltiples digitales) y las desconexiones territoriales que existían en el Plan técnico anterior al que se aprueba mediante este real decreto. Asimismo, en este nuevo Plan técnico se mantendrá la oferta de canales de televisión digital terrestre existentes en la actualidad.

Con esta medida se garantiza la continuidad de todas las licencias del servicio de comunicación audiovisual televisiva por ondas hertzianas terrestres existentes en la actualidad y las desconexiones territoriales de las televisiones públicas, y se reserva la capacidad necesaria para garantizar que todas las emisiones de la TDT podrán evolucionar a emisiones con resolución UHD.

De acuerdo con lo señalado con anterioridad, se establece en esta norma que el servicio de televisión digital terrestre se preste mediante ocho múltiples digitales para las emisiones de cobertura estatal y autonómica, cuya planificación de canales radioeléctricos se recoge en el plan técnico que se aprueba mediante este real decreto.

Los ocho múltiples digitales (RGE1, RGE2, MPE1, MPE2, MPE3, MPE4, MPE5 y MAUT) previstos en el plan técnico que se aprueba mediante este real decreto, son los mismos que ya estaban en servicio con el Plan técnico anterior, y se realizan los ajustes necesarios para conseguir los objetivos anteriormente indicados.

En el caso de la Corporación Radio y Televisión Española, se reserva para la explotación por el servicio público de cobertura nacional, la capacidad del múltiple digital RGE1 y la mitad de la capacidad del múltiple digital RGE2. Se reserva asimismo el múltiple digital de cobertura autonómica MAUT a cada una de las comunidades autónomas en su correspondiente ámbito territorial.

Los titulares de licencias del servicio de comunicación audiovisual televisiva digital terrestre de cobertura estatal utilizarán la capacidad de transmisión de los múltiples digitales de cobertura estatal que resulta necesaria para explotar los canales de televisión a que les habilitan sus licencias, en concreto, accederán a la capacidad de transmisión de los múltiples digitales MPE1, MPE2, MPE3, MPE4 y MPE5, y a la mitad de la capacidad del múltiple digital RGE2.

En el anexo II del plan se recogen los canales radioeléctricos en los que se explotarán los ocho múltiples digitales de cobertura estatal o autonómica, en cada una de las 75 áreas geográficas previstas en él. Asimismo, en el anexo I del plan se recogen los municipios que se incluyen en cada una de estas 75 áreas geográficas.

Este real decreto tiene por objeto, en consecuencia, aprobar un nuevo Plan Técnico Nacional de la Televisión Digital Terrestre y establecer medidas de impulso de la evolución tecnológica en este servicio.

III

En la elaboración y tramitación de esta norma, se han observado los principios de buena regulación previstos en el artículo 129 de Ley 39/2015, de 1 de octubre, del Procedimiento Administrativo Común de las Administraciones Públicas.

En particular, respecto al principio de necesidad, esta norma aborda el necesario proceso para la evolución tecnológica del servicio de televisión digital terrestre, en particular, para la implantación de la tecnología de transmisión DVB-T2 que incrementa de manera importante la capacidad de régimen binario disponible en cada múltiple digital y que permite, por tanto, realizar un uso más eficiente del espectro. La consecución de esta evolución tecnológica del servicio de TDT para poder realizar un uso más eficiente del espectro implica que se tenga que aprobar un nuevo Plan Técnico Nacional de la Televisión Digital Terrestre.

En referencia al principio de proporcionalidad, esta norma garantiza la continuidad de toda la oferta actual de canales de televisión digital terrestre de ámbito estatal, autonómico y local. A mayor abundamiento, la capacidad reservada facilita la evolución tecnológica y las mejoras de calidad y permite la evolución desde el punto de vista técnico de todos los canales de televisión terrestre en el futuro a emisiones de ultra alta definición.

El presente real decreto garantiza la seguridad jurídica, ya que está alineado con la normativa europea que requiere de la realización de un uso eficiente del espectro e incorpora y concreta estándares tanto de ámbito internacional como europeo.

Respecto al principio de transparencia, se han explicitado los motivos que justifican la presente norma y el nuevo Plan que aprueba, habiéndose efectuado el trámite de audiencia e información pública previstas en el artículo 133 de la Ley 39/2015, de 1 de octubre.

Por último, se da cumplimiento al principio de eficiencia, ya que esta norma posibilita la introducción de las técnicas de codificación y modulación más avanzadas, que ofrecen una mayor eficiencia, robustez y flexibilidad en la prestación de los servicios de televisión digital terrestre y, con ello, permite alcanzar los objetivos de conseguir unos servicios de televisión digital terrestre más modernos e innovadores y una mayor eficiencia en el uso del dominio público radioeléctrico.

IV

Esta disposición ha sido sometida al procedimiento previsto en la Directiva (UE) 2015/1535 del Parlamento Europeo y del Consejo, de 9 de septiembre de 2015, por la que se establece un procedimiento de información en materia de reglamentaciones técnicas y de reglas relativas a los servicios de la sociedad de la información, así como a lo dispuesto en el Real Decreto 1337/1999, de 31 de julio por el que se regula la remisión de información en materia de normas y reglamentaciones técnicas y reglamentos relativos a los servicios de la sociedad de la información.

Este real decreto se ha tramitado de conformidad con lo dispuesto en el artículo 133 de la Ley 39/2015, de 1 de octubre, del Procedimiento Administrativo Común de las Administraciones Públicas, y el artículo 26 de la Ley 50/1997, de 27 de noviembre, del Gobierno. El proyecto ha sido informado por la Comisión Nacional de los Mercados y la Competencia, de conformidad con lo establecido en el artículo 5.2.a) de la Ley 3/2013, de 4 de junio, de creación de la Comisión Nacional de los Mercados y la Competencia.

Este real decreto se dicta al amparo de la competencia exclusiva del Estado en materia de telecomunicaciones reconocida en el artículo 149.1.21.ª de la Constitución Española.

En su virtud, a propuesta del Ministro para la Transformación Digital y de la Función Pública, de acuerdo con el Consejo de Estado, y previa deliberación del Consejo de Ministros en su reunión del día 25 de marzo de 2025,

DISPONGO:

CAPÍTULO I

Disposiciones generales

Artículo 1. Aprobación del Plan Técnico Nacional de la Televisión Digital Terrestre.

Se aprueba el Plan Técnico Nacional de la Televisión Digital Terrestre que se inserta a continuación de este real decreto (Plan Técnico TDT).

Artículo 2. Definiciones.

A los efectos de este real decreto y del Plan Técnico Nacional de la Televisión Digital Terrestre que se aprueba, se entiende por:

Canal radioeléctrico: porción del espectro radioeléctrico que se utiliza para la difusión desde una estación radioeléctrica de una señal de televisión. Se suele llamar también frecuencia radioeléctrica.

Red de frecuencia única: conjunto de estaciones radioeléctricas que permite cubrir una cierta zona del territorio, llamada zona de servicio, utilizando la misma frecuencia o canal radioeléctrico en todas las estaciones.

Múltiple digital: señal compuesta para transmitir un canal o frecuencia radioeléctrica y que, al utilizar la tecnología digital, permite la incorporación de las señales correspondientes a varios canales de televisión y de las señales correspondientes a varios servicios asociados y a servicios de comunicaciones electrónicas.

Canal de televisión o canal digital: conjunto de programas de televisión organizados dentro de un horario de programación que no puede ser alterado por el público.

Área geográfica: zona del territorio cubierta desde el punto de vista radioeléctrico por el centro principal de difusión, los centros secundarios que tomen señal primaria de dicho centro y los centros de menor entidad que no tomen señal primaria del centro principal pero tengan cobertura solapada con él o con alguno de sus centros secundarios. Las áreas geográficas del Plan Técnico TDT son las especificadas en el anexo I.

Gestión técnica del múltiple digital: organización y coordinación técnica y administrativa de los servicios y medios técnicos, ya sean compartidos entre distintas entidades habilitadas o de titularidad exclusiva de una sola de ellas, que deban ser utilizados para la adecuada explotación de los canales digitales que integran dicho múltiple digital.

Artículo 3. Explotación de los múltiples digitales de la televisión digital terrestre de cobertura estatal y autonómica.

1. El servicio de televisión digital terrestre (TDT) de cobertura estatal se prestará a través de la capacidad de siete múltiples digitales especificados en el Plan Técnico Nacional de la Televisión Digital Terrestre que se aprueba mediante este real decreto, denominados RGE1, RGE2, MPE1, MPE2, MPE3, MPE4 y MPE5.

2. La Corporación de Radio y Televisión Española explotará el múltiple digital de cobertura estatal RGE1 y la mitad de la capacidad del múltiple digital de cobertura estatal RGE2, para la prestación del servicio público de comunicación audiovisual televisiva.

La gestión técnica del múltiple digital de cobertura estatal RGE2 corresponderá a la Corporación de Radio y Televisión Española.

3. Los actuales titulares de licencias del servicio de comunicación audiovisual televisiva digital terrestre de cobertura estatal explotarán los canales de televisión a que les habilitan sus licencias a través de la mitad restante de la capacidad del múltiple digital RGE2, y de la capacidad de los múltiples digitales MPE1, MPE2, MPE3, MPE4 y MPE5.

4. Se reserva a cada una de las comunidades autónomas en su correspondiente ámbito territorial el múltiple digital de cobertura autonómica MAUT especificado en el Plan Técnico Nacional de la Televisión Digital Terrestre que se aprueba mediante este real decreto.

En aquellas comunidades autónomas en las que se preste el servicio público de comunicación audiovisual televisiva de cobertura autonómica, la gestión técnica del múltiple digital MAUT corresponderá al prestador, órgano o entidad que deba cumplir las obligaciones de cobertura en los términos indicados en el artículo 6.2 del Real Decreto 391/2019, de 21 de junio, por el que se aprueba el Plan Técnico Nacional de la Televisión Digital Terrestre y se regulan determinados aspectos para la liberación del segundo dividendo digital.

Artículo 4. Utilización de canales radioeléctricos en los múltiples digitales.
Los múltiples digitales RGE1, RGE2, MPE1, MPE2, MPE3, MPE4, MPE5 y MAUT se explotarán en los canales radioeléctricos que, para cada uno de ellos y en cada área geográfica, se especifican en el Plan Técnico Nacional de la Televisión Digital Terrestre que se aprueba mediante este real decreto.

Artículo 5. Número de canales de televisión en cada múltiple digital.
1. Cada múltiple digital con tecnología de transmisión conforme a la norma europea de telecomunicaciones EN 300 744 (DVB-T), cualquiera que sea su ámbito de cobertura, tiene capacidad para integrar cuatro canales de televisión en alta definición (HD).

2. Cada múltiple digital con tecnología de transmisión conforme a la norma europea de telecomunicaciones EN 302 755 (DVB-T2), cualquiera que sea su ámbito de cobertura, tiene capacidad para integrar cuatro canales de televisión en ultra alta definición (UHD).

3.   Mediante orden de la persona titular del Ministerio para la Transformación Digital y de la Función Pública podrá modificarse el número de canales de televisión que integra cada múltiple digital en función de la mejora en las técnicas de compresión y codificación, la capacidad de régimen binario disponible o el desarrollo tecnológico futuro.

La adopción de esta medida y de las mejoras tecnológicas que permitan un mayor aprovechamiento del dominio público para la comunicación audiovisual, de acuerdo con lo establecido en el artículo 28.4 de la Ley 13/2022, de 7 de julio, General de Comunicación Audiovisual, no habilitarán para rebasar las condiciones establecidas en las licencias, y en particular para disfrutar de un mayor número de canales de pago o en abierto cuya emisión se hubiera habilitado.

4.   La capacidad restante de transmisión del múltiple digital se podrá utilizar, como medida de impulso de la Sociedad de la Información y de fomento de la innovación en las tecnologías de la información y las comunicaciones, para que los prestadores del servicio de comunicación audiovisual televisiva digital terrestre puedan prestar servicios conexos o interactivos distintos del de difusión de televisión, como los de guía electrónica de programación, teletexto, servicios para mejorar la accesibilidad de las personas con discapacidades, como por ejemplo servicios de radio accesible para personas sordas o con discapacidad auditiva en TDT, transmisión de ficheros de datos y aplicaciones, actualizaciones de software para equipos, entre otros.

En el caso de que esta capacidad restante del múltiple digital se utilice para prestar servicios conexos o interactivos distintos del de difusión de televisión, los mismos no podrán ocupar más del 20 por ciento de la capacidad total de transmisión de dicho múltiple digital, porcentaje que, en función del desarrollo de dichos servicios conexos e interactivos, la persona titular del Ministerio para la Transformación Digital y de la Función Pública, mediante orden, podrá modificar. Estos servicios conexos o interactivos no podrán utilizar parámetros de información identificadores del servicio de televisión digital terrestre.

Artículo 6.   Regulación del proceso para la evolución tecnológica de la TDT a la tecnología de transmisión DVB-T2.

1.   La evolución tecnológica de la TDT a la tecnología de transmisión de señales conforme a la norma europea de telecomunicaciones EN 302 755 (DVB-T2) se realizará en 2 fases:

a)   Fase 1: implantación de la tecnología de transmisión de señales conforme a la norma europea de telecomunicaciones EN 302 755 (DVB-T2) en el múltiple estatal RGE2.

b)   Fase 2: implantación de la tecnología de transmisión de señales conforme a la norma europea de telecomunicaciones EN 302 755 (DVB-T2) en todos los múltiples digitales de la TDT, cualquiera que sea su ámbito de cobertura.

2. Con el fin de favorecer la implantación de estándares avanzados de televisión digital terrestre, así como la adaptación del parque de aparatos receptores, los canales de televisión que se integren en el múltiple digital RGE2 realizarán sus emisiones en ultra alta definición (UHD) a partir de la fase 1. En estas emisiones de televisión digital terrestre de ultra alta definición se podrán emitir programas o contenidos de televisión que no cumplan las especificaciones técnicas señaladas en el artículo 11 en el caso de que dichos programas o contenidos no hayan sido producidos en ultra alta definición.

3. La fase 2 se iniciará una vez se cumplan los indicadores y los valores a alcanzar en los mismos, establecidos en el artículo 8.

Artículo 7. Fase 1. Distribución de los múltiples digitales de ámbito estatal y actuaciones a realizar.

1. La Corporación de Radio y Televisión Española explotará la capacidad del múltiple digital de cobertura estatal RGE1, que tiene capacidad, con carácter transitorio durante la fase 1, para integrar 5 canales de alta definición y la mitad de la capacidad del múltiple digital RGE2, para la prestación del servicio público de comunicación audiovisual televisiva.

La Corporación de Radio y Televisión Española integrará en el múltiple digital RGE1 sus canales de televisión con resolución en alta definición (HD) y utilizará la mitad de la capacidad del múltiple digital RGE2 para emisiones simultáneas y en mismo horario que sus contenidos HD con resolución en ultra alta definición (UHD).

2. Los actuales titulares de licencias del servicio de comunicación audiovisual televisiva de ámbito estatal explotarán los canales de televisión a que les habilitan sus licencias a través de la utilización de la siguiente capacidad de transmisión de los múltiples digitales RGE2, MPE1, MPE2, MPE3, MPE4, MPE5:

— Sociedad Gestora de Televisión Net TV, SA: explotará la mitad de la capacidad del múltiple digital MPE1.

— Veo TV, SA: explotará la mitad de la capacidad del múltiple digital MPE1.

— Atresmedia Corporación de Medios de Comunicación, SA, respecto de la licencia de la que era titular Antena 3 de Televisión, SA, la licencia de la que era titular Gestora de Inversiones Audiovisuales La Sexta, SA, y la licencia obtenida en el concurso público convocado por Acuerdo del Consejo de Ministros de 17 de abril de 2015: explotará la capacidad del múltiple digital MPE2, una cuarta parte de la capacidad del múltiple digital MPE4; y una cuarta parte de la capacidad del múltiple digital RGE2.

Atresmedia Corporación de Medios de Comunicación, SA, integrará, con carácter transitorio durante la fase 1, 5 canales de alta definición en el múltiple digital MPE2, y utilizará la cuarta parte de la capacidad del múltiple digital RGE2 para emisiones simultáneas y en mismo horario que sus contenidos HD con resolución en ultra alta definición (UHD).

— Mediaset España Comunicación, SA, respecto de la licencia de la que era titular Gestevisión Telecinco, SA, la licencia de la que era titular la Sociedad General de Televisión Cuatro, SAU, y la licencia obtenida en el concurso público convocado por Acuerdo del Consejo de Ministros de 17 de abril de 2015: explotará la capacidad del múltiple digital MPE3, la mitad de la capacidad del múltiple digital MPE4; y una cuarta parte de la capacidad del múltiple digital RGE2.

Mediaset España Comunicación, SA, integrará, con carácter transitorio durante la fase 1, 5 canales de alta definición en el múltiple digital MPE3, y utilizará la cuarta parte de la capacidad del múltiple digital RGE2 para emisiones simultáneas y en mismo horario que sus contenidos HD con resolución en ultra alta definición (UHD).

— Trece TV, SA: explotará una cuarta parte de la capacidad del múltiple digital MPE4.

— Radio Blanca, SA: explotará una cuarta parte de la capacidad del múltiple digital MPE5.

— Real Madrid Club de Fútbol: explotará una cuarta parte de la capacidad del múltiple digital MPE5.

— Central Broadcaster Media, SLU: explotará una cuarta parte de la capacidad del múltiple digital MPE5.

3. La Corporación de Radio y Televisión Española y los actuales titulares de licencias del servicio de comunicación audiovisual televisiva digital terrestre de cobertura estatal deberán mantener, al menos, los porcentajes de cobertura de población establecidos, respectivamente, para cada uno de ellos en los artículos 4.3 y 5.2. del Real Decreto 391/2019, de 21 de junio.

4. La cuarta parte de la capacidad que queda sobrante en el múltiple digital MPE5 será objeto de adjudicación a través de la convocatoria de concurso para el otorgamiento de una licencia para prestar el servicio de comunicación audiovisual televisivo de ámbito estatal con resolución HD, de acuerdo con lo previsto en el artículo 26 de la Ley 13/2022, de 7 de julio, General de Comunicación Audiovisual.

5. Una vez adjudicada la licencia contemplada en el apartado anterior, se ejecutarán las actuaciones previstas en este artículo para la distribución de la capacidad de los múltiples digitales de cobertura estatal y el inicio de emisiones con la tecnología de transmisión de señales conforme a la norma europea de telecomunicaciones EN 302 755 (DVB-T2) en el múltiple digital RGE2. Mediante resolución de la persona titular de la Secretaría de Estado de Telecomunicaciones e Infraestructuras Digitales se establecerá la fecha concreta y las condiciones para su ejecución.

Artículo 8. Fase 2. Condiciones e indicadores para su ejecución.

1. La fase 2 del proceso para la evolución tecnológica de la TDT a la tecnología de transmisión DVB-T2, tiene como objetivo la implantación de la tecnología de transmisión de señales conforme a la norma europea de telecomunicaciones EN 302 755 (DVB-T2) en todos los múltiples digitales de la TDT, cualquiera que sea su ámbito de cobertura.

2. Una vez ejecutada esta fase, todos los múltiples digitales de la TDT, cualquiera que sea su ámbito de cobertura, emitirán utilizando tecnología de transmisión DVB-T2 y se reservará capacidad para que todos los canales de televisión integrados en los mismos puedan evolucionar a emisiones con resolución en ultra alta definición.

3. La distribución de la capacidad de los múltiples digitales de cobertura estatal, entre la Corporación de Radio y Televisión Española y los titulares de licencias del servicio de comunicación audiovisual televisivo de ámbito estatal a partir de esta fase 2 será la establecida en el artículo 7.

4. Mediante orden de la persona titular del Ministerio para la Transformación Digital y de la Función Pública se establecerá la fecha y las actuaciones a realizar para la ejecución de la fase 2 del proceso para la evolución tecnológica de la TDT a la tecnología de transmisión DVB-T2. En esta orden se establecerán también los plazos y las actuaciones de carácter técnico y de coordinación a realizar para la evolución de la TDT a emisiones en ultra alta definición que persigan alcanzar este objetivo con la menor afectación posible a los prestadores del servicio y a los usuarios, las cuales, en ningún caso, de acuerdo con lo establecido en el artículo 28.4 de la Ley 13/2022, de 7 de julio, General de Comunicación Audiovisual, habilitarán para rebasar las condiciones establecidas en las licencias.

5. Para el establecimiento de la fecha y las actuaciones a realizar para la ejecución de la fase 2 del proceso para la evolución tecnológica de la TDT a la tecnología de transmisión DVB-T2, se deberán reunir, al menos, las condiciones siguientes:

a) el grado de adaptación del parque de aparatos receptores de televisión digital terrestre para recibir las emisiones con tecnología de transmisión DVB-T2 deberá alcanzar, como mínimo, el 95 %.

b) el grado de adaptación del parque de aparatos receptores de televisión digital terrestre para recibir las emisiones con resolución UHD deberá alcanzar, como mínimo, el 90 %.

c) En todo caso, teniendo en cuenta el grado de adaptación de los medios de producción, las iniciativas que se lleven a cabo a nivel nacional y en el ámbito de la Unión Europea, y otros aspectos relacionados con la evolución tecnológica de la TDT, se podrá establecer la fecha de ejecución de la fase 2 con anterioridad a alcanzar los valores establecidos para estos indicadores, o podrá retrasarse el establecimiento de dicha fecha una vez alcanzados los valores establecidos para los mismos.

Artículo 9. Características de los aparatos receptores de televisión digital terrestre.

1. Los aparatos receptores de televisión digital terrestre deberán disponer de interfaces abiertos, compatibles y que permitan la interoperabilidad.

2. Los aparatos receptores de televisión digital terrestre y sus mandos a distancia deberán permitir el acceso, de forma sencilla y directa, a los servicios de comunicación audiovisual televisiva difundidos a través de las diferentes tecnologías de transmisión, así como incluir funcionalidades que permitan a los usuarios cambiar de manera sencilla la configuración y los ajustes por defecto.

3. Los fabricantes de aparatos receptores de televisión digital terrestre deberán indicar e informar al usuario clara y detalladamente sobre las capacidades de cada aparato receptor puesto en el mercado, incluyendo, en particular, las especificaciones relativas a la recepción de la televisión digital terrestre, por un lado, la alta definición con el DVB-T y el H.264/AVC, y por otro lado, la ultra alta definición con el DVB-T2, y el H.265/HEVC, así como la versión de HbbTV y otras funcionalidades adicionales.

Artículo 10. Especificaciones técnicas de las emisiones de televisión digital terrestre en alta definición.

1. Las emisiones de televisión digital terrestre en alta definición deberán cumplir los siguientes requisitos:

a) La resolución vertical de la componente de vídeo será igual o superior a 720 líneas activas con una relación de aspecto de 16:9.

b) El sistema de codificación de vídeo será conforme con la norma internacional de telecomunicaciones de la Recomendación UIT-T H.264: «Codificación de vídeo avanzada para servicios audiovisuales genéricos» equivalente a la norma ISO/IEC 14496-10, referenciada habitualmente como H.264/MPEG-4 AVC.

c) La señal de audio podrá ser estéreo, multicanal, o de nueva generación. El nivel de sonoridad del audio de los programas de televisión deberá estar normalizado a un nivel de -23,0 LUFS, con una tolerancia de ±1,0 LU, conforme a la norma UIT-R BS.1770 de medición de la sonoridad del audio y a la recomendación EBU R-128. El sistema de codificación de audio será conforme con la norma internacional ITU-R BS.1196, y con los apartados 6.1 a 6.5 «Audio», de la norma europea ETSI TS 101 154.

d) En función de la evolución tecnológica, el Ministerio para la Transformación Digital y de la Función Pública podrá decidir el uso de otros sistemas de codificación de vídeo y audio siempre y cuando sean al menos tan eficientes como los indicados en las letras b) y c) anteriores.

2. No se considerarán emisiones de televisión digital terrestre en alta definición aquellas que hayan sufrido a lo largo de la cadena de producción, edición, transporte o difusión, algún tipo de conversión a otros formatos con características distintas de las indicadas en el apartado anterior.

Artículo 11. Especificaciones técnicas de las emisiones de televisión digital terrestre en ultra alta definición.

1. Las emisiones de televisión digital terrestre en ultra alta definición deberán cumplir los siguientes requisitos:

a)   La resolución vertical será igual o superior a 2160 líneas activas con una relación de aspecto de 16:9.

b)   El sistema de codificación de vídeo será conforme con la norma internacional de telecomunicaciones de la Recomendación UIT-T H.265: «Codificación de video muy eficiente» referenciada habitualmente como H.265/HEVC.

c)   La señal de video podrá incorporar alto rango dinámico, rango ampliado de colores y alta frecuencia de imagen.

d)   La señal de audio podrá ser estéreo, multicanal, o de nueva generación. El nivel de sonoridad del audio de los programas de televisión deberá estar normalizado a un nivel de -23,0 LUFS, con una tolerancia de ±1,0 LU, conforme a la norma UIT-R BS.1770 de medición de la sonoridad del audio y a la recomendación EBU R-128. El sistema de codificación de audio será conforme con la norma internacional ITU-R BS.1196, y con el apartado 6 «Audio», de la norma europea ETSI TS 101 154.

e)   En función de la evolución tecnológica, el Ministerio para la Transformación Digital y de la Función Pública podrá decidir el uso de otros sistemas de codificación de vídeo y audio siempre y cuando sean al menos tan eficientes como los indicados en las letras b), c) y d) anteriores.

2.   No se considerarán emisiones de televisión digital terrestre en ultra alta definición aquellas que hayan sufrido a lo largo de la cadena de producción, edición, transporte o difusión, algún tipo de conversión a otros formatos con características distintas de las indicadas en el apartado anterior.

Disposición adicional primera.   Autorización para resolver sobre ajustes y adaptaciones técnicas.

Se autoriza a la persona titular de la Secretaría de Estado de Telecomunicaciones e Infraestructuras Digitales para resolver sobre los ajustes o adaptaciones técnicas, incluido el cambio de canales radioeléctricos, derivados de la coordinación internacional, por motivos de alcanzar una mayor eficiencia en el uso del espectro radioeléctrico o para resolver los problemas de compatibilidad radioeléctrica, en particular, los que se pudieran producir durante la puesta en servicio de las estaciones emisoras.

Disposición adicional segunda.   Parámetros de información de servicio de la televisión digital terrestre.

La llevanza del Registro de parámetros de información de servicio de la televisión digital terrestre creado por la Orden ITC/2212/2007, de 12 de julio, por la que se establecen obligaciones y requisitos para los gestores de múltiples digitales de la televisión digital terrestre y por la que se crea y regula el registro de parámetros de información de los servicios de televisión digital terrestre, así como la gestión y asignación de parámetros corresponderá a la Comisión Nacional de los Mercados y la Competencia, de acuerdo con lo establecido en el apartado 4 de la disposición adicional séptima de la Ley 11/2022, de 28 de junio, General de Telecomunicaciones.

Disposición adicional tercera.   Información al usuario de los servicios de televisión digital terrestre en ultra alta definición.

Las entidades habilitadas para la prestación de servicios de televisión digital terrestre solo podrán señalizar en pantalla que un programa de televisión está siendo emitido en ultra alta definición, con independencia del símbolo representativo o logotipo utilizado, en especial, con las siglas UHD, cuando su emisión cumpla las especificaciones técnicas establecidas en el artículo 11, sin perjuicio de que su contenido pueda estar conformado parcialmente con programas o fragmentos de contenidos que no hayan sido producidos con dichas características.

Disposición adicional cuarta.   Emisiones técnicas experimentales de televisión digital terrestre.

Sin perjuicio de las posibilidades que ofrece la disposición adicional decimoquinta del Real Decreto 391/2019, de 21 de junio, relativas a emisiones técnicas promocionales y a emisiones de eventos en ultra alta definición, la persona titular de la Secretaría de Estado de Telecomunicaciones e Infraestructuras Digitales podrá autorizar emisiones técnicas experimentales de televisión digital terrestre, que hagan uso de otras tecnologías para la difusión de servicios de comunicación audiovisual, como es el caso de la difusión del servicio de comunicación audiovisual televisiva mediante tecnología 5G broadcast (norma ETSI TS 103 720 v1.2.1 o posteriores), siempre y cuando haya disponibilidad de frecuencias y atendiendo a las limitaciones derivadas de los acuerdos de coordinación internacional de frecuencias.

Disposición transitoria primera.   Utilización temporal de la capacidad asignada en los múltiples digitales.

La Corporación de Radio y Televisión Española y los actuales titulares de licencias del servicio de comunicación audiovisual televisiva de ámbito estatal continuarán utilizando la capacidad que tienen reservada en la actualidad en los múltiples digitales RGE1, RGE2, MPE1, MPE2, MPE3, MPE4 y MPE5, hasta la fecha que se establezca en la resolución contemplada en el artículo 7.5, a partir de la cual pasarán a explotar la capacidad establecida en los apartados 1 y 2 de dicho artículo.

Disposición transitoria segunda.   Número de canales de televisión en los múltiples digitales RGE1, MPE2 y MPE3 durante la fase 1.

Durante la fase 1 del proceso para la evolución tecnológica de la TDT a la tecnología de transmisión DVB-T2, los múltiples digitales de ámbito estatal RGE1, MPE2 y MPE3, cuya explotación integra está asignada a una misma entidad, podrán integrar cinco canales de televisión en alta definición.

Disposición transitoria tercera. **Modificaciones de los títulos habilitantes otorgados para la prestación del servicio de televisión digital terrestre.**

Las modificaciones en los títulos habilitantes otorgados para la prestación del servicio de televisión digital terrestre que pudieran derivarse de la aplicación de este real decreto serán acordadas, en cada momento, por los órganos competentes para su otorgamiento. En particular, las modificaciones en los títulos habilitantes otorgados para la prestación del servicio de televisión digital terrestre que vengan derivadas de los cambios de múltiples digitales o de canales radioeléctricos que conforman los distintos múltiples digitales de acuerdo a lo establecido en este real decreto y el plan que aprueba serán acordadas de oficio y de manera reglada por el órgano competente.

Disposición transitoria cuarta. **Modificaciones en los títulos habilitantes otorgados para el uso del dominio público radioeléctrico.**

La Secretaría de Estado de Telecomunicaciones e Infraestructuras Digitales efectuará de oficio las oportunas modificaciones que se derivan de la aplicación de este real decreto en los títulos habilitantes otorgados para el uso del dominio público radioeléctrico y procederá a su anotación en los registros correspondientes.

Disposición transitoria quinta. **Emisiones simultáneas en ultra alta definición en la capacidad de transmisión de los múltiples digitales.**

Como medida de impulso de la innovación tecnológica en los servicios audiovisuales televisivos e implantación de la televisión de ultra alta definición, los prestadores del servicio de comunicación audiovisual televisiva podrán utilizar la capacidad de transmisión que tengan asignada en los múltiples digitales conforme a lo indicado en el artículo 5 para efectuar emisiones simultáneas y en mismo horario que sus contenidos HD con resolución en ultra alta definición (UHD).

En estas emisiones de televisión digital terrestre de ultra alta definición se podrán emitir programas o contenidos de televisión que no cumplan las especificaciones técnicas señaladas en el artículo 11 en el caso de que dichos programas o contenidos no hayan sido producidos en ultra alta definición.

Disposición transitoria sexta. **Adaptación tecnológica de los aparatos receptores de televisión digital terrestre.**

1.   Todos los aparatos receptores de televisión digital terrestre, que se pongan en el mercado español desde la fecha de entrada en vigor de este real decreto, además de estar preparados para sintonizar las emisiones de televisión digital terrestre, deberán incorporar el sintonizador para las emisiones en alta definición, con las especificaciones técnicas indicadas en el artículo 10. Asimismo, deberán incorporar la capacidad de recibir emisiones con la tecnología de transmisión de señales conforme a las normas EN 300 744 (DVB-T) y EN 302 755 (DVB-T2).

2. Los aparatos receptores de televisión digital terrestre dotados de una pantalla con una diagonal visible igual o superior a 101,6 centímetros (40 pulgadas), que se pongan en el mercado español desde la entrada en vigor de este real decreto, además de lo contemplado en el apartado 1 de esta disposición, deberán incorporar el sintonizador, el descodificador y la pantalla adecuados para las emisiones en ultra alta definición, con las especificaciones técnicas indicadas en el artículo 11.

3. Los aparatos receptores de televisión digital terrestre dotados de una pantalla con una diagonal visible inferior a 101,6 centímetros (40 pulgadas), que se pongan en el mercado español transcurrido el plazo de doce meses desde la entrada en vigor de este real decreto, además de lo contemplado en el apartado 1 de esta disposición, deberán incorporar el sintonizador, el descodificador y la pantalla, o en su defecto la capacidad de escalado para mostrar los contenidos, adecuados para las emisiones en ultra alta definición, con las especificaciones técnicas indicadas en el artículo 11.

4. En relación a los servicios interactivos, los aparatos receptores de televisión digital terrestre dotados de una pantalla con una diagonal visible igual o superior a 61 centímetros (24 pulgadas), que se pongan en el mercado español transcurrido el plazo de doce meses desde la entrada en vigor de este real decreto, deberán disponer de conexión de banda ancha y ser compatibles con la norma europea [ETSI TS 102 796] v1.5.1 (o posterior) Hybrid Broadcast Broadband TV – HbbTV, implementando la especificación HbbTV 2.0.2 o posterior.

Disposición transitoria séptima. Evolución tecnológica a la tecnología de transmisión DVB-T2.

1. Una vez ejecutadas las actuaciones contempladas en el artículo 7, y en cualquier momento antes de la aprobación de la orden de la persona titular del Ministerio para la Transformación Digital y de la Función Pública prevista en el artículo 8.4, los prestadores del servicio de comunicación audiovisual televisiva digital terrestre que exploten sus canales en un mismo múltiple digital podrán acordar de manera conjunta la evolución necesariamente al mismo tiempo de las emisiones del múltiple digital a la tecnología de transmisión DVB-T2 y a emisiones en ultra alta definición. Esta evolución tecnológica deberá ser acordada por la totalidad de los prestadores del servicio de comunicación audiovisual televisiva digital terrestre que exploten sus canales en un mismo múltiple digital y se deberá comunicar por medios electrónicos a la Secretaría de Estado de Telecomunicaciones e Infraestructuras Digitales y a la autoridad administrativa audiovisual competente en la prestación del servicio de comunicación audiovisual televisiva.

2. En el caso que dicha evolución tecnológica sea acordada en alguno de los múltiples digitales RGE1, MPE2 o MPE3, quedará sin efecto para dicho múltiple la habilitación transitoria para la emisión de 5 canales de alta definición, prevista en el artículo 7. La Corporación de Radio y Televisión Española, Atresmedia Corporación de Medios de Comunicación, SA, y Mediaset España Comunicación, SA, que explotan respectivamente la totalidad de la capacidad de los múltiples RGE1, MPE2 y MPE3, en el caso de acordar dicha evolución tecnológica, utilizarán la capacidad de dichos múltiples digitales y la capacidad que tienen asignada en el múltiple digital RGE2 para la emisión de sus canales en ultra alta definición, y cesarán las emisiones simultáneas que venían realizando de acuerdo con lo previsto en el artículo 7.

Disposición derogatoria única. **Derogación normativa.**

1. Quedan derogados los artículos 1, 2, 3.1, 7, 8, 9 y 10 y las disposiciones adicionales primera, octava, novena y decimotercera del Real Decreto 391/2019, de 21 de junio, por el que se aprueba el Plan Técnico Nacional de la Televisión Digital Terrestre y se regulan determinados aspectos para la liberación del segundo dividendo digital.

2. Quedan derogadas cuantas disposiciones de igual o inferior rango se opongan a lo establecido en este real decreto.

Disposición final primera. Modificación del Reglamento regulador de las infraestructuras comunes de telecomunicaciones para el acceso a los servicios de telecomunicación en el interior de las edificaciones, aprobado por el Real Decreto 346/2011, de 11 de marzo.[1]

Disposición final segunda. **Título competencial.**
Este real decreto se dicta al amparo de la competencia exclusiva del Estado en materia de telecomunicaciones reconocida en el artículo 149.1.21.ª de la Constitución Española.

Disposición final tercera. **Desarrollo reglamentario y aplicación.**

1. La persona titular del Ministerio para la Transformación Digital y de la Función Pública dictará, en el ámbito de sus competencias, cuantas disposiciones sean necesarias para el desarrollo de lo establecido en el este real decreto.

2. La persona titular del Ministerio para la Transformación Digital y de la Función Pública y la persona titular de la Secretaría de Estado de Telecomunicaciones e Infraestructuras Digitales aprobarán, en el ámbito de sus competencias, cuantas medidas sean necesarias para la aplicación de lo establecido en el este real decreto.

Disposición final cuarta. **Entrada en vigor.**
El presente real decreto entrará en vigor el día siguiente al de su publicación en el «Boletín Oficial del Estado».

Dado en Madrid, el 25 de marzo de 2025.

FELIPE R.

El Ministro para la Transformación Digital y de la Función Pública,

ÓSCAR LÓPEZ ÁGUEDA

---

[1] Se ha suprimido en este lugar, el texto modificado de esta Disposición final primera, pues estas modificaciones ya están incluidas en este mismo libro en su apartado correspondiente. Véanse los apartados 4.4.2 y 4.5 del Anexo I del Reglamento.

PLAN TÉCNICO NACIONAL DE LA
TELEVISIÓN DIGITAL TERRESTRE

Artículo 1. Banda de frecuencias.

El servicio de televisión digital terrestre se prestará en la banda de frecuencias de 470 a 694 MHz (canales radioeléctricos 21 a 48).

Artículo 2. Múltiples digitales.

1. Se dispondrán, en la banda de frecuencias de 470 a 694 MHz, de las siguientes redes de televisión digital terrestre:

a) Siete múltiples digitales de cobertura estatal, denominados RGE1, RGE2, MPE1, MPE2, MPE3, MPE4, MPE5.

b) Para cada uno de estos siete múltiples digitales se constituye una red de cobertura estatal tomando como base las áreas geográficas identificadas en el anexo I.

c) Un múltiple digital de cobertura autonómica, MAUT, en cada una de las comunidades autónomas.

   Para este múltiple digital se establece una red de cobertura autonómica tomando como base las áreas geográficas identificadas en el anexo I.

d) Los múltiples digitales de cobertura insular y local planificados en el Plan técnico nacional de la televisión digital local.

2. Los múltiples digitales de cobertura estatal y autonómica a que se refiere el apartado anterior, se explotarán en cada una de las áreas geográficas mencionadas en los canales radioeléctricos de acuerdo con la planificación que se incluye en el anexo II. En cada una de estas áreas geográficas se establece una red en frecuencia única, tomando como base los canales radioeléctricos que se encuentran inscritos en el Plan de Ginebra 2006, integrado en el Acuerdo de la Conferencia Regional de Radiocomunicaciones (CRR-2006), adoptado en Ginebra en junio de 2006, así como las inscripciones posteriormente introducidas en este Plan en base a los acuerdos de coordinación alcanzados por España con otros países.

Artículo 3. Especificaciones técnicas de los transmisores.

1. Las especificaciones técnicas de los transmisores de las estaciones de televisión digital terrestre correspondientes a los múltiples digitales RGE1, RGE2, MPE1, MPE2, MPE3, MPE4, MPE5, MAUT, y los múltiples de cobertura insular y local planificados en el Plan técnico nacional de la televisión digital local, cuando utilicen la tecnología de transmisión de señales DVB-T, serán conformes con el modo 8k de la norma europea de telecomunicaciones EN 300 744.

2. Las especificaciones técnicas de los transmisores de las estaciones de televisión digital terrestre correspondientes a los múltiples digitales RGE1, RGE2, MPE1, MPE2, MPE3, MPE4, MPE5, MAUT, y los múltiples de cobertura insular y local planificados en el Plan técnico nacional de la televisión digital local, cuando utilicen la tecnología de transmisión de señales DVB-T2, serán conformes con el modo 32k de la norma europea de telecomunicaciones EN 302 755.

Artículo 4. Características técnicas de las estaciones.

Las características técnicas de las estaciones de televisión digital terrestre en cada emplazamiento serán las establecidas por la Secretaría de Estado de Telecomunicaciones e Infraestructuras Digitales, en las resoluciones de aprobación de los proyectos técnicos de las mismas.

Artículo 5. Coordinación internacional.

Las características técnicas de las estaciones de televisión digital terrestre estarán sujetas a las modificaciones que pudieran derivarse de la aplicación de los procedimientos de coordinación internacional previstos en el Acuerdo de Ginebra de 16 de junio de 2006, así como en cualesquiera otros Acuerdos internacionales que pudieran vincular al Reino de España en el marco de la Unión Internacional de Telecomunicaciones (UIT), de la Unión Europea o de la Conferencia Europea de Administraciones de Correos y Telecomunicaciones (CEPT).

ANEXO I

Áreas geográficas

N.º	Área geográ-	N.º	Área geográfi-	N.º	Área geográ-	N.º	Área geográ-
1	Álava.	21	Ciudad real.	41	Jaén.	61	Rioja oeste.
2	Albacete.	22	Córdoba norte.	42	Lanzarote.	62	Salamanca.
3	Alicante.	23	Córdoba sur.	43	León este.	63	Segovia.
4	Almeria norte.	24	Coruña norte.	44	León oeste.	64	Sevilla.
5	Almeria sur.	25	Coruña sur.	45	Lleida norte.	65	Soria.
6	Asturias.	26	Cuenca.	46	Lleida sur.	66	Tarragona
7	Ávila.	27	Eivissa.	47	Lugo.	67	Tarragona
8	Badajoz este.	28	Extremadura	48	Madrid.	68	Tenerife.
9	Badajoz oeste.	29	Fuerteventura.	49	Málaga.	69	Teruel.
10	Barcelona.	30	Gipuzkoa.	50	Mallorca.	70	Toledo.
11	Bizkaia este.	31	Girona.	51	Melilla.	71	Valencia.
12	Bizkaia oeste.	32	Gran canaria	52	Menorca.	72	Valladolid.
13	Burgos norte.	33	Gran canaria	53	Murcia norte.	73	Zamora.
14	Burgos sur.	34	Granada este.	54	Murcia sur.	74	Zaragoza
15	Cáceres norte.	35	Granada oeste.	55	Navarra.	75	Zaragoza
16	Cádiz este.	36	Granada sur.	56	Ourense.		
17	Cadiz oeste.	37	Guadalajara.	57	Palencia.		
18	Cantabria.	38	Huelva norte.	58	Palma.		
19	Castellón.	39	Huelva sur.	59	Pontevedra.		
20	Ceuta.	40	Huesca.	60	Rioja este.		

Área geográfica n.º 1
Álava

Cód. INE	Nombre municipio	Cód. INE	Nombre municipio	Cód. INE	Nombre municipio
01001	Alegría-Dulantzi.	01027	Iruraiz-Gauna.	01053	San Millán/Donemiliaga.
01008	Arratzua-Ubarrundia.	01030	Lagrán.	01054	Urkabustaiz.
01009	Ascarrena.	01036	Laudio/Llodio.	01058	Legutio.
01013	Barundia.	01037	Arraia-Maeztu.	01059	Vitoria-Gasteiz.
01016	Bernedo.	01042	Okondo.	01061	Zalduondo.
01018	Zigoitia.	01046	Erriberagoitia/Ribera Alta.	01063	Zuia.
01020	Kuartango.	01047	Ribera Baja/ Erriberabeitia.	01901	Iruña Oka/Iruña de Oca.
01021	Elburgo/Burgelu.	01051	Agurain/Salvatierra.	48088	Ubide.

Área geográfica n.º 2
Albacete

Cód. INE	Nombre municipio	Cód. INE	Nombre municipio	Cód. INE	Nombre municipio
02054	Navas de Jorquera.	02034	Fuentealbilla.	16096	Graja de Iniesta.
02055	Nerpio.	02035	Gineta (La).	16097	Henarejos.
02056	Ontur.	02036	Golosalvo.	16098	Herrumblar (El).
02058	Paterna del Madera.	02037	Hellín.	16104	Hontecillas.
02059	Peñascosa.	02038	Herrera (La).	16109	Huérguina.
02060	Peñas de San Pedro.	02039	Higueruela.	16111	Huerta del Marquesado.
02061	Pétrola.	02040	Hoya-Gonzalo.	16113	Iniesta.
02063	Pozohondo.	02041	Jorquera.	16115	Laguna del Marquesado.
02064	Pozo-Lorente.	02042	Letur.	16117	Landete.
02065	Pozuelo.	02043	Lezuza.	16118	Ledaña.
02066	Recueja (La).	02044	Liétor.	16125	Minglanilla.
02068	Robledo.	02045	Madrigueras.	16126	Mira.
02069	Roda (La).	02046	Mahora.	16134	Motilla del Palancar.
02071	San Pedro.	02047	Masegoso.	16135	Moya.
02072	Socovos.	02048	Minaya.	16137	Narboneta.
02073	Tarazona de la Mancha.	02049	Molinicos.	16142	Olmedilla de Alarcón.
02074	Tobarra.	02050	Montalvos.	16147	Pajaroncillo.
02075	Valdeganga.	02051	Montealegre del Castillo.	16150	Paracuellos.
02078	Villalgordo del Júcar.	02052	Motilleja.	16155	Peral (El).
02083	Villavaliente.	02901	Pozo Cañada.	16157	Pesquera (La).
02086	Yeste.	16003	Alarcón.	16158	Picazo (El).
02001	Abengibre.	16007	Alberca de Záncara (La)	16166	Pozoamargo.
02002	Alatoz.	16008	Alcalá de la Vega.	16171	Provencio (El).
02003	Albacete.	16013	Algarra.	16174	Puebla del Salvador.
02004	Albatana.	16014	Aliaguilla.	16175	Quintanar del Rey.
02005	Alborea.	16017	Almodóvar del Pinar.	16187	Salinas del Manzano.
02006	Alcadozo.	16026	Atalaya del Cañavate.	16189	Salvacañete.
02007	Alcalá del Júcar.	16036	Boniches.	16190	San Clemente.
02008	Alcaraz.	16039	Buenache de Alarcón.	16192	San Martín de Boniches.
02009	Almansa.	16042	Campillo de Altobuey.	16194	Santa Cruz de Moya.
02010	Alpera.	16043	Campillos-Paravientos.	16195	Santa María del Campo Rus.

Cód. INE	Nombre municipio	Cód. INE	Nombre municipio	Cód. INE	Nombre municipio
02011	Ayna.	16044	Campillos-Sierra.	16198	Sisante.
02012	Balazote.	16047	Cañada Juncosa.	16202	Talayuelas.
02014	Ballestero (El).	16049	Cañavate (El).	16204	Tébar.
02015	Barrax.	16052	Cañete.	16205	Tejadillos.
02017	Bogarra.	16056	Cardenete.	16224	Valdemeca.
02018	Bonete.	16060	Casas de Benítez.	16231	Valhermoso de la Fuente.
02020	Carcelén.	16061	Casas de Fernando Alonso.	16236	Valverde de Júcar.
02021	Casas de Juan Núñez.	16062	Casas de Garcimolina.	16237	Valverdejo
02022	Casas de Lázaro.	16063	Casas de Guijarro.	16238	Vara de Rey.
02024	Casas-Ibáñez.	16064	Casas de Haro.	16244	Villagarcía del Llano.
02025	Caudete.	16065	Casas de los Pinos.	16248	Villalpardo.
02026	Cenizate.	16066	Casasimarro.	16251	Villanueva de la Jara.
02027	Corral-Rubio.	16068	Castillejo de Iniesta.	16258	Villar del Humo.
02029	Chinchilla de Monte-Aragón.	16082	Enguídanos.	16271	Villarta.
02030	Elche de la Sierra.	16088	Fuentelespino de Moya.	16274	Víllora.
02031	Férez.	16092	Gabaldón.	16276	Yémeda.
02032	Fuensanta.	16093	Garaballa.	16278	Zafrilla.
02033	Fuente-Álamo.	16095	Graja de Campalbo.	16908	Pozorrubielos de la Mancha.

Área geográfica n.º 3
Alicante

Cód. INE	Nombre municipio	Cód. INE	Nombre municipio	Cód. INE	Nombre municipio
03001	Atzúbia, l'.	03051	Camp de Mirra, el/Campo de Mirra.	03100	Parcent.
03002	Agost.	03052	Cañada.	03101	Pedreguer.
03004	Aigües.	03053	Castalla.	03102	Pego.
03005	Albatera.	03054	Castell de Castells.	03103	Penàguila.
03006	Alcalalí.	03055	Catral.	03104	Petrer.
03007	Alcosser.	03056	Cocentaina.	03105	Pinós (el)/Pinoso.
03008	Alcoleja.	03057	Confrides.	03106	Planes.
03009	Alcoi/Alcoy.	03058	Cox.	03107	Polop.
03011	Alfàs del Pi (l').	03059	Crevillent.	03109	Rafal.

Cód. INE	Nombre municipio	Cód. INE	Nombre municipio	Cód. INE	Nombre municipio
03012	Algorfa.	03060	Quatretondeta.	03110	Ràfol d'Almúnia (El).
03013	Algueña.	03061	Daya Nueva.	03111	Redován.
03014	Alacant/Alicante.	03062	Daya Vieja.	03112	Relleu.
03015	Almoradí.	03063	Dénia.	03113	Rojales.
03016	Almudaina.	03064	Dolores.	03114	Romana (la).
03017	Alqueria d'Asnar (l').	03065	Elx/Elche.	03115	Sagra.
03018	Altea.	03066	Elda.	03116	Salinas.
03019	Aspe.	03067	Fageca.	03117	Sanet y Negrals.
03020	Balones.	03068	Famorca.	03118	San Fulgencio.
03021	Banyeres de Mariola.	03069	Finestrat.	03119	Sant Joan d'Alacant.
03022	Benasau.	03070	Formentera del Segura.	03120	San Miguel de Salinas.
03023	Beneixama.	03071	Gata de Gorgos.	03121	Santa Pola.
03024	Benejúzar.	03072	Gaianes.	03122	Sant Vicent del Raspeig/ San Vicente del Raspeig.
03025	Benferri.	03073	Gorga.	03123	Sax.
03026	Beniarbeig.	03074	Granja de Rocamora.	03124	Sella.
03027	Beniardà.	03075	Castell de Guadalest (el).	03125	Senija.
03028	Beniarrés.	03076	Guardamar del Segura.	03127	Tàrbena.
03029	Benigembla.	03077	Fondó de les Neus (el)/Hondón de las Nieves.	03128	Teulada.
03030	Benidoleig.	03078	Hondón de los Frailes.	03129	Tibi.
03031	Benidorm.	03079	Ibi.	03130	Tollos.
03032	Benifallim.	03080	Jacarilla.	03131	Tormos.
03033	Benifato.	03081	Xaló.	03132	Torre de les Maçanes, la/Torremanzanas.
03034	Benijófar.	03082	Xàbia/Jávea.	03133	Torrevieja.
03035	Benilloba.	03083	Xixona/Jijona.	03134	Vall d'Alcalà (la).
03036	Benillup.	03084	Orxa, l'/Lorcha.	03135	Vall d'Ebo (la).
03037	Benimantell.	03085	Llíber.	03136	Vall de Gallinera, la.
03038	Benimarfull.	03086	Millena.	03137	Vall de Laguar (la).
03039	Benimassot.	03088	Monforte del Cid.	03138	Verger (el).
03040	Benimeli.	03089	Monòver/Monóvar.	03139	Vila Joiosa, la/Villajoyosa.
03041	Benissa.	03090	Mutxamel.	03140	Villena.

Cód. INE	Nombre municipio	Cód. INE	Nombre municipio	Cód. INE	Nombre municipio
03042	Poble Nou de Benitatxell, el/Benitachell.	03091	Murla.	03901	Poblets (els).
03043	Biar.	03092	Muro de Alcoy.	03902	Pilar de a Horadada.
03044	Bigastro.	03093	Novelda.	03903	Montesinos (Los).
03045	Bolul a.	03094	Nucia (la).	03904	San Isid o.
03046	Busot.	03095	Ondara.	46072	Bocairent.
03047	Calp.	03096	Onil.	46124	Fontanars dels Alforins.
03048	Callosa d'en Sarrià.	03097	Orba.	46128	Font de a Figuera (la).
03049	Callosa de Segura.	03098	Orxeta.		
03050	Campello (el).	03099	Orihuela.		

Área geográfica n.º 4
Almería Norte

Cód. INE	Nombre municipio	Cód. INE	Nombre municipio	Cód. INE	Nombre municipio
04004	Albanchez.	04037	Chirivel.	04075	Pulpí.
04006	Albox.	04044	Fines.	04076	Purchena.
04008	Alcóntar.	04048	Gallardos (Los).	04083	Serón.
04016	Antas.	04049	Garrucha.	04084	Sierro.
04017	Arboleas.	04053	Huércal-Overa.	04085	Somontín.
04018	Armuña de Almanzora.	04056	Laroya.	04087	Suflí.
04021	Bayarque.	04058	Líjar.	04089	Taberno.
04022	Bédar.	04061	Lúcar.	04092	Tíjola.
04026	Benitagla.	04062	Macael.	04093	Turre.
04027	Benizalón.	04063	María.	04096	Urrácal.
04031	Cantoria.	04064	Mojácar.	04098	Vélez-Blanco.
04034	Cóbdar.	04069	Olula del Río.	04099	Vélez-Rubio.
04035	Cuevas del Almanzora.	04070	Oria.	04100	Vera.
04036	Chercos.	04072	Partaloa.	04103	Zurgena.

Área geográfica n.º 5
Almería Sur

Cód. INE	Nombre municipio	Cód. INE	Nombre municipio	Cód. INE	Nombre municipio
04001	Aba.	04041	Enix.	04077	Rágol.
04002	Abrucena.	04043	Felix.	04078	Rioja.
04005	Alboloduy.	04045	Fiñana.	04079	Roquetas de Mar.
04009	Alcudia de Monteagud.	04046	Fondón.	04080	Santa Cruz de Marchena.

Cód. INE	Nombre municipio	Cód. INE	Nombre municipio	Cód. INE	Nombre municipio
04010	Alhabia.	04047	Gádor.	04081	Santa Fe de Mondújar.
04011	Alhama de Almería.	04050	Gérgal.	04082	Senés.
04012	Alicún.	04051	Huécija.	04086	Sorbas.
04013	Almería.	04052	Huércal de Almería.	04088	Tabernas.
04014	Almócita.	04054	Illar.	04090	Tahal.
04015	Alsodux.	04055	Instinción.	04091	Terque.
04019	Bacares.	04059	Lubrín.	04094	Turrillas.
04023	Beires.	04060	Lucainena de las Torres.	04095	Uleila del Campo.
04024	Benahadux.	04065	Nacimiento.	04097	Velefique.
04028	Bentarique.	04066	Níjar.	04101	Viator.
04030	Canjáyar.	04067	Ohanes.	04102	Vícar.
04032	Carboneras.	04068	Olula de Castro.	04901	Tres Villas (Las).
04033	Castro de Filabres.	04071	Padules.	04902	Ejido (El).
04038	Dalías.	04074	Pechina.	04903	Mojonera (La).

Área geográfica n.º 6
Asturias

Cód. INE	Nombre municipio	Cód. INE	Nombre municipio	Cód. INE	Nombre municipio
33001	Allande.	33027	Grandas de Salime.	33053	Quirós.
33002	Aller.	33028	Ibias.	33054	Regueras (Las).
33003	Amieva.	33029	Illano.	33055	Ribadedeva.
33004	Avilés.	33030	Illas.	33056	Ribadesella.
33005	Belmonte de Miranda.	33031	Langreo.	33057	Ribera de Arriba.
33006	Bimenes.	33032	Laviana.	33058	Riosa.
33007	Boal.	33033	Lena.	33059	Salas.
33008	Cabrales.	33034	Valdés.	33060	San Martín del Rey Aurelio.
33009	Cabranes.	33035	Llanera.	33061	San Martín de Oscos.
33010	Candamo.	33036	Llanes.	33062	Santa Eulalia de Oscos.
33011	Cangas del Narcea.	33037	Mieres.	33063	San Tirso de Abres.
33012	Cangas de Onís.	33038	Morcín.	33064	Santo Adriano.
33013	Caravia.	33039	Muros de Nalón.	33065	Sariego.
33014	Carreño.	33040	Nava.	33066	Siero.
33015	Caso.	33041	Navia.	33067	Sobrescobio.
33016	Castrillón.	33042	Noreña.	33068	Somiedo.

Cód. INE	Nombre municipio	Cód. INE	Nombre municipio	Cód. INE	Nombre municipio
33017	Castropol.	33043	Onís.	33069	Soto del Barco.
33018	Coaña.	33044	Oviedo.	33070	Tapia de Casariego.
33019	Co unga.	33045	Parres.	33071	Taramundi.
33020	Co vera de Asturias.	33046	Peñamellera Alta.	33072	Teverga.
33021	Cudillero.	33047	Peñamellera Baja.	33073	Tineo.
33022	Degaña.	33048	Pesoz.	33074	Vegadeo.
33023	Franco (El).	33049	Piloña.	33075	Villanueva de Oscos.
33024	Gijón.	33050	Ponga.	33076	Villaviciosa.
33025	Gozón.	33051	Pravia.	33077	Villayón.
33026	Grado.	33052	Proaza.	33078	Yernes y Tameza.

Área geográfica n.º 7
Ávila

Cód. INE	Nombre municipio	Cód. INE	Nombre municipio	Cód. INE	Nombre municipio
05007	Aldeanueva de Santa Cruz.	05121	Martiherrero.	05206	San Esteban de los Patos.
05010	Aldehuela (La).	05122	Martínez.	05207	San Esteban del Valle.
05012	Amavida.	05123	Mediana de Voltoya.	05211	San Juan de la Nava.
05013	Arenal (El).	05124	Medinilla.	05212	San Juan del Molinillo.
05014	Arenas de San Pedro.	05125	Mengamuñoz.	05213	San Juan del Olmo.
05015	Arevalillo.	05126	Mesegar de Corneja.	05214	San Lorenzo de Tormes.
05018	Avellaneda.	05129	Mirón (El).	05215	San Martín de la Vega del Alberche.
05019	Ávila.	05130	Mironcillo.	05216	San Martín del Pimpollar.
05021	Barco de Ávila (El).	05132	Mombeltrán.	05217	San Miguel de Corneja.
05022	Barraco (El).	05135	Muñana.	05218	San Miguel de Serrezuela.
05024	Becedas.	05138	Muñogalindo.	05221	Santa Cruz del Valle.
05025	Becedillas.	05141	Muñopepe.	05222	Santa Cruz de Pinares.
05030	Berrocalejo de Aragona.	05143	Muñotello.	05224	Santa María del Arroyo.
05037	Bohoyo.	05144	Narrillos del Álamo.	05225	Santa María del Berrocal.
05038	Bonilla de la Sierra.	05145	Narrillos del Rebollar.	05226	Santa María de los Caballeros.
05040	Bularros.	05148	Narros del Puerto.	05228	Santiago del Collado.
05041	Burgohondo.	05151	Navacepedilla de Corneja.	05232	Serrada (La).

Cód. INE	Nombre municipio	Cód. INE	Nombre municipio	Cód. INE	Nombre municipio
05049	Cardeñosa.	05153	Nava del Barco.	05233	Serranillos.
05051	Carrera (La).	05154	Navadijos.	05236	Solana de Ávila.
05052	Casas del Puerto.	05155	Navaescurial.	05238	Solosancho.
05053	Casasola.	05157	Navalacruz.	05239	Sotalbo.
05057	Cebreros.	05158	Navalmoral.	05241	Tiemblo (El).
05058	Cepeda la Mora.	05159	Navalonguilla.	05243	Tolbaños.
05059	Cillán.	05160	Navalosa.	05244	Tormellas.
05061	Colilla (La).	05161	Navalperal de Pinares.	05245	Tornadizos de Ávila.
05063	Collado del Mirón.	05162	Navalperal de Tormes.	05246	Tórtoles.
05066	Cuevas del Valle.	05163	Navaluenga.	05247	Torre (La).
05076	Fresno (El).	05164	Navaquesera.	05249	Umbrías.
05079	Gallegos de Altamiros.	05165	Navarredonda de Gredos.	05251	Vadillo de la Sierra.
05081	Garganta del Villar.	05166	Navarredondilla.	05252	Valdecasa.
05083	Gemuño.	05167	Navarrevisca.	05256	Villaflor.
05084	Gilbuena.	05168	Navas del Marqués (Las).	05257	Villafranca de la Sierra.
05085	Gil García.	05169	Navatalgordo.	05260	Villanueva del Campillo.
05089	Guisando.	05170	Navatejares.	05261	Villar de Corneja.
05093	Herradón de Pinares.	05171	Neila de San Miguel.	05262	Villarejo del Valle.
05096	Hija de Dios (La).	05172	Niharra.	05263	Villatoro.
05097	Horcajada (La).	05173	Ojos-Albos.	05266	Zapardiel de la Cañada.
05100	Hornillo (El).	05176	Padiernos.	05267	Zapardiel de la Ribera.
05101	Hoyocasero.	05181	Pascualcobo.	05901	San Juan de Gredos.
05102	Hoyo de Pinares (El).	05184	Peguerinos.	05902	Santa María del Cubillo.
05103	Hoyorredondo.	05186	Piedrahíta.	05903	Diego del Carpio.
05104	Hoyos del Collado.	05188	Poveda.	05904	Santiago del Tormes.
05105	Hoyos del Espino.	05189	Poyales del Hoyo.	05905	Villanueva de Ávila.
05106	Hoyos de Miguel Muñoz.	05191	Pradosegar.	37146	Gallegos de Solmirón.
05107	Hurtumpascual.	05192	Puerto Castilla.	37218	Navamorales.
05108	Junciana.	05195	Riofrío.	37261	Puente del Congosto.
05112	Losar del Barco (El).	05197	Salobral.	37297	Santibáñez de Béjar.
05113	Llanos de Tormes (Los).	05199	San Bartolomé de Béjar.	37312	Sorihuela.

Cód. INE	Nombre municipio	Cód. INE	Nombre municipio	Cód. INE	Nombre municipio
05116	Malpartida de Corneja.	05200	San Bartolomé de Corneja.	37319	Tejado (El).
05119	Manjabálago y Ortigosa de Rioalmar.	05201	San Bartolomé de Pinares.		
05120	Marlín.	05205	Sanchorreja.		

Área geográfica n.º 8
Badajoz Este

Cód. INE	Nombre municipio	Cód. INE	Nombre municipio	Cód. INE	Nombre municipio
06003	Ahillones.	06069	Hornachos.	06139	Valencia de las Torres.
06014	Azuaga.	06073	Llera.	06144	Valverde de Llerena.
06019	Berlanga.	06074	Llerena.	06146	Valle de la Serena.
06029	Campillo de Llerena.	06076	Maguilla.	21007	Aracena.
06059	Granja de Torrehermosa.	06077	Malcocinado.	21069	Santa Olalla Cala.
06065	Higuera de Llerena.	06105	Puebla del Maestre.	41009	Almadén de la Plata.

Área geográfica n.º 9
Badajoz Oeste

Cód. INE	Nombre municipio	Cód. INE	Nombre municipio	Cód. INE	Nombre municipio
06007	Alconchel.	06066	Higuera de Vargas.	06141	Valencia del Ventoso.
06008	Alconera.	06067	Higuera la Real.	06142	Valverde de Burguillos.
06013	Atalaya.	06070	Jerez de los Caballeros.	06147	Valle de Matamoros.
06020	Bienvenida.	06071	Lapa (La).	06148	Valle de Santa Ana.
06021	Bodonal de la Sierra.	06081	Medina de las Torres.	06154	Villanueva del Fresno.
06022	Burguillos del Cerro.	06093	Oliva de la Frontera.	06159	Zahínos.
06027	Calzadilla de los Barros.	06124	Segura de León.	21027	Cumbres de Enmedio.
06042	Cheles.	06129	Táliga.	21028	Cumbres de San Bartolomé.
06050	Fregenal de la Sierra.	06134	Trasierra.	21029	Cumbres Mayores.
06052	Fuente de Cantos.	06136	Usagre.	21031	Encinasola.
06055	Fuentes de León.	06140	Valencia del Mombuey.	21051	Nava (La).

Área geográfica n.º 10
Barcelona

Cód. INE	Nombre municipio	Cód. INE	Nombre municipio	Cód. INE	Nombre municipio
08001	Abrera.	08105	Llagosta (La).	08211	Sant Feliu de Llobregat.
08002	Aguilar de Segarra.	08106	Llinars del Vallès.	08212	Sant Feliu Sasserra.
08003	Alella.	08107	Lliçà d'Amunt.	08213	Sant Fruitós de Bages.
08004	Alpens.	08108	Lliçà de Vall.	08214	Vilassar de Dalt.
08005	Ametlla del Vallès (L').	08109	Lluçà.	08215	Sant Hipòlit de Voltregà.
08006	Arenys de Mar.	08110	Malgrat de Mar.	08216	Sant Jaume de Frontanyà.
08007	Arenys de Munt.	08111	Malla.	08217	Sant Joan Despí.
08008	Argençola.	08112	Manlleu.	08218	Sant Joan de Vilatorrada.
08009	Argentona.	08113	Manresa.	08219	Vilassar de Mar.
08010	Artés.	08114	Martorell.	08220	Sant Julià de Vilatorta.
08011	Avià.	08115	Martorelles.	08221	Sant Just Desvern.
08012	Avinyó.	08116	Masies de Roda (Les).	08222	Sant Llorenç d'Hortons.
08013	Avinyonet del Penedès.	08117	Masies de Voltregà (Les).	08223	Sant Llorenç Savall.
08014	Aiguafreda.	08118	Masnou (El).	08224	Sant Martí de Centelles.
08015	Badalona.	08119	Masquefa.	08225	Sant Martí d'Albars.
08016	Bagà.	08120	Matadepera.	08226	Sant Martí de Tous.
08017	Balenyà.	08121	Mataró.	08227	Sant Martí Sarroca.
08018	Balsareny.	08122	Mediona.	08228	Sant Martí Sesgueioles.
08019	Barcelona.	08123	Molins de Rei.	08229	Sant Mateu de Bages.
08020	Begues.	08124	Mollet del Vallès.	08230	Premià de Dalt.
08021	Bellprat.	08125	Montcada i Reixac.	08231	Sant Pere de Ribes.
08022	Berga.	08126	Montgat.	08232	Sant Pere de Riudebitlles.
08023	Bigues i Riells del Fai.	08127	Monistrol de Montserrat.	08233	Sant Pere de Torelló.
08024	Borredà.	08128	Monistrol de Calders.	08234	Sant Pere de Vilamajor.
08025	Bruc (El).	08129	Muntanyola.	08235	Sant Pol de Mar.
08026	Brull (El).	08130	Montclar.	08236	Sant Quintí de Mediona.
08027	Cabanyes (Les).	08131	Montesquiu.	08237	Sant Quirze de Besora.
08028	Cabrera d'Anoia.	08132	Montmajor.	08238	Sant Quirze del Vallès.
08029	Cabrera de Mar.	08133	Montmaneu.	08239	Sant Quirze Safaja.

Cód. INE	Nombre municipio	Cód. INE	Nombre municipio	Cód. INE	Nombre municipio
08030	Cabrils.	08134	Figaró-Montmany.	08240	Sant Sadurní d'Anoia.
08031	Calaf.	08135	Montmeló.	08241	Sant Sadurní d'Osormort.
08032	Caldes d'Estrac.	08136	Montornès del Vallès.	08242	Marganell.
08033	Caldes de Montbui.	08137	Montseny.	08243	Santa Cecília de Voltregà.
08034	Calders.	08138	Moià.	08244	Santa Coloma de Cervelló.
08035	Calella.	08139	Mura.	08245	Santa Coloma de Gramenet.
08036	Calonge de Segarra.	08140	Navarcles.	08246	Santa Eugènia de Berga.
08037	Calldetenes.	08141	Navàs.	08247	Santa Eulàlia de Riuprimer.
08038	Callús.	08142	Nou de Berguedà (La).	08248	Santa Eulàlia de Ronçana.
08039	Campins.	08143	Òdena.	08249	Santa Fe del Penedès.
08040	Canet de Mar.	08144	Olvan.	08250	Santa Margarida de Montbui.
08041	Canovelles.	08145	Olèrdola.	08251	Santa Margarida i els Monjos.
08042	Cànoves i Samalús.	08146	Olesa de Bonesvalls.	08252	Barberà del Vallès.
08043	Canyelles.	08147	Olesa de Montserrat.	08253	Santa Maria de Besora.
08044	Capellades.	08148	Olivella.	08254	Esquirol, L'.
08045	Capolat.	08149	Olost.	08255	Santa Maria de Merlès.
08046	Cardedeu.	08150	Orís.	08256	Santa Maria de Martorelles.
08047	Cardona.	08151	Oristà.	08257	Santa Maria de Miralles.
08048	Carme.	08152	Orpí.	08258	Santa Maria d'Oló.
08049	Casserres.	08153	Òrrius.	08259	Santa Maria de Palautordera.
08050	Castellar del Riu.	08154	Pacs del Penedès.	08260	Santa Perpètua de Mogoda.
08051	Castellar del Vallès.	08155	Palafolls.	08261	Santa Susanna.
08052	Castellar de n'Hug.	08156	Palau-solità i Plega-mans.	08262	Sant Vicenç de Castellet.
08053	Castellbell i el Vilar.	08157	Pallejà.	08263	Sant Vicenç dels Horts.
08054	Castellbisbal.	08158	Papiol (El).	08264	Sant Vicenç de Montalt.
08055	Castellcir.	08159	Parets del Vallès.	08265	Sant Vicenç de Torelló.
08056	Castelldefels.	08160	Perafita.	08266	Cerdanyola del Vallès.
08057	Castell de l'Areny.	08161	Piera.	08267	Sentmenat.
08058	Castellet i la Gornal.	08162	Hostalets de Pierola (Els).	08268	Cercs.
08059	Castellfollit del Boix.	08163	Pineda de Mar.	08269	Seva.

Cód. INE	Nombre municipio	Cód. INE	Nombre municipio	Cód. INE	Nombre municipio
08060	Castellfollit de Riubregós.	08164	Pla del Penedès (El).	08270	Sitges.
08061	Castellgalí.	08165	Pobla de Claramunt (La).	08271	Sobremunt.
08062	Castellnou de Bages.	08166	Pobla de Lillet (La).	08272	Sora.
08063	Castellolí.	08167	Polinyà.	08273	Subirats.
08064	Castellterçol.	08168	Pontons.	08274	Súria.
08065	Castellví de la Marca.	08169	Prat de Llobregat (El).	08275	Tavèrnoles.
08066	Castellví de Rosanes.	08170	Prats de Rei (Els).	08276	Tagamanent.
08067	Centelles.	08171	Prats de Lluçanès.	08277	Talamanca.
08068	Cervelló.	08172	Premià de Mar.	08278	Taradell.
08069	Collbató.	08174	Puigdàlber.	08279	Terrassa.
08070	Collsuspina.	08175	Puig-reig.	08280	Tavertet.
08071	Copons.	08176	Pujalt.	08281	Teià.
08072	Corbera de Llobregat.	08177	Quar (La).	08282	Tiana.
08073	Cornellà de Llobregat.	08178	Rajadell.	08283	Tona.
08074	Cubelles.	08179	Rellinars.	08284	Tordera.
08075	Dosrius.	08180	Ripollet.	08285	Torelló.
08076	Esparreguera.	08181	Roca del Vallès (La).	08286	Torre de Claramunt (La).
08077	Esplugues de Llobregat.	08182	Pont de Vilomara i Rocafort (El).	08287	Torrelavit.
08078	Espunyola (L').	08183	Roda de Ter.	08288	Torrelles de Foix.
08079	Estany (L').	08184	Rubí.	08289	Torrelles de Llobregat.
08080	Fígols.	08185	Rubió.	08290	Ullastrell.
08081	Fogars de Montclús.	08187	Sabadell.	08291	Vacarisses.
08082	Fogars de la Selva.	08188	Sagàs.	08292	Vallbona d'Anoia.
08083	Folgueroles.	08189	Sant Pere Sallavinera.	08293	Vallcebre.
08084	Fonollosa.	08190	Saldes.	08294	Vallgorguina.
08085	Font-rubí.	08191	Sallent.	08295	Vallirana.
08086	Franqueses del Vallès (Les).	08192	Santpedor.	08296	Vallromanes.
08087	Gallifa.	08193	Sant Iscle de Vallalta.	08297	Veciana.
08088	Garriga (La).	08194	Sant Adrià de Besòs.	08298	Vic.

Cód. INE	Nombre municipio	Cód. INE	Nombre municipio	Cód. INE	Nombre municipio
08089	Gavà.	08195	Sant Agustí de Lluçanès.	08299	Vilada.
08090	Gavà.	08196	Sant Andreu de la Barca.	08300	Viladecavalls.
08091	Gelida.	08197	Sant Andreu de Llavaneres.	08301	Viladecans.
08092	Gironella.	08198	Sant Antoni de Vilamajor.	08302	Vilanova del Camí.
08093	Gisclareny.	08199	Sant Bartomeu del Grau.	08303	Vilanova de Sau.
08094	Granada (La).	08200	Sant Boi de Llobregat.	08304	Vilobí del Penedès.
08095	Granera.	08201	Sant Boi de Lluçanès.	08305	Vilafranca del Penedès.
08096	Granollers.	08202	Sant Celoni.	08306	Vilalba Sasserra.
08097	Gualba.	08203	Sant Cebrià de Vallalta.	08307	Vilanova i la Geltrú.
08098	Sant Salvador de Guardiola.	08204	Sant Climent de Llobregat.	08308	Viver i Serrateix.
08099	Guardiola de Berguedà.	08205	Sant Cugat del Vallès.	08901	Rupit i Pruit.
08100	Gurb.	08206	Sant Cugat Sesgarrigues.	08902	Vilanova del Vallès.
08101	Hospitalet de Llobregat (L').	08207	Sant Esteve de Palautordera.	08903	Sant Julià de Cerdanyola.
08102	Igualada.	08208	Sant Esteve Sesrovires.	08904	Badia del Vallès.
08103	Jorba.	08209	Sant Fost de Campsentelles.	08905	Palma de Cervelló (La).
08104	Llacuna (La).	08210	Sant Feliu de Codines.		

Área geográfica n.º 11
Bizkaia Este

Cód. INE	Nombre municipio	Cód. INE	Nombre municipio	Cód. INE	Nombre municipio
01002	Amurrio.	48025	Zeberio.	48068	Mundaka.
01003	Aramaio.	48026	Dima.	48070	Aulesti.
01010	Ayala/Aiara.	48027	Durango.	48071	Muskiz.
09050	Berberana.	48030	Etxebarria.	48072	Otxandio.
09190	Junta de Villalba de Losa.	48031	Elantxobe.	48074	Urduña/Orduña.
20013	Aretxabaleta.	48032	Elorrio.	48075	Orozko.
20030	Eibar.	48033	Ereño.	48076	Sukarrieta.
20032	Elgoibar.	48034	Ermua.	48079	Errigoiti.

Cód. INE	Nombre municipio	Cód. INE	Nombre municipio	Cód. INE	Nombre municipio
20033	Elgeta.	48035	Fruiz.	48081	Lezama.
20034	Eskoriatza.	48036	Galdakao.	48082	Santurtzi.
20051	Legazpi.	48037	Galdames.	48086	Sopuerta.
20055	Arrasate/Mondragón.	48038	Gamiz-Fika.	48087	Trucios-Turtzioz.
20059	Oñati.	48039	Garai.	48089	Urduliz.
20065	Soraluze-Placencia de las Armas.	48040	Gatika.	48090	Balmaseda.
20068	Leintz-Gatzaga.	48041	Gautegiz Arteaga.	48091	Atxondo.
20074	Bergara.	48045	Güeñes.	48092	Bedia.
20901	Mendaro.	48046	Gernika-Lumo.	48093	Areatza.
48001	Abadiño.	48047	Gizaburuaga.	48094	Igorre.
48002	Abanto y Ciérvana-Abanto Zierbena.	48048	Ibarrangelu.	48095	Zaldibar.
48003	Amorebieta-Etxano.	48050	Izurtza.	48906	Forua.
48005	Arakaldo.	48051	Lanestosa.	48907	Kortezubi.
48006	Arantzazu.	48052	Larrabetzu.	48908	Murueta.
48007	Munitibar-Arbatzegi Gerrikaitz.	48053	Laukiz.	48909	Nabarniz.
48008	Artzentales.	48055	Lemoa.	48910	Iurreta.
48009	Arrankudiaga-Zollo.	48058	Mallabia.	48911	Ajangiz.
48010	Arrieta.	48059	Mañaria.	48913	Zierbena.
48019	Berriz.	48060	Markina-Xemein.	48914	Arratzu.
48021	Busturia.	48062	Mendata.	48915	Ziortza-Bolibar.
48022	Karrantza Harana/Valle de Carranza.	48065	Ugao-Miraballes.	48916	Usansolo.
48023	Artea.	48066	Morga.		
48024	Zeanuri.	48067	Muxika.		

Área geográfica n.º 12
Bizkaia Oeste

Cód. INE	Nombre municipio	Cód. INE	Nombre municipio	Cód. INE	Nombre municipio
48011	Arrigorriaga.	48044	Getxo.	48085	Sopela.
48012	Bakio.	48054	Leioa.	48096	Zalla.
48013	Barakaldo.	48056	Lemoiz.	48097	Zaratamo.

Cód. INE	Nombre municipio	Cód. INE	Nombre municipio	Cód. INE	Nombre municipio
48014	Barrika.	48061	Maruri-Jatabe.	48901	Derio.
48015	Basauri.	48064	Meñaka.	48902	Erandio.
48016	Berango.	48069	Mungia.	48903	Loiu.
48017	Bermeo.	48077	Plentzia.	48904	Sondika.
48020	Bilbao.	48078	Portugalete.	48905	Zamudio.
48029	Etxebarri.	48080	Valle de Trápaga-Trapagaran.	48912	Alonsotegi.
48042	Gordexola.	48083	Ortuella.		
48043	Gorliz.	48084	Sestao.		

Área geográfica n.º 13
Burgos Norte

Cód. INE	Nombre municipio	Cód. INE	Nombre municipio	Cód. INE	Nombre municipio
01004	Artziniega.	09227	Montorio.	09448	Villangómez.
01006	Armiñón.	09230	Navas de Bureba.	09449	Villanueva de Argaño.
01014	Berantevilla.	09231	Nebreda.	09454	Villanueva de Teba.
01044	Peñacerrada-Urizaharra.	09238	Oña.	09455	Villaquirán de la Puebla.
01049	Añana.	09241	Orbaneja Riopico.	09456	Villaquirán de los Infantes.
01055	Valdegovía/Gaubea.	09242	Padilla de Abajo.	09458	Villariezo.
01062	Zambrana.	09243	Padilla de Arriba.	09460	Villasandino.
01902	Lantarón.	09244	Padrones de Bureba.	09463	Villasur de Herreros.
09001	Abajas.	09247	Palacios de Riopisuerga.	09471	Villayerno Morquillas.
09006	Aguas Cándidas.	09248	Palazuelos de la Sierra.	09473	Villegas.
09007	Aguilar de Bureba.	09249	Palazuelos de Muñó.	09480	Zael.
09009	Albillos.	09250	Pampliega.	09482	Zarzosa de Río Pisuerga.
09010	Alcocero de Mola.	09251	Pancorbo.	09485	Zuñeda.
09014	Altos (Los).	09255	Partido de la Sierra en Tobalina.	09901	Quintanilla del Agua y Tordueles.
09016	Arreyugo.	09257	Pedrosa del Páramo.	09902	Valle de Santibáñez.
09023	Arcos.	09258	Pedrosa del Príncipe.	09903	Villarcayo de Merindad de Castilla la Vieja.
09024	Arenillas de Riopisuerga.	09259	Pedrosa de Río Úrbel.	09904	Valle de las Navas.
09026	Arlanzón.	09265	Piérnigas.	09905	Valle de Sedano.

Cód. INE	Nombre municipio	Cód. INE	Nombre municipio	Cód. INE	Nombre municipio
09027	Arraya de Oca.	09266	Pineda de la Sierra.	09906	Merindad de Río Ubierna.
09029	Atapuerca.	09272	Poza de la Sal.	09907	Alfoz de Quintanadueñas.
09030	Ausines (Los).	09273	Prádanos de Bureba.	09908	Valle de Losa.
09034	Balbases (Los).	09274	Pradoluengo.	26073	Herramélluri.
09036	Bañuelos de Bureba.	09276	Puebla de Arganzón (La).	34003	Abia de las Torres.
09043	Barrios de Bureba (Los).	09280	Quintanabureba.	34004	Aguilar de Campoo.
09044	Barrios de Colina.	09283	Quintanaélez.	34005	Alar del Rey.
09045	Basconcillos del Tozo.	09287	Quintanaortuño.	34015	Arconada.
09046	Bascuñana.	09288	Quintanapalla.	34017	Astudillo.
09048	Belorado.	09292	Quintanavides.	34020	Ayuela.
09052	Berzosa de Bureba.	09294	Quintanilla de la Mata.	34025	Bárcena de Campos.
09054	Bozoó.	09297	Quintanillas (Las).	34027	Barruelo de Santullán.
09056	Briviesca.	09298	Quintanilla San García.	34028	Báscones de Ojeda.
09057	Bugedo.	09301	Quintanilla Vivar.	34032	Berzosilla.
09058	Buniel.	09303	Rábanos.	34034	Boadilla del Camino.
09059	Burgos.	09304	Rabé de las Calzadas.	34036	Brañosera.
09060	Busto de Bureba.	09306	Rebolledo de la Torre.	34037	Buenavista de Valdavia.
09063	Cavia.	09307	Redecilla del Camino.	34041	Calahorra de Boedo.
09068	Cantabrana.	09308	Redecilla del Campo.	34049	Castrejón de la Peña.
09071	Carcedo de Bureba.	09310	Reinoso.	34052	Castrillo de Villavega.
09072	Carcedo de Burgos.	09314	Revilla del Campo.	34056	Cervera de Pisuerga.
09073	Cardeñadijo.	09315	Revillarruz.	34060	Cobos de Cerrato.
09074	Cardeñajimeno.	09316	Revilla Vallejera.	34061	Collazos de Boedo.
09075	Cardeñuela Riopico.	09317	Rezmondo.	34062	Congosto de Valdavia.
09076	Carrias.	09323	Rojas.	34067	Dehesa de Montejo.
09077	Cascajares de Bureba.	09325	Royuela de Río Franco.	34068	Dehesa de Romanos.
09079	Castellanos de Castro.	09326	Rubena.	34071	Espinosa de Villagonzalo.
09083	Castil de Peones.	09327	Rublacedo de Abajo.	34074	Frómista.
09086	Castrillo del Val.	09328	Rucandio.	34083	Herrera de Pisuerga.
09088	Castrillo de Riopisuerga.	09329	Salas de Bureba.	34089	Itero de la Vega.
09090	Castrillo Mota de Judíos.	09332	Saldaña de Burgos.	34092	Lantadilla.

Cód. INE	Nombre municipio	Cód. INE	Nombre municipio	Cód. INE	Nombre municipio
09091	Castrojeriz.	09334	Salinillas de Bureba.	34093	Vid de Ojeda (La).
09093	Cayuela.	09335	San Adrián de Juarros.	34101	Marcilla de Campos.
09094	Cebrecos.	09338	San Mamés de Burgos.	34104	Melgar de Yuso.
09095	Celada del Camino.	09343	Santa Cecilia.	34107	Micieces de Ojeda.
09100	Cerratón de Juarros.	09346	Santa Cruz del Valle Urbión.	34110	Mudá.
09102	Cillaperlata.	09347	Santa Gadea del Cid.	34113	Olea de Boedo.
09108	Cogollos.	09348	Santa Inés.	34114	Olmos de Ojeda.
09109	Condado de Treviño.	09351	Santa María del Invierno.	34116	Osornillo.
09114	Cubillo del Campo.	09353	Santa María Ribarredonda.	34122	Páramo de Boedo.
09115	Cubo de Bureba.	09354	Santa Olalla de Bureba.	34124	Payo de Ojeda.
09119	Cuevas de San Clemente.	09360	San Vicente del Valle.	34132	Población de Campos.
09120	Encío.	09361	Sargentes de la Lora.	34134	Polentinos.
09123	Espinosa del Camino.	09362	Sarracín.	34135	Pomar de Valdivia.
09124	Espinosa de los Monteros.	09363	Sasamón.	34139	Prádanos de Ojeda.
09125	Estépar.	09368	Sordillos.	34140	Puebla de Valdavia (La).
09128	Frandovínez.	09372	Sotragero.	34149	Requena de Campos.
09129	Fresneda de la Sierra Tirón.	09373	Sotresgudo.	34151	Respenda de la Peña.
09130	Fresneña.	09374	Susinos del Páramo.	34152	Revenga de Campos.
09132	Fresno de Río Tirón.	09375	Tamarón.	34154	Revilla de Collazos.
09133	Fresno de Rodilla.	09377	Tardajos.	34158	Salinas de Pisuerga.
09134	Frías.	09382	Tobar.	34160	San Cebrián de Mudá.
09135	Fuentebureba.	09386	Torrecilla del Monte.	34161	San Cristóbal de Boedo.
09143	Galbarros.	09388	Torrelara.	34163	San Mamés de Campos.
09148	Grijalba.	09392	Tosantos.	34168	Santa Cruz de Boedo.
09149	Grisaleña.	09394	Trespaderne.	34170	Santibáñez de Ecla.
09159	Hontanas.	09395	Tubilla del Agua.	34171	Santibáñez de la Peña.
09162	Hontoria de la Cantera.	09398	Úrbel del Castillo.	34174	Santoyo.
09166	Hormazas (Las).	09406	Valdorros.	34176	Sotobañado y Priorato.

Cód. INE	Nombre municipio	Cód. INE	Nombre municipio	Cód. INE	Nombre municipio
09167	Hornillos del Camino.	09407	Valmala.	34178	Tabanera de Cerrato.
09172	Huérmeces.	09408	Vallarta de Bureba.	34179	Tabanera de Valdavia.
09175	Humada.	09409	Valle de Manzanedo.	34180	Támara de Campos.
09176	Hurones.	09410	Valle de Mena.	34186	Valbuena de Pisuerga.
09177	Ibeas de Juarros.	09411	Valle de Oca.	34190	Valderrábano.
09180	Iglesias.	09412	Valle de Tobalina.	34192	Valde-Ucieza.
09181	Isar.	09413	Valle de Valdebezana.	34202	Villabasta de Valdavia.
09182	Itero del Castillo.	09416	Valle de Zamanzas.	34208	Villaeles de Valdavia.
09189	Junta de Traslaloma.	09417	Vallejera.	34210	Villahán.
09192	Jurisdicción de San Zadornil.	09419	Valluércanes.	34211	Villaherreros.
09194	Lerma.	09422	Vid de Bureba (La).	34213	Villalaco.
09195	Llano de Bureba.	09423	Vileña.	34215	Villalcázar de Sirga.
09196	Madrigal del Monte.	09424	Viloria de Rioja.	34222	Villameriel.
09197	Madrigalejo del Monte.	09427	Villadiego.	34228	Villanuño de Valdavia.
09202	Manciles.	09429	Villaescusa la Sombría.	34229	Villaprovedo.
09209	Medina de Pomar.	09431	Villafranca Montes de Oca.	34230	Villarmentero de Campos.
09211	Melgar de Fernamental.	09433	Villagalijo.	34233	Villasarracino.
09213	Merindad de Cuesta-Urria.	09434	Villagonzalo Pedernales.	34234	Villasila de Valdavia.
09214	Merindad de Montija.	09439	Villalbilla de Burgos.	34241	Villodre.
09215	Merindad de Sotoscueva.	09441	Villaldemiro.	34242	Villodrigo.
09216	Merindad de Valdeporres.	09442	Villalmanzo.	34246	Villovieco.
09217	Merindad de Valdivielso.	09443	Villamayor de los Montes.	34901	Osorno la Mayor.
09219	Miranda de Ebro.	09444	Villamayor de Treviño.	34903	Loma de Ucieza.
09220	Miraveche.	09445	Villambistia.	34904	Pernía (La).
09221	Modúbar de la Emparedada.	09446	Villamedianilla.		
09224	Monasterio de Rodilla.	09447	Villamiel de la Sierra.		

Área geográfica n.º 14
Burgos Sur

Cód. INE	Nombre municipio	Cód. INE	Nombre municipio	Cód. INE	Nombre municipio
09003	Adrada de Haza.	09312	Revilla y Ahedo (La).	40100	Hontalbilla.
09017	Anguix.	09318	Riocavado de la Sierra.	40108	Laguna de Contreras.
09018	Aranda de Duero.	09321	Roa.	40109	Languilla.
09019	Arandilla.	09330	Salas de los Infantes.	40115	Maderuelo.
09020	Arauzo de Miel.	09337	San Juan del Monte.	40127	Membibre de la Hoz.
09021	Arauzo de Salce.	09339	San Martín de Rubiales.	40130	Montejo de la Vega de la Serrezuela.
09022	Arauzo de Torre.	09340	San Millán de Lara.	40132	Moral de Hornuez.
09032	Avellanosa de Muñó.	09345	Santa Cruz de la Salceda.	40140	Navalilla.
09033	Bahabón de Esgueva.	09350	Santa María del Campo.	40142	Navares de Ayuso.
09035	Baños de Valdearados.	09352	Santa María del Mercadillo.	40143	Navares de Enmedio.
09037	Barbadillo de Herreros.	09355	Santibáñez de Esgueva.	40144	Navares de las Cuevas.
09038	Barbadillo del Mercado.	09356	Santibáñez del Val.	40149	Olombrada.
09039	Barbadillo del Pez.	09358	Santo Domingo de Silos.	40154	Pajarejos.
09041	Barrio de Muñó.	09365	Sequera de Haza (La).	40158	Perosillo.
09047	Belbimbre.	09366	Solarana.	40161	Carabias.
09051	Berlangas de Roa.	09369	Sotillo de la Ribera.	40168	Riaguas de San Bartolomé.
09055	Brazacorta.	09378	Tejada.	40170	Riaza.
09061	Cabañes de Esgueva.	09380	Terradillos de Esgueva.	40171	Ribota.
09062	Cabezón de la Sierra.	09381	Tinieblas de la Sierra.	40172	Riofrío de Riaza.
09064	Caleruega.	09384	Tordómar.	40174	Sacramenia.
09065	Campillo de Aranda.	09387	Torregalindo.	40177	San Cristóbal de Cuéllar.
09066	Campolara.	09389	Torrepadre.	40183	San Miguel de Bernuy.
09070	Carazo.	09390	Torresandino.	40186	Santa Marta del Cerro.
09078	Cascajares de la Sierra.	09391	Tórtoles de Esgueva.	40191	Santo Tomé del Puerto.
09084	Castrillo de la Reina.	09396	Tubilla del Lago.	40195	Sepúlveda.
09085	Castrillo de la Vega.	09400	Vadocondes.	40196	Sequera de Fresno.

Cód. INE	Nombre municipio	Cód. INE	Nombre municipio	Cód. INE	Nombre municipio
09101	Ciadoncha.	09403	Valdeande.	40198	Sotillo.
09103	Cilleruelo de Abajo.	09405	Valdezate.	40202	Torreadrada.
09104	Cilleruelo de Arriba.	09414	Valle de Valdelaguna.	40204	Torrecilla del Pinar.
09105	Ciruelos de Cervera.	09418	Valles de Palenzuela.	40210	Urueñas.
09110	Contreras.	09421	Vid y Barrios (La).	40212	Valdevacas de Montejo.
09112	Coruña del Conde.	09428	Villaescusa de Roa.	40215	Valtiendas.
09113	Covarrubias.	09430	Villaespasa.	40218	Valle de Tabladillo.
09117	Cueva de Roa (La).	09432	Villafruela.	40219	Vallelado.
09122	Espinosa de Cervera.	09437	Villahoz.	40229	Villaverde de Montejo.
09127	Fontioso.	09438	Villalba de Duero.	40902	Cozuelos de Fuentidueña.
09131	Fresnillo de las Dueñas.	09440	Villalbilla de Gumiel.	40905	Cuevas de Provanco.
09136	Fuentecén.	09450	Villanueva de Carazo.	42007	Alcubilla de Avellaneda.
09137	Fuentelcésped.	09451	Villanueva de Gumiel.	42052	Caracena.
09138	Fuentelisendo.	09464	Villatuelda.	42053	Carrascosa de Abajo.
09139	Fuentemolinos.	09466	Villaverde del Monte.	42058	Castillejo de Robledo.
09140	Fuentenebro.	09467	Villaverde-Mogina.	42080	Espeja de San Marcelino.
09141	Fuentespina.	09472	Villazopeque.	42081	Espejón.
09144	Gallega (La).	09476	Villoruebo.	42085	Fuentearmegil.
09151	Gumiel de Izán.	09478	Vizcaínos.	42086	Fuentecambrón.
09152	Gumiel de Mercado.	09483	Zazuar.	42103	Langa de Duero.
09154	Hacinas.	34050	Castrillo de Don Juan.	42105	Liceras.
09155	Haza.	34070	Espinosa de Cerrato.	42116	Miño de San Esteban.
09160	Hontangas.	34082	Hérmedes de Cerrato.	42120	Montejo de Tiermes.
09164	Hontoria de Valdearados.	40003	Adrados.	42127	Nafría de Ucero.
09168	Horra (La).	40005	Alconada de Maderuelo.	42168	Santa María de las Hoyas.
09169	Hortigüela.	40006	Aldealcorvo.	42189	Ucero.
09170	Hoyales de Roa.	40008	Aldealengua de Santa María.	47009	Amusquillo.
09173	Huerta de Arriba.	40009	Aldeanueva de la Serrezuela.	47012	Bahabón.
09174	Huerta de Rey.	40013	Aldeasoña.	47022	Bocos de Duero.
09179	Iglesiarrubia.	40014	Aldehorno.	47030	Campaspero.

Cód. INE	Nombre municipio	Cód. INE	Nombre municipio	Cód. INE	Nombre municipio
09183	Jaramillo de la Fuente.	40016	Aldeonte.	47033	Canalejas de Peñafiel.
09184	Jaramillo Quemado.	40024	Ayllón.	47034	Canillas de Esgueva.
09191	Jurisdicción de Lara.	40025	Barbolla.	47038	Castrillo de Duero.
09198	Mahamud.	40029	Bercimuel.	47039	Castrillo-Tejeriego.
09199	Mambrilla de Castrejón.	40032	Boceguillas.	47047	Castroverde de Cerrato.
09200	Mambrillas de Lara.	40037	Calabazas de Fuentidueña.	47054	Cogeces del Monte.
09201	Mamolar.	40039	Campo de San Pedro.	47056	Corrales de Duero.
09206	Mazuela.	40044	Carrascal del Río.	47059	Curiel de Duero.
09208	Mecerreyes.	40046	Castillejo de Mesleón.	47060	Encinas de Esgueva.
09218	Milagros.	40047	Castro de Fuentidueña.	47062	Fombellida.
09223	Monasterio de la Sierra.	40048	Castrojimeno.	47063	Fompedraza.
09225	Moncalvillo.	40051	Castroserracín.	47077	Langayo.
09226	Monterrubio de la Demanda.	40052	Cedillo de la Torre.	47080	Manzanillo.
09228	Moradillo de Roa.	40053	Cerezo de Abajo.	47103	Olivares de Duero.
09229	Nava de Roa.	40054	Cerezo de Arriba.	47106	Olmos de Peñafiel.
09235	Olmedillo de Roa.	40055	Cilleruelo de San Mamés.	47114	Peñafiel.
09236	Olmillos de Muñó.	40056	Cobos de Fuentidueña.	47116	Pesquera de Duero.
09239	Oquillas.	40061	Corral de Ayllón.	47118	Piñel de Abajo.
09253	Pardilla.	40063	Cuéllar.	47119	Piñel de Arriba.
09256	Pedrosa de Duero.	40070	Duruelo.	47127	Quintanilla de Arriba.
09261	Peñaranda de Duero.	40071	Encinas.	47129	Quintanilla de Onésimo.
09262	Peral de Arlanza.	40079	Fresno de Cantespino.	47131	Rábano.
09267	Pineda Trasmonte.	40080	Fresno de la Fuente.	47137	Roturas.
09268	Pinilla de los Barruecos.	40081	Frumales.	47143	San Llorente
09269	Pinilla de los Moros.	40083	Fuente el Olmo de Fuentidueña.	47169	Torre de Esgueva.
09270	Pinilla Trasmonte.	40087	Fuentepiñel.	47170	Torre de Peñafiel.
09275	Presencio.	40088	Fuenterrebollo.	47172	Torrescárcela.
09277	Puentedura.	40089	Fuentesaúco de Fuentidueña.	47179	Valbuena de Duero.

Cód. INE	Nombre municipio	Cód. INE	Nombre municipio	Cód. INE	Nombre municipio
09279	Quemada.	40091	Fuentesoto.	47180	Valdearcos de la Vega.
09281	Quintana del Pidio.	40092	Fuentidueña.	47194	Viloria.
09295	Quintanilla del Coco.	40097	Grajera.	47200	Villaco.
09311	Retuerta.	40099	Honrubia de la Cuesta.	47206	Villafuerte.

Área geográfica n.º 15
Cáceres Norte

Cód. INE	Nombre municipio	Cód. INE	Nombre municipio	Cód. INE	Nombre municipio
10001	Abadía.	10084	Gata.	10150	Portaje.
10003	Acebo.	10086	Granja (La).	10151	Portezuelo.
10005	Aceituna.	10088	Guijo de Coria.	10152	Pozuelo de Zarzón.
10006	Ahigal.	10089	Guijo de Galisteo.	10154	Rebollar.
10015	Aldeanueva del Camino.	10090	Guijo de Granadilla.	10155	Riolobos.
10016	Aldehuela de Jerte.	10093	Hernán-Pérez.	10156	Robledillo de Gata.
10022	Arroyomolinos de la Vera.	10096	Hervás.	10164	San Martín de Trevejo.
10025	Barrado.	10099	Holguera.	10167	Santa Cruz de Paniagua.
10034	Cabezabellosa.	10100	Hoyos.	10171	Santibáñez el Alto.
10035	Cabezuela del Valle.	10101	Huélaga.	10172	Santibáñez el Bajo.
10036	Cabrero.	10106	Jarilla.	10174	Segura de Toro.
10038	Cachorrilla.	10107	Jerte.	10181	Tejeda de Tiétar.
10039	Cadalso.	10108	Ladrillar.	10182	Toril.
10040	Calzadilla.	10116	Malpartida de Plasencia.	10183	Tornavacas.
10041	Caminomorisco.	10117	Marchagaz.	10184	Torno (El).
10047	Carcaboso.	10123	Mirabel.	10185	Torrecilla de los Ángeles.
10050	Casar de Palomero.	10124	Mohedas de Granadilla.	10187	Torre de Don Miguel.
10051	Casares de las Hurdes.	10127	Montehermoso.	10189	Torrejoncillo.
10053	Casas de Don Gómez.	10128	Moraleja.	10196	Valdastillas.
10054	Casas del Castañar.	10129	Morcillo.	10202	Valdeobispo.
10055	Casas del Monte.	10130	Navaconcejo.	10205	Valverde del Fresno.
10059	Casillas de Coria.	10135	Nuñomoral.	10207	Villa del Campo.
10061	Ceclavín.	10136	Oliva de Plasencia.	10210	Villamiel.
10063	Cerezo.	10137	Palomero.	10211	Villanueva de la Sierra.
10064	Cilleros.	10138	Pasarón de la Vera.	10214	Villar de Plasencia.
10067	Coria.	10139	Pedroso de Acim.	10215	Villasbuenas de Gata.
10071	Descargamaría.	10142	Perales del Puerto.	10216	Zarza de Granadilla.

Cód. INE	Nombre municipio	Cód. INE	Nombre municipio	Cód. INE	Nombre municipio
10072	Elias.	10143	Pescueza.	10218	Zarza la Mayor.
10076	Galisteo.	10144	Pesga (La).	10902	Vegaviana.
10079	Garganta la Olla.	10146	Pinofranqueado.	10903	Alagón del Río.
10080	Gargantilla.	10147	Piornal.		
10081	Gargüera.	10148	Plasencia.		

Área geográfica n.º 16
Cádiz Este

Cód. INE	Nombre municipio	Cód. INE	Nombre municipio	Cód. INE	Nombre municipio
11004	Algeciras.	29021	Atajate.	29052	Faraján.
11008	Barios (Los).	29022	Benadalid.	29056	Gaucín.
11013	Castellar de la Frontera.	29023	Benahavís.	29057	Genalguacil.
11021	Jimena de la Frontera.	29024	Benalauría.	29060	Igualeja.
11022	Línea de la Concepción (La).	29028	Benaoján.	29063	Jimera de Líbar.
11033	San Roque.	29029	Benarrabá.	29064	Jubrique.
11903	San Martín del Tesorillo.	29041	Casares.	29065	Júzcar.
29006	Algatocín.	29046	Cortes de la Frontera.	29074	Montejaque.
29014	Alpandeire.	29051	Estepona.	29077	Parauta.

Área geográfica n.º 17
Cádiz Oeste

Cód. INE	Nombre municipio	Cód. INE	Nombre municipio	Cód. INE	Nombre municipio
11001	Alcalá de los Gazules.	11017	Espera.	11037	Trebujena.
11003	Algar.	11020	Jerez de la Frontera.	11038	Ubrique.
11005	Algodonales.	11023	Medina Sidonia.	11039	Vejer de la Frontera.
11006	Arcos de la Frontera.	11025	Paterna de Rivera.	11040	Villaluenga del Rosario.
11007	Barbate.	11026	Prado del Rey.	11041	Villamartín.
11009	Benaocaz.	11027	Puerto de Santa María (El).	11042	Zahara.
11010	Bornos.	11028	Puerto Real.	11901	Benalup-Casas Viejas.

Cód. INE	Nombre municipio	Cód. INE	Nombre municipio	Cód. INE	Nombre municipio
11011	Bosque (El).	11029	Puerto Serrano.	11902	San José del Valle.
11012	Cádiz.	11030	Rota.	41053	Lebrija.
11014	Conil de la Frontera.	11031	San Fernando.	41903	Cuervo de Sevilla (El).
11015	Chiclana de la Frontera.	11032	Sanlúcar de Barrameda.		
11016	Chipiona.	11035	Tarifa.		

Área geográfica n.º 18
Cantabria

Cód. INE	Nombre municipio	Cód. INE	Nombre municipio	Cód. INE	Nombre municipio
09011	Alfoz de Bricia.	39033	Herrerías.	39069	San Felices de Buelna.
09012	Alfoz de Santa Gadea.	39034	Lamasón.	39070	San Miguel de Aguayo.
09025	Arija.	39035	Laredo.	39071	San Pedro del Romeral.
09415	Valle de Valdelucio.	39036	Liendo.	39072	San Roque de Riomie-ra.
39001	Alfoz de Lloredo.	39037	Liérganes.	39073	Santa Cruz de Bezana.
39002	Ampuero.	39038	Limpias.	39074	Santa María de Cayón.
39003	Anievas.	39039	Luena.	39075	Santander.
39004	Arenas de Iguña.	39040	Marina de Cudeyo.	39076	Santillana del Mar.
39005	Argoños.	39041	Mazcuerras.	39077	Santiurde de Reinosa.
39006	Arnuero.	39042	Medio Cudeyo.	39078	Santiurde de Toranzo.
39007	Arredondo.	39043	Meruelo.	39079	Santoña.
39008	Astillero (El).	39044	Miengo.	39080	San Vicente de la Bar-quera.
39009	Bárcena de Cicero.	39045	Miera.	39081	Saro.
39010	Bárcena de Pie de Con-cha.	39046	Molledo.	39082	Selaya.
39011	Bareyo.	39047	Noja.	39083	Soba.
39012	Cabezón de la Sal.	39048	Penagos.	39084	Solórzano.
39013	Cabezón de Liébana.	39049	Peñarrubia.	39085	Suances.
39014	Cabuérniga.	39050	Pesaguero.	39086	Tojos (Los).
39015	Camaleño.	39051	Pesquera.	39087	Torrelavega.
39016	Camargo.	39052	Piélagos.	39088	Tresviso.

Cód. INE	Nombre municipio	Cód. INE	Nombre municipio	Cód. INE	Nombre municipio
39017	Campoo de Yuso.	39053	Polaciones.	39089	Tudanca.
39018	Cartes.	39054	Polanco.	39090	Udías.
39019	Castañeda.	39055	Potes.	39091	Valdáliga.
39020	Castro-Urdiales.	39056	Puente Viesgo.	39092	Valdeolea.
39021	Cieza.	39057	Ramales de la Victoria.	39093	Valdeprado del Río.
39022	Cillorigo de Liébana.	39058	Rasines.	39094	Valderredible.
39023	Coindres.	39059	Reinosa.	39095	Val de San Vicente.
39024	Comillas.	39060	Reocín.	39096	Vega de Liébana.
39025	Corrales de Buelna (Los).	39061	Ribamontán al Mar.	39097	Vega de Pas.
39026	Corvera de Toranzo.	39062	Ribamontán al Monte.	39098	Villacarriedo.
39027	Campoo de Enmedio.	39063	Rionansa.	39099	Villaescusa.
39028	Entrambasaguas.	39064	Riotuerto.	39100	Villafufre.
39029	Escalante.	39065	Rozas de Valdearroyo (Las).	39101	Valle de Villaverde.
39030	Guriezo.	39066	Ruente.	39102	Voto.
39031	Hazas de Cesto.	39067	Ruesga.		
39032	Hermandad de Campoo de Suso.	39068	Ruiloba.		

Área geográfica n.º 19
Castellón

Cód. INE	Nombre municipio	Cód. INE	Nombre municipio	Cód. INE	Nombre municipio
12001	Atzeneta del Maestrat.	12057	Eslida.	12113	Toga.
12002	Aín.	12058	Espadilla.	12114	Torás.
12003	Albocàsser.	12059	Fanzara.	12115	Toro (El).
12004	Alcalà de Xivert.	12060	Figueroles.	12116	Torralba del Pinar.
12005	Alcora (l').	12061	Forcall.	12117	Torreblanca.
12006	Alcudia de Veo.	12063	Fuente la Reina.	12118	Torrechiva.
12007	Alfondeguilla.	12064	Fuentes de Ayódar.	12119	Torre d'en Besora, la.
12008	Algimia de Almonacid.	12065	Gaibiel.	12120	Torre d'en Doménec (la).
12009	Almassora.	12068	Herbers.	12121	Traiguera.
12010	Almedíjar.	12069	Higueras.	12122	Useres, les/Useras.

Cód. INE	Nombre municipio	Cód. INE	Nombre municipio	Cód. INE	Nombre municipio
12011	Almenara.	12070	Jana (la).	12123	Vallat.
12013	Arañuel.	12072	Llucena/Lucena del Cid.	12124	Vall d'Alba.
12014	Ares del Maestrat.	12073	Ludiente.	12125	Vall de Almonacid.
12015	Argelita.	12074	Llosa (la).	12126	Vall d'Uixó (la).
12016	Artana.	12075	Mata de Morella (la).	12127	Vallibona.
12017	Ayódar.	12076	Matet.	12128	Vilafamés.
12018	Azuébar.	12077	Moncofa.	12129	Vilafranca/Villafranca del Cid.
12020	Barracas.	12078	Montán.	12130	Villahermosa del Río.
12021	Betxí.	12079	Montanejos.	12131	Villamalur.
12022	Bejís.	12080	Morella.	12132	Vilanova d'Alcolea.
12025	Benafigos.	12082	Nules.	12133	Villanueva de Viver.
12026	Benassal.	12083	Olocau del Rey.	12134	Vilar de Canes.
12027	Benicarló.	12084	Onda.	12135	Vila-real.
12028	Benicàssim/Benicasim.	12085	Orpesa/Oropesa del Mar	12136	Vilavella (la).
12029	Benlloc.	12087	Palanques.	12137	Villores.
12031	Borriol.	12088	Pavías.	12138	Vinaròs.
12032	Borriana/Burriana.	12089	Peníscola/Peñíscola.	12139	Vistabella del Maestrat.
12033	Cabanes.	12090	Pina de Montalgrao.	12141	Zorita del Maestrazgo.
12034	Càlig.	12091	Portell de Morella.	12142	Zucaina.
12036	Canet lo Roig.	12092	Puebla de Arenoso.	12901	Alqueries, les/Alquerías del Niño Perdido.
12037	Castell de Cabres.	12093	Pobla de Benifassà (la).	12902	Sant Joan de Moró.
12038	Castellfort.	12094	Pobla Tornesa (la).	46010	Albalat dels Tarongers.
12040	Castelló de la Plana/ Castellón de la Plana.	12095	Ribesalbes.	46024	Alfara de la Baronia.
12041	Castillo de Villamalefa.	12096	Rossell.	46028	Algar de Palància.
12042	Catí.	12097	Sacañet.	46030	Algímia d'Alfara.
12044	Cervera del Maestre.	12098	Salzadella (la).	46052	Benavites.
12045	Cinctorres.	12099	Sant Jordi/San Jorge.	46058	Benifairó de les Valls.
12046	Cirat.	12100	Sant Mateu.	46082	Canet d'En Berenguer.
12048	Cortes de Arenoso.	12102	Santa Magdalena de Pulpis.	46101	Quart de les Valls.

Cód. INE	Nombre municipio	Cód. INE	Nombre municipio	Cód. INE	Nombre municipio
12049	Costur.	12103	Serratella, la.	46103	Quartell.
12050	Coves de Vinromà (les).	12105	Sierra Engarcerán.	46120	Estivella.
12051	Culla.	12108	Suera/Sueras.	46122	Faura.
12052	Xert.	12109	Tales.	46134	Gilet.
12053	Chilches/Xilxes.	12110	Teresa.	46192	Petrés.
12055	Xodos/Chodos.	12111	Tírig.	46220	Sagunt/Sagunto.
12056	Chóvar.	12112	Todolella.	46245	Torres Torres.

Área geográfica n.º 20
Ceuta

Cód. INE	Nombre municipio
51001	Ceuta.

Área geográfica n.º 21
Ciudad Real

Cód. INE	Nombre municipio	Cód. INE	Nombre municipio	Cód. INE	Nombre municipio
02016	Bienservida.	13046	Guadalmez.	16033	Belmonte.
02019	Bonillo (El).	13047	Herencia.	16072	Castillo de Garcimuñoz.
02028	Cotillas.	13048	Hinojosas de Calatrava.	16099	Hinojosa (La).
02053	Munera.	13050	Labores (Las).	16100	Hinojosos (Los).
02057	Ossa de Montiel.	13051	Luciana.	16103	Hontanaya.
02062	Povedilla.	13052	Malagón.	16106	Horcajo de Santiago.
02067	Riopar.	13053	Manzanares.	16124	Mesas (Las).
02070	Salobre.	13054	Membrilla.	16128	Monreal del Llano.
02076	Vianos.	13055	Mestanza.	16133	Mota del Cuervo.
02080	Vilapalacios.	13056	Miguelturra.	16145	Osa de la Vega.
02081	Vilarrobledo.	13057	Montiel.	16153	Pedernoso (El).
02084	Vilaverde de Guadalimar.	13058	Moral de Calatrava.	16154	Pedroñeras (Las).
02085	Viveros.	13061	Pedro Muñoz.	16159	Pinarejo.
13001	Abenójar.	13062	Picón.	16176	Rada de Haro.
13003	Alamillo.	13063	Piedrabuena.	16196	Santa María de los Llanos.
13004	Albaladejo.	13064	Poblete.	16203	Tarancón.

Cód. INE	Nombre municipio	Cód. INE	Nombre municipio	Cód. INE	Nombre municipio
13005	Alcázar de San Juan.	13065	Porzuna.	16216	Tresjuncos.
13006	Alcoba.	13066	Pozuelo de Calatrava.	16249	Villamayor de Santiago.
13007	Alcolea de Calatrava.	13067	Pozuelos de Calatrava (Los).	16264	Villarejo de Fuentes.
13008	Alcubillas.	13069	Puebla del Príncipe.	45001	Ajofrín.
13009	Aldea del Rey.	13070	Puerto Lápice.	45026	Cabañas de Yepes.
13010	Alhambra.	13071	Puertollano.	45027	Cabezamesada.
13011	Almadén.	13072	Retuerta del Bullaque.	45034	Camuñas.
13012	Almadenejos.	13074	San Carlos del Valle.	45053	Consuegra.
13013	Almagro.	13075	San Lorenzo de Calatrava.	45054	Corral de Almaguer.
13014	Almedina.	13076	Santa Cruz de los Cáñamos.	45059	Dosbarrios.
13015	Almodóvar del Campo.	13077	Santa Cruz de Mudela.	45071	Guardia (La).
13016	Almuradiel.	13078	Socuéllamos.	45078	Huerta de Valdecarábanos.
13018	Arenas de San Juan.	13079	Solana (La).	45084	Lillo.
13019	Argamasilla de Alba.	13080	Solana del Pino.	45087	Madridejos.
13020	Argamasilla de Calatrava.	13081	Terrinches.	45090	Manzaneque.
13022	Ballesteros de Calatrava.	13082	Tomelloso.	45092	Marjaliza.
13023	Bolaños de Calatrava.	13083	Torralba de Calatrava.	45101	Miguel Esteban.
13024	Brazatortas.	13084	Torre de Juan Abad.	45124	Orgaz.
13025	Cabezarados.	13085	Torrenueva.	45135	Puebla de Almoradiel (La).
13026	Cabezarrubias del Puerto.	13087	Valdepeñas.	45141	Quero.
13027	Calzada de Calatrava.	13088	Valenzuela de Calatrava.	45142	Quintanar de la Orden.
13028	Campo de Criptana.	13089	Villahermosa.	45149	Romeral (El).
13029	Cañada de Calatrava.	13090	Villamanrique.	45156	Santa Cruz de la Zarza.
13030	Caracuel de Calatrava.	13091	Villamayor de Calatrava.	45163	Sonseca.
13031	Carrión de Calatrava.	13092	Villanueva de la Fuente.	45166	Tembleque.
13032	Carrizosa.	13093	Villanueva de los Infantes.	45167	Toboso (El).
13033	Castellar de Santiago.	13094	Villanueva de San Carlos.	45175	Turleque.

Cód. INE	Nombre municipio	Cód. INE	Nombre municipio	Cód. INE	Nombre municipio
13034	Ciudad Real.	13095	Villar del Pozo.	45177	Urda.
13035	Corral de Calatrava.	13096	Villarrubia de los Ojos.	45185	Villacañas.
13036	Cortijos (Los).	13097	Villarta de San Juan.	45186	Villa de Don Fadrique (La).
13037	Cózar.	13098	Viso del Marqués.	45187	Villafranca de los Caballeros.
13038	Chillón.	13901	Robledo (El).	45192	Villanueva de Alcardete.
13039	Daimiel.	13902	Ruidera.	45193	Villanueva de Bogas.
13040	Fernán Caballero.	13903	Arenales de San Gregorio.	45197	Villasequilla.
13043	Fuenllana.	13904	Llanos del Caudillo.	45198	Villatobas.
13044	Fuente el Fresno.	16015	Almarcha (La).	45200	Yébenes (Los).
13045	Granátula de Calatrava.	16032	Belinchón.	45202	Yepes.

Área geográfica n.º 22
Córdoba Norte

Cód. INE	Nombre municipio	Cód. INE	Nombre municipio	Cód. INE	Nombre municipio
06087	Monterrubio de la Serena.	14028	Fuente la Lancha.	14062	Torrecampo.
06101	Peraleda del Zaucejo.	14029	Fuente Obejuna.	14064	Valsequillo.
14003	Alcaracejos.	14032	Granjuela (La).	14070	Villanueva del Duque.
14006	Añora.	14034	Guijo (El).	14071	Villanueva del Rey.
14008	Belalcázar.	14035	Hinojosa del Duque.	14072	Villaralto.
14009	Belmez.	14051	Pedroche.	14073	Villaviciosa de Córdoba.
14011	Blázquez (Los).	14052	Peñarroya-Pueblonuevo.	14074	Viso (El).
14023	Dos Torres.	14054	Pozoblanco.		
14026	Espiel.	14061	Santa Eufemia.		

Área geográfica n.º 23
Córdoba Sur

Cód. INE	Nombre municipio	Cód. INE	Nombre municipio	Cód. INE	Nombre municipio
14001	Adamuz.	14040	Montalbán de Córdoba.	14902	Guijarrosa, La.
14002	Aguilar de la Frontera.	14041	Montemayor.	23051	Jamilena.
14005	Almodóvar del Río.	14042	Montilla.	23060	Martos.

Cód. INE	Nombre municipio	Cód. INE	Nombre municipio	Cód. INE	Nombre municipio
14007	Baena.	14043	Montoro.	29001	Alameda.
14010	Benamejí.	14044	Monturque.	29047	Cuevas Bajas.
14012	Bujalance.	14045	Moriles.	29049	Cuevas de San Marcos.
14013	Cabra.	14046	Nueva Carteya.	29095	Villanueva de Algaidas.
14014	Cañete de las Torres.	14047	Obejo.	41001	Aguadulce.
14015	Carcabuey.	14048	Palenciana.	41014	Badolatosa.
14016	Cardeña.	14049	Palma del Río.	41022	Campana (La).
14017	Carlota (La).	14050	Pedro Abad.	41026	Casariche.
14018	Carpio (El).	14053	Posadas.	41039	Écija.
14019	Castro del Río.	14056	Puente Genil.	41041	Estepa.
14020	Conquista.	14057	Rambla (La).	41042	Fuentes de Andalucía.
14021	Córdoba.	14058	Rute.	41050	Herrera.
14022	Doña Mencía.	14059	San Sebastián de los Ballesteros.	41054	Lora de Estepa.
14024	Encinas Reales.	14060	Santaella.	41055	Lora del Río.
14025	Espejo.	14063	Valenzuela.	41056	Luisiana (La).
14027	Fernán-Núñez.	14065	Victoria (La).	41061	Marinaleda.
14030	Fuente Palmera.	14067	Villafranca de Córdoba.	41074	Peñaflor.
14033	Guadalcázar.	14068	Villaharta.	41078	Puebla de los Infantes (La).
14036	Hornachuelos.	14069	Villanueva de Córdoba.	41082	Roda de Andalucía (La).
14037	Iznájar.	14075	Zuheros.	41084	Rubio (El).
14038	Lucena.	14069	Villanueva de Córdoba.	41901	Cañada Rosal.
14039	Luque.	14901	Fuente Carreteros.		

Área geográfica n.º 24
Coruña Norte

Cód. INE	Nombre municipio	Cód. INE	Nombre municipio	Cód. INE	Nombre municipio
15001	Abegondo.	15029	Coristanco.	15058	Oleiros.
15003	Aranga.	15030	Coruña (A).	15061	Ortigueira.
15004	Ares.	15031	Culleredo.	15064	Paderne.
15005	Arteixo.	15032	Curtis.	15068	Ponteceso.

Cód. INE	Nombre municipio	Cód. INE	Nombre municipio	Cód. INE	Nombre municipio
15008	Bergondo.	15035	Fene.	15069	Pontedeume.
15009	Betanzos.	15036	Ferrol.	15070	Pontes de García Rodríguez.
15014	Cabana de Bergantiños.	15039	Irixoa.	15075	Sada.
15015	Cabanas.	15040	Laxe.	15076	San Sadurniño.
15016	Camariñas.	15041	Laracha (A).	15081	Somozas (As).
15017	Cambre.	15043	Malpica de Bergantiños.	15087	Valdoviño.
15018	Capela (A).	15044	Mañón.	15091	Vilarmaior.
15019	Carballo.	15048	Miño.	15092	Vimianzo.
15021	Carral.	15049	Moeche.	15093	Zas.
15022	Cedeira.	15050	Monfero.	15901	Cariño.
15024	Cerceda.	15051	Mugardos.	15902	Oza-Cesuras.
15025	Cerdido.	15054	Narón.	27033	Muras.
15027	Ccirós.	15055	Neda.		

Área geográfica n.º 25
Coruña Sur

Cód. INE	Nombre municipio	Cód. INE	Nombre municipio	Cód. INE	Nombre municipio
15002	Ames.	15047	Mesía.	15080	Sobrado.
15006	Arzúa.	15052	Muxía.	15082	Teo.
15007	Baña (A).	15053	Muros.	15083	Toques.
15010	Boimorto.	15056	Negreira.	15084	Tordoia.
15012	Boqueixón.	15057	Noia.	15085	Touro.
15013	Brión.	15059	Ordes.	15086	Trazo.
15020	Carnota.	15060	Oroso.	15088	Val do Dubra.
15023	Cee.	15062	Outes.	15089	Vedra.
15028	Corcubión.	15065	Padrón.	15090	Vilasantar.
15034	Dumbría.	15066	Pino (O).	36020	Agolada.
15037	Fisterra.	15071	Porto do Son.	36024	Lalín.
15038	Frades.	15074	Rois.	36047	Rodeiro.
15042	Lousame.	15077	Santa Comba.	36052	Silleda.
15045	Mazaricos.	15078	Santiago de Compostela.	36059	Vila de Cruces.
15046	Melide.	15079	Santiso.		

Área geográfica n.º 26
Cuenca

Cód. INE	Nombre municipio	Cód. INE	Nombre municipio	Cód. INE	Nombre municipio
16001	Abia de la Obispalía.	16112	Huete.	16218	Uclés.
16002	Acebrón (El).	16119	Leganiel.	16219	Uña.
16004	Albaladejo del Cuende.	16122	Mariana.	16225	Valdemorillo de la Sierra.
16010	Alcázar del Rey.	16129	Montalbanejo.	16227	Valdemoro-Sierra.
16012	Alconchel de la Estrella.	16130	Montalbo.	16239	Vega del Codorno.
16016	Almendros.	16131	Monteagudo de las Salinas.	16240	Vellisca.
16018	Almonacid del Marquesado.	16132	Mota de Altarejos.	16243	Villaescusa de Haro.
16019	Altarejos.	16139	Olivares de Júcar.	16245	Villalba de la Sierra.
16023	Chillarón de Cuenca.	16141	Olmeda del Rey.	16247	Villalgordo del Marquesado.
16024	Arguisuelas.	16146	Pajarón.	16250	Villanueva de Guadamejud.
16027	Barajas de Melo.	16148	Palomares del Campo.	16253	Villar de Cañas.
16029	Barchín del Hoyo.	16149	Palomera.	16254	Villar de Domingo García.
16030	Bascuñana de San Pedro.	16151	Paredes.	16255	Villar de la Encina.
16031	Beamud.	16152	Parra de las Vegas (La).	16263	Villar de Olalla.
16034	Belmontejo.	16156	Peraleja (La).	16265	Villarejo de la Peñuela.
16040	Buenache de la Sierra.	16160	Pineda de Gigüela.	16266	Villarejo-Periesteban.
16046	Cañada del Hoyo.	16161	Piqueras del Castillo.	16269	Villares del Saz.
16055	Carboneras de Guadazaón.	16163	Portilla.	16270	Villarrubio.
16058	Carrascosa de Haro.	16167	Pozorrubio de Santiago.	16272	Villas de la Ventosa.
16073	Cervera del Llano.	16172	Puebla de Almenara.	16273	Villaverde y Pasaconsol.
16074	Cierva (La).	16173	Valle de Altomira, El.	16277	Zafra de Záncara.
16078	Cuenca.	16177	Reíllo.	16280	Zarzuela.
16081	Chumillas.	16181	Rozalén del Monte.	16901	Campos del Paraíso.
16083	Fresneda de Altarejos.	16185	Saceda-Trasierra.	16902	Valdetórtola.
16086	Fuente de Pedro Naharro.	16186	Saelices.	16903	Valeras (Las).

Cód. INE	Nombre municipio	Cód. INE	Nombre municipio	Cód. INE	Nombre municipio
16087	Fuentelespino de Haro.	16191	San Lorenzo de la Parrilla	16904	Fuentenava de Jábaga.
16089	Fuentes.	16199	Solera de Gabaldón.	16905	Arcas.
16101	Hito (El).	16211	Torrejoncillo del Rey.	16906	Valdecolmenas (Los).
16102	Honrubia.	16212	Torrubia del Campo.	16909	Sotorribas.
16107	Huélamo.	16213	Torrubia del Castillo.	16910	Villar y Velasco.
16108	Huelves.	16215	Tragacete.		
16110	Huerta de la Obispalía.	16217	Tribaldos.		

Área geográfica n.º 27
Eivissa

Cód. INE	Nombre municipio	Cód. INE	Nombre municipio	Cód. INE	Nombre municipio
07024	Formentera.	07046	Sant Antoni de Portmany.	07050	Sant Joan de Labritja.
07026	Eivissa.	07048	Sant Josep de sa Talaia.	07054	Santa Eulària des Riu.

Área geográfica n.º 28
Extremadura Centro

Cód. INE	Nombre municipio	Cód. INE	Nombre municipio	Cód. INE	Nombre municipio
06001	Acedera.	06106	Puebla del Prior.	10056	Casas de Millán.
06002	Aceuchal.	06107	Puebla de Obando.	10057	Casas de Miravete.
06004	Alange.	06108	Puebla de Sancho Pérez.	10060	Castañar de Ibor.
06005	Albuera (La).	06109	Quintana de la Serena.	10062	Cedillo.
06006	Alburquerque.	06110	Reina.	10065	Collado de la Vera.
06009	Aljucén.	06111	Rena.	10066	Conquista de la Sierra.
06010	Almendral.	06112	Retamal de Llerena.	10068	Cuacos de Yuste.
06011	Almendralejo.	06113	Ribera del Fresno.	10069	Cumbre (La).
06012	Arroyo de San Serván.	06114	Risco.	10070	Deleitosa.
06015	Badajoz.	06115	Roca de la Sierra (La).	10073	Escurial.
06016	Barcarrota.	06116	Salvaleón.	10075	Fresnedoso de Ibor.
06017	Baterno.	06117	Salvatierra de los Barros.	10077	Garciaz.
06018	Benquerencia de la Serena.	06118	Sancti-Spíritus.	10082	Garrovillas de Alconétar.
06023	Cabeza del Buey.	06119	San Pedro de Mérida.	10087	Guadalupe.
06024	Cabeza la Vaca.	06120	Santa Amalia.	10091	Guijo de Santa Bárbara.

Cód. INE	Nombre municipio	Cód. INE	Nombre municipio	Cód. INE	Nombre municipio
06025	Calamonte.	06121	Santa Marta.	10092	Herguijuela.
06026	Calera de León.	06122	Santos de Maimona (Los).	10094	Herrera de Alcántara.
06028	Campanario.	06123	San Vicente de Alcántara.	10095	Herreruela.
06030	Capilla.	06125	Siruela.	10097	Higuera de Albalat.
06031	Carmonita.	06126	Solana de los Barros.	10098	Hinojal.
06032	Carrascalejo (El).	06127	Talarrubias.	10102	Ibahernando.
06033	Casas de Don Pedro.	06128	Talavera la Real.	10103	Jaraicejo.
06034	Casas de Reina.	06130	Tamurejo.	10104	Jaraíz de la Vera.
06035	Castilblanco.	06131	Torre de Miguel Sesmero.	10105	Jarandilla de la Vera.
06036	Castuera.	06132	Torremayor.	10109	Logrosán.
06037	Codosera (La).	06133	Torremejía.	10110	Losar de la Vera.
06038	Cordobilla de Lácara.	06135	Trujillanos.	10112	Madrigalejo.
06039	Coronada (La).	06137	Valdecaballeros.	10113	Madroñera.
06040	Corte de Peleas.	06138	Valdetorres.	10115	Malpartida de Cáceres.
06041	Cristina.	06143	Valverde de Leganés.	10118	Mata de Alcántara.
06043	Don Álvaro.	06145	Valverde de Mérida.	10119	Membrío.
06044	Don Benito.	06149	Villafranca de los Barros.	10121	Miajadas.
06045	Entrín Bajo.	06150	Villagarcía de la Torre.	10125	Monroy.
06046	Esparragalejo.	06151	Villagonzalo.	10126	Montánchez.
06047	Esparragosa de la Serena.	06152	Villalba de los Barros.	10132	Navalvillar de Ibor.
06048	Esparragosa de Lares.	06153	Villanueva de la Serena.	10133	Navas del Madroño.
06049	Feria.	06155	Villar del Rey.	10134	Navezuelas.
06051	Fuenlabrada de los Montes.	06156	Villar de Rena.	10145	Piedras Albas.
06053	Fuente del Arco.	06157	Villarta de los Montes.	10149	Plasenzuela.
06054	Fuente del Maestre.	06158	Zafra.	10153	Puerto de Santa Cruz.
06056	Garbayuela.	06160	Zalamea de la Serena.	10158	Robledillo de Trujillo.
06057	Garlitos.	06161	Zarza-Capilla.	10159	Robledollano.
06058	Garrovilla (La).	06162	Zarza (La).	10160	Romangordo.

Cód. INE	Nombre municipio	Cód. INE	Nombre municipio	Cód. INE	Nombre municipio
06060	Guareña.	06901	Valdelacalzada.	10161	Ruanes.
06061	Haba (La).	06902	Pueblonuevo del Guadiana.	10162	Salorino.
06062	Helechosa de los Montes.	06903	Guadiana.	10163	Salvatierra de Santiago.
06063	Herrera del Duque.	10002	Abertura.	10165	Santa Ana.
06064	Higuera de la Serena.	10004	Acehúche.	10166	Santa Cruz de la Sierra.
06068	Hinojosa del Valle.	10007	Albalá.	10168	Santa Marta de Magasca.
06072	Looón.	10008	Alcántara.	10169	Santiago de Alcántara.
06075	Magacela.	10009	Alcollarín.	10170	Santiago del Campo.
06078	Malpartida de la Serena.	10010	Alcuéscar.	10175	Serradilla.
06079	Manchita.	10011	Aldeacentenera.	10177	Sierra de Fuentes.
06080	Medellín.	10012	Aldea del Cano.	10178	Talaván.
06082	Mengabril.	10013	Aldea del Obispo (La).	10186	Torrecillas de la Tiesa.
06083	Mérida.	10014	Aldeanueva de la Vera.	10188	Torre de Santa María.
06084	Mirandilla.	10017	Alía.	10190	Torrejón el Rubio.
06085	Monesterio.	10018	Aliseda.	10191	Torremenga.
06086	Montemolín.	10020	Almoharín.	10192	Torremocha.
06088	Montijo.	10021	Arroyo de la Luz.	10193	Torreorgaz.
06089	Morera (La).	10023	Arroyomolinos.	10194	Torrequemada.
06090	Nava de Santiago (La).	10027	Benquerencia.	10195	Trujillo.
06091	Navalvillar de Pela.	10029	Berzocana.	10197	Valdecañas de Tajo.
06092	Nogales.	10031	Botija.	10198	Valdefuentes.
06094	Oliva de Mérida.	10032	Brozas.	10201	Valdemorales.
06095	Olivenza.	10033	Cabañas del Castillo.	10203	Valencia de Alcántara.
06096	Orellana de la Sierra.	10037	Cáceres.	10208	Villa del Rey.
06097	Orellana la Vieja.	10042	Campillo de Deleitosa.	10209	Villamesías.
06098	Palomas.	10043	Campo Lugar.	10217	Zarza de Montánchez.
06099	Parra (La).	10044	Cañamero.	10219	Zorita.
06100	Peñalsordo.	10045	Cañaveral.	13002	Agudo.
06102	Puebla de Alcocer.	10046	Carbajo.	13073	Sacemela.

Cód. INE	Nombre municipio	Cód. INE	Nombre municipio	Cód. INE	Nombre municipio
06103	Puebla de la Calzada.	10049	Casar de Cáceres.	13086	Valdemanco del Esteras.
06104	Puebla de la Reina.	10052	Casas de Don Antonio.		

Área geográfica n.º 29
Fuerteventura

Cód. INE	Nombre municipio	Cód. INE	Nombre municipio	Cód. INE	Nombre municipio
35003	Antigua.	35015	Pájara.	35030	Tuineje.
35007	Betancuria.	35017	Puerto del Rosario.		

Área geográfica n.º 30
Gipuzkoa

Cód. INE	Nombre municipio	Cód. INE	Nombre municipio	Cód. INE	Nombre municipio
20001	Abaltzisketa.	20037	Gaintza.	20073	Usurbil.
20002	Aduna.	20038	Gabiria.	20075	Villabona.
20003	Aizarnazabal.	20039	Getaria.	20076	Ordizia.
20004	Albiztur.	20040	Hernani.	20077	Urretxu.
20005	Alegia.	20041	Hernialde.	20078	Zaldibia.
20006	Alkiza.	20042	Ibarra.	20079	Zarautz.
20007	Altzo.	20043	Idiazabal.	20080	Zumarraga.
20008	Amezketa.	20044	Ikaztegieta.	20081	Zumaia.
20009	Andoain.	20045	Irun.	20902	Lasarte-Oria.
20010	Anoeta.	20046	Irura.	20903	Astigarraga.
20011	Antzuola.	20047	Itsasondo.	20904	Baliarrain.
20012	Arama.	20048	Larraul.	20905	Orendain.
20014	Asteasu.	20049	Lazkao.	20906	Altzaga.
20015	Ataun.	20050	Leaburu.	20907	Gaztelu.
20016	Aia.	20052	Legorreta.	31022	Arantza.
20017	Azkoitia.	20053	Lezo.	31024	Arano.
20018	Azpeitia.	20054	Lizartza.	31031	Areso.
20019	Beasain.	20056	Mutriku.	31082	Etxalar.
20020	Beizama.	20057	Mutiloa.	31149	Leitza.
20021	Belauntza.	20058	Olaberria.	31153	Lesaka.

20022	Berastegi.	20060	Orexa.	31250	Bera.
20023	Berrobi.	20061	Orio.	31259	Igantzi.
20024	Bidania-Goiatz.	20062	Ormaiztegi.	48004	Amoroto.
20025	Zegama.	20063	Oiartzun.	48018	Berriatua.
20026	Zerain.	20064	Pasaia.	48028	Ea.
20027	Zestoa.	20066	Errezil.	48049	Ispaster.
20028	Zizurkil.	20067	Errenteria.	48057	Lekeitio.
20029	Deba.	20069	Donostia/San Sebastián.	48063	Mendexa.
20031	Elduain.	20070	Segura.	48073	Ondarroa.
20035	Ezkio-Itsaso.	20071	Tolosa.		
20036	Hondarribia.	20072	Urnieta.		

Área geográfica n.º 31

Girona

Cód. INE	Nombre municipio	Cód. INE	Nombre municipio	Cód. INE	Nombre municipio
17001	Agullana.	17081	Gualta.	17163	Sant Gregori.
17002	Aiguaviva.	17083	Hostalric.	17164	Sant Hilari Sacalm.
17003	Albanyà.	17085	Jafre.	17165	Sant Jaume de Llierca.
17004	Albons.	17086	Jonquera (La).	17166	Sant Jordi Desvalls.
17005	Far d'Empordà (El).	17087	Juià.	17167	Sant Joan de les Abadesses.
17007	Amer.	17088	Lladó.	17168	Sant Joan de Mollet.
17008	Anglès.	17089	Llagostera.	17169	Sant Julià de Ramis.
17009	Arbúcies.	17090	Llambilles.	17170	Vallfogona de Ripollès.
17010	Argelaguer.	17091	Llanars.	17171	Sant Llorenç de la Muga.
17011	Armentera (L').	17092	Llançà.	17172	Sant Martí de Llémena.
17012	Avinyonet de Puigventós.	17093	Llers.	17173	Sant Martí Vell.
17013	Begur.	17095	Lloret de Mar.	17174	Sant Miquel de Campmajor.
17014	Vajol (La).	17096	Llosses (Les).	17175	Sant Miquel de Fluvià.
17015	Banyoles.	17097	Madremanya.	17176	Sant Mori.
17016	Bàscara.	17098	Maià de Montcal.	17177	Sant Pau de Segúries.
17018	Bellcaire d'Empordà.	17100	Masarac i Vilarnadal.	17178	Sant Pere Pescador.
17019	Besalú.	17101	Massanes.	17180	Santa Coloma de Farners.
17020	Bescanó.	17102	Maçanet de Cabrenys.	17181	Santa Cristina d'Aro.

Cód. INE	Nombre municipio	Cód. INE	Nombre municipio	Cód. INE	Nombre municipio
17021	Beuda.	17103	Maçanet de la Selva.	17182	Santa Llogaia d'Àlguema.
17022	Bisbal d'Empordà (La).	17105	Mieres.	17183	Sant Aniol de Finestres.
17023	Blanes.	17106	Mollet de Peralada.	17184	Santa Pau.
17025	Bordils.	17107	Molló.	17185	Sant Joan les Fonts.
17026	Borrassà.	17109	Montagut i Oix.	17186	Sarrià de Ter.
17027	Breda.	17110	Mont-ras.	17187	Saus, Camallera i Llampaies.
17028	Brunyola i Sant Martí Sapresa.	17111	Navata.	17188	Selva de Mar (La).
17029	Boadella i les Escaules.	17112	Ogassa.	17189	Cellera de Ter (La).
17030	Cabanes.	17114	Olot.	17190	Serinyà.
17031	Cabanelles.	17115	Ordis.	17191	Serra de Daró.
17032	Cadaqués.	17116	Osor.	17192	Setcases.
17033	Caldes de Malavella.	17117	Palafrugell.	17193	Sils.
17034	Calonge i Sant Antoni.	17118	Palamós.	17194	Susqueda.
17035	Camós.	17119	Palau de Santa Eulàlia.	17195	Tallada d'Empordà (La).
17036	Campdevànol.	17120	Palau-saverdera.	17196	Terrades.
17037	Campelles.	17121	Palau-sator.	17197	Torrent.
17038	Campllong.	17123	Palol de Revardit.	17198	Torroella de Fluvià.
17039	Camprodon.	17124	Pals.	17199	Torroella de Montgrí.
17040	Canet d'Adri.	17125	Pardines.	17200	Tortellà.
17041	Cantallops.	17126	Parlavà.	17201	Toses.
17042	Capmany.	17128	Pau.	17202	Tossa de Mar.
17043	Queralbs.	17129	Pedret i Marzà.	17203	Ultramort.
17044	Cassà de la Selva.	17130	Pera (La).	17204	Ullà.
17046	Castellfollit de la Roca.	17132	Peralada.	17205	Ullastret.
17047	Castelló d'Empúries.	17133	Planes d'Hostoles (Les).	17207	Vall d'en Bas (La).
17048	Castell d'Aro, Platja d'Aro i s'Agaró.	17134	Planoles.	17208	Vall de Bianya (La).
17049	Celrà.	17135	Pont de Molins.	17209	Vall-llobrega.
17050	Cervià de Ter.	17136	Pontós.	17210	Ventalló.
17051	Cistella.	17137	Porqueres.	17211	Verges.
17052	Siurana.	17138	Portbou.	17212	Vidrà.

Cód. INE	Nombre municipio	Cód. INE	Nombre municipio	Cód. INE	Nombre municipio
17054	Colera.	17139	Preses (Les).	17213	Vidreres.
17055	Colomers.	17140	Port de la Selva (El).	17214	Vilabertran.
17056	Cornellà del Terri.	17142	Quart.	17215	Vilablareix.
17057	Corça.	17143	Rabós.	17216	Viladasens.
17058	Crespià.	17144	Regencós.	17217	Viladamat.
17060	Darnius.	17145	Ribes de Freser.	17218	Vilademuls.
17062	Escaa (L').	17146	Riells i Viabrea.	17220	Viladrau.
17063	Espinelves.	17147	Ripoll.	17221	Vilafant.
17064	Espolla.	17148	Riudarenes.	17222	Vilaür.
17065	Esponellà.	17149	Riudaura.	17223	Vilajuïga.
17066	Figueres.	17150	Riudellots de la Selva.	17224	Vilallonga de Ter.
17067	Flaçà.	17151	Riumors.	17225	Vilamacolum.
17068	Foixà.	17152	Roses.	17226	Vilamalla.
17070	Fontanilles.	17153	Rupià.	17227	Vilamaniscle.
17071	Fontcoberta.	17154	Sales de Llierca.	17228	Vilanant.
17073	Fornells de la Selva.	17155	Salt.	17230	Vila-sacra.
17074	Fortià.	17157	Sant Andreu Salou.	17232	Vilopriu.
17075	Garrigàs.	17158	Sant Climent Sescebes.	17233	Vilobí d'Onyar.
17076	Garrigoles.	17159	Sant Feliu de Buixalleu.	17234	Biure.
17077	Garriguella.	17160	Sant Feliu de Guíxols.	17901	Cruïlles, Monells i Sant Sadurní de l'Heura.
17079	Girona.	17161	Sant Feliu de Pallerols.	17902	Forallac.
17080	Gombrèn.	17162	Sant Ferriol.	17903	Sant Julià del Llor i Bonmatí.

Área geográfica n.º 32
Gran Canaria Norte

Cód. INE	Nombre municipio	Cód. INE	Nombre municipio	Cód. INE	Nombre municipio
35002	Agüimes.	35011	Ingenio.	35023	Santa María de Guía de Gran Canaria.
35006	Arucas.	35013	Moya.	35026	Telde.
35008	Firgas.	35016	Palmas de Gran Canaria (Las).	35027	Teror.
35009	Gáldar.	35021	Santa Brígida.	35032	Valleseco.

Área geográfica n.º 33
Gran Canaria Sur

Cód. INE	Nombre municipio	Cód. INE	Nombre municipio	Cód. INE	Nombre municipio
35001	Agaete.	35019	San Bartolomé de Tirajana.	35025	Tejeda.
35005	Artenara.	35020	Aldea de San Nicolás (La).	35031	Valsequillo de Gran Canaria.
35012	Mogán.	35022	Santa Lucía de Tirajana.	35033	Vega de San Mateo.

Área geográfica n.º 34
Granada Este

Cód. INE	Nombre municipio	Cód. INE	Nombre municipio	Cód. INE	Nombre municipio
18023	Baza.	18056	Cúllar.	18146	Orce.
18029	Benamaurel.	18078	Freila.	18161	Polícar.
18039	Caniles.	18082	Galera.	18164	Puebla de Don Fadrique.
18045	Castilléjar.	18085	Gor.	18194	Zújar.
18046	Castril.	18098	Huéscar.	18912	Cuevas del Campo.
18053	Cortes de Baza.	18123	Lugros.	23045	Huesa.

Área geográfica n.º 35
Granada Oeste

Cód. INE	Nombre municipio	Cód. INE	Nombre municipio	Cód. INE	Nombre municipio
14004	Almedinilla.	18087	Granada.	18185	Ventas de Huelma.
14031	Fuente-Tójar.	18094	Güéjar Sierra.	18188	Villanueva Mesía.
14055	Priego de Córdoba.	18095	Güevéjar.	18189	Víznar.
18001	Agrón.	18099	Huétor de Santillán.	18192	Zafarraya.
18003	Albolote.	18100	Huétor Tájar.	18193	Zubia (La).
18011	Alfacar.	18101	Huétor Vega.	18905	Gabias (Las).
18012	Algarinejo.	18102	Íllora.	18908	Villamena.
18013	Alhama de Granada.	18106	Játar.	18911	Vegas del Genil.
18014	Alhendín.	18107	Jayena.	18913	Zagra.
18020	Arenas del Rey.	18111	Jun.	18914	Valderrubio.
18021	Armilla.	18115	Láchar.	23002	Alcalá la Real.
18022	Atarfe.	18122	Loja.	23003	Alcaudete.

Cód. INE	Nombre municipio	Cód. INE	Nombre municipio	Cód. INE	Nombre municipio
18024	Beas de Granada.	18126	Malahá (La).	23017	Cabra del Santo Cristo.
18034	Cac n.	18127	Maracena.	23026	Castillo de Locubín.
18036	Cájar.	18132	Moclín.	23033	Frailes.
18037	Calicasas.	18134	Monachil.	23034	Fuensanta de Martos.
18047	Cenes de la Vega.	18135	Montefrío.	23044	Huelma.
18048	Cijuela.	18137	Montillana.	23077	Santiago de Calatrava.
18050	Cogollos de la Vega.	18138	Moraleda de Zafayona.	29010	Almargen.
18057	Cúllar Vega.	18143	Nigüelas.	29015	Antequera.
18059	Chauchina.	18144	Nívar.	29017	Archidona.
18061	Chimeneas.	18145	Ogíjares.	29035	Cañete la Real.
18062	Churriana de la Vega.	18149	Villa de Otura.	29048	Cuevas del Becerro.
18063	Darro.	18150	Padul.	29055	Fuente de Piedra.
18066	Deifontes.	18153	Peligros.	29059	Humilladero.
18068	Dílar.	18157	Pinos Genil.	29072	Mollina.
18070	Dúcar.	18158	Pinos Puente.	29088	Sierra de Yeguas.
18071	Dúrcal.	18159	Píñar.	29089	Teba.
18072	Escúzar.	18165	Pulianas.	29096	Villanueva del Rosario.
18077	Fornes.	18168	Quéntar.	29097	Villanueva del Trabuco.
18079	Fuente Vaqueros.	18171	Salar.	29098	Villanueva de Tapia.
18083	Gobernador.	18174	Santa Cruz del Comercio.	29902	Villanueva de la Concepción.
18084	Gójar.	18175	Santa Fe.		

Área geográfica n.º 36
Granada Sur

Cód. INE	Nombre municipio	Cód. INE	Nombre municipio	Cód. INE	Nombre municipio
4003	Adra.	18043	Carataunas.	18163	Pórtugos.
4007	Alcolea.	18044	Cástaras.	18170	Rubite.
4020	Bayárcal.	18093	Gualchos.	18173	Salobreña.
4029	Berja.	18103	Ítrabo.	18176	Soportújar.
4057	Laujar de Andarax.	18109	Jete.	18177	Sorvilán.
4073	Paterna del Río.	18112	Juviles.	18179	Torvizcón.

Cód. INE	Nombre municipio	Cód. INE	Nombre municipio	Cód. INE	Nombre municipio
4904	Balanegra.	18116	Lanjarón.	18180	Trevélez.
18004	Albondón.	18119	Lecrín.	18181	Turón.
18006	Albuñol.	18120	Lentegí.	18182	Ugíjar.
18007	Albuñuelas.	18121	Lobras.	18183	Válor.
18016	Almegíjar.	18124	Lújar.	18184	Vélez de Benaudalla.
18017	Almuñécar.	18133	Molvízar.	18901	Taha (La).
18030	Bérchules.	18140	Motril.	18902	Valle (El).
18032	Bubión.	18141	Murtas.	18903	Nevada.
18033	Busquístar.	18147	Órgiva.	18904	Alpujarra de la Sierra.
18035	Cádiar.	18148	Otívar.	18906	Guájares, Los.
18040	Cáñar.	18151	Pampaneira.	18910	Pinar (El).
18042	Capileira.	18162	Polopos.	18916	Torrenueva Costa.

Área geográfica n.º 37
Guadalajara

Cód. INE	Nombre municipio	Cód. INE	Nombre municipio	Cód. INE	Nombre municipio
16005	Albalate de las Nogueras.	19075	Castejón de Henares.	19210	Paredes de Sigüenza.
16006	Albendea.	19076	Castellar de la Muela.	19211	Pareja.
16009	Alcantud.	19078	Castilforte.	19212	Pastrana.
16011	Alcohujate.	19079	Castilnuevo.	19214	Peñalén.
16020	Arandilla del Arroyo.	19080	Cendejas de Enmedio.	19215	Peñalver.
16022	Arcos de la Sierra.	19081	Cendejas de la Torre.	19216	Peralejos de las Truchas.
16025	Arrancacepas.	19082	Centenera.	19217	Peralveche.
16035	Beteta.	19086	Cifuentes.	19218	Pinilla de Jadraque.
16038	Buciegas.	19087	Cincovillas.	19219	Pinilla de Molina.
16041	Buendía.	19088	Ciruelas.	19221	Piqueras.
16045	Canalejas del Arroyo.	19089	Ciruelos del Pinar.	19222	Pobo de Dueñas (El).
16048	Cañamares.	19090	Cobeta.	19223	Poveda de la Sierra.
16050	Cañaveras.	19091	Cogollor.	19224	Pozo de Almoguera.
16051	Cañaveruelas.	19092	Cogolludo.	19226	Prádena de Atienza.
16053	Cañizares.	19095	Condemios de Abajo.	19227	Prados Redondos.
16057	Carrascosa.	19096	Condemios de Arriba.	19228	Puebla de Beleña.

Cód. INE	Nombre municipio	Cód. INE	Nombre municipio	Cód. INE	Nombre municipio
16067	Castejón.	19097	Congostrina.	19229	Puebla de Valles.
16070	Castillejo-Sierra.	19098	Copernal.	19230	Quer.
16071	Castillo-Albaráñez.	19099	Corduente.	19231	Rebollosa de Jadraque.
16079	Cueva del Hierro.	19103	Checa.	19232	Recuenco (El).
16084	Fresneda de la Sierra.	19104	Chequilla.	19233	Renera.
16085	Frontera (La).	19106	Chillarón del Rey.	19234	Retiendas.
16091	Fuertescusa.	19108	Durón.	19235	Riba de Saelices.
16094	Gascueña.	19109	Embid.	19237	Rillo de Gallo.
16116	Lagunaseca.	19110	Escamilla.	19238	Riofrío del Llano.
16121	Majadas (Las).	19111	Escariche.	19239	Robledillo de Mohernando.
16123	Masegosa.	19112	Escopete.	19240	Robledo de Corpes.
16140	Olmeda de la Cuesta.	19113	Espinosa de Henares.	19241	Romanillos de Atienza.
16143	Olmedilla de Eliz.	19114	Esplegares.	19242	Romanones.
16162	Portalrubio de Guadamejud.	19115	Establés.	19243	Rueda de la Sierra.
16165	Poyatos.	19116	Estriégana.	19244	Sacecorbo.
16169	Pozuelo (El).	19117	Fontanar.	19245	Sacedón.
16170	Priego.	19118	Fuembellida.	19246	Saelices de la Sal.
16188	Salmeroncillos.	19119	Fuencemillán.	19247	Salmerón.
16193	San Pedro Palmiches.	19121	Fuentelencina.	19248	San Andrés del Congosto.
16197	Santa María del Val.	19123	Fuentelviejo.	19249	San Andrés del Rey.
16206	Tinajas.	19125	Gajanejos.	19250	Santiuste.
16209	Torralba.	19127	Galve de Sorbe.	19251	Saúca.
16228	Valdeolivas.	19129	Gascueña de Bornova.	19252	Sayatón.
16234	Valsalobre.	19130	Guadalajara.	19254	Selas.
16242	Villaconejos de Trabaque.	19132	Henche.	19255	Setiles.
16246	Villalba del Rey.	19133	Heras de Ayuso.	19256	Sienes.
16259	Villar del Infantado.	19134	Herrería.	19257	Sigüenza.
16275	Víndel.	19135	Hiendelaencina.	19258	Solanillos del Extremo.
19001	Alcánades.	19136	Hijes.	19259	Somolinos.

Cód. INE	Nombre municipio	Cód. INE	Nombre municipio	Cód. INE	Nombre municipio
19002	Ablanque.	19139	Hombrados.	19260	Sotillo (El).
19003	Adobes.	19142	Hontoba.	19261	Sotodosos.
19004	Alaminos.	19143	Horche.	19263	Taragudo.
19005	Alarilla.	19145	Hortezuela de Océn.	19264	Taravilla.
19006	Albalate de Zorita.	19146	Huerce (La).	19265	Tartanedo.
19007	Albares.	19147	Huérmeces del Cerro.	19266	Tendilla.
19008	Albendiego.	19148	Huertahernando.	19267	Terzaga.
19009	Alcocer.	19150	Hueva.	19268	Tierzo.
19010	Alcolea de las Peñas.	19151	Humanes.	19269	Toba (La).
19011	Alcolea del Pinar.	19152	Illana.	19270	Tordelrábano.
19013	Alcoroches.	19153	Iniéstola.	19271	Tordellego.
19015	Aldeanueva de Guadalajara.	19154	Inviernas (Las).	19274	Torija.
19017	Algora.	19155	Irueste.	19277	Torrecuadrada de Molina.
19018	Alhóndiga.	19157	Jirueque.	19278	Torrecuadradilla.
19019	Alique.	19159	Ledanca.	19279	Torre del Burgo.
19020	Almadrones.	19161	Lupiana.	19281	Torremocha de Jadraque.
19021	Almoguera.	19162	Luzaga.	19282	Torremocha del Campo.
19022	Almonacid de Zorita.	19163	Luzón.	19283	Torremocha del Pinar.
19023	Alocén.	19165	Majaelrayo.	19284	Torremochuela.
19024	Alovera.	19166	Málaga del Fresno.	19285	Torrubia.
19031	Angón.	19167	Malaguilla.	19286	Tórtola de Henares.
19032	Anguita.	19168	Mandayona.	19287	Tortuera.
19033	Anquela del Ducado.	19169	Mantiel.	19289	Traíd.
19034	Anquela del Pedregal.	19170	Maranchón.	19291	Trillo.
19036	Aranzueque.	19171	Marchamalo.	19294	Ujados.
19037	Arbancón.	19172	Masegoso de Tajuña.	19296	Utande.
19038	Arbeteta.	19173	Matarrubia.	19297	Valdarachas.
19039	Argecilla.	19174	Matillas.	19298	Valdearenas.
19040	Armallones.	19175	Mazarete.	19299	Valdeavellano.

Cód. INE	Nombre municipio	Cód. INE	Nombre municipio	Cód. INE	Nombre municipio
19041	Armuña de Tajuña.	19176	Mazuecos.	19301	Valdeconcha.
19042	Arroyo de las Fraguas.	19177	Medranda.	19302	Valdegrudas.
19043	Atanzón.	19178	Megina.	19303	Valdelcubo.
19044	Atienza.	19179	Membrillera.	19306	Valderrebollo.
19045	Auñón.	19181	Miedes de Atienza.	19307	Valdesotos.
19047	Baides.	19184	Millana.	19308	Valfermoso de Tajuña.
19048	Baños de Tajo.	19185	Miñosa (La).	19309	Valhermoso.
19049	Bañuelos.	19186	Mirabueno.	19310	Valtablado del Río.
19050	Barriopedro.	19189	Mohernando.	19311	Valverde de los Arroyos.
19051	Beninches.	19190	Molina de Aragón.	19314	Viana de Jadraque.
19052	Bodera (La).	19191	Monasterio.	19317	Villanueva de Alcorón.
19053	Brihuega.	19193	Montarrón.	19318	Villanueva de Argecilla.
19054	Budia.	19194	Moratilla de los Meleros.	19321	Villares de Jadraque.
19055	Bujalaro.	19195	Morenilla.	19322	Villaseca de Henares.
19057	Bustares.	19196	Muduex.	19326	Yebes.
19058	Cabanillas del Campo.	19197	Navas de Jadraque (Las).	19327	Yebra.
19059	Campillo de Dueñas.	19198	Negredo.	19329	Yélamos de Abajo.
19060	Campillo de Ranas.	19199	Ocentejo.	19330	Yélamos de Arriba.
19061	Campisábalos.	19200	Olivar (El).	19331	Yunquera de Henares.
19064	Canredondo.	19201	Olmeda de Cobeta.	19332	Yunta (La).
19065	Cantalojas.	19202	Olmeda de Jadraque (La).	19333	Zaorejas.
19066	Cañizar.	19203	Ordial (El).	19334	Zarzuela de Jadraque.
19067	Cardoso de la Sierra (El).	19208	Pálmaces de Jadraque.	19335	Zorita de los Canes.
19074	Caspueñas.	19209	Pardos.	19901	Semillas.

Área geográfica n.º 38
Huelva Norte

Cód. INE	Nombre municipio	Cód. INE	Nombre municipio	Cód. INE	Nombre municipio
21001	Alájar.	21030	Chucena.	21061	Rociana del Condado.
21004	Almonaster la Real.	21033	Fuenteheridos.	21062	Rosal de la Frontera.
21005	Almonte.	21034	Galaroza.	21063	San Bartolomé de la Torre.

Cód. INE	Nombre municipio	Cód. INE	Nombre municipio	Cód. INE	Nombre municipio
21006	Alosno.	21036	Granada de Río-Tinto (La).	21067	Santa Ana la Real.
21008	Aroche.	21043	Jabugo.	21068	Santa Bárbara de Casa.
21012	Berrocal.	21045	Linares de la Sierra.	21071	Valdelarco.
21015	Cabezas Rubias.	21047	Manzanilla.	21074	Villalba del Alcor.
21017	Calañas.	21048	Marines (Los).	21075	Villanueva de las Cruces.
21018	Campillo (El).	21049	Minas de Riotinto.	21077	Villarrasa.
21019	Campofrío.	21052	Nerva.	21078	Zalamea la Real.
21022	Castaño del Robledo.	21054	Palma del Condado (La).	21902	Zarza-Perrunal, La.
21023	Cerro de Andévalo (El).	21056	Paterna del Campo.	41057	Madroño (El).
21025	Cortegana.	21057	Paymogo.		
21026	Cortelazor.	21058	Puebla de Guzmán.		

Área geográfica n.º 39
Huelva Sur

Cód. INE	Nombre municipio	Cód. INE	Nombre municipio	Cód. INE	Nombre municipio
21002	Aljaraque.	21037	Granado (El).	21060	Punta Umbría.
21003	Almendro (El).	21041	Huelva.	21064	San Juan del Puerto.
21010	Ayamonte.	21042	Isla Cristina.	21065	Sanlúcar de Guadiana.
21011	Beas.	21044	Lepe.	21066	San Silvestre de Guzmán.
21013	Bollullos Par del Condado.	21046	Lucena del Puerto.	21070	Trigueros.
21014	Bonares.	21050	Moguer.	21072	Valverde del Camino.
21021	Cartaya.	21053	Niebla.	21073	Villablanca.
21035	Gibraleón.	21055	Palos de la Frontera.	21076	Villanueva de los Castillejos.

Área geográfica n.º 40
Huesca

Cód. INE	Nombre municipio	Cód. INE	Nombre municipio	Cód. INE	Nombre municipio
22001	Abiego.	22129	Isábena.	22907	Aínsa-Sobrarbe.
22002	Abizanda.	22130	Jaca.	22908	Hoz y Costean.
22003	Adahuesca.	22133	Labuerda.	22909	Vencillón.

Cód. INE	Nombre municipio	Cód. INE	Nombre municipio	Cód. INE	Nombre municipio
22004	Agüero.	22135	Laluenga.	44006	Alacón.
22006	Aisa.	22136	Lalueza.	44008	Albalate del Arzobispo.
22007	Albalate de Cinca.	22137	Lanaja.	44011	Alcaine.
22008	Albalatillo.	22139	Laperdiguera.	44013	Alcañiz.
22009	Albelda.	22141	Lascellas-Ponzano.	44022	Alloza.
22011	Albero Alto.	22143	Laspaúles.	44024	Anadón.
22012	Albero Bajo.	22144	Laspuña.	44025	Andorra.
22013	Alberuela de Tubo.	22150	Loporzano.	44029	Ariño.
22014	Alcalá de Gurrea.	22151	Loscorrales.	44031	Azaila.
22015	Alcalá del Obispo.	22156	Monflorite-Lascasas.	44043	Blesa.
22016	Alcampell.	22158	Monzón.	44049	Calaceite.
22017	Alcolea de Cinca.	22160	Naval.	44051	Calanda.
22018	Alcubierre.	22162	Novales.	44063	Cañizar del Olivar.
22019	Alerre.	22163	Nueno.	44066	Castel de Cabra.
22020	Alféntega.	22164	Olvena.	44067	Castelnou.
22021	Almudévar.	22165	Ontiñena.	44068	Castelserás.
22022	Almunia de San Juan.	22167	Osso de Cinca.	44080	Codoñera (La).
22023	Almuniente.	22168	Palo.	44084	Cortes de Aragón.
22024	Alquézar.	22170	Panticosa.	44086	Cretas.
22025	Altorricón.	22172	Peñalba.	44087	Crivillén.
22027	Angüés.	22173	Peñas de Riglos (Las).	44100	Estercuel.
22029	Antillón.	22174	Peralta de Alcofea.	44107	Foz-Calanda.
22036	Argavieso.	22175	Peralta de Calasanz.	44116	Gargallo.
22037	Arguis.	22176	Peraltilla.	44122	Híjar.
22039	Ayerbe.	22177	Perarrúa.	44124	Hoz de la Vieja (La).
22040	Azanuy-Alins.	22178	Pertusa.	44125	Huesa del Común.
22041	Azara.	22181	Piracés.	44129	Jatiel.
22042	Azlor.	22182	Plan.	44131	Josa.
22043	Baélls.	22184	Poleñino.	44138	Loscos.
22047	Barastás.	22186	Pozán de Vero.	44142	Maicas.
22048	Barbastro.	22187	Puebla de Castro (La).	44144	Martín del Río.
22049	Barbués.	22189	Puértolas.	44146	Mata de los Olmos (La).

Cód. INE	Nombre municipio	Cód. INE	Nombre municipio	Cód. INE	Nombre municipio
22050	Barbuñales.	22190	Pueyo de Araguás (El).	44152	Monforte de Moyuela.
22051	Bárcabo.	22193	Pueyo de Santa Cruz.	44155	Montalbán.
22052	Belver de Cinca.	22195	Quicena.	44161	Muniesa.
22054	Benasque.	22197	Robres.	44167	Obón.
22055	Berbegal.	22199	Sabiñánigo.	44172	Oliete.
22057	Bielsa.	22200	Sahún.	44173	Olmos (Los).
22058	Bierge.	22201	Salas Altas.	44176	Palomar de Arroyos.
22059	Biescas.	22202	Salas Bajas.	44184	Plou.
22060	Binaced.	22203	Salillas.	44191	Puebla de Híjar (La).
22061	Binéfar.	22204	Sallent de Gállego.	44205	Samper de Calanda.
22062	Bisaurri.	22205	San Esteban de Litera.	44221	Torrecilla de Alcañiz.
22063	Biscarrués.	22206	Sangarrén.	44224	Torre de las Arcas.
22064	Blecua y Torres.	22207	San Juan de Plan.	44230	Torrevelilla.
22066	Boltaña.	22208	Santa Cilia.	44237	Urrea de Gaén.
22068	Borau.	22209	Santa Cruz de la Serós.	44241	Valdealgorfa.
22069	Broto.	22212	Santaliestra y San Quílez.	44265	Vinaceite.
22072	Caldearenas.	22213	Sariñena.	44267	Vivel del Río Martín.
22074	Campo.	22214	Secastilla.	50021	Almochuel.
22076	Canal de Berdún.	22215	Seira.	50023	Almonacid de la Cuba.
22077	Candasnos.	22217	Sena.	50033	Ardisa.
22078	Canfranc.	22218	Senés de Alcubierre.	50039	Azuara.
22079	Capdesaso.	22220	Sesa.	50045	Belchite.
22081	Casbas de Huesca.	22221	Sesué.	50059	Bujaraloz.
22082	Castejón del Puente.	22222	Siétamo.	50074	Caspe.
22083	Castejón de Monegros.	22225	Tamarite de Litera.	50085	Codo.
22084	Castejón de Sos.	22226	Tardienta.	50092	Chiprana.
22085	Castelflorite.	22227	Tella-Sin.	50101	Escatrón.
22086	Castiello de Jaca.	22228	Tierz.	50102	Fabara.
22088	Castillazuelo.	22230	Torla-Ordesa.	50109	Frago (El).
22090	Colungo.	22232	Torralba de Aragón.	50114	Fuendetodos.
22094	Chalamera.	22233	Torre la Ribera.	50133	Lagata.
22095	Chía.	22235	Torres de Alcanadre.	50136	Lécera.

Cód. INE	Nombre municipio	Cód. INE	Nombre municipio	Cód. INE	Nombre municipio
22096	Chimillas.	22236	Torres de Barbués.	50139	Letux.
22099	Esplús.	22239	Tramaced.	50151	Luna.
22102	Estada.	22242	Valfarta.	50152	Maella.
22103	Estadilla.	22243	Valle de Bardají.	50164	Mediana de Aragón.
22107	Fanlo.	22244	Valle de Lierp.	50171	Moneva.
22109	Fiscal.	22245	Velilla de Cinca.	50179	Moyuela
22110	Fonz.	22246	Beranuy.	50185	Murillo de Gállego.
22111	Foradada del Toscar.	22248	Vicién.	50205	Pedrosas (Las).
22113	Fueva (La).	22249	Villanova.	50207	Piedratajada.
22114	Gistaín.	22250	Villanúa.	50213	Plenas.
22115	Grado (El).	22251	Villanueva de Sigena.	50218	Puebla ce Albortón.
22116	Grañén.	22252	Yebra de Basa.	50220	Puendeluna.
22119	Gurrea de Gállego.	22253	Yésero.	50233	Samper del Salz.
22122	Hoz de Jaca.	22254	Zaidín.	50238	Santa Eulalia de Gállego.
22124	Huerto.	22902	Puente la Reina de Jaca.	50244	Sierra de Luna.
22125	Huesca.	22903	San Miguel del Cinca.	50275	Valmadrd.
22126	Ibieca.	22904	Sotonera (La).	50276	Valpalmas.
22127	Igrés.	22905	Lupiñén-Ortilla.	50296	Zaida (La).
22128	Ilche.	22906	Santa María de Dulcis.	50902	Marracos.

Área geográfica n.º 41
Jaén

Cód. INE	Nombre municipio	Cód. INE	Nombre municipio	Cód. INE	Nombre municipio
13042	Fuencaliente.	23006	Arjona.	23057	Lupión.
14066	Villa del Río.	23007	Arjonilla.	23059	Marmolejo.
18002	Alamedilla.	23008	Arquillos.	23061	Mengíbar.
18005	Albuñán.	23009	Baeza.	23062	Montizón.
18010	Aldeire.	23010	Bailén.	23063	Navas de San Juan.
18015	Alicún de Ortega.	23011	Baños de la Encina.	23064	Noalejo.
18018	Alquife.	23012	Beas de Segura.	23065	Orcera.
18025	Beas de Guadix.	23014	Begíjar.	23066	Peal de Becerro.
18027	Benalúa.	23015	Bélmez de la Moraleda.	23067	Pegalajar.

Cód. INE	Nombre municipio	Cód. INE	Nombre municipio	Cód. INE	Nombre municipio
18028	Benalúa de las Villas.	23016	Benatae.	23069	Porcuna.
18038	Campotéjar.	23018	Cambil.	23070	Pozo Alcón.
18049	Cogollos de Guadix.	23019	Campillo de Arenas.	23071	Puente de Génave.
18051	Colomera.	23020	Canena.	23072	Puerta de Segura (La).
18054	Cortes y Graena.	23021	Carboneros.	23073	Quesada.
18064	Dehesas de Guadix.	23024	Carolina (La).	23074	Rus.
18065	Dehesas Viejas.	23025	Castellar.	23075	Sabiote.
18067	Diezma.	23027	Cazalilla.	23076	Santa Elena.
18069	Dólar.	23028	Cazorla.	23079	Santisteban del Puerto.
18074	Ferreira.	23029	Chiclana de Segura.	23080	Santo Tomé.
18076	Fonelas.	23030	Chilluévar.	23081	Segura de la Sierra.
18086	Gorafe.	23031	Escañuela.	23082	Siles.
18088	Guadahortuna.	23032	Espeluy.	23084	Sorihuela del Guadalimar.
18089	Guadix.	23035	Fuerte del Rey.	23085	Torreblascopedro.
18096	Huélago.	23037	Génave.	23086	Torre del Campo.
18097	Huéneja.	23038	Guardia de Jaén (La).	23087	Torredonjimeno.
18105	Iznalloz.	23039	Guarromán.	23088	Torreperogil.
18108	Jérez del Marquesado.	23040	Lahiguera.	23090	Torres.
18114	Calahorra (La).	23041	Higuera de Calatrava.	23091	Torres de Albánchez.
18117	Lanteira.	23042	Hinojares.	23092	Úbeda.
18128	Marchal.	23043	Hornos.	23093	Valdepeñas de Jaén.
18136	Montejícar.	23046	Ibros.	23094	Vilches.
18152	Pedro Martínez.	23047	Iruela (La).	23095	Villacarrillo.
18154	Peza (La).	23048	Iznatoraf.	23096	Villanueva de la Reina.
18167	Purullena.	23049	Jabalquinto.	23097	Villanueva del Arzobispo.
18178	Torre-Cardela.	23050	Jaén.	23098	Villardompardo.
18187	Villanueva de las Torres.	23052	Jimena.	23099	Villares (Los).
18907	Valle del Zalabí.	23053	Jódar.	23101	Villarrodrigo.
18909	Morelábor.	23054	Larva.	23901	Cárcheles.
18915	Domingo Pérez de Granada.	23055	Linares.	23902	Bedmar y Garcíez.
23001	Albanchez de Mágina.	23056	Lopera.	23903	Villatorres.

Cód. INE	Nombre municipio	Cód. INE	Nombre municipio	Cód. INE	Nombre municipio
23004	Aldeaquemada.	23057	Lupión.	23904	Santiago-Pontones.
23005	Andújar.	23058	Mancha Real.	23905	Arroyo del Ojanco.

Área geográfica n.º 42
Lanzarote

Cód. INE	Nombre municipio	Cód. INE	Nombre municipio	Cód. INE	Nombre municipio
35004	Arrecife.	35018	San Bartolomé.	35029	Tinajo.
35010	Haría.	35024	Teguise.	35034	Yaiza.
35014	Oliva (La).	35028	Tías.		

Área geográfica n.º 43
León Este

Cód. INE	Nombre municipio	Cód. INE	Nombre municipio	Cód. INE	Nombre municipio
24001	Acebedo.	24139	Sahagún.	34081	Guaza de Campos.
24002	Algadefe.	24142	San Andrés del Rabanedo.	34091	Lagartos.
24004	Almanza.	24144	San Cristóbal de la Polantera.	34094	Ledigos.
24005	Antigua (La).	24148	San Justo de la Vega.	34100	Mantinos.
24006	Ardón.	24149	San Millán de los Caballeros.	34103	Mazuecos de Valdeginate.
24008	Astorga.	24150	San Pedro Bercianos.	34106	Meneses de Campos.
24010	Bañeza (La).	24151	Santa Colomba de Curueño.	34109	Moratinos.
24012	Barrios de Luna (Los).	24153	Santa Cristina de Valmadrigal.	34129	Pino del Río.
24015	Benavides.	24155	Santa María de la Isla.	34131	Población de Arroyo.
24017	Bercianos del Páramo.	24156	Santa María del Monte de Cea.	34137	Pozo de Urama.
24018	Bercianos del Real Camino.	24157	Santa María del Páramo.	34165	San Román de la Cuba.
24020	Boca de Huérgano.	24158	Santa María de Ordás.	34184	Torremormojón.
24021	Boñar.	24159	Santa Marina del Rey.	34185	Triollo.
24023	Brazuelo.	24160	Santas Martas.	34199	Velilla del Río Carrión.
24024	Burgo Ranero (El).	24161	Santiago Millas.	34204	Villacidaler.
24025	Burón.	24162	Santovenia de la Valdoncina.	34206	Villada.
24026	Bustillo del Páramo.	24163	Sariegos.	34214	Villalba de Guardo.
24028	Cabreros del Río.	24164	Sena de Luna.	34216	Villalcón.
24031	Calzada del Coto.	24166	Soto de la Vega.	34220	Villamartín de Campos.

Cód. INE	Nombre municipio	Cód. INE	Nombre municipio	Cód. INE	Nombre municipio
24032	Campazas.	24167	Soto y Amío.	34232	Villarramiel.
24033	Campo de Villavidel.	24168	Toral de los Guzmanes.	34240	Villerías de Campos.
24037	Cármenes.	24173	Turcia.	34902	Valle del Retortillo.
24039	Carrizo.	24174	Urdiales del Páramo.	47015	Becilla de Valderaduey.
24040	Carrocera.	24175	Valdefresno.	47019	Berrueces.
24042	Castilfalé.	24176	Valdefuentes del Páramo.	47024	Bolaños de Campos.
24044	Castrillo de la Valduerna.	24177	Valdelugueros.	47026	Bustillo de Chaves.
24050	Castrotierra de Valmadrigal.	24178	Valdemora.	47028	Cabezón de Valderaduey.
24051	Cea.	24179	Valdepiélago.	47040	Castrobol.
24052	Cebanico.	24180	Valdepolo.	47046	Castroponce.
24054	Cimanes de la Vega.	24181	Valderas.	47048	Ceinos de Campos.
24055	Cimanes del Tejar.	24182	Valderrey.	47058	Cuenca de Campos.
24056	Cistierna.	24183	Valderrueda.	47064	Fontihoyuelo.
24058	Corbillos de los Oteros.	24185	Val de San Lorenzo.	47070	Gatón de Campos.
24060	Crémenes.	24187	Valdevimbre.	47073	Herrín de Campos.
24061	Cuadros.	24188	Valencia de Don Juan.	47084	Mayorga.
24062	Cubillas de los Oteros.	24189	Valverde de la Virgen.	47086	Medina de Rioseco.
24063	Cubillas de Rueda.	24190	Valverde-Enrique.	47088	Melgar de Abajo.
24065	Chozas de Abajo.	24191	Vallecillo.	47089	Melgar de Arriba.
24066	Destriana.	24193	Vecilla (La).	47091	Monasterio de Vega.
24068	Ercina (La).	24194	Vegacervera.	47094	Moral de la Reina.
24069	Escobar de Campos.	24197	Vega de Infanzones.	47109	Palazuelo de Vedija.
24073	Fresno de la Vega.	24199	Vegaquemada.	47134	Roales de Campos.
24074	Fuentes de Carbajal.	24201	Vegas del Condado.	47140	Saelices de Mayorga.
24076	Garrafe de Torío.	24203	Villabraz.	47153	Santervás de Campos.
24077	Gordaliza del Pino.	24205	Villadangos del Páramo.	47162	Tamariz de Campos.
24078	Gordoncillo.	24207	Villademor de la Vega.	47176	Unión de Campos (La).
24079	Gradefes.	24210	Villagatón.	47177	Urones de Castroponce.
24080	Grajal de Campos.	24211	Villamandos.	47181	Valdenebro de los Valles.
24081	Gusendos de los Oteros.	24212	Villamañán.	47183	Valdunquillo.

Cód. INE	Nombre municipio	Cód. INE	Nombre municipio	Cód. INE	Nombre municipio
24082	Hospital de Órbigo.	24213	Villamartín de Don Sancho.	47187	Vega de Ruiponce.
24084	Izagre.	24214	Villamejil.	47196	Villabaruz de Campos.
24086	Joarilla de las Matas.	24215	Villamol.	47198	Villacarralón.
24087	Laguna Dalga.	24216	Villamontán de la Valduerna.	47199	Villacid de Campos.
24088	Laguna de Negrillos.	24217	Villamoratiel de las Matas.	47203	Villafrades de Campos.
24089	León.	24218	Villanueva de las Manzanas.	47208	Villagómez la Nueva.
24092	Llamas de la Ribera.	24219	Villaobispo de Otero.	47209	Villalán de Campos.
24093	Magaz de Cepeda.	24221	Villaquejida.	47211	Villalba de la Loma.
24094	Mansilla de las Mulas.	24222	Villaquilambre.	47214	Villalón de Campos.
24095	Mansilla Mayor.	24223	Villarejo de Órbigo.	47219	Villanueva de la Condesa.
24096	Maraña.	24224	Villares de Órbigo.	47222	Villanueva de San Mancio.
24097	Matadeón de los Oteros.	24225	Villasabariego.	47229	Villavicencio de los Caballeros.
24098	Matallana de Torío.	24226	Villaselán.	49015	Arrabalde.
24099	Matanza.	24227	Villaturiel.	49025	Bretó.
24104	Omañas (Las).	24228	Villazala.	49026	Bretocino.
24105	Onzonilla.	24229	Villazanzo de Valderaduey.	49029	Burganes de Valverde.
24106	Oseja de Sajambre.	24230	Zotes del Páramo.	49052	Coomonte.
24107	Pajares de los Oteros.	24902	Villaornate y Castro.	49078	Friera de Valverde.
24108	Palacios de la Valduerna.	34001	Abarca de Campos.	49082	Fuentes de Ropel.
24113	Pobladura de Pelayo García.	34010	Ampudia.	49113	Matilla de Arzón.
24114	Pola de Gordón (La).	34019	Autillo de Campos.	49117	Micereces de Tera.
24116	Posada de Valdeón.	34024	Baquerín de Campos.	49128	Morales de Rey.
24118	Prado de la Guzpeña.	34031	Belmonte de Campos.	49130	Morales de Valverde.
24120	Prioro.	34033	Boada de Campos.	49137	Navianos de Valverde.
24121	Puebla de Lillo.	34035	Boadilla de Rioseco.	49167	Pueblica de Valverde.
24123	Quintana del Castillo.	34045	Capillas.	49187	San Cristóbal de Entreviñas.
24127	Regueras de Arriba.	34048	Castil de Vela.	49192	San Miguel del Valle.
24129	Reyero.	34053	Castromocho.	49203	Santa María de la Vega.
24130	Riaño.	34055	Cervatos de la Cueza.	49204	Santa María de Valverde.

Cód. INE	Nombre municipio	Cód. INE	Nombre municipio	Cód. INE	Nombre municipio
24131	Riego de la Vega.	34059	Cisneros.	49229	Valdescorriel.
24133	Rioseco de Tapia.	34072	Frechilla.	49243	Villaferrueña.
24134	Robla (La).	34073	Fresno del Río.	49271	Villaveza del Agua.
24137	Sabero.	34080	Guardo.	49272	Villaveza de Valverde.

Área geográfica n.º 44
León Oeste

Cód. INE	Nombre municipio	Cód. INE	Nombre municipio	Cód. INE	Nombre municipio
24003	Alija del Infantado.	24064	Cubillos del Sil.	24143	Sancedo.
24007	Arganza.	24067	Encinedo.	24145	San Emiliano.
24009	Balboa.	24070	Fabero.	24146	San Esteban de Nogales.
24011	Barjas.	24071	Folgoso de la Ribera.	24152	Santa Colomba de Somoza.
24014	Bembibre.	24083	Igüeña.	24154	Santa Elena de Jamuz.
24016	Benuza.	24090	Lucillo.	24165	Sobrado.
24019	Berlanga del Bierzo.	24091	Luyego.	24169	Toreno.
24022	Borrenes.	24100	Molinaseca.	24170	Torre del Bierzo.
24027	Cabañas Raras.	24101	Murias de Paredes.	24171	Trabadelo.
24029	Cabrillanes.	24102	Noceda del Bierzo.	24184	Valdesamario.
24030	Cacabelos.	24103	Oencia.	24196	Vega de Espinareda.
24034	Camponaraya.	24109	Palacios del Sil.	24198	Vega de Valcarce.
24036	Valle de Ancares.	24110	Páramo del Sil.	24202	Villablino.
24038	Carracedelo.	24112	Peranzanes.	24206	Toral de los Vados.
24041	Carucedo.	24115	Ponferrada.	24209	Villafranca del Bierzo.
24043	Castrillo de Cabrera.	24117	Pozuelo del Páramo.	24901	Villamanín.
24046	Castrocalbón.	24119	Priaranza del Bierzo.	49004	Alcubilla de Nogales.
24047	Castrocontrigo.	24124	Quintana del Marco.	49027	Brime de Sog.
24049	Castropodame.	24125	Quintana y Congosto.	49075	Fresno de la Polvorosa.
24053	Cebrones del Río.	24132	Riello.	49105	Maire de Castroponce.
24057	Congosto.	24136	Roperuelos del Páramo.	49206	Santibáñez de Vidriales.
24059	Corullón.	24141	San Adrián del Valle.		

Área geográfica n.º 45
Lleida Norte

Cód. INE	Nombre municipio	Cód. INE	Nombre municipio	Cód. INE	Nombre municipio
17006	Alp	25071	Cava.	25179	Prullans.
17024	Bolvir.	25075	Clariana de Cardener.	25183	Rialp.
17061	Das.	25077	Coll de Nargó.	25185	Ribera d'Urgellet.
17069	Fontanals de Cerdanya.	25082	Espot.	25186	Riner.
17078	Ger.	25086	Esterri d'Àneu.	25190	Salàs de Pallars.
17082	Guils de Cerdanya.	25087	Esterri de Cardós.	25193	Sant Llorenç de Morunys.
17084	Isòvol.	25088	Estamariu.	25196	Sant Esteve de la Sarga.
17094	Llívia.	25089	Farrera.	25197	Sant Guim de la Plana.
17099	Meranges.	25098	Gavet de la Conca.	25201	Sarroca de Bellera.
17141	Puigcerdà.	25100	Gósol.	25202	Senterada.
17206	Urús.	25111	Guixers.	25203	Seu d'Urgell (La).
22035	Arén.	25115	Isona i Conca Dellà.	25207	Solsona.
22067	Bonansa.	25121	Les.	25208	Soriguera.
22157	Montanuy.	25123	Lladorre.	25209	Sort.
22188	Puente de Montañana.	25124	Lladurs.	25215	Talarn.
22223	Sopeira.	25126	Llavorsí.	25221	Tírvia.
25001	Abella de la Conca.	25127	Lles de Cerdanya.	25222	Tiurana.
25005	Alès i Cerc.	25128	Llimiana.	25223	Torà.
25017	Alins.	25129	Llobera.	25227	Torre de Cabdella (La).
25024	Alt Àneu.	25136	Molsosa (La).	25234	Tremp.
25025	Naut Aran.	25139	Montellà i Martinet.	25239	Valls de Valira (Les).
25030	Pont de Bar (El).	25140	Montferrer i Castellbò.	25243	Vielha e Mijaran.
25031	Arres.	25146	Navès.	25245	Vilaller.
25032	Arsèguel.	25148	Odèn.	25247	Vilamòs.
25039	Baix Pallars.	25149	Oliana.	25250	Vilanova de Meià.
25042	Baronia de Rialb (La).	25151	Olius.	25901	Vall de Cardós.
25043	Vall de Boí (La).	25155	Organyà.	25903	Guingueta d'Àneu (La).
25044	Bassella.	25161	Conca de Dalt.	25904	Castell de Mur.
25045	Bausen.	25163	Coma i la Pedra (La).	25906	Valls d'Aguilar (Les).
25051	Bellver de Cerdanya.	25165	Peramola.	25908	Fígols i Alinyà.

Cód. INE	Nombre municipio	Cód. INE	Nombre municipio	Cód. INE	Nombre municipio
25057	Bòrdes (Es).	25166	Pinell de Solsonès.	25909	Vansa i Fórnols (La).
25059	Bossòst.	25167	Pinós.	25910	Josa i Tuixén.
25061	Cabó.	25171	Pobla de Segur (La).	25913	Riu de Cerdanya.
25063	Canejan.	25173	Pont de Suert (El).		
25064	Castellar de la Ribera.	25175	Prats i Sansor.		

Área geográfica n.º 46
Lleida Sur

Cód. INE	Nombre municipio	Cód. INE	Nombre municipio	Cód. INE	Nombre municipio
22045	Baldellou.	25062	Camarasa.	25169	Pobla de Cérvoles (La).
22046	Ballobar.	25067	Castelldans.	25170	Bellaguarda.
22053	Benabarre.	25068	Castellnou de Seana.	25172	Ponts.
22075	Camporrélls.	25069	Castelló de Farfanya.	25174	Portella (La).
22080	Capella.	25070	Castellserà.	25176	Preixana.
22087	Castigaleu.	25072	Cervera.	25177	Preixens.
22089	Castillonroy.	25073	Cervià de les Garrigues.	25180	Puiggròs.
22105	Estopiñán del Castillo.	25074	Ciutadilla.	25181	Puigverd d'Agramunt.
22112	Fraga.	25076	Cogul (El).	25182	Puigverd de Lleida.
22117	Graus.	25078	Corbins.	25189	Rosselló.
22142	Lascuarre.	25079	Cubells.	25191	Sanaüja.
22155	Monesma y Cajigar.	25081	Espluga Calba (L').	25192	Sant Guim de Freixenet.
22229	Tolva.	25085	Estaràs.	25194	Sant Ramon.
22234	Torrente de Cinca.	25092	Floresta (La).	25200	Sarroca de Lleida.
22247	Viacamp y Litera.	25093	Fondarella.	25204	Seròs.
25002	Àger.	25094	Foradada.	25205	Sidamon.
25003	Agramunt.	25096	Fuliola (La).	25206	Soleràs (El).
25004	Alamús (Els).	25097	Fulleda.	25210	Soses.
25006	Albagés (L').	25099	Golmés.	25211	Sudanell.
25007	Albatàrrec.	25101	Granadella (La).	25212	Sunyer.
25008	Albesa.	25102	Granja d'Escarp (La).	25216	Talavera.
25009	Albi (L').	25103	Granyanella.	25217	Tàrrega.
25010	Alcanó.	25104	Granyena de Segarra.	25218	Tarrés.

Cód. INE	Nombre municipio	Cód. INE	Nombre municipio	Cód. INE	Nombre municipio
25011	Alcarràs.	25105	Granyena de les Garrigues.	25219	Tarroja de Segarra.
25012	Alcoletge.	25109	Guimerà.	25220	Térmens.
25013	Alfarràs.	25110	Guissona.	25224	Torms (Els).
25014	Alfés.	25112	Ivars de Noguera.	25225	Tornabous.
25015	Algerri.	25113	Ivars d'Urgell.	25226	Torrebesses.
25016	Alguaire.	25114	Ivorra.	25228	Torrefarrera.
25019	Almacelles.	25118	Juncosa.	25230	Torregrossa.
25020	Almatret.	25119	Juneda.	25231	Torrelameu.
25021	Almenar.	25120	Lleida.	25232	Torres de Segre.
25022	Alòs de Balaguer.	25122	Linyola.	25233	Torre-serona.
25023	Alpicat.	25125	Llardecans.	25238	Vallbona de les Monges.
25027	Anglesola.	25130	Maldà.	25240	Vallfogona de Balaguer.
25029	Arbeca.	25131	Massalcoreig.	25242	Verdú.
25033	Artesa de Lleida.	25132	Massoteres.	25244	Vilagrassa.
25034	Artesa de Segre.	25133	Maials.	25248	Vilanova de Bellpuig.
25035	Sentiu de Sió (La).	25134	Menàrguens.	25249	Vilanova de l'Aguda.
25036	Aspa.	25135	Miralcamp.	25251	Vilanova de Segrià.
25037	Avellanes i Santa Linya (Les).	25137	Mollerussa.	25252	Vila-sana.
25038	Aitona.	25138	Montgai.	25253	Vilosell (El).
25040	Balaguer.	25141	Montoliu de Segarra.	25254	Vilanova de la Barca.
25041	Barbens.	25142	Montoliu de Lleida.	25255	Vinaixa.
25046	Belianes.	25143	Montornès de Segarra.	25902	Sant Martí de Riucorb.
25047	Bellcaire d'Urgell.	25145	Nalec.	25905	Ribera d'Ondara.
25048	Bell-lloc d'Urgell.	25150	Oliola.	25907	Torrefeta i Florejacs.
25049	Bellmunt d'Urgell.	25152	Oluges (Les).	25911	Plans de Sió (Els).
25050	Bellpuig.	25153	Omellons (Els).	25912	Gimenells i el Pla de la Font.
25052	Belvís.	25154	Omells de na Gaia (Els).	43125	Riba-roja d'Ebre.
25053	Benavent de Segrià.	25156	Os de Balaguer.	50105	Fayón.
25055	Biosca.	25157	Ossó de Sió.	50165	Mequinenza.
25056	Bovera.	25158	Palau d'Anglesola (El).	50189	Nonaspe.
25058	Borges Blanques (Les).	25164	Penelles.		
25060	Cabanabona.	25168	Poal (El).		

Área geográfica n.º 47
Lugo

Cód. INE	Nombre municipio	Cód. INE	Nombre municipio	Cód. INE	Nombre municipio
27001	Abadín.	27024	Incio (O).	27049	Portomarín.
27002	Alfoz.	27025	Xove.	27050	Quiroga.
27003	Antas de Ulla.	27026	Láncara.	27051	Ribadeo.
27004	Baleira.	27027	Lourenzá.	27052	Ribas de Sil.
27005	Barreiros.	27028	Lugo.	27053	Ribeira de Piquín.
27006	Becerreá.	27029	Meira.	27054	Riotorto.
27007	Begonte.	27030	Mondoñedo.	27055	Samos.
27010	Castro de Rei.	27032	Monterroso.	27056	Rábade.
27011	Castroverde.	27034	Navia de Suarna.	27057	Sarria.
27012	Cervantes.	27035	Negueira de Muñiz.	27060	Taboada.
27013	Cervo.	27037	Nogais (As).	27061	Trabada.
27014	Corgo (O).	27038	Ourol.	27062	Triacastela.
27015	Cospeito.	27039	Outeiro de Rei.	27063	Valadouro (O).
27017	Folgoso do Courel.	27040	Palas de Rei.	27064	Vicedo (O).
27018	Fonsagrada (A).	27042	Paradela.	27065	Vilalba.
27019	Foz.	27043	Páramo (O).	27066	Viveiro.
27020	Friol.	27044	Pastoriza (A).	27901	Baralla.
27021	Xermade.	27045	Pedrafita do Cebreiro.	27902	Burela.
27022	Guitiriz.	27046	Pol.		
27023	Guntín.	27048	Pontenova (A).		

Área geográfica n.º 48
Madrid

Cód. INE	Nombre municipio	Cód. INE	Nombre municipio	Cód. INE	Nombre municipio
05156	Navahondilla.	28051	Chapinería.	28137	Santos de la Humosa (Los).
16279	Zarza de Tajo.	28052	Chinchón.	28138	Serna del Monte (La).
19046	Azuqueca de Henares.	28053	Daganzo de Arriba.	28140	Serranillos del Valle.
19070	Casa de Uceda.	28054	Escorial (El).	28141	Sevilla la Nueva.
19071	Casar (El).	28055	Estremera.	28143	Somosierra.
19073	Casas de San Galindo.	28056	Fresnedillas de la Oliva.	28144	Soto del Real.

Cód. INE	Nombre municipio	Cód. INE	Nombre municipio	Cód. INE	Nombre municipio
19102	Cubillo de Uceda (El).	28057	Fresno de Torote.	28145	Talamanca de Jarama.
19105	Chiloeches.	28058	Fuenlabrada.	28146	Tielmes.
19107	Driebes.	28059	Fuente el Saz de Jarama.	28147	Titulcia.
19120	Fuentelahiguera de Alba-tages.	28060	Fuentidueña de Tajo.	28148	Torrejón de Ardoz.
19124	Fuentenovilla.	28061	Galapagar.	28149	Torrejón de la Calzada.
19126	Galápagos.	28062	Garganta de los Montes.	28150	Torrejón de Velasco.
19138	Hita.	28063	Gargantilla del Lozoya y Pini-lla de Buitrago.	28151	Torrelaguna.
19156	Jadraque.	28064	Gascones.	28152	Torrelodones.
19160	Loranca de Tajuña.	28065	Getafe.	28153	Torremocha de Jarama.
19182	Mierla (La).	28066	Griñón.	28154	Torres de la Alameda.
19187	Miralrío.	28067	Guadalix de la Sierra.	28155	Valdaracete.
19192	Mondéjar.	28068	Guadarrama.	28156	Valdeavero.
19220	Pioz.	28069	Hiruela (La).	28157	Valdelaguna.
19225	Pozo de Guadalajara.	28070	Horcajo de la Sierra-Aoslos.	28158	Valdemanco.
19262	Tamajón.	28071	Horcajuelo de la Sierra.	28159	Valdemaqueda.
19280	Torrejón del Rey.	28072	Hoyo de Manzanares.	28160	Valdemorillo.
19288	Tortuero.	28073	Humanes de Madrid.	28161	Valdemoro.
19290	Trijueque.	28074	Leganés.	28162	Valdeolmos-Alalpardo.
19293	Uceda.	28075	Loeches.	28163	Valdepiélagos.
19300	Valdeaveruelo.	28076	Lozoya.	28164	Valdetorres de Jarama.
19304	Valdenuño Fernández.	28078	Madarcos.	28165	Valdilecha.
19305	Valdepeñas de la Sierra.	28079	Madrid.	28166	Valverde de Alcalá.
19319	Villanueva de la Torre.	28080	Majadahonda.	28167	Velilla de San Antonio.
19323	Villaseca de Uceda.	28082	Manzanares el Real.	28168	Vellón (El).
19325	Viñuelas.	28083	Meco.	28169	Venturada.
28001	Acebeda (La).	28084	Mejorada del Campo.	28170	Villaconejos.
28002	Ajalvir.	28085	Miraflores de la Sierra.	28171	Villa del Prado.
28003	Alameda del Valle.	28086	Molar (El).	28172	Villalbilla.
28004	Álamo (El).	28087	Molinos (Los).	28173	Villamanrique de Tajo.
28005	Alcalá de Henares.	28088	Montejo de la Sierra.	28174	Villamanta.

Cód. INE	Nombre municipio	Cód. INE	Nombre municipio	Cód. INE	Nombre municipio
28006	Alcobendas.	28089	Moraleja de Enmedio.	28175	Villamantilla.
28007	Alcorcón.	28090	Moralzarzal.	28176	Villanueva de la Cañada.
28008	Aldea del Fresno.	28091	Morata de Tajuña.	28177	Villanueva del Pardillo.
28009	Algete.	28092	Móstoles.	28178	Villanueva de Perales.
28010	Alpedrete.	28093	Navacerrada.	28179	Villar del Olmo.
28011	Ambite.	28094	Navalafuente.	28180	Villarejo de Salvanés.
28012	Anchuelo.	28095	Navalagamella.	28181	Villaviciosa de Odón.
28013	Aranjuez.	28096	Navalcarnero.	28182	Villavieja del Lozoya.
28014	Arganda del Rey.	28097	Navarredonda y San Mamés.	28183	Zarzalejo.
28015	Arroyomolinos.	28099	Navas del Rey.	28901	Lozoyuela-Navas-Sieteiglesias.
28016	Atazar (El).	28100	Nuevo Baztán.	28902	Puentes Viejas.
28017	Batres.	28101	Olmeda de las Fuentes.	28903	Tres Cantos.
28018	Becerril de la Sierra.	28102	Orusco de Tajuña.	45015	Arcicóllar.
28019	Belmonte de Tajo.	28104	Paracuellos de Jarama.	45021	Borox.
28020	Berzosa del Lozoya.	28106	Parla.	45023	Burguillos de Toledo.
28021	Berrueco (El).	28107	Patones.	45025	Cabañas de la Sagra.
28022	Boadilla del Monte.	28108	Pedrezuela.	45031	Camarena.
28023	Boalo (El).	28109	Pelayos de la Presa.	45038	Carranque.
28024	Braojos.	28110	Perales de Tajuña.	45041	Casarrubios del Monte.
28025	Brea de Tajo.	28111	Pezuela de las Torres.	45047	Cedillo del Condado.
28026	Brunete.	28112	Pinilla del Valle.	45050	Ciruelos.
28027	Buitrago del Lozoya.	28113	Pinto.	45052	Cobisa.
28028	Bustarviejo.	28114	Piñuécar-Gandullas.	45057	Chueca.
28029	Cabanillas de la Sierra.	28115	Pozuelo de Alarcón.	45064	Esquivias.
28030	Cabrera (La).	28116	Pozuelo del Rey.	45066	Fuensalida.
28031	Cadalso de los Vidrios.	28117	Prádena del Rincón.	45081	Illescas.
28032	Camarma de Esteruelas.	28118	Puebla de la Sierra.	45085	Lominchar.
28033	Campo Real.	28119	Quijorna.	45094	Mascaraque.
28034	Canencia.	28120	Rascafría.	45106	Mora.
28035	Carabaña.	28121	Redueña.	45107	Nambroca.
28036	Casarrubuelos.	28122	Ribatejada.	45115	Noblejas.

Cód. INE	Nombre municipio	Cód. INE	Nombre municipio	Cód. INE	Nombre municipio
28037	Cenicientos.	28123	Rivas-Vaciamadrid.	45119	Numancia de la Sagra.
28038	Cercedilla.	28124	Robledillo de la Jara.	45121	Ocaña.
28039	Cervera de Buitrago.	28125	Robledo de Chavela.	45123	Ontígola.
28040	Ciempozuelos.	28126	Robregordo.	45127	Palomeque.
28041	Cobeña.	28127	Rozas de Madrid (Las).	45128	Pantoja.
28042	Colmenar del Arroyo.	28128	Rozas de Puerto Real.	45161	Seseña.
28043	Colmenar de Oreja.	28129	San Agustín del Guadalix.	45176	Ugena.
28044	Colmenarejo.	28130	San Fernando de Henares.	45188	Villaluenga de la Sagra.
28045	Colmenar Viejo.	28131	San Lorenzo de El Escorial.	45190	Villaminaya.
28046	Collado Mediano.	28132	San Martín de la Vega.	45195	Villarrubia de Santiago.
28047	Collado Villalba.	28133	San Martín de Valdeiglesias.	45199	Viso de San Juan (El).
28048	Corpa.	28134	San Sebastián de los Reyes.	45201	Yeles.
28049	Coslada.	28135	Santa María de la Alameda.	45203	Yuncler.
28050	Cubas de la Sagra.	28136	Santorcaz.	45205	Yuncos.

Área geográfica n.º 49

Málaga

Cód. INE	Nombre municipio	Cód. INE	Nombre municipio	Cód. INE	Nombre municipio
29002	Alcaucín.	29034	Canillas de Albaida.	29071	Moclinejo.
29003	Alfarnate.	29036	Carratraca.	29073	Monda.
29004	Alfarnatejo.	29038	Cártama.	29075	Nerja.
29005	Algarrobo.	29039	Casabermeja.	29076	Ojén.
29007	Alhaurín de la Torre.	29040	Casarabonela.	29079	Periana.
29008	Alhaurín el Grande.	29042	Coín.	29080	Pizarra.
29009	Almáchar.	29043	Colmenar.	29082	Rincón de la Victoria.
29011	Almogía.	29044	Comares.	29083	Riogordo.
29012	Álora.	29045	Cómpeta.	29085	Salares.
29013	Alozaina.	29050	Cútar.	29086	Sayalonga.
29016	Árchez.	29053	Frigiliana.	29087	Sedella.
29018	Ardales.	29054	Fuengirola.	29090	Tolox.
29019	Arenas.	29058	Guaro.	29091	Torrox.

Cód. INE	Nombre municipio	Cód. INE	Nombre municipio	Cód. INE	Nombre municipio
29025	Benalmádena.	29061	Istán.	29092	Totalán.
29026	Benamargosa.	29062	Iznate.	29093	Valle de Abdalajís.
29027	Benamocarra.	29066	Macharaviaya.	29094	Vélez-Málaga.
29030	Borge (El).	29067	Málaga.	29099	Viñuela.
29031	Burgo (El).	29068	Manilva.	29100	Yunquera.
29032	Campillos.	29069	Marbella.	29901	Torremolinos.
29033	Canillas de Aceituno.	29070	Mijas.		

Área geográfica n.º 50
Mallorca

Cód. INE	Nombre municipio	Cód. INE	Nombre municipio	Cód. INE	Nombre municipio
07001	Alaró.	07021	Estellencs.	07044	Pobla (Sa).
07003	Alcúdia.	07022	Felanitx.	07045	Puigpunyent.
07004	Algaida.	07025	Fornalutx.	07047	Sencelles.
07005	Andratx.	07027	Inca.	07049	Sant Joan.
07006	Artà.	07028	Lloret de Vistalegre.	07051	Sant Llorenç des Cardassar.
07007	Banyalbufar.	07029	Lloseta.	07053	Santa Eugènia.
07008	Binissalem.	07030	Llubí.	07055	Santa Margalida.
07009	Búger.	07031	Llucmajor.	07056	Santa María del Camí.
07010	Bunyola.	07033	Manacor.	07057	Santanyí.
07011	Calvià.	07034	Mancor de la Vall.	07058	Selva.
07012	Campanet.	07035	Maria de la Salut.	07059	Salines (Ses).
07013	Campos.	07036	Marratxí.	07060	Sineu.
07014	Capdepera.	07038	Montuïri.	07061	Sóller.
07016	Consell.	07039	Muro.	07062	Son Servera.
07017	Costitx.	07040	Palma.	07063	Valldemossa.
07018	Deià.	07041	Petra.	07065	Vilafranca de Bonany.
07019	Escorca.	07042	Pollença.	07901	Ariany.
07020	Esporles.	07043	Porreres.		

Área geográfica n.º 51

Melilla

Cód. INE	Nombre municipio
52001	Melilla.

Área geográfica n.º 52

Menorca

Cód. INE	Nombre municipio	Cód. INE	Nombre municipio	Cód. INE	Nombre municipio
07002	Ala or.	07032	Maó.	07064	Castell (Es).
07015	Ciutadella de Menorca.	07037	Mercadal (Es).	07902	Migjorn Gran (Es).
07023	Ferreries.	07052	Sant Lluís.		

Área geográfica n.º 53

Murcia Norte

Cód. INE	Nombre municipio	Cód. INE	Nombre municipio	Cód. INE	Nombre municipio
30002	Abarán.	30015	Caravaca de la Cruz.	30031	Ojós.
30004	Albudeite.	30017	Cehegín.	30032	Pliego.
30011	Blanca.	30019	Cieza.	30034	Ricote.
30012	Bullas.	30022	Jumilla.	30040	Ulea.
30013	Calasparra.	30028	Moratalla.	30042	Villanueva del Río Segura.
30014	Campos del Río.	30029	Mula.	30043	Yecla.

Área geográfica n.º 54

Murcia Sur

Cód. INE	Nombre municipio	Cód. INE	Nombre municipio	Cód. INE	Nombre municipio
30001	Abanilla.	30018	Ceutí.	30033	Puerto Lumbreras.
30003	Águilas.	30020	Fortuna.	30035	San Javier.
30005	Alcantarilla.	30021	Fuente Álamo de Murcia.	30036	San Pedro del Pinatar.
30006	Aledo.	30023	Librilla.	30037	Torre-Pacheco.
30007	Alguazas.	30024	Lorca.	30038	Torres de Cotillas (Las).
30008	Alhama de Murcia.	30025	Lorquí.	30039	Totana.
30009	Archena.	30026	Mazarrón.	30041	Unión (La).

Cód. INE	Nombre municipio	Cód. INE	Nombre municipio	Cód. INE	Nombre municipio
30010	Beniel.	30027	Molina de Segura.	30901	Santomera.
30016	Cartagena.	30030	Murcia.	30902	Alcázares (Los).

Área geográfica n.º 55

Navarra

Cód. INE	Nombre municipio	Cód. INE	Nombre municipio	Cód. INE	Nombre municipio
01017	Campezo/Kanpezu.	31091	Ergoiena.	31191	Olite/Erriberri.
22028	Ansó.	31092	Erro.	31192	Olóriz/Oloritz.
22032	Aragüés del Puerto.	31093	Ezcároz/Ezkaroze.	31193	Cendea de Olza/Oltza Zendea.
22044	Bailo.	31094	Eslava.	31194	Valle de Ollo/Ollaran.
22106	Fago.	31095	Esparza de Salazar/Espartza Zaraitzu.	31195	Orbaizeta.
22131	Jasa.	31096	Espronceda.	31196	Orbara.
22901	Valle de Hecho.	31097	Estella-Lizarra.	31197	Orísoain.
26007	Alcanadre.	31098	Esteribar.	31198	Oronz/Orontze.
26020	Ausejo.	31099	Etayo.	31199	Oroz-Betelu/Orotz-Betelu.
26028	Bergasa.	31100	Eulate.	31200	Oteiza.
26036	Calahorra.	31101	Ezcabarte.	31201	Pamplona/Iruña.
26053	Corera.	31102	Ezkurra.	31202	Peralta/Azkoien.
26066	Galilea.	31103	Ezprogui.	31203	Petilla de Aragón.
26108	Ocón.	31104	Falces.	31204	Piedramillera.
26123	Redal (El).	31107	Funes.	31205	Pitillas.
26158	Tudelilla.	31109	Galar.	31206	Puente la Reina/Gares.
26170	Villar de Arnedo (El).	31110	Gallipienzo/Galipentzu.	31207	Pueyo/Puiu.
31001	Abáigar.	31111	Gallués/Galoze.	31209	Romanzado/Erromantzatua.
31002	Abárzuza/Abartzuza.	31112	Garaioa.	31210	Roncal/Erronkari.
31003	Abaurregaina/Abaurrea Alta.	31113	Garde.	31211	Orreaga/Roncesvalles.
31004	Abaurrepea/Abaurrea Baja.	31114	Garínoain.	31212	Sada.
31005	Aberin.	31115	Garralda.	31213	Saldías.
31007	Adiós.	31116	Genevilla.	31214	Salinas de Oro/Jaitz.

Cód. INE	Nombre municipio	Cód. INE	Nombre municipio	Cód. INE	Nombre municipio
31008	Aguilar de Codés.	31117	Goizueta.	31215	San Adrián.
31009	Aibar/Oibar.	31118	Goñi.	31216	Sangüesa/Zangoza.
31010	Altsasu/Alsasua.	31119	Güesa/Gorza.	31217	San Martín de Unx.
31011	Allín/Allin.	31120	Guesálaz/Gesalatz.	31219	Sansol.
31012	Allo.	31121	Guirguillano.	31220	Santacara.
31013	Améscoa Baja.	31122	Huarte/Uharte.	31221	Doneztebe/Santesteban.
31014	Ancín/Antzin.	31123	Uharte Arakil.	31222	Sarriés/Sartze.
31015	Andosilla.	31124	Ibargoiti.	31223	Sartaguda.
31016	Ansoáin/Antsoain.	31125	Igúzquiza.	31224	Sesma.
31017	Anue.	31126	Imotz.	31225	Sorlada.
31018	Añorbe.	31127	Irañeta.	31226	Sunbilla.
31019	Aoiz/Agoitz.	31128	Isaba/Izaba.	31227	Tafalla.
31020	Araitz.	31129	Ituren.	31228	Tiebas-Muruarte de Reta.
31021	Aranarache/Aranaratxe.	31130	Iturmendi.	31229	Tirapu.
31023	Aranguren.	31131	Iza/Itza.	31230	Torralba del Río.
31025	Araki.	31132	Izagaondoa.	31231	Torres del Río.
31026	Aras.	31133	Izalzu/Itzaltzu.	31234	Ucar.
31027	Arbizu.	31134	Jaurrieta.	31235	Ujué/Uxue.
31028	Arce/Artzi.	31135	Javier.	31236	Ultzama.
31029	Arcos (Los).	31136	Juslapeña/Txulapain.	31237	Unciti.
31030	Arellano.	31137	Beintza-Labaien.	31238	Unzué/Untzue.
31033	Aria.	31138	Lakuntza.	31239	Urdazubi/Urdax.
31034	Aribe.	31139	Lana.	31240	Urdiain.
31035	Armañanzas.	31140	Lantz.	31241	Urraul Alto.
31036	Arróniz.	31141	Lapoblación.	31242	Urraul Bajo.
31037	Arruazu.	31142	Larraga.	31243	Urroz-Villa.
31038	Artajona.	31143	Larraona.	31244	Urroz.
31039	Artazu.	31144	Larraun.	31245	Urzainqui/Urzainki.
31040	Atetz.	31145	Lazagurría.	31246	Uterga.
31041	Ayegui/Aiegi.	31146	Leache/Leatxe.	31247	Uztárroz/Uztarroze.
31042	Azagra.	31147	Legarda.	31248	Luzaide/Valcarlos.
31043	Azuelo.	31148	Legaria.	31252	Vidángoz/Bidankoze.

Cód. INE	Nombre municipio	Cód. INE	Nombre municipio	Cód. INE	Nombre municipio
31044	Bakaiku.	31150	Leoz/Leotz.	31253	Bidaurreta.
31045	Barásoain.	31151	Lerga.	31254	Villafranca.
31046	Barbarin.	31152	Lerín.	31255	Villamayor de Monjardín.
31047	Bargota.	31154	Lezaun.	31256	Hiriberri/Villanueva de Aezkoa.
31049	Basaburua.	31155	Liédena.	31257	Villatuerta.
31050	Baztan.	31156	Lizoain-Arriasgoiti/ Lizoainibar-Arriasgoiti.	31258	Villava/Atarrabia.
31051	Beire.	31157	Lodosa.	31260	Valle de Yerri/Deierri.
31052	Belascoáin.	31158	Lónguida/Longida.	31261	Yesa.
31053	Berbinzana.	31159	Lumbier.	31262	Zabalza/Zabaltza.
31054	Bertizarana.	31160	Luquin.	31263	Zubieta.
31055	Betelu.	31161	Mañeru.	31264	Zugarramurdi.
31056	Biurrun-Olcoz.	31162	Marañón.	31265	Zúñiga.
31058	Auritz/Burguete.	31163	Marcilla.	31901	Barañáin/Barañain.
31059	Burgui/Burgi.	31164	Mélida.	31902	Berrioplano/Berriobeiti.
31060	Burlada/Burlata.	31165	Mendavia.	31903	Berriozar.
31061	Busto (El).	31166	Mendaza.	31904	Irurtzun.
31063	Cabredo.	31167	Mendigorria.	31905	Beriáin.
31064	Cadreita.	31168	Metauten.	31906	Orkoien.
31065	Caparroso.	31169	Milagro.	31907	Zizur Mayor/Zizur Nagusia.
31066	Cárcar.	31170	Mirafuentes.	31908	Lekunberri.
31067	Carcastillo.	31171	Miranda de Arga.	50035	Artieda.
31069	Cáseda.	31172	Monreal/Elo.	50041	Bagüés.
31071	Castillonuevo.	31174	Morentin.	50078	Castiliscar.
31073	Ziordia.	31175	Mues.	50128	Isuerre.
31074	Cirauqui/Zirauki.	31177	Murieta.	50135	Layana.
31075	Ciriza/Ziritza.	31178	Murillo el Cuende.	50142	Lobera de Onsella.
31076	Cizur.	31179	Murillo el Fruto.	50144	Longás.
31079	Desojo.	31180	Muruzábal.	50168	Mianos.
31080	Dicastillo.	31181	Navascués/Nabaskoze.	50186	Navardún.
31081	Donamaria.	31182	Nazar.	50210	Pintanos (Los).
31083	Echarri/Etxarri.	31183	Obanos.	50230	Sádaba.

Cód. INE	Nombre municipio	Cód. INE	Nombre municipio	Cód. INE	Nombre municipio
31084	Etxarri Aranatz.	31184	Oco.	50232	Salvatierra de Esca.
31085	Etxauri.	31185	Ochagavía/Otsagabia.	50245	Sigüés.
31086	Valle de Egüés/Eguesibar.	31186	Odieta.	50248	Sos del Rey Católico.
31087	Elgorriaga.	31187	Oiz.	50267	Uncastillo.
31088	Noáin (Valle de Elorz)/Noain (Elortzibar).	31188	Olaibar.	50268	Undués de Lerda.
31089	Enérz/Eneritz.	31189	Olazti/Olazagutía.	50270	Urriés.
31090	Eratsun.	31190	Olejua.		

Área geográfica n.º 56
Ourense

Cód. INE	Nombre municipio	Cód. INE	Nombre municipio	Cód. INE	Nombre municipio
24122	Puente de Domingo Flórez.	32033	Gomesende.	32074	San Amaro.
27008	Bóveda.	32034	Gudiña (A).	32075	San Cibrao das Viñas.
27009	Carballedo.	32035	Irixo (O).	32076	San Cristovo de Cea.
27016	Chantada.	32036	Xunqueira de Ambía.	32077	Sandiás.
27031	Monforte de Lemos.	32037	Xunqueira de Espadanedo.	32078	Sarreaus.
27041	Pantón.	32038	Larouco.	32079	Taboadea.
27047	Pobra do Brollón (A).	32039	Laza.	32080	Teixeira (A).
27058	Saviñao (O).	32040	Leiro.	32081	Toén.
27059	Sober.	32041	Lobeira.	32082	Trasmiras.
32001	Allariz.	32042	Lobios.	32083	Veiga (A).
32002	Amoeiro.	32043	Maceda.	32084	Verea.
32003	Arnoia (A).	32044	Manzaneda.	32085	Verín.
32004	Aviór.	32045	Maside.	32086	Viana do Bolo.
32005	Balta-.	32046	Melón.	32087	Vilamarín.
32006	Bande.	32047	Merca (A).	32088	Vilamartin de Valdeorras.
32007	Baños de Molgas.	32048	Mezquita (A).	32089	Vilar de Barrio.
32008	Barbadás.	32049	Montederramo.	32090	Vilar de Santos.
32009	Barco de Valdeorras (O).	32050	Monterrei.	32091	Vilardevos.
32010	Beade.	32051	Muíños.	32092	Vilariño de Conso.
32011	Beariz.	32052	Nogueira de Ramuín.	36016	Dozón.

Cód. INE	Nombre municipio	Cód. INE	Nombre municipio	Cód. INE	Nombre municipio
32012	Blancos (Os).	32053	Oímbra.	49017	Asturianos.
32013	Boborás.	32054	Ourense.	49048	Cernadilla.
32014	Bola (A).	32055	Paderne de Allariz.	49050	Cobreros.
32015	Bolo (O).	32056	Padrenda.	49062	Espadañedo.
32016	Calvos de Randín.	32057	Parada de Sil.	49085	Galende.
32017	Carballeda de Valdeorras.	32058	Pereiro de Aguiar (O).	49094	Hermisende.
32018	Carballeda de Avia.	32059	Peroxa (A).	49100	Lubián.
32019	Carballiño (O).	32060	Petín.	49110	Manzanal de Arriba.
32020	Cartelle.	32061	Piñor.	49112	Manzanal de los Infantes.
32021	Castrelo do Val.	32062	Porqueira.	49143	Palacios de Sanabria.
32022	Castrelo de Miño.	32063	Pobra de Trives (A).	49145	Pedralba de la Pradería.
32023	Castro Caldelas.	32064	Pontedeva.	49150	Peque.
32024	Celanova.	32065	Punxín.	49154	Pías.
32025	Cenlle.	32066	Quintela de Leirado.	49162	Porto.
32026	Coles.	32067	Rairiz de Veiga.	49166	Puebla de Sanabria.
32027	Cortegada.	32068	Ramirás.	49174	Requejo.
32028	Cualedro.	32069	Ribadavia.	49177	Rionegro del Puente.
32029	Chandrexa de Queixa.	32070	San Xoán de Río.	49179	Robleda-Cervantes.
32030	Entrimo.	32071	Riós.	49181	Rosinos de la Requejada.
32031	Esgos.	32072	Rúa (A).	49189	San Justo.
32032	Xinzo de Limia.	32073	Rubiá.	49224	Trefacio.

Área geográfica n.º 57
Palencia

Cód. INE	Nombre municipio	Cód. INE	Nombre municipio	Cód. INE	Nombre municipio
34006	Alba de Cerrato.	34088	Husillos.	34169	Santervás de la Vega.
34009	Amayuelas de Arriba.	34096	Lomas.	34175	Serna (La).
34011	Amusco.	34098	Magaz de Pisuerga.	34177	Soto de Cerrato.
34012	Antigüedad.	34099	Manquillos.	34181	Tariego de Cerrato.
34018	Autilla del Pino.	34102	Mazariegos.	34182	Torquemada.
34022	Baltanás.	34108	Monzón de Campos.	34189	Valdeolmillos.
34023	Venta de Baños.	34112	Nogal de las Huertas.	34196	Valle de Cerrato.

Cód. INE	Nombre municipio	Cód. INE	Nombre municipio	Cód. INE	Nombre municipio
34029	Becerril de Campos.	34120	Palencia.	34201	Vertavillo.
34038	Bustillo de la Vega.	34121	Palenzuela.	34205	Villacorancio.
34039	Bustillo del Páramo de Carrión.	34123	Paredes de Nava.	34217	Villalobón.
34042	Calzada de los Molinos.	34125	Pedraza de Campos.	34218	Villaluenga de la Vega.
34046	Cardeñosa de Volpejera.	34126	Pedrosa de la Vega.	34221	Villamediana.
34047	Carrión de los Condes.	34127	Perales.	34223	Villamoronta.
34051	Castrillo de Onielo.	34130	Piña de Campos.	34224	Villamuera de la Cueza.
34057	Cevico de la Torre.	34133	Población de Cerrato.	34225	Villamuriel de Cerrato.
34058	Cevico Navero.	34136	Poza de la Vega.	34227	Villanueva del Rebollar.
34063	Cordovilla la Real.	34141	Quintana del Puente.	34231	Villarrabé.
34066	Cubillas de Cerrato.	34143	Quintanilla de Onsoña.	34236	Villaturde.
34069	Dueñas.	34146	Reinoso de Cerrato.	34237	Villaumbrales.
34076	Fuentes de Nava.	34147	Renedo de la Vega.	34238	Villaviudas.
34077	Fuentes de Valdepero.	34155	Ribas de Campos.	34243	Villoldo.
34079	Grijota.	34156	Riberos de la Cueza.	34245	Villota del Páramo.
34084	Herrera de Valdecañas.	34157	Saldaña.	47057	Cubillas de Santa Marta.
34086	Hontoria de Cerrato.	34159	San Cebrián de Campos.	47184	Valoria la Buena.
34087	Hornillos de Cerrato.	34167	Santa Cecilia del Alcor.		

Área geográfica n.º 58
Palma

Cód. INE	Nombre municipio	Cód. INE	Nombre municipio	Cód. INE	Nombre municipio
38013	Frontera.	38027	Paso (El).	38049	Valle Gran Rey.
38014	Fuencaliente de la Palma.	38029	Puntagorda.	38050	Vallehermoso.
38015	Garachico.	38041	Sauzal (El).	38051	Victoria de Acentejo (La).
38016	Garafía.	38044	Tanque (El).	38901	Pinar de El Hierro (El).
38024	Llanos de Aridane (Los).	38045	Tazacorte.		
38025	Matanza de Acentejo (La).	38047	Tijarafe.		

Área geográfica n.º 59
Pontevedra

Cód. INE	Nombre municipio	Cód. INE	Nombre municipio	Cód. INE	Nombre municipio
15011	Boiro.	36019	Fornelos de Montes.	36041	Poio.
15033	Dodro.	36021	Gondomar.	36042	Ponteareas.
15067	Pobra do Caramiñal (A).	36022	Grove (O).	36043	Ponte Caldelas.
15072	Rianxo.	36023	Guarda (A).	36044	Pontecesures.
15073	Ribeira.	36025	Lama (A).	36045	Redondela.
36001	Arbo.	36026	Marín.	36046	Ribadumia.
36002	Barro.	36027	Meaño.	36048	Rosal (O).
36003	Baiona.	36028	Meis.	36049	Salceda de Caselas.
36004	Bueu.	36029	Moaña.	36050	Salvaterra de Miño.
36005	Caldas de Reis.	36030	Mondariz.	36051	Sanxenxo.
36006	Cambados.	36031	Mondariz-Balneario.	36053	Soutomaior.
36007	Campo Lameiro.	36032	Moraña.	36054	Tomiño.
36008	Cangas.	36033	Mos.	36055	Tui.
36009	Cañiza (A).	36034	Neves (As).	36056	Valga.
36010	Catoira.	36035	Nigrán.	36057	Vigo.
36013	Covelo.	36036	Oia.	36058	Vilaboa.
36014	Crecente.	36037	Pazos de Borbén.	36060	Vilagarcía de Arousa.
36015	Cuntis.	36038	Pontevedra.	36061	Vilanova de Arousa.
36017	Estrada (A).	36039	Porriño (O).	36901	Illa de Arousa (A).
36018	Forcarei.	36040	Portas.	36902	Cerdedo-Cotobade.

Área geográfica n.º 60
Rioja Este

Cód. INE	Nombre municipio	Cód. INE	Nombre municipio	Cód. INE	Nombre municipio
26003	Aguilar del Río Alhama.	26104	Navajún.	31070	Castejón.
26008	Aldeanueva de Ebro.	26117	Pradejón.	31072	Cintruénigo.
26011	Alfaro.	26119	Préjano.	31077	Corella.
26017	Arnedillo.	26120	Quel.	31078	Cortes.
26018	Arnedo.	26125	Rincón de Soto.	31105	Fitero.
26021	Autol.	26136	Santa Eulalia Bajera.	31106	Fontellas.

Cód. INE	Nombre municipio	Cód. INE	Nombre municipio	Cód. INE	Nombre municipio
26029	Bergasillas Bajera.	26161	Valdemadera.	31108	Fustiñana.
26047	Cervera del Río Alhama.	26173	Villarroya.	31173	Monteagudo.
26054	Cornago.	26181	Zarzosa.	31176	Murchante.
26058	Enciso.	31006	Ablitas.	31208	Ribaforada.
26070	Grávalos.	31032	Arguedas.	31232	Tudela.
26072	Herce.	31048	Barillas.	31233	Tulebras.
26080	Igea.	31057	Buñuel.	31249	Valtierra.
26098	Munilla.	31062	Cabanillas.		
26100	Muro de Aguas.	31068	Cascante.		

Área geográfica n.º 61
Rioja Oeste

Cód. INE	Nombre municipio	Cód. INE	Nombre municipio	Cód. INE	Nombre municipio
01011	Baños de Ebro/Mañueta.	26046	Cenicero.	26118	Pradillo.
01019	Kripan.	26048	Cidamón.	26121	Rabanera.
01022	Elciego.	26049	Cihuri.	26122	Rasillo de Cameros (El).
01023	Elvillar/Bilar.	26050	Cirueña.	26124	Ribafrecha.
01028	Labastida/Bastida.	26051	Clavijo.	26126	Robres del Castillo.
01031	Laguardia.	26052	Cordovín.	26127	Rodezno.
01032	Lanciego/Lantziego.	26055	Corporales.	26128	Sajazarra.
01033	Lapuebla de Labarca.	26056	Cuzcurrita de Río Tirón.	26129	San Asensio.
01034	Leza.	26057	Daroca de Rioja.	26130	San Millán de la Cogolla.
01039	Moreda de Álava/Moreda Araba.	26059	Entrena.	26131	San Millán de Yécora.
01041	Navaridas.	26060	Estollo.	26132	San Román de Cameros.
01043	Oyón-Oion.	26061	Ezcaray.	26134	Santa Coloma.
01052	Samaniego.	26062	Foncea.	26135	Santa Engracia del Jubera.
01056	Harana/Valle de Arana.	26063	Fonzaleche.	26138	Santo Domingo de la Calzada
01057	Villabuena de Álava/ Eskuernaga.	26064	Fuenmayor.	26139	San Torcuato.
01060	Yécora/Iekora.	26065	Galbárruli.	26140	Santurde de Rioja.
09013	Altable.	26067	Gallinero de Cameros.	26141	Santurdejo.
09082	Castildelgado.	26068	Gimileo.	26142	San Vicente de la Sonsierra.

Cód. INE	Nombre municipio	Cód. INE	Nombre municipio	Cód. INE	Nombre municipio
09098	Cerezo de Río Tirón.	26069	Grañón.	26143	Sojuela.
09178	Ibrillos.	26071	Haro.	26144	Sorzano.
26001	Ábalos.	26074	Hervías.	26145	Sotés.
26002	Agoncillo.	26075	Hormilla.	26146	Soto en Cameros.
26004	Ajamil de Cameros.	26076	Hormilleja.	26147	Terroba.
26005	Albelda de Iregua.	26077	Hornillos de Cameros.	26148	Tirgo.
26006	Alberite.	26078	Hornos de Moncalvillo.	26149	Tobía.
26009	Alesanco.	26079	Huércanos.	26150	Tormantos.
26010	Alesón.	26081	Jalón de Cameros.	26151	Torrecilla en Cameros.
26012	Almarza de Cameros.	26082	Laguna de Cameros.	26152	Torrecilla sobre Alesanco.
26013	Anguciana.	26083	Lagunilla del Jubera.	26153	Torre en Cameros.
26014	Anguiano.	26084	Lardero.	26154	Torremontalbo.
26015	Arenzana de Abajo.	26086	Ledesma de la Cogolla.	26155	Treviana.
26016	Arenzana de Arriba.	26087	Leiva.	26157	Tricio.
26019	Arrúbal.	26088	Leza del Río Leza.	26160	Uruñuela.
26022	Azofra.	26089	Logroño.	26162	Valgañón.
26023	Badarán.	26091	Lumbreras de Cameros.	26163	Ventosa.
26024	Bañares.	26092	Manjarrés.	26164	Ventrosa.
26025	Baños de Rioja.	26093	Mansilla de la Sierra.	26165	Viguera.
26026	Baños de Río Tobía.	26094	Manzanares de Rioja.	26166	Villalba de Rioja.
26027	Berceo.	26095	Matute.	26167	Villalobar de Rioja.
26030	Bezares.	26096	Medrano.	26168	Villamediana de Iregua.
26031	Bobadilla.	26099	Murillo de Río Leza.	26169	Villanueva de Cameros.
26032	Brieva de Cameros.	26101	Muro en Cameros.	26171	Villar de Torre.
26033	Briñas.	26102	Nájera.	26172	Villarejo.
26034	Briones.	26103	Nalda.	26174	Villarta-Quintana.
26035	Cabezón de Cameros.	26105	Navarrete.	26175	Villavelayo.
26037	Camprovín.	26106	Nestares.	26176	Villaverde de Rioja.
26038	Canales de la Sierra.	26107	Nieva de Cameros.	26177	Villoslada de Cameros.
26039	Canillas de Río Tuerto.	26109	Ochánduri.	26178	Viniegra de Abajo.
26040	Cañas.	26110	Ojacastro.	26179	Viniegra de Arriba.
26041	Cárdenas.	26111	Ollauri.	26180	Zarratón.

Cód. INE	Nombre municipio	Cód. INE	Nombre municipio	Cód. INE	Nombre municipio
26042	Casalarreina.	26112	Ortigosa de Cameros.	26183	Zorraquín.
26043	Castañares de Rioja.	26113	Pazuengos.	31251	Viana.
26044	Castroviejo.	26114	Pedroso.		
26045	Cel origo.	26115	Pinillos.		

Área geográfica n.º 62
Salamanca

Cód. INE	Nombre municipio	Cód. INE	Nombre municipio	Cód. INE	Nombre municipio
05044	Cabezas del Villar.	37134	Fresno Alhándiga.	37266	Redonda (La).
05080	Gallegos de Sobrinos.	37135	Fuente de San Esteban (La).	37267	Retortillo
05131	Mirueña de los Infanzones.	37136	Fuenteguinaldo.	37268	Rinconada de la Sierra (La).
10024	Baños de Montemayor.	37137	Fuenteliante.	37269	Robleda
10078	Garganta (La).	37138	Fuenterroble de Salvatierra.	37270	Robliza de Cojos.
37001	Abusejo.	37139	Fuentes de Béjar.	37271	Rollán.
37002	Agallas.	37140	Fuentes de Oñoro.	37272	Saelices el Chico.
37003	Ahigal de los Aceiteros.	37141	Gajates.	37273	Sagrada (La).
37004	Ahigal de Villarino.	37142	Galindo y Perahuy.	37274	Salamanca.
37005	Alameda de Gardón (La).	37143	Galinduste.	37275	Saldeana.
37006	Alamedilla (La).	37144	Galisancho.	37277	Salvatierra de Tormes.
37007	Alaraz.	37145	Gallegos de Argañán.	37278	San Cristóbal de la Cuesta.
37008	Alba de Tormes.	37147	Garcibuey.	37279	Sancti-Spíritus.
37009	Alba de Yeltes.	37148	Garcihernández.	37280	Sanchón de la Ribera.
37010	Alberca (La).	37149	Garcirrey.	37281	Sanchón de la Sagrada.
37011	Alberguería de Argañán (La).	37150	Gejuelo del Barro.	37282	Sanchotello.
37012	Alconada.	37151	Golpejas.	37283	Sando.
37013	Alceacipreste.	37152	Gomecello.	37284	San Esteban de la Sierra.
37014	Alceadávila de la Ribera.	37154	Guadramiro.	37285	San Felices de los Gallegos.
37015	Aldea del Obispo.	37155	Guijo de Ávila.	37286	San Martín del Castañar.
37016	Aldealengua.	37156	Guijuelo.	37287	San Miguel de Valero.
37017	Aldeanueva de Figueroa.	37157	Herguijuela de Ciudad Rodrigo.	37288	San Morales.

Cód. INE	Nombre municipio	Cód. INE	Nombre municipio	Cód. INE	Nombre municipio
37018	Aldeanueva de la Sierra.	37158	Herguijuela de la Sierra.	37289	San Muñoz.
37019	Aldearrodrigo.	37159	Herguijuela del Campo.	37290	San Pedro del Valle.
37020	Aldearrubia.	37160	Hinojosa de Duero.	37291	San Pedro de Rozados.
37021	Aldeaseca de Alba.	37161	Horcajo de Montemayor.	37292	San Pelayo de Guareña.
37022	Aldeaseca de la Frontera.	37162	Horcajo Medianero.	37293	Santa María de Sando.
37023	Aldeatejada.	37163	Hoya (La).	37294	Santa Marta de Tormes.
37024	Aldeavieja de Tormes.	37164	Huerta.	37296	Santiago de la Puebla.
37025	Aldehuela de la Bóveda.	37165	Iruelos.	37298	Santibáñez de la Sierra.
37026	Aldehuela de Yeltes.	37166	Ituero de Azaba.	37299	Santiz.
37027	Almenara de Tormes.	37167	Juzbado.	37300	Santos (Los).
37028	Almendra.	37168	Lagunilla.	37301	Sardón de los Frailes.
37029	Anaya de Alba.	37169	Larrodrigo.	37302	Saucelle.
37030	Añover de Tormes.	37170	Ledesma.	37303	Sahugo (El).
37032	Arapiles.	37171	Ledrada.	37304	Sepulcro-Hilario.
37033	Arcediano.	37172	Linares de Riofrío.	37305	Sequeros.
37034	Arco (El).	37173	Lumbrales.	37306	Serradilla del Arroyo.
37035	Armenteros.	37174	Macotera.	37307	Serradilla del Llano.
37036	San Miguel del Robledo.	37175	Machacón.	37309	Sierpe (La).
37037	Atalaya (La).	37176	Madroñal.	37310	Sieteiglesias de Tormes.
37038	Babilafuente.	37177	Maíllo (El).	37311	Sobradillo.
37039	Bañobárez.	37178	Malpartida.	37313	Sotoserrano.
37040	Barbadillo.	37180	Manzano (El).	37314	Tabera de Abajo.
37041	Barbalos.	37181	Martiago.	37315	Tala (La).
37042	Barceo.	37182	Martinamor.	37316	Tamames.
37044	Barruecopardo.	37183	Martín de Yeltes.	37318	Tardáguila.
37045	Bastida (La).	37184	Masueco.	37320	Tejeda y Segoyuela.
37046	Béjar.	37185	Castellanos de Villiquera.	37321	Tenebrón.
37047	Beleña.	37186	Mata de Ledesma (La).	37322	Terradillos.
37049	Bermellar.	37187	Matilla de los Caños del Río.	37323	Topas.
37050	Berrocal de Huebra.	37188	Maya (La).	37324	Tordillos.
37051	Berrocal de Salvatierra.	37189	Membribe de la Sierra.	37325	Tornadizo (El).

Cód. INE	Nombre municipio	Cód. INE	Nombre municipio	Cód. INE	Nombre municipio
37052	Boada.	37190	Mieza.	37327	Torresmenudas.
37054	Bodón (El).	37191	Milano (El).	37328	Trabanca.
37055	Bogajo.	37192	Miranda de Azán.	37329	Tremedal de Tormes.
37056	Bouza (La).	37193	Miranda del Castañar.	37330	Valdecarros.
37057	Bóveda del Río Almar.	37194	Mogarraz.	37331	Valdefuentes de Sangusín.
37058	Brincones.	37195	Molinillo.	37332	Valdehijaderos.
37059	Buenamadre.	37196	Monforte de la Sierra.	37333	Valdelacasa.
37060	Buenavista.	37197	Monleón.	37334	Valdelageve.
37061	Cabaco (El).	37198	Monleras.	37335	Valdelosa.
37062	Cabezabellosa de la Calzada.	37199	Monsagro.	37336	Valdemierque.
37063	Cabeza de Béjar (La).	37200	Montejo.	37337	Valderrodrigo.
37065	Cabeza del Caballo.	37201	Montemayor del Río.	37338	Valdunciel.
37067	Cabrerizos.	37202	Monterrubio de Armuña.	37339	Valero.
37068	Cabrillas.	37203	Monterrubio de la Sierra.	37340	Valsalabroso.
37069	Calvarrasa de Abajo.	37204	Morasverdes.	37341	Valverde de Valdelacasa.
37070	Calvarrasa de Arriba.	37205	Morille.	37342	Valverdón.
37071	Calzada de Béjar (La).	37206	Moríñigo.	37343	Vallejera de Riofrío.
37072	Calzada de Don Diego.	37207	Moriscos.	37344	Vecinos.
37073	Calzada de Valdunciel.	37208	Moronta.	37345	Vega de Tirados.
37074	Campillo de Azaba.	37209	Mozárbez.	37346	Veguillas (Las).
37078	Candelario.	37211	Narros de Matalayegua.	37347	Vellés (La).
37079	Canllas de Abajo.	37212	Navacarros.	37348	Ventosa del Río Almar.
37080	Cantagallo.	37213	Nava de Béjar.	37349	Vídola (La).
37083	Cantaracillo.	37214	Nava de Francia.	37350	Vilvestre.
37085	Carbajosa de la Sagrada.	37215	Nava de Sotrobal.	37352	Villagonzalo de Tormes.
37086	Carpio de Azaba.	37216	Navales.	37353	Villalba de los Llanos.
37087	Carrascal de Barregas.	37217	Navalmoral de Béjar.	37354	Villamayor.
37088	Carrascal del Obispo.	37219	Navarredonda de la Rinconada.	37355	Villanueva del Conde.
37089	Casafranca.	37221	Navasfrías.	37356	Villar de Argañán.
37090	Casas del Conde (Las).	37222	Negrilla de Palencia.	37357	Villar de Ciervo.
37091	Casillas de Flores.	37223	Olmedo de Camaces.	37358	Villar de Gallimazo.

Cód. INE	Nombre municipio	Cód. INE	Nombre municipio	Cód. INE	Nombre municipio
37092	Castellanos de Moriscos.	37224	Orbada (La).	37359	Villar de la Yegua.
37096	Castillejo de Martín Viejo.	37225	Pajares de la Laguna.	37360	Villar de Peralonso.
37097	Castraz.	37226	Palacios del Arzobispo.	37361	Villar de Samaniego.
37098	Cepeda.	37229	Palencia de Negrilla.	37362	Villares de la Reina.
37099	Cereceda de la Sierra.	37230	Parada de Arriba.	37363	Villares de Yeltes.
37100	Cerezal de Peñahorcada.	37231	Parada de Rubiales.	37364	Villarino de los Aires.
37101	Cerralbo.	37233	Pastores.	37365	Villarmayor.
37102	Cerro (El).	37234	Payo (El).	37366	Villarmuerto.
37103	Cespedosa de Tormes.	37235	Pedraza de Alba.	37367	Villasbuenas.
37104	Cilleros de la Bastida.	37236	Pedrosillo de Alba.	37368	Villasdardo.
37106	Cipérez.	37237	Pedrosillo de los Aires.	37369	Villaseco de los Gamitos.
37107	Ciudad Rodrigo.	37238	Pedrosillo el Ralo.	37370	Villaseco de los Reyes.
37108	Coca de Alba.	37239	Pedroso de la Armuña (El).	37371	Villasrubias.
37109	Colmenar de Montemayor.	37240	Pelabravo.	37372	Villaverde de Guareña.
37110	Cordovilla.	37241	Pelarrodríguez.	37373	Villavieja de Yeltes.
37112	Cristóbal.	37242	Pelayos.	37374	Villoria.
37113	Cubo de Don Sancho (El).	37243	Peña (La).	37375	Villoruela.
37114	Chagarcía Medianero.	37244	Peñacaballera.	37376	Vitigudino.
37115	Dios le Guarde.	37245	Peñaparda.	37377	Yecla de Yeltes.
37116	Doñinos de Ledesma.	37246	Peñaranda de Bracamonte.	37378	Zamarra.
37117	Doñinos de Salamanca.	37247	Peñarandilla.	37379	Zamayón.
37118	Éjeme.	37248	Peralejos de Abajo.	37380	Zarapicos.
37119	Encina (La).	37249	Peralejos de Arriba.	37381	Zarza de Pumareda (La).
37120	Encina de San Silvestre.	37250	Pereña de la Ribera.	49005	Alfaraz de Sayago.
37121	Encinas de Abajo.	37251	Peromingo.	49037	Carbellino.
37122	Encinas de Arriba.	37252	Pinedas.	49058	Cubo de Tierra del Vino (El).
37123	Encinasola de los Comendadores.	37253	Pino de Tormes (El).	49065	Fermoselle.
37124	Endrinal.	37254	Pitiegua.	49126	Moraleja de Sayago.
37125	Escurial de la Sierra.	37255	Pizarral.	49136	Muga de Sayago.
37126	Espadaña.	37257	Pozos de Hinojo.	49157	Pino del Oro.

Cód. INE	Nombre municipio	Cód. INE	Nombre municipio	Cód. INE	Nombre municipio
37127	Espeja.	37258	Puebla de Azaba.	49180	Roelos de Sayago.
37129	Florida de Liébana.	37259	Puebla de San Medel.	49183	Salce.
37130	Forfoleda.	37260	Puebla de Yeltes.	49223	Trabazos
37131	Frades de la Sierra.	37262	Puertas.	49240	Villadepera.
37132	Fregeneda (La).	37263	Puerto de Béjar.	49264	Villar del Buey.
37133	Fresnedoso.	37264	Puerto Seguro.		

Área geográfica n.º 63
Segovia

Cód. INE	Nombre municipio	Cód. INE	Nombre municipio	Cód. INE	Nombre municipio
40001	Abades.	40094	Garcillán.	40166	Remondo.
40002	Adraca de Pirón.	40095	Gomezserracín.	40173	Roda de Eresma.
40004	Aguilafuente.	40101	Hontanares de Eresma.	40176	Samboal.
40007	Aldealengua de Pedraza.	40103	Huertos (Los).	40178	San Cristóbal de la Vega.
40010	Aldeanueva del Codonal.	40104	Ituero y Lama.	40179	Sanchonuño.
40012	Aldea Real.	40105	Juarros de Riomoros.	40180	Sangarcía.
40015	Aldehuela del Codonal.	40106	Juarros de Voltoya.	40181	Real Sitio de San Ildefonso.
40017	Anaya.	40107	Labajos.	40182	San Martín y Mudrián.
40018	Añe.	40110	Lastras de Cuéllar.	40184	San Pedro de Gaíllos.
40019	Arahuetes.	40111	Lastras del Pozo.	40185	Santa María la Real de Nieva.
40020	Arcones.	40112	Lastrilla (La).	40188	Santiuste de Pedraza.
40021	Arevalillo de Cega.	40113	Losa (La).	40189	Santiuste de San Juan Bautista.
40022	Armuña.	40118	Marazuela.	40190	Santo Domingo de Pirón.
40026	Basardilla.	40119	Martín Miguel.	40192	Sauquillo de Cabezas.
40028	Bercal.	40120	Martín Muñoz de la Dehesa.	40193	Sebúlcor.
40030	Bernardos.	40121	Martín Muñoz de las Posadas.	40194	Segovia.
40031	Bernuy de Porreros.	40122	Marugán.	40199	Sotosalbos.
40033	Brieva.	40123	Matabuena.	40200	Tabanera la Luenga.
40034	Caballar.	40124	Mata de Cuéllar.	40201	Tolocirio.
40035	Cabañas de Polendos.	40125	Matilla (La).	40203	Torrecaballeros.

Cód. INE	Nombre municipio	Cód. INE	Nombre municipio	Cód. INE	Nombre municipio
40036	Cabezuela.	40126	Melque de Cercos.	40205	Torreiglesias.
40040	Cantalejo.	40128	Migueláñez.	40206	Torre Val de San Pedro.
40041	Cantimpalos.	40129	Montejo de Arévalo.	40207	Trescasas.
40043	Carbonero el Mayor.	40131	Monterrubio.	40208	Turégano.
40045	Casla.	40134	Mozoncillo.	40211	Valdeprados.
40049	Castroserna de Abajo.	40135	Muñopedro.	40213	Valdevacas y Guijar.
40057	Coca.	40136	Muñoveros.	40214	Valseca.
40058	Codorniz.	40138	Nava de la Asunción.	40216	Valverde del Majano.
40059	Collado Hermoso.	40139	Navafría.	40220	Valleruela de Pedraza.
40060	Condado de Castilnovo.	40141	Navalmanzano.	40221	Valleruela de Sepúlveda.
40062	Cubillo.	40145	Navas de Oro.	40222	Veganzones.
40065	Chañe.	40146	Navas de San Antonio.	40223	Vegas de Matute.
40068	Domingo García.	40148	Nieva.	40224	Ventosilla y Tejadilla.
40069	Donhierro.	40150	Orejana.	40225	Villacastín.
40072	Encinillas.	40151	Ortigosa de Pestaño.	40228	Villaverde de Íscar.
40073	Escalona del Prado.	40152	Otero de Herreros.	40230	Villeguillo.
40074	Escarabajosa de Cabezas.	40155	Palazuelos de Eresma.	40231	Yanguas de Eresma.
40075	Escobar de Polendos.	40156	Pedraza.	40233	Zarzuela del Monte.
40076	Espinar (El).	40157	Pelayos del Arroyo.	40234	Zarzuela del Pinar.
40077	Espirdo.	40159	Pinarejos.	40901	Ortigosa del Monte.
40078	Fresneda de Cuéllar.	40160	Pinarnegrillo.	40903	Marazoleja.
40082	Fuente de Santa Cruz.	40162	Prádena.	40904	Navas de Riofrío.
40084	Fuente el Olmo de Íscar.	40163	Puebla de Pedraza.	40906	San Cristóbal de Segovia.
40086	Fuentepelayo.	40164	Rapariegos.		
40093	Gallegos.	40165	Rebollo.		

Área geográfica n.º 64
Sevilla

Cód. INE	Nombre municipio	Cód. INE	Nombre municipio	Cód. INE	Nombre municipio
11002	Alcalá del Valle.	41017	Bormujos.	41066	Navas de la Concepción (Las).
11018	Gastor (El).	41019	Burguillos.	41067	Olivares.

Cód. INE	Nombre municipio	Cód. INE	Nombre municipio	Cód. INE	Nombre municipio
11019	Grazalema.	41020	Cabezas de San Juan (Las).	41068	Osuna.
11024	Olvera.	41021	Camas.	41069	Palacios y Villafranca (Los).
11034	Setenil de las Bodegas	41023	Cantillana.	41070	Palomares del Río.
11036	Torre Alháquime.	41024	Carmona.	41071	Paradas.
21009	Arroyomolinos de León.	41025	Carrión de los Céspedes.	41072	Pedrera.
21016	Cala.	41027	Castilblanco de los Arroyos.	41073	Pedroso (El).
21020	Cañaveral de León.	41028	Castilleja de Guzmán.	41075	Pilas.
21024	Corteconcepción.	41029	Castilleja de la Cuesta.	41076	Pruna.
21032	Escacena del Campo.	41030	Castilleja del Campo.	41077	Puebla de Cazalla (La).
21038	Higuera de la Sierra.	41031	Castillo de las Guardas (El).	41079	Puebla del Río (La).
21039	Hinojales.	41032	Cazalla de la Sierra.	41080	Real de la Jara (El).
21040	Hinojos.	41033	Constantina.	41081	Rinconada (La).
21059	Puerto Moral.	41034	Coria del Río.	41083	Ronquillo (El).
21079	Zufre.	41035	Coripe.	41085	Salteras.
29020	Arriate.	41036	Coronil (El).	41086	San Juan de Aznalfarache.
29037	Cartajima.	41037	Corrales (Los).	41087	Sanlúcar la Mayor.
29081	Pujerra.	41038	Dos Hermanas.	41088	San Nicolás del Puerto.
29084	Ronda.	41040	Espartinas.	41089	Santiponce.
29903	Montecorto.	41043	Garrobo (El).	41090	Saucejo (El).
29904	Serrato.	41044	Gelves.	41091	Sevilla.
41002	Alanís.	41045	Gerena.	41092	Tocina.
41003	Albaida del Aljarafe.	41046	Gilena.	41093	Tomares.
41004	Alcalá de Guadaíra.	41047	Gines.	41094	Umbrete.
41005	Alcalá del Río.	41048	Guadalcanal.	41095	Utrera.
41006	Alcolea del Río.	41049	Guillena.	41096	Valencina de la Concepción.
41007	Algaba (La).	41051	Huévar del Aljarafe.	41097	Villamanrique de la Condesa.
41008	Algámitas.	41052	Lantejuela.	41098	Villanueva del Ariscal.
41010	Almensilla.	41058	Mairena del Alcor.	41099	Villanueva del Río y Minas.

Cód. INE	Nombre municipio	Cód. INE	Nombre municipio	Cód. INE	Nombre municipio
41011	Arahal.	41059	Mairena del Aljarafe.	41100	Villanueva de San Juan.
41012	Aznalcázar.	41060	Marchena.	41101	Villaverde del Río.
41013	Aznalcóllar.	41062	Martín de la Jara.	41102	Viso del Alcor (El).
41015	Benacazón.	41063	Molares (Los).	41902	Isla Mayor.
41016	Bollullos de la Mitación.	41064	Montellano.	41903	Palmar de Troya, El.
41017	Bormujos.	41065	Morón de la Frontera.		
41018	Brenes.	41064	Montellano.		

Área geográfica n.º 65

Soria

Cód. INE	Nombre municipio	Cód. INE	Nombre municipio	Cód. INE	Nombre municipio
09067	Canicosa de la Sierra.	42073	Cueva de Ágreda.	42174	Sotillo del Rincón.
09163	Hontoria del Pinar.	42075	Dévanos.	42175	Suellacabras.
09232	Neila.	42076	Deza.	42176	Tajahuerce.
09246	Palacios de la Sierra.	42078	Duruelo de la Sierra.	42177	Tajueco.
09289	Quintanar de la Sierra.	42079	Escobosa de Almazán.	42178	Talveila.
09302	Rabanera del Pinar.	42082	Estepa de San Juan.	42181	Tardelcuende.
09309	Regumiel de la Sierra.	42083	Frechilla de Almazán.	42182	Taroda.
09425	Vilviestre del Pinar.	42084	Fresno de Caracena.	42183	Tejado.
42001	Abejar.	42087	Fuentecantos.	42184	Torlengua.
42003	Adradas.	42088	Fuentelmonge.	42185	Torreblacos.
42004	Ágreda.	42089	Fuentelsaz de Soria.	42187	Torrubia de Soria.
42006	Alconaba.	42090	Fuentepinilla.	42188	Trévago.
42008	Alcubilla de las Peñas.	42092	Fuentes de Magaña.	42190	Vadillo.
42009	Aldealafuente.	42093	Fuentestrún.	42191	Valdeavellano de Tera.
42010	Aldealices.	42094	Garray.	42192	Valdegeña.
42011	Aldealpozo.	42095	Golmayo.	42193	Valdelagua del Cerro.
42012	Aldealseñor.	42096	Gómara.	42194	Valdemaluque.
42013	Aldehuela de Periáñez.	42097	Gormaz.	42195	Valdenebro.
42014	Aldehuelas (Las).	42098	Herrera de Soria.	42196	Valdeprado.
42015	Alentisque.	42100	Hinojosa del Campo.	42197	Valderrodilla.

Cód. INE	Nombre municipio	Cód. INE	Nombre municipio	Cód. INE	Nombre municipio
42016	Aliud.	42106	Losilla (La).	42198	Valtajeros.
42017	Almajano.	42107	Magaña.	42200	Velamazán.
42018	Almaluez.	42108	Maján.	42201	Velilla de la Sierra.
42019	Almarza.	42110	Matalebreras.	42202	Velilla de los Ajos.
42020	Almazán.	42111	Matamala de Almazán.	42204	Viana de Duero.
42021	Almazul.	42113	Medinaceli.	42205	Villaciervos.
42022	Almenar de Soria.	42115	Miño de Medinaceli.	42206	Villanueva de Gormaz.
42023	Alpanseque.	42117	Molinos de Duero.	42207	Villar del Ala.
42024	Arancón.	42118	Momblona.	42208	Villar del Campo.
42025	Arcos de Jalón.	42119	Monteagudo de las Vicarías.	42209	Villar del Río.
42026	Arenillas.	42121	Montenegro de Cameros.	42211	Villares de Soria (Los).
42027	Arévalo de la Sierra.	42123	Morón de Almazán.	42212	Villasayas.
42028	Ausejo de la Sierra.	42124	Muriel de la Fuente.	42213	Villaseca de Arciel.
42029	Baraona.	42125	Muriel Viejo.	42215	Vinuesa.
42030	Barca.	42128	Narros.	42216	Vizmanos.
42031	Barcones.	42129	Navaleno.	42217	Vozmediano.
42032	Bayubas de Abajo.	42130	Nepas.	42218	Yanguas.
42033	Bayubas de Arriba.	42131	Nolay.	42219	Yelo.
42034	Beratón.	42132	Noviercas.	50003	Agón.
42035	Berlanga de Duero.	42134	Ólvega.	50006	Ainzón.
42036	Blacos.	42135	Oncala.	50010	Alberite de San Juan.
42037	Bliecos.	42139	Pinilla del Campo.	50011	Albeta.
42038	Borjabad.	42140	Portillo de Soria.	50014	Alcalá de Moncayo.
42039	Boroba.	42141	Póveda de Soria (La).	50027	Ambel.
42041	Buberos.	42142	Pozalmuro.	50030	Añón de Moncayo.
42042	Buitrago.	42144	Quintana Redonda.	50052	Bisimbre.
42043	Burgo de Osma-Ciudad de Osma.	42145	Quintanas de Gormaz.	50055	Borja.
42044	Cabrejas del Campo.	42148	Quiñonería.	50060	Bulbuente.
42045	Cabrejas del Pinar.	42149	Rábanos (Los).	50061	Bureta.
42046	Calatañazor.	42151	Rebollar.	50063	Buste (El).

Cód. INE	Nombre municipio	Cód. INE	Nombre municipio	Cód. INE	Nombre municipio
42048	Caltojar.	42152	Recuerda.	50106	Fayos (Los).
42049	Candilichera.	42153	Rello.	50111	Fréscano.
42050	Cañamaque.	42154	Renieblas.	50118	Gallur.
42051	Carabantes.	42155	Retortillo de Soria.	50122	Grisel.
42054	Carrascosa de la Sierra.	42156	Reznos.	50140	Litago.
42055	Casarejos.	42157	Riba de Escalote (La).	50141	Lituénigo.
42056	Castilfrío de la Sierra.	42158	Rioseco de Soria.	50153	Magallón.
42057	Castilruiz.	42159	Rollamienta.	50156	Maleján.
42059	Centenera de Andaluz.	42160	Royo (El).	50157	Malón.
42060	Cerbón.	42161	Salduero.	50160	Mallén.
42061	Cidones.	42162	San Esteban de Gormaz.	50190	Novallas.
42062	Cigudosa.	42163	San Felices.	50191	Novillas.
42063	Cihuela.	42164	San Leonardo de Yagüe.	50234	San Martín de la Virgen de Moncayo.
42064	Ciria.	42165	San Pedro Manrique.	50237	Santa Cruz de Moncayo.
42065	Cirujales del Río.	42166	Santa Cruz de Yanguas.	50251	Tarazona.
42068	Coscurita.	42167	Santa María de Huerta.	50261	Torrellas.
42069	Covaleda.	42171	Serón de Nágima.	50265	Trasmoz.
42070	Cubilla.	42172	Soliedra.	50280	Vera de Moncayo.
42071	Cubo de la Solana.	42173	Soria.	50281	Vierlas.

Área geográfica n.º 66
Tarragona Norte

Cód. INE	Nombre municipio	Cód. INE	Nombre municipio	Cód. INE	Nombre municipio
43001	Aiguamúrcia.	43066	Garidells (Els).	43130	Rocafort de Queralt.
43002	Albinyana.	43073	Llorac.	43131	Roda de Berà.
43003	Albiol (L').	43074	Llorenç del Penedès.	43132	Rodonyà.
43005	Alcover.	43079	Masllorenç.	43134	Rourell (El).
43007	Aleixar (L').	43080	Masó (La).	43135	Salomó.
43009	Alforja.	43081	Maspujols.	43137	Sant Jaume dels Domenys.
43010	Alió.	43083	Milà (El).	43139	Santa Coloma de Queralt.
43011	Almoster.	43086	Montblanc.	43140	Santa Oliva.
43012	Altafulla.	43088	Montbrió del Camp.	43141	Pontils.

Cód. INE	Nombre municipio	Cód. INE	Nombre municipio	Cód. INE	Nombre municipio
43015	Arbolí.	43089	Montferri.	43142	Sarral.
43016	Arboç (L').	43090	Montmell (El).	43143	Savallà del Comtat.
43017	Argentera (L').	43091	Mont-ral.	43144	Secuita (La).
43020	Banyeres del Penedès.	43092	Mont-roig del Camp.	43145	Selva del Camp (La).
43021	Barberà de la Conca.	43095	Morell (El).	43146	Senan.
43024	Bellvei.	43097	Nou de Gaià (La).	43147	Solivella.
43028	Bisbal del Penedès (La).	43098	Nulles.	43148	Tarragona.
43029	Blancafort.	43100	Pallaresos (Els).	43153	Torredembarra.
43030	Bonastre.	43101	Passanant i Belltall.	43158	Vallclara.
43031	Borges del Camp (Les).	43103	Perafort.	43159	Vallfogona de Riucorb.
43033	Botarell.	43105	Piles (Les).	43160	Vallmoll.
43034	Bràfim.	43107	Pira.	43161	Valls.
43036	Cabra del Camp.	43108	Pla de Santa Maria (El).	43162	Vandellòs i l'Hospitalet de l'Infant.
43037	Calafell.	43109	Pobla de Mafumet (La).	43163	Vendrell (El).
43038	Cambrils.	43111	Pobla de Montornès (La).	43164	Vespella de Gaià.
43039	Capafonts.	43113	Pont d'Armentera (El).	43165	Vilabella.
43042	Castellvell del Camp.	43115	Pradell de la Teixeta.	43166	Vilallonga del Camp.
43043	Catllar (El).	43116	Prades.	43167	Vilanova d'Escornalbou.
43046	Conesa.	43118	Pratdip.	43168	Vilanova de Prades.
43047	Constantí.	43119	Puigpelat.	43169	Vilaplana.
43049	Cornudella de Montsant.	43120	Querol.	43170	Vila-rodona.
43050	Creixell.	43122	Renau.	43171	Vila-seca.
43051	Cunit.	43123	Reus.	43172	Vilaverd.
43053	Duesaigües.	43124	Riba (La).	43176	Vimbodí i Poblet.
43054	Espluga de Francolí (L').	43126	Riera de Gaià (La).	43178	Vinyols i els Arcs.
43057	Febró (La).	43127	Riudecanyes.	43905	Salou.
43059	Figuerola del Camp.	43128	Riudecols.	43907	Canonja, La.
43061	Forès.	43129	Riudoms.		

Área geográfica n.º 67
Tarragona Sur

Cód. INE	Nombre municipio	Cód. INE	Nombre municipio	Cód. INE	Nombre municipio
12101	San Rafael del Río.	43078	Masdenverge.	44017	Aliaga.
43004	Alcanar.	43082	Masroig (El).	44027	Arens de Lledó.
43006	Aldover.	43084	Miravet.	44037	Beceite.
43008	Alfara de Carles.	43085	Molar (El).	44038	Belmonte de San José.
43013	Ametlla de Mar (L').	43093	Móra d'Ebre.	44040	Berge.
43014	Amposta.	43094	Móra la Nova.	44044	Bordón.
43018	Arnes.	43096	Morera de Montsant (La).	44059	Cantavieja.
43019	Ascó.	43099	Palma d'Ebre (La).	44061	Cañada de Verich (La).
43022	Batea.	43102	Paüls.	44071	Castellote.
43023	Bellmunt del Priorat.	43104	Perelló (El).	44077	Cerollera (La).
43025	Benifallet.	43106	Pinell de Brai (El).	44088	Cuba (La).
43026	Benissanet.	43110	Pobla de Massaluca (La).	44096	Ejulve.
43027	Bisbal de Montsant, La.	43112	Poboleda.	44099	Escucha.
43032	Bot.	43114	Porrera.	44105	Fórnoles.
43035	Cabacés.	43117	Prat de Comte.	44108	Fresneda (La).
43040	Capçanes.	43121	Rasquera.	44114	Fuentespalda.
43041	Caseres.	43133	Roquetes.	44118	Ginebrosa (La).
43044	Sénia (La).	43136	Ràpita, La.	44126	Iglesuela del Cid (La).
43045	Colldejou.	43138	Santa Bàrbara.	44141	Lledó.
43048	Corbera d'Ebre.	43149	Tivenys.	44145	Mas de las Matas.
43052	Xerta.	43150	Tivissa.	44147	Mazaleón.
43055	Falset.	43151	Torre de Fontaubella (La).	44149	Mirambel.
43056	Fatarella (La).	43152	Torre de l'Espanyol (La).	44151	Molinos.
43058	Figuera (La).	43154	Torroja del Priorat.	44154	Monroyo.
43060	Flix.	43155	Tortosa.	44178	Parras de Castellote (Las).
43062	Freginals.	43156	Ulldecona.	44179	Peñarroya de Tastavins.
43063	Galera (La).	43157	Ulldemolins.	44187	Portellada (La).
43064	Gandesa.	43173	Vilella Alta (La).	44194	Ráfales.
43065	Garcia.	43174	Vilella Baixa (La).	44212	Seno.
43067	Ginestar.	43175	Vilalba dels Arcs.	44223	Torre de Arcas.

Cód. INE	Nombre municipio	Cód. INE	Nombre municipio	Cód. INE	Nombre municipio
43068	Godall.	43177	Vinebre.	44225	Torre del Compte.
43069	Gratallops.	43901	Deltebre.	44236	Tronchón.
43070	Guiamets (Els).	43902	Sant Jaume d'Enveja.	44238	Utrillas.
43071	Horta de Sant Joan.	43903	Camarles.	44245	Valdeltormo.
43072	Lloar (El).	43904	Aldea (L').	44246	Valderrobres.
43075	Margalef.	43906	Ampolla (L').	44247	Valjunquera.
43076	Marçà.	44004	Aguaviva.	44260	Villarluengo.
43077	Mas de Barberans.	44014	Alcorisa.	44268	Zoma (La).

Área geográfica n.º 68
Tenerife

Cód. INE	Nombre municipio	Cód. INE	Nombre municipio	Cód. INE	Nombre municipio
38001	Adeje.	38018	Guancha (La).	38035	San Miguel de Abona.
38002	Agulo.	38019	Guía de Isora.	38036	San Sebastián de la Gomera.
38003	Alajeró.	38020	Güímar.	38037	Santa Cruz de la Palma.
38004	Arafo.	38021	Hermigua.	38038	Santa Cruz de Tenerife.
38005	Arico.	38022	Icod de los Vinos.	38039	Santa Úrsula.
38006	Arona.	38023	San Cristóbal de La Laguna.	38040	Santiago del Teide.
38007	Barlovento.	38026	Orotava (La).	38042	Silos (Los).
38008	Breña Alta.	38028	Puerto de la Cruz.	38043	Tacoronte.
38009	Breña Baja.	38030	Puntallana.	38046	Tegueste.
38010	Buenavista del Norte.	38031	Realejos (Los).	38048	Valverde.
38011	Candelaria.	38032	Rosario (El).	38052	Vilaflor de Chasna.
38012	Fasnia.	38033	San Andrés y Sauces.	38053	Villa de Mazo.
38017	Granadilla de Abona.	38034	San Juan de la Rambla.		

Área geográfica n.º 69
Teruel

Cód. INE	Nombre municipio	Cód. INE	Nombre municipio	Cód. INE	Nombre municipio
19027	Alustante.	44111	Fuentes Calientes.	44201	Rubielos de Mora.
19213	Pedregal (El).	44112	Fuentes Claras.	44204	Saldón.
19272	Tordesilos.	44113	Fuentes de Rubielos.	44206	San Agustín.
44001	Ababuj.	44115	Galve.	44209	Santa Eulalia.

Cód. INE	Nombre municipio	Cód. INE	Nombre municipio	Cód. INE	Nombre municipio
44002	Abejuela.	44117	Gea de Albarracín.	44210	Sarrión.
44003	Aguatón.	44119	Griegos.	44211	Segura de los Baños.
44005	Aguilar del Alfambra.	44120	Guadalaviar.	44213	Singra.
44007	Alba.	44121	Gúdar.	44215	Terriente.
44009	Albarracín.	44123	Hinojosa de Jarque.	44216	Teruel.
44010	Albentosa.	44127	Jabaloyas.	44217	Toril y Masegoso.
44012	Alcalá de la Selva.	44128	Jarque de la Val.	44218	Tormón.
44016	Alfambra.	44130	Jorcas.	44222	Torrecilla del Rebollar.
44018	Almohaja.	44135	Libros.	44226	Torrelacárcel.
44019	Alobras.	44136	Lidón.	44228	Torremocha de Jiloca.
44020	Alpeñés.	44137	Linares de Mora.	44229	Torres de Albarracín.
44021	Allepuz.	44143	Manzanera.	44231	Torrijas.
44026	Arcos de las Salinas.	44148	Mezquita de Jarque.	44232	Torrijo del Campo.
44028	Argente.	44150	Miravete de la Sierra.	44234	Tramacastiel.
44034	Bañón.	44153	Monreal del Campo.	44235	Tramacastilla.
44041	Bezas.	44156	Monteagudo del Castillo.	44239	Valacloche.
44042	Blancas.	44157	Monterde de Albarracín.	44240	Valbona.
44045	Bronchales.	44158	Mora de Rubielos.	44243	Valdecuenca.
44046	Bueña.	44159	Moscardón.	44244	Valdelinares.
44048	Cabra de Mora.	44160	Mosqueruela.	44249	Vallecillo (El).
44052	Calomarde.	44163	Noguera de Albarracín.	44250	Veguillas de la Sierra.
44053	Camañas.	44165	Nogueruelas.	44251	Villafranca del Campo.
44054	Camarena de la Sierra.	44168	Odón.	44256	Villanueva del Rebollar de la Sierra.
44055	Camarillas.	44169	Ojos Negros.	44257	Villar del Cobo.
44056	Caminreal.	44171	Olba.	44258	Villar del Salz.
44060	Cañada de Benatanduz.	44175	Orrios.	44261	Villarquemado.
44062	Cañada Vellida.	44177	Pancrudo.	44262	Villarroya de los Pinares.
44064	Cascante del Río.	44180	Peracense.	44263	Villastar.
44070	Castellar (El).	44181	Peralejos.	44264	Villel.

Cód. INE	Nombre municipio	Cód. INE	Nombre municipio	Cód. INE	Nombre municipio
44074	Cecrillas.	44182	Perales del Alfambra.	44266	Visiedo.
44075	Celadas.	44183	Pitarque.	46001	Ademuz.
44076	Cella.	44185	Pobo (El).	46036	Alpuente.
44082	Corbalán.	44189	Pozondón.	46041	Aras de los Olmos.
44089	Cubla.	44190	Pozuel del Campo.	46087	Casas Altas.
44092	Cuervo (El).	44192	Puebla de Valverde (La).	46088	Casas Bajas.
44093	Cuevas de Almudén.	44193	Puertomingalvo.	46092	Castielfabib.
44094	Cuevas Labradas.	44195	Rillo.	46201	Puebla de San Miguel.
44097	Escorihuela.	44196	Riodeva.	46242	Torrebaja.
44103	Formiche Alto.	44197	Ródenas.	46252	Vallanca.
44106	Fortanete.	44198	Royuela.	46262	Yesa (La).
44109	Frías de Albarracín.	44199	Rubiales.		
44110	Fuenferrada.	44200	Rubielos de la Cérida.		

Área geográfica n.º 70
Toledo

Cód. INE	Nombre municipio	Cód. INE	Nombre municipio	Cód. INE	Nombre municipio
05002	Adrada (La).	45016	Argés.	45109	Navahermosa.
05047	Canceleda.	45017	Azután.	45110	Navalcán.
05054	Casavieja.	45018	Barcience.	45111	Navalmoralejo.
05055	Casillas.	45019	Bargas.	45112	Navalmorales (Los).
05075	Fresnedilla.	45020	Belvís de la Jara.	45113	Navalucillos (Los).
05082	Gavilanes.	45022	Buenaventura.	45114	Navamorcuende.
05095	Higuera de las Dueñas.	45024	Burujón.	45116	Noez.
05110	Lanzahíta.	45028	Calera y Chozas.	45117	Nombela.
05127	Mijares.	45029	Caleruela.	45118	Novés.
05182	Pedro Bernardo.	45030	Calzada de Oropesa.	45120	Nuño Gómez.
05187	Piedralaves.	45032	Camarenilla.	45122	Olías del Rey.
05227	Santa María del Tiétar.	45033	Campillo de la Jara (El).	45125	Oropesa.
05240	Sotillo de la Adrada.	45035	Cardiel de los Montes.	45126	Otero.
10019	Almaraz.	45036	Carmena.	45129	Paredes de Escalona.

Cód. INE	Nombre municipio	Cód. INE	Nombre municipio	Cód. INE	Nombre municipio
10026	Belvís de Monroy.	45037	Carpio de Tajo (El).	45130	Parrillas.
10028	Berrocalejo.	45039	Carriches.	45131	Pelahustán.
10030	Bohonal de Ibor.	45040	Casar de Escalona (El).	45132	Pepino.
10048	Carrascalejo.	45042	Casasbuenas.	45133	Polán.
10058	Casatejada.	45043	Castillo de Bayuela.	45134	Portillo de Toledo.
10083	Garvín.	45045	Cazalegas.	45136	Puebla de Montalbán (La).
10085	Gordo (El).	45046	Cebolla.	45137	Pueblanueva (La).
10111	Madrigal de la Vera.	45048	Cerralbos (Los).	45138	Puente del Arzobispo (El).
10114	Majadas.	45049	Cervera de los Montes.	45139	Puerto de San Vicente.
10120	Mesas de Ibor.	45051	Cobeja.	45140	Pulgar.
10122	Millanes.	45055	Cuerva.	45143	Quismondo.
10131	Navalmoral de la Mata.	45056	Chozas de Canales.	45144	Real de San Vicente (El).
10140	Peraleda de la Mata.	45058	Domingo Pérez.	45145	Recas.
10141	Peraleda de San Román.	45060	Erustes.	45146	Retamoso de la Jara.
10157	Robledillo de la Vera.	45061	Escalona.	45147	Rielves.
10173	Saucedilla.	45062	Escalonilla.	45148	Robledo del Mazo.
10176	Serrejón.	45063	Espinoso del Rey.	45150	San Bartolomé de las Abiertas.
10179	Talaveruela de la Vera.	45065	Estrella (La).	45151	San Martín de Montalbán.
10180	Talayuela.	45067	Gálvez.	45152	San Martín de Pusa.
10199	Valdehúncar.	45068	Garciotum.	45153	San Pablo de los Montes.
10200	Valdelacasa de Tajo.	45069	Gerindote.	45154	San Román de los Montes.
10204	Valverde de la Vera.	45070	Guadamur.	45155	Santa Ana de Pusa.
10206	Viandar de la Vera.	45072	Herencias (Las).	45157	Santa Cruz del Retamar.
10212	Villanueva de la Vera.	45073	Herreruela de Oropesa.	45158	Santa Olalla.
10213	Villar del Pedroso.	45074	Hinojosa de San Vicente.	45159	Sartajada.
10901	Rosalejo.	45075	Hontanar.	45160	Segurilla.
10904	Tietar.	45076	Hormigos.	45162	Sevilleja de la Jara.
10905	Pueblonuevo de Miramontes.	45077	Huecas.	45164	Sotillo de las Palomas.
13017	Anchuras.	45079	Iglesuela del Tiétar, La.	45165	Talavera de la Reina.

Cód. INE	Nombre municipio	Cód. INE	Nombre municipio	Cód. INE	Nombre municipio
13021	Arroba de los Montes.	45080	Illán de Vacas.	45168	Toledo.
13041	Fontanarejo.	45082	Lagartera.	45169	Torralba de Oropesa.
13049	Horcajo de los Montes.	45083	Layos.	45170	Torrecilla de la Jara.
13059	Navalpino.	45086	Lucillos.	45171	Torre de Esteban Hambrán (La).
13060	Navas de Estena.	45088	Magán.	45172	Torrico.
13068	Puebla de Don Rodrigo.	45089	Malpica de Tajo.	45173	Torrijos.
45002	Alameda de la Sagra.	45091	Maqueda.	45174	Totanés.
45003	Albarreal de Tajo.	45093	Marrupe.	45179	Valdeverdeja.
45004	Alcabón.	45095	Mata (La).	45180	Valmojado.
45005	Alcañizo.	45096	Mazarambroz.	45181	Velada.
45006	Alcaudete de la Jara.	45097	Mejorada.	45182	Ventas con Feña Aguilera (Las).
45007	Alcolea de Tajo.	45098	Menasalbas.	45183	Ventas de Retamosa (Las).
45008	Aldea en Cabo.	45099	Méntrida.	45184	Ventas de San Julián (Las).
45009	Aldeanueva de Barbarroya.	45100	Mesegar de Tajo.	45189	Villamiel de Toledo.
45010	Aldeanueva de San Bartolomé.	45102	Mocejón.	45191	Villamuelas.
45011	Almendral de la Cañada.	45103	Mohedas de la Jara.	45194	Villarejo de Montalbán.
45012	Almonacid de Toledo.	45104	Montearagón.	45196	Villaseca de la Sagra.
45013	Almorox.	45105	Montesclaros.	45204	Yunclillos.
45014	Añover de Tajo.	45108	Nava de Ricomalillo (La).	45901	Santo Domingo-Caudilla.

Área geográfica n.º 71
Valencia

Cód. INE	Nombre municipio	Cód. INE	Nombre municipio	Cód. INE	Nombre municipio
02077	Villa de Ves.	46079	Calles.	46176	Montroi/Montroy.
02079	Villamalea.	46080	Camporrobles.	46177	Museros.
02082	Villatoya.	46081	Canals.	46178	Nàquera/Náquera.
02013	Balsa de Ves.	46083	Carcaixent.	46179	Navarrés.
02023	Casas de Ves.	46084	Càrcer.	46180	Novetlè.
03003	Agres.	46085	Carlet.	46181	Oliva.
03010	Alfafara.	46086	Carrícola.	46182	Olocau.

Cód. INE	Nombre municipio	Cód. INE	Nombre municipio	Cód. INE	Nombre municipio
12012	Altura.	46089	Casinos.	46183	Olleria (l').
12024	Benafer.	46090	Castelló de Rugat.	46184	Ontinyent.
12039	Castellnovo.	46091	Castellonet de la Conquesta.	46185	Otos.
12043	Caudiel.	46093	Catadau.	46186	Paiporta.
12067	Geldo.	46094	Catarroja.	46187	Palma de Gandía.
12071	Jérica.	46095	Caudete de las Fuentes.	46188	Palmera.
12081	Navajas.	46096	Cerdà.	46189	Palomar (el).
12104	Segorbe.	46097	Cofrentes.	46190	Paterna.
12106	Soneja.	46098	Corbera.	46191	Pedralba.
12107	Sot de Ferrer.	46099	Cortes de Pallás.	46193	Picanya.
12140	Viver.	46100	Cotes.	46194	Picassent.
46002	Ador.	46102	Quart de Poblet.	46195	Piles.
46003	Atzeneta d'Albaida.	46104	Quatretonda.	46196	Pinet.
46004	Agullent.	46105	Cullera.	46197	Polinyà de Xúquer.
46005	Alaquàs.	46106	Chelva.	46198	Potries.
46006	Albaida.	46107	Chella.	46199	Pobla de Farnals (la).
46007	Albal.	46108	Chera.	46200	Pobla del Duc (la).
46008	Albalat de la Ribera.	46109	Cheste.	46202	Pobla de Vallbona (la).
46009	Albalat dels Sorells.	46110	Xirivella.	46203	Pobla Llarga (la).
46011	Alberic.	46111	Chiva.	46204	Puig de Santa Maria, el.
46012	Alborache.	46112	Chulilla.	46205	Puçol.
46013	Alboraia/Alboraya.	46113	Daimús.	46206	Quesa.
46014	Albuixech.	46114	Domeño.	46207	Rafelbunyol.
46015	Alcàsser.	46115	Dos Aguas.	46208	Rafelcofer.
46016	Alcàntera de Xúquer.	46116	Eliana (l').	46209	Rafelguaraf.
46017	Alzira.	46117	Emperador.	46210	Ráfol de Salem.
46018	Alcublas.	46118	Enguera.	46211	Real de Gandia, el.
46019	Alcúdia (l').	46119	Énova, l'.	46212	Real.
46020	Alcúdia de Crespins (l').	46121	Estubeny.	46213	Requena.
46021	Aldaia.	46123	Favara.	46214	Riba-roja de Túria.
46022	Alfafar.	46125	Fortaleny.	46215	Riola.
46023	Alfauir.	46126	Foios.	46216	Rocafort.

Cód. INE	Nombre municipio	Cód. INE	Nombre municipio	Cód. INE	Nombre municipio
46025	Alfara del Patriarca.	46127	Font d'en Carròs, la.	46217	Rotglà i Corberà.
46026	Alfarb.	46129	Fuenterrobles.	46218	Ròtova.
46027	Alfarrasí.	46130	Gavarda.	46219	Rugat.
46029	Algemesí.	46131	Gandia.	46221	Salem.
46031	Alginet.	46132	Genovés, el.	46222	Sant Joanet.
46032	Almàssera.	46133	Gestalgar.	46223	Sedaví.
46033	Almiserà.	46135	Godella.	46224	Segart.
46034	Almoines.	46136	Godelleta.	46225	Sellent.
46035	Almussafes.	46137	Granja de la Costera (la).	46226	Sempere.
46037	Alqueria de la Comtessa (l').	46138	Guadasséquies.	46227	Senyera.
46038	Andilla.	46139	Guadassuar.	46228	Serra.
46039	Anna.	46140	Guardamar de la Safor.	46229	Siete Aguas.
46040	Antella.	46141	Higueruelas.	46230	Silla.
46042	Aielo de Malferit.	46142	Jalance.	46231	Simat de la Valldigna.
46043	Aielo de Rugat.	46143	Xeraco.	46232	Sinarcas.
46044	Ayora.	46144	Jarafuel.	46233	Sollana.
46045	Barxeta.	46145	Xàtiva.	46234	Sot de Chera.
46046	Barx.	46146	Xeresa.	46235	Sueca.
46047	Bèlgida.	46147	Llíria.	46236	Sumacàrcer.
46048	Bellreguard.	46148	Loriguilla.	46237	Tavernes Blanques.
46049	Bellús.	46149	Losa del Obispo.	46238	Tavernes de la Valldigna.
46050	Benagéber.	46150	Llutxent.	46239	Teresa de Cofrentes.
46051	Benaguasil.	46151	Llocnou d'En Fenollet.	46240	Terrateig.
46053	Beneixida.	46152	Llocnou de la Corona.	46241	Titaguas.
46054	Benetússer.	46153	Llocnou de Sant Jeroni.	46243	Torrella.
46055	Beniarjó.	46154	Llanera de Ranes.	46244	Torrent.
46056	Beniatjar.	46155	Llaurí.	46246	Tous.
46057	Benicolet.	46156	Llombai.	46247	Tuéjar.
46059	Benifairó de la Valldigna.	46157	Llosa de Ranes (la).	46248	Turís.
46060	Benifaió.	46158	Macastre.	46249	Utiel.
46061	Beniflá.	46159	Manises.	46250	València.
46062	Benigànim.	46160	Manuel.	46251	Vallada.

Cód. INE	Nombre municipio	Cód. INE	Nombre municipio	Cód. INE	Nombre municipio
46063	Benimodo.	46161	Marines.	46253	Vallés.
46064	Benimuslem.	46162	Massalavés.	46254	Venta del Moro.
46065	Beniparrell.	46163	Massalfassar.	46255	Vilallonga/Villalonga.
46066	Benirredrà.	46164	Massamagrell.	46256	Vilamarxant.
46067	Benissanó.	46165	Massanassa.	46257	Castelló.
46068	Benissoda.	46166	Meliana.	46258	Villar del Arzobispo.
46069	Benissuera.	46167	Millares.	46259	Villargordo del Cabriel.
46070	Bétera.	46168	Miramar.	46260	Vinalesa.
46071	Bicorp.	46169	Mislata.	46261	Yátova.
46073	Bolbaite.	46170	Moixent/Mogente.	46263	Zarra.
46074	Bonrepòs i Mirambell.	46171	Montcada/Moncada.	46902	Gátova.
46075	Bufali.	46172	Montserrat.	46903	San Antonio de Benagéber.
46076	Bugarra.	46173	Montaverner.	46904	Benicull de Xúquer.
46077	Buñol.	46174	Montesa.		
46078	Burjassot.	46175	Montitxelvo/Montichelvo.		

Área geográfica n.°72
Valladolid

Cód. INE	Nombre municipio	Cód. INE	Nombre municipio	Cód. INE	Nombre municipio
05001	Adanero.	05235	Sinlabajos.	47100	Muriel.
05005	Albornos.	05237	Solana de Rioalmar.	47101	Nava del Rey.
05008	Aldeaseca.	05242	Tiñosillos.	47102	Nueva Villa de las Torres.
05016	Arévalo.	05253	Vega de Santa María.	47104	Olmedo.
05017	Aveinte.	05254	Velayos.	47105	Olmos de Esgueva.
05023	Barromán.	05258	Villanueva de Gómez.	47110	Parrilla (La).
05026	Bercial de Zapardiel.	05259	Villanueva del Aceral.	47111	Pedraja de Portillo (La).
05027	Berlanas (Las).	05264	Viñegra de Moraña.	47112	Pedrajas de San Esteban.
05029	Bernuy-Zapardiel.	05265	Vita.	47115	Peñaflor de Hornija.
05033	Blascomillán.	37031	Arabayona de Mógica.	47117	Piña de Esgueva.
05034	Blasconuño de Matacabras.	37077	Campo de Peñaranda (El).	47121	Pollos.
05035	Blascosancho.	37081	Cantalapiedra.	47122	Portillo.

Cód. INE	Nombre municipio	Cód. INE	Nombre municipio	Cód. INE	Nombre municipio
05036	Bohodón (El).	37082	Cantalpino.	47123	Pozal de Gallinas.
05039	Brabos.	37128	Espino de la Orbada.	47124	Pozaldez.
05042	Cabezas de Alambre.	37179	Mancera de Abajo.	47126	Puras.
05043	Cabezas del Pozo.	37228	Palaciosrubios.	47130	Quintanilla de Trigueros.
05045	Cabizuela.	37232	Paradinas de San Juan.	47132	Ramiro.
05046	Canales.	37256	Poveda de las Cintas.	47133	Renedo de Esgueva.
05048	Cantiveros.	37265	Rágama.	47135	Robladillo.
05056	Castellanos de Zapardiel.	37276	Salmoral.	47138	Rubí de Bracamonte.
05060	Cisla.	37317	Tarazona de Guareña.	47139	Rueda.
05062	Collado de Contreras.	37351	Villaflores.	47141	Salvador de Zapardiel.
05064	Constanzana.	37382	Zorita de la Frontera.	47142	San Cebrián de Mazote.
05065	Crespos.	47001	Adalia.	47144	San Martín de Valvení.
05067	Chamartín.	47002	Aguasal.	47145	San Miguel del Arroyo.
05069	Dorjimeno.	47004	Alaejos.	47146	San Miguel del Pino.
05070	Dorvidas.	47005	Alcazarén.	47147	San Pablo de la Moraleja.
05072	Espinosa de los Caballeros.	47006	Aldea de San Miguel.	47149	San Pelayo.
05073	Flores de Ávila.	47007	Aldeamayor de San Martín.	47151	San Salvador.
05074	Fontiveros.	47008	Almenara de Adaja.	47154	Santibáñez de Valcorba.
05077	Fuente el Saúz.	47010	Arroyo de la Encomienda.	47155	Santovenia de Pisuerga.
05078	Fuentes de Año.	47011	Ataquines.	47156	San Vicente del Palacio.
05086	Gimialcón.	47014	Barruelo del Valle.	47157	Sardón de Duero.
05087	Gotarrendura.	47017	Bercero.	47158	Seca (La).
05088	Grandes y San Martín.	47018	Berceruelo.	47159	Serrada.
05090	Gutierre-Muñoz.	47020	Bobadilla del Campo.	47160	Siete Iglesias de Trabancos.
05092	Hernansancho.	47021	Bocigas.	47161	Simancas.
05094	Herreros de Suso.	47023	Boecillo.	47164	Tordehumos.
05099	Horcajo de las Torres.	47025	Brahojos de Medina.	47165	Tordesillas.
05109	Langa.	47027	Cabezón de Pisuerga.	47166	Torrecilla de la Abadesa.
05114	Madrigal de las Altas Torres.	47031	Campillo (El).	47167	Torrecilla de la Orden.

Cód. INE	Nombre municipio	Cód. INE	Nombre municipio	Cód. INE	Nombre municipio
05115	Maello.	47032	Camporredondo.	47168	Torrecilla de la Torre.
05117	Mamblas.	47035	Carpio.	47171	Torrelobatón.
05118	Mancera de Arriba.	47037	Castrejón de Trabancos.	47173	Traspinedo.
05128	Mingorría.	47041	Castrodeza.	47174	Trigueros del Valle.
05133	Monsalupe.	47043	Castromonte.	47175	Tudela de Duero.
05134	Moraleja de Matacabras.	47044	Castronuevo de Esgueva.	47178	Urueña.
05136	Muñico.	47049	Cervillego de la Cruz.	47182	Valdestillas.
05139	Muñogrande.	47050	Cigales.	47185	Valverde de Campos.
05140	Muñomer del Peco.	47051	Ciguñuela.	47186	Valladolid.
05142	Muñosancho.	47052	Cistérniga.	47188	Vega de Valdetronco.
05147	Narros del Castillo.	47053	Cogeces de Íscar.	47189	Velascálvaro.
05149	Narros de Saldueña.	47055	Corcos.	47190	Velilla.
05152	Nava de Arévalo.	47061	Esguevillas de Esgueva.	47191	Velliza.
05174	Orbita.	47065	Fresno el Viejo.	47192	Ventosa de la Cuesta.
05175	Oso (El).	47066	Fuensaldaña.	47193	Viana de Cega.
05177	Pajares de Adaja.	47067	Fuente el Sol.	47195	Villabáñez.
05178	Palacios de Goda.	47068	Fuente-Olmedo.	47197	Villabrágima.
05179	Papatrigo.	47069	Gallegos de Hornija.	47207	Villagarcía de Campos.
05180	Parral (El).	47071	Geria.	47210	Villalar de los Comuneros.
05183	Pedro-Rodríguez.	47074	Hornillos de Eresma.	47212	Villalba de los Alcores.
05185	Peñalba de Ávila.	47075	Íscar.	47213	Villalbarba.
05190	Pozanco.	47076	Laguna de Duero.	47216	Villán de Tordesillas.
05193	Rasueros.	47078	Lomoviejo.	47217	Villanubla.
05194	Riocabado.	47079	Llano de Olmedo.	47218	Villanueva de Duero.
05196	Rivilla de Barajas.	47081	Marzales.	47221	Villanueva de los Infantes.
05198	Salvadiós.	47082	Matapozuelos.	47223	Villardefrades.
05204	Sanchidrián.	47083	Matilla de los Caños.	47224	Villarmentero de Esgueva.
05208	San Esteban de Zapardiel.	47085	Medina del Campo.	47225	Villasexmir.
05209	San García de Ingelmos.	47087	Megeces.	47226	Villavaquerín.
05210	San Juan de la Encinilla.	47090	Mojados.	47227	Villavellid.
05219	San Pascual.	47092	Montealegre de Campos.	47228	Villaverde de Medina.
05220	San Pedro del Arroyo.	47093	Montemayor de Pililla.	47230	Wamba.

Cód. INE	Nombre municipio	Cód. INE	Nombre municipio	Cód. INE	Nombre municipio
05229	Santo Domingo de las Posacas.	47095	Moraleja de las Panaderas.	47231	Zaratán.
05230	Santo Tomé de Zabarcos.	47097	Mota del Marqués.	47232	Zarza (La)
05231	San Vicente de Arévalo.	47098	Mucientes.		
05234	Sigeres.	47099	Mudarra (La).		

Área geográfica n.º 73
Zamora

Cód. INE	Nombre municipio	Cód. INE	Nombre municipio	Cód. INE	Nombre municipio
24172	Truches.	49076	Fresno de la Ribera.	49175	Revellinos.
47003	Aguilar de Campos.	49077	Fresno de Sayago.	49176	Riofrío de Al ste.
47013	Barcial de la Loma.	49079	Fuente Encalada.	49178	Roales.
47016	Benafarces.	49080	Fuentelapeña.	49184	Samir de los Caños.
47029	Cabreros del Monte.	49081	Fuentesaúco.	49185	San Agustín del Pozo.
47036	Casasola de Arión.	49083	Fuentesecas.	49186	San Cebrián de Castro.
47042	Castromembibre.	49084	Fuentespreadas.	49188	San Esteban del Molar.
47045	Castronuño.	49086	Gallegos del Pan.	49190	San Martín de Valderaduey.
47096	Morales de Campos.	49087	Gallegos del Río.	49191	San Miguel de la Ribera.
47113	Pedrosa del Rey.	49088	Gamones.	49193	San Pedro de Ceque.
47125	Pozuelo de la Orden.	49090	Gema.	49194	San Pedro de la Nave-Almendra.
47128	Quintanilla del Molar.	49091	Granja de Moreruela.	49197	Santa Clara de Avedillo.
47148	San Pedro de Latarce.	49092	Granucillo.	49199	Santa Colomba de las Monjas.
47150	San Román de Hornija.	49093	Guarrate.	49200	Santa Cristina de la Polvorosa.
47152	Santa Eufemia del Arroyo.	49095	Hiniesta, La.	49201	Santa Croya de Tera.
47163	Tiedra	49096	Jambrina.	49202	Santa Eufemia del Barco.
47204	Villafranca de Duero.	49097	Justel.	49205	Santibáñez de Tera.
47205	Villafrechós.	49098	Losacino.	49207	Santovenia.
47215	Villamuriel de Campos.	49099	Losacio.	49208	San Vicente de la Cabeza.
47220	Villanueva de los Caballeros.	49101	Luelmo.	49209	San Vitero.
49002	Abezames.	49102	Maderal, El.	49210	Sanzoles.
49003	Alcañices.	49103	Madridanos.	49214	Tábara.

Cód. INE	Nombre municipio	Cód. INE	Nombre municipio	Cód. INE	Nombre municipio
49006	Algodre.	49104	Mahide.	49216	Tapioles.
49007	Almaraz de Duero.	49107	Malva.	49219	Toro.
49008	Almeida de Sayago.	49108	Manganeses de la Lampreana.	49220	Torre del Valle, La.
49009	Andavías.	49109	Manganeses de la Polvorosa.	49221	Torregamones.
49010	Arcenillas.	49111	Manzanal del Barco.	49222	Torres del Carrizal.
49011	Arcos de la Polvorosa.	49114	Matilla la Seca.	49225	Uña de Quintana.
49012	Argañín.	49115	Mayalde.	49226	Vadillo de la Guareña.
49013	Argujillo.	49116	Melgar de Tera.	49227	Valcabado.
49014	Arquillinos.	49118	Milles de la Polvorosa.	49228	Valdefinjas.
49016	Aspariegos.	49119	Molacillos.	49230	Vallesa de la Guareña.
49018	Ayoó de Vidriales.	49120	Molezuelas de la Carballeda.	49231	Vega de Tera.
49019	Barcial del Barco.	49121	Mombuey.	49232	Vega de Villalobos.
49020	Belver de los Montes.	49122	Monfarracinos.	49233	Vegalatrave.
49021	Benavente.	49123	Montamarta.	49234	Venialbo.
49022	Benegiles.	49124	Moral de Sayago.	49235	Vezdemarbán.
49023	Bermillo de Sayago.	49125	Moraleja del Vino.	49236	Vidayanes.
49024	Bóveda de Toro, La.	49127	Morales del Vino.	49237	Videmala.
49028	Brime de Urz.	49129	Morales de Toro.	49238	Villabrázaro.
49030	Bustillo del Oro.	49131	Moralina.	49239	Villabuena del Puente.
49031	Cabañas de Sayago.	49132	Moreruela de los Infanzones.	49241	Villaescusa.
49032	Calzadilla de Tera.	49133	Moreruela de Tábara.	49242	Villafáfila.
49033	Camarzana de Tera.	49134	Muelas de los Caballeros.	49244	Villageriz.
49034	Cañizal.	49135	Muelas del Pan.	49245	Villalazán.
49035	Cañizo.	49138	Olmillos de Castro.	49246	Villalba de la Lampreana.
49036	Carbajales de Alba.	49139	Otero de Bodas.	49247	Villalcampo.
49038	Casaseca de Campeán.	49141	Pajares de la Lampreana.	49248	Villalobos.
49039	Casaseca de las Chanas.	49142	Palacios del Pan.	49249	Villalonso.
49040	Castrillo de la Guareña.	49146	Pego, El.	49250	Villalpando.
49041	Castrogonzalo.	49147	Peleagonzalo.	49251	Villalube.
49042	Castronuevo.	49148	Peleas de Abajo.	49252	Villamayor de Campos.

Cód. INE	Nombre municipio	Cód. INE	Nombre municipio	Cód. INE	Nombre municipio
49043	Castroverde de Campos.	49149	Peñausende.	49255	Villamor de los Escuderos.
49044	Cazurra.	49151	Perdigón, El.	49256	Villanázar.
49046	Cerecinos de Campos.	49152	Pereruela.	49257	Villanueva de Azoague.
49047	Cerecinos del Carrizal.	49153	Perilla de Castro.	49258	Villanueva de Campeán.
49053	Coreses.	49155	Piedrahita de Castro.	49259	Villanueva de las Peras.
49054	Corrales del Vino.	49156	Pinilla de Toro.	49260	Villanueva del Campo.
49055	Cotanes del Monte.	49158	Piñero, El.	49261	Villaralbo.
49056	Cubillos.	49159	Pobladura del Valle.	49262	Villardeciervos.
49057	Cubo de Benavente.	49160	Pobladura de Valderaduey.	49263	Villar de Fallaves.
49059	Cuelgamures.	49163	Pozoantiguo.	49265	Villardiegua de la Ribera.
49061	Entrala.	49164	Pozuelo de Tábara.	49266	Villárdiga.
49063	Faramontanos de Tábara.	49165	Prado.	49267	Villardondiego.
49064	Fariza.	49168	Quintanilla del Monte.	49268	Villarrín de Campos.
49066	Ferreras de Abajo.	49169	Quintanilla del Olmo.	49269	Villaseco del Pan.
49067	Ferreras de Arriba.	49170	Quintanilla de Urz.	49270	Villavendimio.
49068	Ferreruela.	49171	Quiruelas de Vidriales.	49273	Viñas.
49069	Figueruela de Arriba.	49172	Rabanales.	49275	Zamora.
49071	Fonfría.	49173	Rábano de Aliste.		

Área geográfica n.º 74
Zaragoza Norte

Cód. INE	Nombre municipio	Cód. INE	Nombre municipio	Cód. INE	Nombre municipio
22149	Loarre.	50099	Épila.	50206	Perdiguera.
44032	Bádenas.	50100	Erla.	50208	Pina de Ebro.
44164	Nogueras.	50104	Farlete.	50209	Pinseque
44208	Santa Cruz de Nogueras.	50107	Figueruelas.	50211	Plasencia de Jalón.
50005	Aguilón.	50108	Fombuena.	50212	Pleitas.
50007	Aladrén.	50113	Fuendejalón.	50216	Pozuelo de Aragón.
50008	Alagón.	50115	Fuentes de Ebro.	50217	Pradilla de Ebro.
50012	Alborge.	50119	Gelsa.	50219	Puebla de Alfindén (La).

Cód. INE	Nombre municipio	Cód. INE	Nombre municipio	Cód. INE	Nombre municipio
50013	Alcalá de Ebro.	50121	Gotor.	50221	Purujosa.
50017	Alfajarín.	50123	Grisén.	50222	Quinto.
50018	Alfamén.	50124	Herrera de los Navarros.	50223	Remolinos.
50019	Alforque.	50126	Illueca.	50225	Ricla.
50022	Almolda (La).	50130	Jarque de Moncayo.	50228	Rueda de Jalón.
50024	Almonacid de la Sierra.	50131	Jaulín.	50231	Salillas de Jalón.
50025	Almunia de Doña Godina (La).	50132	Joyosa (La).	50235	San Mateo de Gállego.
50026	Alpartir.	50137	Leciñena.	50240	Sástago.
50032	Arándiga.	50143	Longares.	50247	Sobradiel.
50036	Asín.	50146	Lucena de Jalón.	50249	Tabuenca.
50043	Bárboles.	50147	Luceni.	50250	Talamantes.
50044	Bardallur.	50148	Luesia.	50252	Tauste.
50051	Biota.	50149	Luesma.	50254	Tierga.
50053	Boquiñeni.	50150	Lumpiaque.	50262	Torres de Berrellén.
50056	Botorrita.	50163	María de Huerva.	50264	Tosos.
50057	Brea de Aragón.	50166	Mesones de Isuela.	50269	Urrea de Jalón.
50062	Burgo de Ebro (El).	50167	Mezalocha.	50272	Utebo.
50064	Cabañas de Ebro.	50170	Monegrillo.	50278	Velilla de Ebro.
50066	Cadrete.	50180	Mozota.	50285	Villafranca de Ebro.
50068	Calatorao.	50181	Muel.	50288	Villanueva de Gállego.
50069	Calcena.	50182	Muela (La).	50290	Villanueva de Huerva.
50073	Cariñena.	50187	Nigüella.	50291	Villar de los Navarros.
50077	Castejón de Valdejasa.	50193	Nuez de Ebro.	50295	Vistabella.
50080	Cerveruela.	50197	Orés.	50297	Zaragoza.
50083	Cinco Olivas.	50198	Oseja.	50298	Zuera.
50089	Cuarte de Huerva.	50199	Osera de Ebro.	50901	Biel.
50093	Chodes.	50200	Paniza.	50903	Villamayor de Gállego.
50095	Ejea de los Caballeros.	50203	Pastriz.		
50098	Encinacorba.	50204	Pedrola.		

Área geográfica n.º 75
Zaragoza Sur

Cód. INE	Nombre municipio	Cód. INE	Nombre municipio	Cód. INE	Nombre municipio
19016	Algar de Mesa.	50048	Berrueco.	50184	Murero.
19122	Fuentelsaz.	50050	Bijuesca.	50188	Nombrevilla.
19183	Milmarcos.	50054	Bordalba.	50192	Nuévalos.
19188	Mochales.	50058	Bubierca.	50194	Olvés.
19204	Orea.	50065	Cabolafuente.	50195	Orcajo.
19324	Villel de Mesa.	50067	Calatayud.	50196	Orera.
44023	Allueva.	50070	Calmarza.	50201	Paracuellos de Jiloca.
44033	Báguena.	50071	Campillo de Aragón.	50202	Paracuellos de la Ribera.
44035	Barrachina.	50072	Carenas.	50214	Pomer.
44036	Bea.	50075	Castejón de Alarba.	50215	Pozuel de Ariza.
44039	Bello.	50076	Castejón de las Armas.	50224	Retascón.
44047	Burbáguena.	50079	Cervera de la Cañada.	50227	Romanos.
44050	Calamocha.	50081	Cetina.	50229	Ruesca.
44065	Castejón de Tornos.	50082	Cimballa.	50236	Santa Cruz de Grío.
44085	Cosa.	50084	Clarés de Ribota.	50239	Santed.
44090	Cucalón.	50086	Codos.	50241	Sabiñán.
44101	Ferreruela de Huerva.	50087	Contamina.	50242	Sediles.
44102	Fonfría.	50088	Cosuenda.	50243	Sestrica.
44132	Lagueruela.	50090	Cubel.	50246	Sisamón.
44133	Lanzuela.	50091	Cuerlas (Las).	50253	Terrer.
44174	Orihuela del Tremedal.	50094	Daroca.	50255	Tobed.
44203	Salcedillo.	50096	Embid de Ariza.	50256	Torralba de los Frailes.
44207	San Martín del Río.	50110	Frasno (El).	50257	Torralba de Ribota.
44219	Tornos.	50116	Fuentes de Jiloca.	50258	Torralbilla.
44220	Torralba de los Sisones.	50117	Gallocanta.	50259	Torrehermosa.
44227	Torre los Negros.	50120	Godojos.	50260	Torrelapaja.
44252	Villahermosa del Campo.	50125	Ibdes.	50263	Torrijo de la Cañada.
50001	Abanto.	50129	Jaraba.	50266	Trasobares.
50002	Acered.	50134	Langa del Castillo.	50271	Used.
50004	Aguarón.	50138	Lechón.	50273	Valdehorna.

Cód. INE	Nombre municipio	Cód. INE	Nombre municipio	Cód. INE	Nombre municipio
50009	Alarba.	50154	Mainar.	50274	Val de San Martín.
50015	Alconchel de Ariza.	50155	Malanquilla.	50277	Valtorres.
50016	Aldehuela de Liestos.	50159	Maluenda.	50279	Velilla de Jiloca.
50020	Alhama de Aragón.	50161	Manchones.	50282	Vilueña (La).
50028	Anento.	50162	Mara.	50283	Villadoz.
50029	Aniñón.	50169	Miedes de Aragón.	50284	Villafeliche.
50031	Aranda de Moncayo.	50172	Monreal de Ariza.	50286	Villalba de Perejil.
50034	Ariza.	50173	Monterde.	50287	Villalengua.
50037	Atea.	50174	Montón.	50289	Villanueva de Jiloca.
50038	Ateca.	50175	Morata de Jalón.	50292	Villarreal de Huerva.
50040	Badules.	50176	Morata de Jiloca.	50293	Villarroya de la Sierra.
50042	Balconchán.	50177	Morés.	50294	Villarroya del Campo.
50046	Belmonte de Gracián.	50178	Moros.		
50047	Berdejo.	50183	Munébrega.		

ANEXO II

Planificación de los múltiples digitales de cobertura estatal y autonómica

Área geográfica	RGE1	RGE2	MPE1	MPE2	MPE3	MPE4	MPE5	MAUT
ÁLAVA.	22	43	36	33	21	27	30	45
ALBACETE.	45	21	46	23	24	28	27	37
ALICANTE.	22	31	42	23	24	36	32	25
ALMERIA NORTE.	22	47	32	41	44	46	35	30
ALMERÍA SUR.	31	47	27	41	44	38	33	30
ASTURIAS.	39	42	35	32	28	27	22	45
ÁVILA.	28	31	47	37	48	30	27	21
BADAJOZ ESTE.	33	32	44	40	25	42	34	28
BADAJOZ OESTE.	36	32	31	24	25	42	34	28
BARCELONA.	31	41	47	27	34	29	23	44
BIZKAIA ESTE.	22	28	36	38	21	27	26	35
BIZKAIA OESTE.	22	28	36	38	21	27	26	35
BURGOS NORTE.	41	37	36	48	31	39	30	24
BURGOS SUR.	45	38	32	48	31	39	30	35
CÁCERES NORTE.	36	40	33	26	25	44	45	46
CÁDIZ ESTE.	22	45	21	27	25	43	32	46
CÁDIZ OESTE.	22	33	21	39	25	42	32	46
CANTABRIA.	25	40	46	32	29	43	47	44
CASTELLÓN.	22	21	46	40	35	48	25	38
CEUTA.	28	45	21	27	25	43	32	37
CIUDAD REAL.	30	21	32	48	25	28	27	43
CÓRDOBA NORTE.	37	21	44	48	41	31	34	29
CÓRDOBA SUR.	22	21	29	23	27	46	47	36
CORUÑA NORTE.	22	42	35	38	28	45	30	25
CORUÑA SUR.	22	42	46	38	28	45	48	40
CUENCA.	42	21	32	48	31	40	44	36

Área geográfica	RGE1	RGE2	MPE1	MPE2	MPE3	MPE4	MPE5	MAUT
EIVISSA.	45	46	27	30	35	48	32	26
EXTREMADURA CENTRO.	36	39	35	26	25	42	45	46
FUERTEVENTURA.	28	36	35	32	34	31	25	30
GIPUZKOA.	22	28	32	31	41	40	44	48
GIRONA.	45	42	38	32	35	29	37	30
GRAN CANARIA NORTE.	28	36	35	32	38	31	25	22
GRAN CANARIA SUR.	28	36	35	32	38	31	25	22
GRANADA ESTE.	22	33	40	41	25	23	31	43
GRANADA OESTE.	22	33	29	41	25	26	47	30
GRANADA SUR.	31	33	29	41	44	38	36	23
GUADALAJARA.	29	43	37	47	31	40	44	28
HUELVA NORTE.	22	45	31	39	25	48	35	26
HUELVA SUR.	40	45	31	41	27	48	35	26
HUESCA.	46	41	44	48	30	42	28	45
JAÉN.	22	39	32	35	25	26	45	42
LANZAROTE.	28	36	35	32	34	31	25	30
LEÓN ESTE.	21	37	26	34	31	44	30	33
LEÓN OESTE.	21	24	26	34	43	27	38	40
LLEIDA NORTE.	39	43	47	32	35	29	37	22
LLEIDA SUR.	31	25	47	32	35	38	28	22
LUGO.	47	41	26	32	28	44	36	31
MADRID.	33	41	32	34	25	26	22	38
MÁLAGA.	24	33	39	42	44	35	47	34
MALLORCA.	45	42	47	30	35	48	32	26
MELILLA.	21	24	27	41	45	38	36	43
MENORCA.	31	21	47	40	35	24	28	26
MURCIA NORTE.	38	33	42	41	44	34	35	29
MURCIA SUR.	38	45	42	39	44	36	35	29
NAVARRA.	29	34	32	37	21	23	47	26
OURENSE.	47	42	26	39	43	35	48	25
PALENCIA.	22	37	26	48	31	39	47	23
PALMA.	27	48	23	29	26	41	43	46

Área geográfica	RGE1	RGE2	MPE1	MPE2	MPE3	MPE4	MPE5	MAUT
PONTEVEDRA.	24	31	46	39	43	45	48	37
RIOJA ESTE.	36	34	32	43	21	25	47	38
RIOJA OESTE.	46	34	32	48	40	25	28	44
SALAMANCA.	22	42	47	39	29	35	45	23
SEGOVIA.	28	38	47	42	44	40	27	24
SEVILLA.	22	45	44	41	38	48	35	37
SORIA.	45	33	22	27	21	42	24	41
TARRAGONA NORTE.	31	37	47	40	35	29	28	24
TARRAGONA SUR.	43	23	47	40	35	29	28	24
TENERIFE.	45	42	23	29	26	34	39	40
TERUEL.	39	41	32	23	30	34	25	26
TOLEDO.	40	31	47	37	25	29	45	23
VALENCIA.	22	31	46	40	43	28	33	29
VALLADOLID.	22	43	26	34	29	40	46	25
ZAMORA.	22	37	26	34	29	35	38	36
ZARAGOZA NORTE.	46	33	22	27	30	42	28	40
ZARAGOZA SUR.	39	33	32	27	30	34	25	38

Notas:

— Las áreas geográficas son las definidas en el anexo I.

— RGE1, RGE2, MPE1, MPE2, MPE3, MPE4, MPE5: múltiples digitales de cobertura estatal. La planificación de frecuencias correspondiente al múltiple RGE1 posibilita la realización de desconexiones territoriales de cobertura autonómica, para lo cual las áreas geográficas identificadas en el anexo I se entienden adaptadas a los límites territoriales de las comunidades autónomas.

— MAUT: múltiple digital de cobertura autonómica. La planificación de frecuencias correspondiente al múltiple MAUT posibilita la realización de desconexiones territoriales de cobertura provincial, para lo cual las áreas geográficas identificadas en el anexo I se entienden adaptadas a los límites territoriales de cobertura autonómica y provincial.

ORDEN ECE/983/2019, DE 26 DE SEPTIEMBRE, POR LA QUE SE REGULAN LAS CARACTERÍSTICAS DE REACCIÓN AL FUEGO DE LOS CABLES DE TELECOMUNICACIONES EN EL INTERIOR DE LAS EDIFICACIONES,

se modifican determinados anexos del reglamento regulador de las infraestructuras comunes de telecomunicaciones para el acceso a los servicios de telecomunicación en el interior de las edificaciones, aprobado por Real Decreto 346/2011, de 11 de marzo y se modifica la orden ITC/1644/2011, de 10 de junio, por la que se desarrolla dicho reglamento

El Reglamento (UE) N.º 305/2011 del Parlamento Europeo y del Consejo de 9 de marzo de 2011, por el que se establecen condiciones armonizadas para la comercialización de productos de construcción y se deroga la Directiva 89/106/CEE del Consejo fija condiciones para la introducción en el mercado o comercialización de los productos de construcción, estableciendo reglas armonizadas sobre la forma de expresar las prestaciones de dichos productos en relación con sus características esenciales, y sobre su marcado CE. El referido Reglamento se aplica, entre otros productos, a los cables de telecomunicaciones.

Para desarrollarlo, se publicó el Reglamento delegado (UE) 2016/364 de la Comisión, de 1 de julio de 2015, relativo a la clasificación de las propiedades de reacción al fuego de los productos de construcción de conformidad con el Reglamento (UE) n.º 305/2011, del Parlamento Europeo y del Consejo. Éste dispone que, cuando el uso previsto de un producto sea tal que pueda contribuir a la generación y la propagación de fuego y humo, sus prestaciones en relación con su reacción al fuego se clasificarán conforme a lo establecido en su anexo. En el cuadro 4 del referido Anexo se establecen las clases posibles de reacción al fuego de los cables eléctricos en el ámbito de la Unión Europea.

En la Comunicación de la Comisión 2016/C 209/03 en el marco de la aplicación del Reglamento (UE) n.º 305/2011 del Parlamento Europeo y del Consejo, por el que se establecen condiciones armonizadas para la comercialización de productos de construcción y se deroga la Directiva 89/106/CEE del Consejo, se incluye una referencia a la norma armonizada EN 50575:2014 (y a su Adenda 1) «Cables de energía, control y comunicación. Cables para aplicaciones generales en construcción sujetos a requisitos de reacción al fuego». La Resolución de 21 de junio de 2016, de la Dirección General de Industria y de la Pequeña y Mediana Empresa,, cita la norma UNE-EN 50575:2015 y Adenda 1 (UNE-EN 50575:2015 /A1:2016), que cubre, entre otros, los cables de telecomunicaciones (cobre, coaxial, fibra óptica, etcétera), utilizados en las infraestructuras comunes de telecomunicaciones en el interior de las edificaciones. De este marco normativo se deduce la obligación del marcado CE de los cables de telecomunicaciones que se utilizan en las ICT y en los tramos finales, en relación con su comportamiento de reacción al fuego.

En el ámbito nacional, el Reglamento regulador de las infraestructuras comunes de telecomunicaciones para el acceso a los servicios de telecomunicación en el interior de las edificaciones, aprobado por Real Decreto 346/2011, de 11 de marzo (Reglamento ICT), establece en sus anexos algunos requisitos de comportamiento frente al fuego de los cables de telecomunicaciones, los cuales deben adaptarse a las nuevas clases de reacción al fuego establecidas en el marco regulatorio europeo. Asimismo, es preciso actualizar también otros aspectos técnicos de las ICT contenidos en los anexos, para adaptarlos a los cambios tecnológicos acontecidos en los últimos años.

Asimismo, el artículo 45.4 de la Ley 9/2014, de 9 de mayo, General de Telecomunicaciones regula la instalación de tramos finales de redes fijas de comunicaciones electrónicas de acceso ultrarrápido, teniendo por objeto facilitar el despliegue de tramos finales de redes fijas cableadas de acceso ultrarrápido, tales como las basadas en portadores de fibra óptica o cable coaxial, cuyas características mínimas de comportamiento frente al fuego también deben definirse.

Por último, la Orden ITC/1644/2011, de 10 de junio, por la que se desarrolla el Reglamento regulador de las infraestructuras comunes de telecomunicaciones para el acceso a los servicios de telecomunicación en el interior de las edificaciones, aprobado por Real Decreto 346/2011, de 11 de marzo, necesita ser adaptada en lo relativo a determinados aspectos administrativos de la presentación y ejecución del proyecto técnico, a la luz de la experiencia adquirida desde su entrada en vigor, con miras a agilizar el tratamiento de la documentación presentada a la Administración.

El artículo 45.6 de la Ley 9/2014, de 9 de mayo, establece que el Ministerio de Industria, Turismo y Comercio (actual Ministerio de Economía y Empresa) determinará los aspectos técnicos que deben cumplir los operadores en la instalación de los recursos asociados a las redes fijas de comunicaciones electrónicas de acceso ultrarrápido, así como la obra civil asociada, con el objetivo de reducir molestias y cargas a los ciudadanos, optimizar la instalación de las redes y facilitar su despliegue por los distintos operadores.

La disposición final segunda del Real Decreto 346/2011, de 11 de marzo, autoriza al Ministro de Industria, Turismo y Comercio (actualmente Ministra de Economía y Empresa) para dictar las normas que resulten necesarias para el desarrollo y ejecución de lo establecido en él, así como para modificar, cuando las innovaciones tecnológicas así lo aconsejen, las normas técnicas contenidas en los anexos del Reglamento ICT que este aprobaba.

Esta Orden se adecua a los principios de buena regulación previstos en el artículo 129 de la Ley 39/2015, de 1 de octubre, del Procedimiento Administrativo Común de las Administraciones Públicas (necesidad, eficacia, proporcionalidad, seguridad jurídica, transparencia y eficacia) y ha sido tramitada de conformidad con el artículo 133 de la Ley 39/2015, de 1 de octubre, del Procedimiento Administrativo Común de las Administraciones Públicas. Igualmente, se ha recabado informe de la Comisión Nacional de los Mercados y la Competencia de conformidad con lo establecido en el artículo 5.2.a) de la Ley 3/2013, de 4 de junio, de creación de la Comisión Nacional de los Mercados y la Competencia.

Asimismo, esta orden ha sido sometida al procedimiento de información en materia de normas y reglamentaciones técnicas y de reglamentos relativos a los servicios de la sociedad de la información previsto en la Directiva 2015/1535 del Parlamento Europeo y del Consejo, de 9 de septiembre de 2015, por la que se establece un procedimiento de información en materia de reglamentaciones técnicas y de reglas relativas a los servicios de la sociedad de la información, así como en el Real Decreto 1337/1999, de 31 de julio, por el que se regula la remisión de información en materia de normas y reglamentaciones técnicas y reglamentos relativos a los servicios de la sociedad de la información.

En su virtud, con la aprobación previa de la Ministra de Política Territorial y Función Pública, y de acuerdo con el Consejo de Estado,

DISPONGO:

Artículo 1. *Requisitos mínimos de seguridad frente al fuego de los cables de telecomunicaciones en el interior de los edificios.*

Artículo 2. *Modificación de determinados Anexos del Reglamento regulador de las infraestructuras comunes de telecomunicaciones para el acceso a los servicios de telecomunicación en el interior de las edificaciones, aprobado por Real Decreto 346/2011, de 11 de marzo.*

Los anexos I, II y III del Reglamento regulador de las infraestructuras comunes de telecomunicaciones para el acceso a los servicios de telecomunicación en el interior de las edificaciones, aprobado por Real Decreto 346/2011, de 11 de marzo, quedan modificados como sigue:

1. En el anexo I se incluye la siguiente llamada al pie de la tabla del punto 4.4.2:

    «(*) Los niveles de respuesta para señales de AM-TV se dan a los solos efectos de que puedan tenerse en cuenta como referencia en el caso de que se distribuyan con este tipo modulación señales no obligatorias en la ICT.»

2. En el Anexo II introducen las siguientes modificaciones:

    a) El epígrafe 2.5.1.c) queda redactado del siguiente modo:

        «c) Punto de interconexión de cables de fibra óptica–(Registro principal óptico).

        Para el caso de redes de alimentación de los operadores constituidas por cables de fibra óptica, sus fibras deberán estar terminadas en conectores tipo SC/APC con sus correspondientes adaptadores agrupados en un repartidor de conectores de entrada, que hará las veces de panel de conexión o regleta de entrada.

        Todas las fibras ópticas de la red de distribución del edificio se terminarán en conectores tipo SC/APC con su correspondiente adaptador, agrupados en un panel de conectores de salida común para todos los operadores del servicio.

        La conexión entre el panel común de conectores de salida de la red del edificio y los repartidores de conectores de entrada de los diferentes operadores, se realizará mediante cordones o latiguillos de fibra óptica terminados en ambos extremos en conectores de tipo SC/APC.

        Los repartidores de conectores de entrada de todos los operadores y el panel común de conectores de salida de la red del edificio, estarán situados en el registro principal óptico ubicado en el RITI o RITU. El espacio interior previsto para el registro principal óptico deberá ser suficiente para permitir la instalación de una cantidad de conectores de entrada que sea dos veces la cantidad de conectores de salida que se instalen en el punto de interconexión, así como un espacio adicional para el guiado de los cordones o latiguillos de interconexión y el almacenamiento de la longitud sobrante de cable.»

    b) El segundo párrafo del epígrafe 2.5.3.e) queda redactado del siguiente modo;

        «Asimismo, para que se pueda realizar la certificación entre las regletas de salida del punto de interconexión y todas las bases de acceso de terminal (BAT) de la red interior de usuario de pares trenzados, se instalará en el registro de terminación de red un accesorio multiplexor pasivo de categoría 6 que, por una parte, estará equipado con un latiguillo flexible extraíble y terminado en un conector macho miniatura de ocho vías, enchufado a su vez en un conector o roseta de terminación de una de las líneas de la red de dispersión y, por otra parte, tenga como mínimo tantas bocas hembra miniatura de ocho vías (RJ45) como estancias servidas por la red interior de usuario de pares trenzados. Cuando los operadores vayan a instalar la unidad de terminación de red óptica fuera del registro de terminación de red (RTR), las funciones del accesorio multiplexor pasivo podrán ser asumidas, si fuese necesario para compensar posibles atenuaciones, por un dispositivo activo equivalente instalado en dicho registro que disponga de puertos suficientes para dotar de conectividad a las estancias vivienda.»

c) Se añade al epígrafe 2.5.3 un nuevo párrafo g) con la siguiente redacción:

«g) Red interior de usuario de cable de fibra óptica.

En caso de red de dispersión constituida por cables de fibra óptica, se deberá disponer de una acometida interior de una fibra óptica terminada en conector tipo SC/APC, que permita la continuidad óptica hasta la roseta de fibra óptica o BAT de fibra óptica, con la longitud suficiente para permitir la conexión con cualquiera de los adaptadores tipo SC/APC de la roseta del PAU.»

d) Se añade al epígrafe 2.5.4 un nuevo párrafo c) con la siguiente redacción:

«c) En el caso de cableado de fibra óptica, la fibra se terminará en un BAT de fibra óptica con adaptador de tipo SC/APC.»

e) El párrafo primero del epígrafe 3.1, queda redactado del siguiente modo:

«3.1 PREVISIÓN DE LA DEMANDA.

Con carácter general, los valores indicados en este apartado tendrán la consideración de mínimos de obligado cumplimiento. Las alusiones que se hacen en este apartado a estancias o instalaciones comunes se entenderán excluyendo al ascensor, por tener éste el tratamiento específico que se detalla en el apartado 3.1.5.»

f) Se añade un nuevo epígrafe 3.1.5, con la siguiente redacción:

«3.1.5 Ascensores.

La previsión de la demanda que se haga para los ascensores estará en consonancia con la normativa específica aplicable a este tipo de instalaciones, en particular por razones de seguridad. Para el suministro de servicios adicionales, de cortesía u otros, la previsión de la demanda podrá hacerse libremente.

En cualquier caso, en el cuarto de máquinas de cada ascensor, caja de mecanismos de control o espacio equivalente, se instalará una canalización constituida por un tubo de 25 mm de diámetro que, partiendo del registro principal del RITI (o RITU) y dotado del correspondiente hilo guía, terminará en un registro de toma provisto de tapa ciega. En los paneles de conexión o regleteros de salida situados en los registros principales, para todas las tecnologías que se instalen, se hará la previsión correspondiente para dar servicio a dicha estancia.»

g) El último párrafo del epígrafe 3.3.4.a) queda redactado del siguiente modo:

«En el caso de edificios con una red de distribución/dispersión que dé servicio a un número de PAU inferior o igual a 20, la red de distribución/dispersión podrá realizarse con cables de acometida de dos fibras ópticas directamente desde el punto de distribución ubicado en el registro principal. De él saldrán, en su caso, los cables de acometida que subirán a las plantas para acabar directamente en los PAU.

Para el caso de edificios con una red de distribución/dispersión que dé servicio a un número de PAU superior a 20, la red de distribución/ dispersión podrá realizarse también con cables de acometida de dos fibras ópticas directamente desde el punto de distribución ubicado en el registro principal, siempre y cuando la canalización principal que se diseñe lo permita, y así quede justificado en el proyecto.»

h) El epígrafe 3.5 queda redactado del siguiente modo:

«3.5 DIMENSIONAMIENTO MÍNIMO DE LA RED INTERIOR DE USUARIO.

El apéndice 13 de la presente norma muestra un ejemplo típico de la configuración de la red interior de usuario.

3.5.1 Red de pares trenzados.

a) Viviendas.

En la estancia principal (salón) el número de registros de toma equipados con BAT será de dos como mínimo. En uno de ellos se equipará BAT con dos tomas o conectores hembra alimentados por acometidas de pares trenzados independientes procedentes del PAU, pudiendo ser soportadas por canalizaciones independientes si lo requiere la ubicación elegida de las tomas. Una de éstas deberá situarse a menos de 50 centímetros de la toma de fibra óptica. En el resto de estancias, excluidos baños y trasteros, se dispondrá de registro de toma equipado con BAT. Como mínimo, en otra de las estancias, en el registro de toma, se equipará

BAT con dos tomas o conectores hembra, alimentadas por acometidas de pares trenzados independientes procedentes del PAU, de las mismas características que el indicado para la estancia principal. Cada una de las tomas dobles mencionadas en este párrafo se podrá sustituir por dos tomas simples.

b) Locales u oficinas, cuando esté definida su distribución interior en estancias.

El número de registros de toma será de uno por cada estancia, excluidos baños y trasteros, equipados con BAT con dos tomas o conectores hembra, alimentadas por acometidas de pares trenzados independientes procedentes del PAU.

c) Locales u oficinas, cuando no esté definida su distribución en planta.

No se instalará red interior de usuario. En este caso, el diseño y dimensionamiento de la red interior de usuario, así como su realización futura, será responsabilidad de la propiedad del local u oficina, cuando se ejecute el proyecto de distribución en estancias.

d) Estancias o instalaciones comunes del edificio.

El proyectista definirá el dimensionamiento de la red interior en estas estancias teniendo en cuenta la finalidad de las estancias y las prestaciones previstas para la edificación.

3.5.2   Red de cables coaxiales.

a) Viviendas.

Se instalarán, y alimentarán con el correspondiente cable coaxial desde el PAU, dos registros de toma, equipados con la correspondiente toma, en dos estancias diferentes de la vivienda.

b) Locales.

No se instalará red interior de usuario. En este caso, el diseño y dimensionamiento de la red de cableado coaxial, así como su realización futura, será responsabilidad de la propiedad del local u oficina, cuando se ejecute el proyecto de distribución en estancias.

c) Estancias comunes.

El proyectista definirá el dimensionamiento de la red interior en estas estancias teniendo en cuenta la finalidad de las estancias y las prestaciones previstas para la edificación.

3.5.3   Red de cables de fibra óptica.

En la estancia principal de las viviendas, próxima al registro BAT de pares trenzados con dos tomas, se dispondrá una roseta de fibra óptica o BAT de fibra óptica, terminado con un adaptador SC/APC. Este adaptador estará alimentado con una acometida de fibra óptica que terminará en un conector SC/APC conectado a uno de los adaptadores SC/APC de la roseta de fibra óptica situada en el PAU.»

i) Se añade al epígrafe 5.1.2 un nuevo párrafo c), con la siguiente redacción:

«c) Red de cables de fibra óptica.

El cable de fibra óptica individual para instalación en la red interior de usuario será de 1 fibra óptica. Los cables y las fibras ópticas que incorporan serán iguales a las indicadas en el apartado 5.1.1.d.i) excepto en lo relativo a los elementos de refuerzo, que deberán ser suficientes para garantizar que para una tracción de 450 N no se producen alargamientos permanentes de las fibras ópticas ni aumentos de la atenuación. Su diámetro estará en torno a 4 milímetros y su radio de curvatura mínimo deberá ser 5 veces el diámetro (2 cm).»

j) El epígrafe 5.2.4 queda redactado del siguiente modo:

«5.2.4 Elementos de conexión para la red de cables de fibra óptica.

a) Caja de interconexión de cables de fibra óptica.

La caja de interconexión de cables de fibra óptica estará situada en el RITI o RITU, y constituirá la realización física del punto de interconexión, desarrollando las funciones de registro principal óptico.

La caja de interconexión de cables de fibra óptica estará compuesta por dos zonas o compartimentos:

– Zona o compartimento de salida para terminar la red de fibra óptica del edificio. Esta zona permitirá la colocación en regletas de 24 ó 48 conectores donde se efectuarán las conexiones con las fibras de la red de distribución del edificio, que a su vez deberán estar terminadas en sus correspondientes conectores.

– Zona o compartimento de entrada para terminar las redes de alimentación de los operadores.

En función del número de PAU, se establecen las siguientes particularidades de las cajas de interconexión de cables de fibras óptica:

i. Con carácter general y sin perjuicio de lo recomendado más adelante para instalaciones con un número de PAU mayor de 20:

– Se habilitarán en la caja de interconexión de cables de fibra óptica las zonas o compartimentos de salida necesarios para terminar las fibras de la red del edificio. Esta caja deberá disponer asimismo de los medios necesarios para su instalación en pared.

– Junto a las zonas o compartimentos de salida se dispondrá de espacio suficiente para la habilitación de zonas o compartimentos de entrada independientes para la terminación de las redes de los operadores, dotando a estas ubicaciones con los elementos pasafibras necesarios que permitan enlazar mediante latiguillos de fibra óptica las zonas o compartimentos de entrada de los diferentes operadores con las zonas o compartimentos de salida de la red de fibra óptica de la edificación.

– Para homogeneizar y facilitar la forma de enlazar mediante latiguillos los conectores de salida de la red del edificio y los conectores de entrada de los diferentes operadores, se recomienda que los diferentes tipos de zonas o compartimentos (de entrada y salida) dispongan en su lado derecho de un espacio de salida y paso de cables de fibra óptica, para crear de este modo un canal de guiado común entre las diferentes zonas o compartimentos, solo en el caso de ser instalados de forma apilada en vertical.

ii. En el caso de instalaciones con un número de PAU mayor de 20:

– Se recomienda que la caja de interconexión de cables de fibra óptica sea un armario tipo rack 19» o con perfiles normalizados ETSI, con unas dimensiones de 600 mm de ancho x 300 mm de fondo (mínimo), en el que terminen tanto la red del edificio como las redes de los operadores.

– Dicho armario tipo rack permitirá la fijación de bandejas extraíbles con disposición frontal del panel de conectores (SC/APC). En el interior de las bandejas se dispondrá de los elementos necesarios para la terminación de forma independiente de las fibras de la red de distribución del edificio o de la red de los diferentes operadores, según proceda.

– Como norma general, se recomienda que se sitúen en la parte superior del armario tipo rack las bandejas necesarias para finalizar en conectores SC/APC, en el panel de adaptadores frontal de las bandejas, todas las fibras ópticas de la red de distribución del edificio, dejando la parte inferior libre para la fijación de bandejas para la terminación de las redes de los operadores.

– Adicionalmente, en el armario tipo rack se dispondrá espacio suficiente para permitir la instalación de elementos de guiado, almacenamiento y gestión de los latiguillos que conectarán los conectores de salida de la red del edificio, con los conectores de entrada de las redes de los operadores, que podrán materializarse en forma de guía-hilos o bandejas fijadas al armario tipo rack para recoger el sobrante de cable de los latiguillos de interconexión.

- Se recomienda reservar dentro del armario tipo rack un espacio en altura para los elementos de guiado, almacenamiento y gestión de cordones, equivalente al utilizado por los paneles de terminación de conectores de la red de fibra óptica de la edificación.

- En el caso que no sea posible implementar las funciones de registro principal óptico mediante un único armario tipo rack, se deberán situar los conectores de entrada de todos los operadores tan cerca como sea posible del panel de conectores de salida de la red del edificio, siendo necesaria la instalación de elementos de guiado, tales como canaletas o similares, que permitan la comunicación de ambos elementos mediante latiguillos de interconexión.

iii. Para todos los casos:

- Las cajas de interconexión de cables de fibra óptica deberán haber superado las pruebas de frío, calor seco, ciclos de temperatura, humedad y niebla salina, de acuerdo a la parte correspondiente de la familia de normas UNE-EN 60068-2-2:2008 (Ensayos ambientales. Parte 2-2: ensayos).

- Si las cajas son de material plástico, deberán cumplir la prueba de autoextinguibilidad y haber superado las pruebas de resistencia frente a líquidos y polvo de acuerdo a las normas UNE-EN 60529:2018 [Grados de protección proporcionados por las envolventes (Código IP)], donde el grado de protección exigido será IP30 para interior o IP54 para exterior. También, deberán haber superado la prueba de impacto de acuerdo a la norma UNE-EN 50102:1996 [Grados de protección proporcionados por las envolventes de materiales eléctricos contra los impactos mecánicos externos (código IK)], donde el grado de protección exigido será IK7 (interior o exterior).

- Las cajas deberán haber superado las pruebas de carga estática, flexión, carga axial en cables, vibración, torsión y durabilidad, de acuerdo con la parte correspondiente en vigor de la familia de normas UNE-EN 61300-2 (Dispositivos de interconexión de fibra óptica y componentes pasivos - Ensayos básicos y procedimientos de medida. Parte 2: ensayos).

b) Caja de segregación de cables de fibra óptica.

La caja de segregación de fibras ópticas estará situada en los registros secundarios, y constituirá la realización física del punto de distribución óptico. Las cajas de segregación podrán ser de interior (para 4 u 8 fibras ópticas) o de exterior (para 4 fibras ópticas), para el caso de ICT para conjuntos de viviendas unifamiliares.

Las cajas deberán haber superado las mismas pruebas de frío, calor seco, ciclos de temperatura, humedad y niebla salina, de autoextinguibilidad, de resistencia frente a líquidos y polvo, grado de protección, y de pruebas de carga estática, impacto, flexión, carga axial en cables, vibración, torsión y durabilidad, de la misma forma que se ha descrito en el apartado 5.2.4.a).

Todos los elementos de la caja de segregación estarán diseñados de forma que se garantice un radio de curvatura mínimo de 15 milímetros en el recorrido de la fibra óptica dentro de la caja.

c) Roseta de fibra óptica.

Las rosetas deberán haber superado las mismas pruebas de frío, calor seco, ciclos de temperatura, humedad y niebla salina, de autoextinguibilidad, de resistencia frente a líquidos y polvo, y de pruebas de carga estática, impacto, flexión, carga axial en cables, vibración, torsión y durabilidad, de la misma forma que se ha descrito en el apartado 5.2.4.a).

Cuando la roseta óptica esté equipada con un rabillo para ser empalmado a las acometidas de fibra óptica de la red de distribución, el rabillo con conector que se vaya a posicionar en el PAU será de fibra óptica optimizada frente a curvaturas, del tipo G.657, categoría A2 o B3, y el empalme y los bucles de las fibras ópticas irán alojados en una caja. Todos los elementos de la caja estarán diseñados de forma que se garantice un radio de curvatura mínimo de 20 milímetros en el recorrido de la fibra óptica dentro de la caja.

La caja de la roseta óptica estará diseñada para alojar dos conectores ópticos, como mínimo, con sus correspondientes adaptadores.

d) Conectores para cables de fibra óptica.

Los conectores para cables de fibra óptica serán de tipo SC/APC con su correspondiente adaptador, para ser instalados en los paneles de conexión preinstalados en el punto de interconexión del registro principal óptico y en la roseta óptica del PAU, donde irán equipados con los correspondientes adaptadores. Las características de los conectores ópticos responderán al proyecto de norma UNE-EN 50377-4-2:2015 (Conjuntos de conectores y componentes de interconexión para ser utilizados en los sistemas de comunicación por fibra óptica).

Las características ópticas de los conectores ópticos, en relación con la familia de normas UNE-EN 61300-2 (Dispositivos de interconexión de fibra óptica y componentes pasivos-Ensayos básicos y procedimientos de medida. Parte 2: ensayos), serán las siguientes:

Ensayo	Método de ensayo (Inspecciones y medidas)	Requisitos
Atenuación (At) frente a conector de referencia.	UNE-EN 61300-3-4:2014 método B.	media ≤ 0,30 dB máxima ≤ 0,50 dB
Atenuación (At) de una conexión aleatoria.	UNE-EN 61300-3-34:2009.	media ≤ 0,30 dB máxima ≤ 0,60 dB
Pérdida de Retorno (PR).	UNE-EN 61300-3-6:2009 método 1.	APC ≤ 60 dB»

3.   En el Anexo III se introducen las siguientes modificaciones:

a)   El epígrafe 4.5.3 queda redactado del siguiente modo:

«4.5.3   Recinto único (RITU).

i. Para el caso de edificios o conjuntos inmobiliarios de hasta tres alturas y planta baja y un máximo de dieciséis PAU, y para conjuntos de viviendas unifamiliares (sin limitación en el n.º de PAU), se establece la posibilidad de construir un único recinto de instalaciones de telecomunicación (RITU), que acumule la funcionalidad de los dos descritos anteriormente (RITI y RITS).

ii. Para edificios o conjuntos inmobiliarios de más de tres alturas y planta baja y un máximo de 16 PAU, y para aquéllos que dispongan entre 17 y 30 PAU, sin limitación en el n.º de alturas, se establece la posibilidad de construir un único recinto de instalaciones de telecomunicación ampliado (RITU-A), siempre que tenga una anchura accesible que sea el doble que la que correspondería a uno de los recintos a los que sustituye, manteniendo el resto de dimensiones, y que esté situado donde lo estaría cualquiera de ellos.»

b) El epígrafe 5.5.1 queda redactado del siguiente modo:

«5.5.1   Dimensiones de los RIT.

Los recintos de instalaciones de telecomunicación tendrán las dimensiones mínimas siguientes, y deberá ser accesible toda su anchura:

N.º de PAU	Altura (mm)	Anchura (mm)	Profundidad (mm)
Hasta 20	2.000	1.000	500
De 21 a 45	2.000	1.500	500
De 46 a 74	2.300	2.000	1.000
Más de 74	2.300	2.000	2.000

En el caso de RITU, las medidas mínimas serán:

N.º de PAU	Altura (mm)	Anchura (mm)	Profundidad (mm)
Hasta 5 (*)	1.000	500	300
Hasta 5 (**)	1.000	1.000	500
De 6 a 16	2.000	1.000	500
De 17 a 30	2.000	1.500	1.000
Más de 30	2.000	2.000	1.500

(*) Edificios sin zonas comunes.

(**) Edificios con zonas comunes.

En el caso de RITU-A, las medidas mínimas serán:

N.º de PAU	Altura (mm)	Anchura (mm)	Profundidad (mm)
Hasta 16 (*)	2.000	2.000	500
De 17 a 20 (**)	2.000	2.000	500
De 21 a 30 (**)	2.000	3.000	500

(*) Edificios con planta baja y más de tres alturas.

(**) Edificios de cualquier altura.

En todo caso, las dimensiones de anchura y altura de los recintos podrán ser modificadas a criterio del proyectista, siempre que la superficie accesible y la profundidad mínima se mantengan.»

c) El epígrafe 5.6.4 queda redactado del siguiente modo:

«5.6.4   Registro principal para cables de fibra óptica.

El registro principal de cables de fibra óptica contará con el espacio suficiente para alojar el repartidor de conectores de entrada, que hará las veces de panel de conexión y el panel de conectores de salida. El espacio interior previsto para el registro principal óptico deberá ser suficiente para permitir la instalación de una cantidad de conectores de entrada que sea dos veces la cantidad de conectores de salida que se instalen en el punto de interconexión. A su vez, se deberá disponer de espacio suficiente para permitir la instalación de elementos de almacenamiento de la longitud sobrante de los latiguillos de interconexión.»

d) El epígrafe 5.13.a) queda redactado del siguiente modo:

«a)   En cada una de las dos estancias principales: 2 registros para tomas de cables de pares trenzados, 1 registro para toma de cables coaxiales para servicios de TBA y 1 registro para toma de cables coaxiales para servicios de RTV. En una de las estancias principales, preferiblemente el salón, 1 registro para toma de cable de fibra óptica.»

Artículo 3. *Modificación de la Orden ITC/1644/2011, de 10 de junio, por la que se desarrolla el Reglamento regulador de las infraestructuras comunes de telecomunicaciones para el acceso a los servicios de telecomunicación en el interior de las edificaciones, aprobado por el Real Decreto 346/2011, de 11 de marzo.*

La Orden ITC/1644/2011, de 10 de junio, por la que se desarrolla el Reglamento regulador de las infraestructuras comunes de telecomunicaciones para el acceso a los servicios de telecomunicación en el interior de las edificaciones, aprobado por el Real Decreto 346/2011, de 11 de marzo, queda modificada como sigue:

1. El apartado 2 del artículo 2 queda redactado del siguiente modo:

«2.   La propiedad, o su representante, presentará electrónicamente en el registro electrónico del Ministerio de Economía y Empresa, siguiendo los procedimientos establecidos a tales efectos en su sede electrónica, un ejemplar del proyecto técnico al objeto de que se pueda inspeccionar la instalación resultante, cuando la autoridad competente lo considere oportuno.

En los casos en que la Secretaría de Estado para el Avance Digital detectara incumplimientos en la redacción del proyecto técnico, podrá requerir electrónicamente la subsanación de las anomalías detectadas, todo ello sin perjuicio del resto de las acciones que se inicien en materia de infracciones y sanciones.»

2. El apartado 7 del artículo 6 queda redactado del siguiente modo:

«7. La propiedad, o su representante, presentará de forma electrónica en el registro electrónico del Ministerio de Economía y Empresa, siguiendo los procedimientos establecidos a tales efectos en su sede electrónica, el boletín de instalación, el protocolo de pruebas y, en su caso, el certificado de fin de obra de la instalación y anexos al proyecto técnico, o bien el proyecto técnico modificado, según proceda. De forma electrónica, la Secretaría de Estado para el Avance Digital devolverá sellada una copia de la documentación presentada, con excepción de los anexos. Será obligación de la propiedad recibir, conservar y transmitir una copia de dichos documentos, que pasarán a formar parte del Libro del Edificio.

En los casos en que no se hubiesen subsanado los incumplimientos detectados, en su caso, en la redacción del proyecto técnico, o se detecten incumplimientos en la realización de la infraestructura o en el contenido de los certificados de fin de obra de la instalación, boletines de instalación o protocolos de pruebas, la Secretaría de Estado para el Avance Digital podrá denegar el sellado previsto en el párrafo anterior, todo ello sin perjuicio del resto de las acciones que se inicien en materia de infracciones y sanciones. A tales efectos, la Secretaría de Estado para el Avance Digital incluirá la inspección de las instalaciones en sus programas de comprobación e inspección.»

3. El apartado 8 del artículo 6 queda redactado del siguiente modo:

«8. En los supuestos de edificios o conjuntos de edificaciones de nueva construcción será requisito imprescindible para la concesión de las licencias y permisos de primera ocupación, la presentación ante la Administración competente, junto con el certificado de fin de obra relativo a la edificación, del citado boletín de instalación de telecomunicaciones y protocolo de pruebas y, cuando exista, del certificado de fin de obra de la instalación, sellados por la Secretaría de Estado para el Avance Digital. Dicha documentación podrá sustituirse por la certificación a la que se refiere el apartado 9 de este artículo, siempre que en ésta se haga constar que fueron devueltas en su momento las copias selladas correspondientes.

Asimismo, en el caso de urbanizaciones o conjuntos de edificaciones que, como consecuencia de su entrega en varias fases, sea necesaria la obtención de licencias parciales de primera ocupación, podrán presentarse boletines, protocolos y certificaciones parciales relativos a la parte de la infraestructura común de telecomunicaciones ya ejecutada y correspondiente a dichas fases. En estos casos se hará constar en los boletines, protocolos y certificaciones parciales, que la validez de estos está condicionada a la presentación del correspondiente boletín de instalación o certificación final, una vez acabadas las obras contempladas en el proyecto técnico. Las certificaciones, tanto parciales como finales, de fin de obra se ajustarán a los modelos contenidos en el anexo IV de esta orden.»

4. El apartado 9 del artículo 6 queda redactado del siguiente modo:

«9. A requerimiento del titular de la propiedad o de su representante, previo pago de las tasas establecidas, la Secretaría de Estado para el Avance expedirá una certificación a los solos efectos de acreditar que por parte del promotor o constructor se han presentado, ante el Ministerio de Economía y Empresa, el proyecto técnico que ampara la infraestructura, el acta de replanteo, el boletín de instalación y el protocolo de pruebas y, en su caso, el certificado de fin de obra y los anexos, que garanticen que la ejecución de la misma se ajusta al citado proyecto técnico.»

Disposición transitoria única. *Requisitos de reacción al fuego de los cables de telecomunicaciones.*

Sin perjuicio de la obligación de marcado de los cables de telecomunicaciones derivada de la aplicación del Reglamento (UE) N.º 305/2011 del Parlamento Europeo y del Consejo de 9 de marzo de 2011 por el que se establecen condiciones armonizadas para la comercialización de productos de construcción y se deroga la Directiva 89/106/CEE del Consejo, y de su normativa de desarrollo, que establece la obligación de marcado CE para los cables que se comercializan desde el desde el 1 de julio de 2017, los requisitos de seguridad frente al fuego que se recogen en el anexo de esta orden surtirán efecto en el plazo de 12 meses desde la fecha de entrada en vigor de ésta, no siendo de aplicación a los cables de telecomunicaciones que se encuentren instalados.

Disposición final única. *Entrada en vigor.*

Las modificaciones del Reglamento regulador de las infraestructuras comunes de telecomunicaciones para el acceso a los servicios de telecomunicación en el interior de las edificaciones, aprobado por Real Decreto 346/2011, de 11 de marzo, introducidas en el artículo segundo, surtirán efecto en el plazo de un mes desde la fecha de entrada en vigor de esta orden.

El resto de disposiciones contenidas en la presente orden entrarán en vigor el día siguiente al de su publicación en el «Boletín Oficial del Estado».

Madrid, 26 de septiembre de 2019.

–La Ministra de Economía y Empresa,

NadiaCalviño Santamaría.

ANEXO

Características de reacción al fuego de los cables de telecomunicaciones utilizados en las ICT y en los despliegues por interior de tramos finales de redes de acceso ultrarrápido

1. Las características de reacción al fuego de los cables de telecomunicaciones empleados en las infraestructuras comunes de telecomunicaciones que se regulan por el Reglamento regulador de las infraestructuras comunes de telecomunicaciones para el acceso a los servicios de telecomunicación en el interior de las edificaciones, aprobado por Real Decreto 346/2011, de 11 de marzo, serán las especificadas en la siguiente tabla (columna de niveles mínimos obligatorios). Los requisitos mínimos que se listan sustituyen a los establecidos en los anexos del citado Reglamento.

Las siglas utilizadas en la columna sobre niveles mínimos corresponden a las clases de reacción al fuego de los cables eléctricos descritas en el cuadro 4 del anexo del Reglamento Delegado (UE) 2016/364 de la Comisión de 1 de julio de 2015 relativo a la clasificación de las propiedades de reacción al fuego de los productos de construcción. Las características de los cables, métodos de ensayo y sistema de marcado se describen en la norma armonizada UNE-EN 50575:2015 (Cables de energía, control y comunicación: Cables para aplicaciones generales en construcciones sujetos a requisitos de reacción al fuego).

Tabla 1. *Requisitos de reacción al fuego de los cables de telecomunicaciones para infraestructuras comunes de telecomunicaciones en el interior de edificios (ICT)*

Reglamento ICT			Niveles mínimos obligatorios
Redes interiores		**Referencias**	**Requisitos para interior**
Radiodifusión sonora y televisión.	Cable coaxial.	Anexo 1 – apartado 5.3.	No propagación de la llama.	D_{ca}-s2,d2,a2
Telefonía fija y banda ancha.	Cables de pares.	Anexo 2 – apartados 5.1.1.b.i y 5.1.1.b.ii.	No propagación de la llama, libre de halógenos y baja emisión de humos.	D_{ca}-s2,d2,a2
	Cables coaxiales.	Anexo 2 – apartado 5.1.1.c	No propagación de la llama.	D_{ca}-s2,d2,a2
	Cables de fibra óptica.	Anexo 2 – apartado 5.1.1.d.i.	Libre de halógenos, retardante a la llama y baja emisión de humos.	D_{ca}-s2,d2,a2
	Cables de pares trenzados.	Anexo 2 – apartado 5.1.2.a.	No propagación de la llama, libre de halógenos y baja emisión de humos.	D_{ca}-s2,d2,a2

2. Las características de reacción al fuego de los cables de telecomunicaciones empleados en los despliegues de tramos finales de redes fijas de acceso ultrarrápido que discurran en el interior de los edificios, fincas y conjuntos inmobiliarios, a los que se refiere el artículo 45.4 de la Ley 9/2014, de 9 de mayo, General de Telecomunicaciones, serán las especificadas en la siguiente tabla (columna de niveles mínimos obligatorios). Las siglas, características de los cables, métodos de ensayo y sistema de marcado son las descritas en el punto 1 de este anexo.

Tabla 2. *Requisitos de reacción al fuego de los cables de telecomunicaciones para despliegues por interior de tramos finales de redes ultrarrápidas*

Tipos de cable	Niveles mínimos obligatorios
Cables de pares	D_{ca}-s2,d2,a2
Cables coaxiales	D_{ca}-s2,d2,a2
Cables de fibra óptica.	D_{ca}-s2,d2,a2
Cables de pares trenzados. . . .	D_{ca}-s2,d2,a2

Nota: Los niveles mínimos obligatorios tendrán el carácter de mínimo exigible, sin perjuicio de que otra reglamentación específica pueda fijar niveles más estrictos para situaciones o lugares concretos. Adicionalmente en caso de que los cables de telecomunicaciones se instalen en contacto con, o en la misma canalización o conducto que, otros tipos de cables regulados por otra legislación diferente, a los cuales puedan transmitir el fuego en caso de incendio (tales como cables eléctricos), todo el conjunto de cables deberá cumplir con los requisitos que fije la legislación más estricta.

Real Decreto-Ley 1/1998, de 27 de febrero, sobre Infraestructuras Comunes en los Edificios para el acceso a los Servicios de Telecomunicación (*BOE* 28 de febrero de 1998)

EXPOSICIÓN DE MOTIVOS

La constante evolución de las telecomunicaciones hace necesario el desarrollo de un nuevo marco legislativo en materia de infraestructuras comunes para el acceso a los servicios de telecomunicación, que desde una perspectiva de libre competencia, permita dotar a los edificios de instalaciones suficientes para atender los servicios creados con posterioridad a la Ley 49/1966, de 23 de julio, sobre antenas colectivas, como son los de televisión por satélite y telecomunicaciones por cable. Igualmente, se deben planificar las infraestructuras de tal forma que permitan su adaptación a servicios de implantación futura cuyas normas reguladoras ya han sido adoptadas en el seno de la Unión Europea.

Las tecnologías disponibles actualmente han ampliado notablemente la oferta de programas de televisión y radiodifusión sonora y de otros servicios de telecomunicación, siendo preciso instrumentar medios para que los propietarios de pisos o locales sujetos al régimen de propiedad horizontal y los arrendatarios de todo o parte de un edificio puedan acceder a estas ofertas, evitando la proliferación de sistemas individuales y cableados exteriores en las nuevas construcciones, que afectarían negativamente a la estética de las mismas. Por otro lado, se hace necesario facilitar, en el seno de las comunidades de propietarios, los mecanismos legales para la implantación de estos sistemas que permitan la prestación de los nuevos servicios y la introducción de las nuevas tecnologías.

La urgencia en la aprobación de esta norma deriva, precisamente, de la necesidad de dotar a los usuarios, en un momento en el que es patente la rápida diversificación de la oferta en los servicios de telecomunicaciones, de los medios jurídicos que garanticen la efectividad del derecho a optar entre los diferentes servicios. Además, se desea remover, con la agilidad requerida por el desarrollo tecnológico y la diversidad de empresas prestadoras de servicios concurrentes en el mercado, las trabas para que éstas puedan actuar en él en condiciones de igualdad. Es imprescindible que todos los operadores cuenten con las mismas oportunidades de acceso a los usuarios como potenciales clientes de sus servicios.

Además, la urgencia de la norma deriva de la necesidad de facilitar, sin dilación, a los usuarios de los servicios de telecomunicaciones, tanto de radiodifusión y televisión como interactivos, la eficacia del artículo 20.1 d) de la Constitución, permitiéndoles elegir entre los distintos medios que les faciliten información. Se desea suprimir cuantos obstáculos puedan dificultar la recepción de información plural y, además, permitir que los ciudadanos puedan beneficiarse, de manera inmediata, de los nuevos servicios de telecomunicaciones que se les ofrezcan.

Reconociendo la complejidad de la regulación necesaria para lograr este doble objetivo, la finalidad del presente Real Decreto-ley es, únicamente, establecer el marco jurídico que garantice a los copropietarios de los edificios en régimen de propiedad horizontal y, en su caso, a los arrendatarios, el acceso a los servicios de telecomunicación.

El título prevalente que funda la competencia del Estado para dictar el Real Decreto-ley es el recogido en el artículo 149.1.21.ª de la Constitución Española, que otorga a aquél competencia para la regulación del régimen jurídico de las telecomunicaciones. Además el Real Decreto-ley afecta al marco jurídico establecido por la Ley 49/1960, de 21 de julio, de Propiedad Horizontal, al regular derechos y obligaciones de los copropietarios de edificios sujetos a ella, y por lo tanto, se dicta, también, en ejercicio de la competencia estatal en materia de legislación civil a la que se refiere el artículo 149.1.8.ª de la Constitución.

En su virtud, a propuesta del Ministro de fomento, previa deliberación del consejo de Ministros en su reunión celebrada el día 27 de febrero de 1998 y en uso de la autorización concedida por el artículo 86 de la Constitución,

DISPONGO

Artículo 1. Objeto y definición

1. Este Real Decreto-ley tiene por objeto establecer el régimen jurídico de las infraestructuras comunes de acceso a los servicios de telecomunicación en el interior de los edificios y reconocer el derecho de sus copropietarios en régimen de propiedad horizontal, y en su caso de los arrendatarios de todo o parte de aquéllos, a instalar las referidas infraestructuras, conectarse a ella o adaptar las existentes.

2. A los efectos del presente Real Decreto-ley, se entiende por infraestructura común de acceso a servicios de telecomunicación la que exista o

se instale en los edificios para cumplir, como mínimo, las siguientes funciones:

a) La captación y la adaptación de las señales de radiodifusión sonora y televisión terrenal, y su distribución hasta puntos de conexión situados en las distintas viviendas o locales del edificio, y la distribución de las señales de televisión y radiodifusión sonora por satélite hasta los citados puntos de conexión. Las señales de radiodifusión sonora y de televisión terrenal susceptibles de ser captadas, adaptadas, y distribuidas, serán las difundidas, dentro del ámbito territorial correspondiente, por las entidades habilitadas.

b) Proporcionar acceso al servicio telefónico básico y al servicio de telecomunicaciones por cable, mediante la infraestructura necesaria para permitir la conexión de las distintas viviendas o locales del edificio a las redes de los operadores habilitados.

3. También tendrá la consideración de infraestructura común de acceso a los servicios de telecomunicación la que, no cumpliendo inicialmente las funciones indicadas en el apartado anterior, haya sido adaptada para cumplirlas. La adaptación podrá llevarse a cabo, en la medida en que resulte indispensable, mediante la construcción de una infraestrutura adicional a la preexistente.

4. Aquellos conceptos que no se encuentren expresamente definidos en el presente Real Decreto-ley tendrán el significado que les atribuye la legislación en materia de telecomunicaciones y, supletoriamente, el Reglamento de Radiocomunicaciones anexo al Convenio de la Unión Internacional de Telecomunicación.

Artículo 2. Ámbito de aplicación

Las normas contenidas en este Real Decreto-ley se aplicarán:

a) A todos los edificios de uso residencial o no, sean o no de nueva construcción, que estén acogidos, o deban acogerse, al régimen de propiedad horizontal regulado por la Ley 49/1960, 21 de julio, de Propiedad Horizontal.

b) A los edificios que, en todo o en parte, hayan sido o sean objeto de arrendamiento por plazo superior a un año, salvo los que alberguen una sola vivienda.

Artículo 3. Instalación obligatoria de las infraestructuras reguladas en este Real Decreto-ley en edificios de nueva construcción

1. A partir de la fecha de entrada en vigor del presente Real Decreto-ley, no se concederá autorización para la construcción o rehabilitación integral de ningún edificio de los referidos en el artículo 2, si al correspondiente proyecto arquitectónico no se une el que prevea la instalación de una infraestructura común propia. Esta infraestructura deberá reunir las condiciones técnicas adecuadas para cumplir, al menos, las funciones indicadas en el artículo 1.2 de este Real Decreto-ley, sin perjuicio de lo que se determine en las normas que en cada momento, se dicten en su desarrollo.

2. Toda edificación comprendida en el ámbito de aplicación de este Real Decreto-ley y que haya sido concluida después de transcurridos ocho meses desde su entrada en vigor deberá contar con las infraestructuras comunes de acceso a servicios de telecomunicación indicadas en el artículo 1.2, sujetándose a las previsiones establecidas en éste.

3. Los gastos necesarios para la instalación de las infraestructuras que este Real Decreto-ley regula deberán estar incluidos en el coste total de la construcción.

Artículo 4. Instalación de la infraestructura en los edificios ya construidos

1. Cuando la comunidad de propietarios o el propietario de un edificio incluido en el ámbito de aplicación de este Real Decreto-ley y que esté concluido, o se concluya antes de transcurridos ocho meses desde su entrada en vigor, decidan la instalación de una infraestructura común de acceso a servicios de telecomunicación o la adaptación de la existente, lo notificarán por escrito a los propietarios de los pisos o locales o, en su caso, a los arrendatarios, al menos con dos meses de antelación a la fecha del comienzo de las obras encaminadas a la instalación o adaptación. Respecto de la comunidad de propietarios, el acuerdo en su seno habrá de ser aprobado, en junta de propietarios, por un tercio de las cuotas de participación en los elementos comunes.

2. En caso de que la decisión para la instalación de la infraestructura común de acceso a servicios de telecomunicación o para la adaptación de la existente, se adopte sin consentimiento del propietario o, en su caso, del arrendatario de un piso o local, la comunidad de propietarios o, en su caso

el propietario no podrán repercutir en ellos su coste. No obstante, si, con posterioridad aquéllos solicitaren el acceso a servicios de telecomunicaciones cuyo suministro requiera aprovechar las nuevas infraestructuras o las adaptaciones realizadas en las preexistentes, podrá autorizárseles, siempre que abonen el importe que le hubiere correspondido, debidamente actualizado, aplicando el correspondiente interés legal.

3. La repercusión del coste de la nueva infraestructura o de la adaptación de la preexistente por el propietario de un edificio o parte de él en los arrendatarios se realizará, desde el mes siguiente al que se lleven a cabo, en la cuantía y proporción previstas en el artículo 19 de la Ley 29/1994, de 24 de noviembre, de Arrendamientos Urbanos.

Sin embargo, si quienes solicitaren la instalación o la adaptación de la infraestructura al propietario fueren, con arreglo a lo previsto en este Real Decreto-ley, los arrendatarios, será a su costa el gasto que aquéllas representen. En este último caso, al concluir el arrendamiento, la infraestructura instalada o adaptada quedará en el edificio a disposición de su propietario.

Artículo 5. Conservación de la infraestructura

Respecto de la comunidad de propietarios, se aplicará lo previsto en el artículo 10 de la Ley 49/1960, de 21 de julio, sobre Propiedad Horizontal, en cuanto al mantenimiento de los elementos, pertenencias y servicios comunes.

A la conservación de las infraestructuras en edificios arrendados se aplicará el artículo 21 de la Ley 29/1994, de 24 de noviembre, de Arrendamientos Urbanos, salvo que la instalación se hubiere solicitado por los arrendatarios, en cuyo caso los gastos que se produzcan serán a cuenta de éstos.

Artículo 6. Obligación de instalación de la infraestructura

1. Será obligatoria la instalación de la infraestructura regulada en este Real Decreto-ley en las edificaciones ya concluidas antes de su entrada en vigor o que se concluyan en el plazo de ocho meses desde que ésta se produzca, si concurre alguna de las siguientes circunstancias:

a) Que el número de antenas instaladas, individuales o colectivas, para la prestación de servicios incluidos en el artículo 1.2, sea superior a un tercio del número de viviendas y locales. En este caso, aquéllas deberán ser sustituidas, dentro de los seis meses siguientes a la entrada en vigor de este Real Decreto-ley, por una infraestructura común de acceso a servicios de telecomunicaciones. Si se superase el límite referido después de la citada entrada en vigor, el plazo de seis meses se computará desde el día en que se produzca esa circunstancia.

Será a cargo de quienes tengan instaladas las antenas para la recepción de servicios, el coste de la infraestructura, de su instalación y de la retirada de la preexistente, sin perjuicio de que se beneficiare de la nueva infraestructura algún otro propietario de piso o local o, en su caso, algún arrendatario del edificio, deberán éstos participar en el coste, en la proporción correspondiente.

b) Que la Administración competente, de acuerdo con la normativa vigente que resulte aplicable, considere peligrosa o antiestética la colocación de antenas individuales en un edificio. En este supuesto, quienes deseasen la recepción de los servicios, a los que se refiere el artículo 1.2 de este Real Decreto-ley, deberán sufragar el coste de instalación de la infraestructura, sin perjuicio de repercutir en los propietarios de los demás pisos o locales o, en su caso, en los arrendatarios el importe de la inversión, en la proporción correspondiente, si éstos solicitaren servirse de aquélla.

2. No se tendrá que instalar la infraestructura citada en aquellos edificios construidos que no reúnan condiciones para soportarla, de acuerdo con el informe emitido al respecto por la Administración competente.

Artículo 7. Consideración de la nueva infraestructura y retirada de la preexistente

1. En el caso de que se realice la instalación de una infraestructura por concurrir alguna de las causas previstas en los artículos precedentes, ésta pasará a formar parte del edificio, como elemento común del mismo. La infraestructura instalada deberá cumplir todas las especificaciones técnicas de calidad y seguridad exigidas por la normativa vigente sobre construcción y, en especial, por la reguladora de la compatibilidad de aquéllas con las instalaciones de suministro de agua, gas y electricidad.

2. Una vez finalizada la instalación de la infraestructura y comprobado que permite la recepción de los servicios para los que ha sido instalada, la comunidad de propietarios retirará los elementos de los sistemas individuales de telecomunicación que facilitaban la recepción de esos mismos servi-

cios. La retirada se realizará en presencia de los propietarios de los citados elementos, si éstos así lo solicitaren.

Artículo 8. Garantía de continuidad en la recepción de los servicios

La comunidad de propietarios o, en su caso, el propietario del edificio, tomarán las medidas oportunas tendentes a asegurar aquellos que tengan instalaciones individuales, la normal utilización de las mismas durante la construcción de la nueva infraestructura y en tanto ésta no se encuentre en perfecto estado de funcionamiento. La misma regla se aplicará en caso de que se produzca la adaptación de la infraestructura preexistente, a lo establecido en el artículo 1 de este Real Decreto-ley.

Artículo 9. Derecho de los copropietarios o arrendatarios al acceso a los servicios y garantía del posible uso compartido de la infraestructura

1. Los copropietarios de un edificio en régimen de propiedad horizontal o, en su caso, los arrendatarios tendrán derecho a acceder a los servicios de telecomunicaciones distintos de los indicados en el artículo 1.2, a través de la instalación común realizada con arreglo a este Real Decreto-Ley, si técnicamente resultase posible su adaptación, o a través de sistemas individuales.

Igualmente, cualquier copropietario de un edificio en régimen de propiedad horizontal, o en su caso, cualquier arrendatario de todo o parte de un edificio tendrán derecho, a su costa y en caso de que no exista una infraestructura común en el mismo, a instalar ésta. También podrán realizar la adaptación de la infraestructura ya existente en el edificio a lo establecido en el artículo 1.2 de este Real Decreto-ley.

Para llevar a cabo lo previsto en este artículo, los copropietarios o los arrendatarios podrán aprovecharse no sólo de los elementos privativos, sino también de los comunes de los inmuebles, siempre que no menoscaben la infraestructura que existiere en los edificios y no interfieran ni modifiquen las señales correspondientes a servicios que previamente hubiesen contratado otros usuarios.

2. En los supuestos establecidos en el anterior apartado, cuando el propietario de un piso o local, o, en su caso, un arrendatario, desee recibir la prestación de un servicio de telecomunicación al que pudiera acce-

derse a través de una infraestructura determinada, deberá comunicarlo al presidente de la comunidad de propietarios o, en su caso, al propietario del edificio, antes de iniciar cualquier obra con dicha finalidad. El presidente de la comunidad de propietarios o el propietario deberán contestarle antes de quince días desde que la comunicación se produzca, aplicándose, según proceda, las siguientes reglas:

a) En caso de que exista ya en el edificio esa infraestructura o, antes de que transcurran tres meses desde que la comunicación se produzca, se fuese a adaptar la existente o a instalar una nueva con la finalidad de permitir el acceso a los servicios en cuestión, no podrá llevarse a cabo obra alguna por el copropietario o por el arrendatario.

b) En el supuesto de que no existiese la infraestructura, no fuese hábil para la prestación del servicio al que desean acceder el copropietario o el arrendatario o no se instalase una nueva ni se adaptase la preexistente en el referido plazo de tres meses, el comunicante podrá realizar la obra que le permita la recepción de los servicios de telecomunicaciones correspondientes. Si cualquier otro copropietario o arrendatario solicitase, con posterioridad, beneficiarse de la instalación de las nuevas infraestructuras comunes o de la adaptación de las preexistentes que se llevasen a cabo al amparo de este artículo, se les podrá autorizar, siempre que cumplan lo previsto en el segundo inciso del artículo 4.2.

Artículo 10. Consideración de la infraestructura a efectos de la Ley de Arrendamientos Urbanos

La instalación o la adaptación de una infraestructura se considerará como obra de mejora a los efectos de lo establecido en el artículo 22 de la vigente Ley 29/1994, de 24 de noviembre, de Arrendamientos Urbanos.

Artículo 11. Régimen sancionador

1. El incumplimiento por el promotor o el constructor de la obligación que le impone el artículo 3 en los edificios de nueva construcción será constitutivo de infracción muy grave y se castigará con multa de 5.000.001 pesetas hasta 50.000.000 de pesetas, graduándose su importe conforme a los criterios establecidos en el artículo 131.1 de la Ley 30/1992, de 26 de noviembre, de Régimen Jurídico de las Administraciones Públicas y del Procedimiento Administrativo Común.

2. Se considerará infracción leve el incumplimiento por los copropietarios o arrendatarios de lo dispuesto en el artículo 6 y se sancionará con multa de hasta 50.000.000 de pesetas, graduándose su importe conforme a los criterios indicados en el apartado anterior.

3. Corresponde la imposición de las sanciones previstas en los apartados precedentes al Secretario general de Comunicaciones del Ministerio de Fomento. La actuación administrativa se iniciará de oficio o mediante denuncia, resolviéndose, previa comprobación de los hechos por los servicios de inspección del Ministerio de Fomento e instrucción del correspondiente procedimiento.

4. En lo no previsto en este Real Decreto-ley, se estará, en lo relativo al régimen sancionador, a lo establecido en la legislación de telecomunicaciones y en la citada Ley 30/1992.

Disposición derogatoria única.— Eficacia derogatoria

Queda derogada la Ley 49/1966, de 23 de julio, sobre Antenas Colectivas, y cuantas disposiciones de igual o inferior rango se opongan a lo dispuesto en este Real Decreto-ley.

Disposición final primera.— Facultades de desarrollo

Se autoriza al Gobierno para dictar cuantas disposiciones sean necesarias para el desarrollo y la aplicación del presente Real Decreto-ley.

Disposición final segunda.— Entrada en vigor

Este Real Decreto-ley entrará en vigor el día siguiente al de su publicación en el "Boletín Oficial del Estado".

Dado en Madrid a 27 de febrero de 1998.

JUAN CARLOS R.

El presidente del Gobierno
JOSÉ MARÍA AZNAR LÓPEZ

Ley 11/1998, de 24 de abril, General de Telecomunicaciones (*BOE* 25 de abril de 1998)

Artículo 53. Redes de telecomunicaciones en el interior de los edificios

1. Con el pleno respeto a lo previsto en la legislación reguladora de las infraestructuras comunes en el interior de los edificios para el acceso a los servicios de telecomunicación, se establecerán reglamentariamente las oportunas disposiciones que la desarrollen. El reglamento determinará, tanto el punto de interconexión de la red interior con las redes públicas, como las condiciones aplicables a la propia red interior.

2. Sin perjuicio de las competencias de las Comunidades Autónomas sobre la materia, la normativa técnica básica de edificación que regule la infraestructura de obra civil en el interior de los edificios deberá tomar en consideración las necesidades de soporte de los sistemas y redes de telecomunicaciones a que se refiere el apartado anterior.

En la referida normativa técnica básica deberá preverse que la infraestructura de obra civil disponga de capacidad suficiente para permitir el paso de las redes de los distintos operadores, de forma tal que se facilite la posibilidad de uso compartido de estas infraestructuras por aquéllos.

Asimismo, el reglamento regulará el régimen de instalación de las redes de telecomunicaciones en los edificios ya existentes o futuros, en todos aquellos aspectos no previstos en las disposiciones con rango legal reguladoras de la materia.

Artículo 60. Condiciones a los instaladores

Reglamentariamente, se establecerán, previa audiencia de los Colegios Profesionales afectados y de las asociaciones representativas de las empresas de construcción e instalación, las condiciones aplicables a los operadores e instaladores de equipos y aparatos de telecomunicaciones a fin de que, acreditando su competencia profesional, se garantice la puesta en servicio de los equipos y aparatos. Será preciso que, en todo caso, se mantengan inalteradas las condiciones bajo las cuales fueron emitidos los certificados de los equipos y aparatos a los que se refieren los artículos anteriores, sin menoscabo de la evaluación de la conformidad realizada.

En el reglamento al que se refiere el párrafo anterior, se establecerán los requisitos exigidos a los instaladores, respetando las competencias de las Comunidades Autónomas en su ámbito territorial para el otorgamiento, en su caso, de las correspondientes autorizaciones, o la llevanza de registro. Asimismo, se regulará, en este supuesto, la obligación de las Comunidades Autónomas de dar traslado de lo actuado al Ministerio de Fomento.